AF166305

BA KOMPAKT

Reihe herausgegeben von
Martin Kornmeier, Mannheim, Deutschland

Die Bücher der Reihe *BA KOMPAKT* sind zugeschnitten auf das Bachelor-Studium im Studienbereich Wirtschaft an den Dualen Hochschulen und Berufsakademien. Sie erfüllen vollständig die im Curriculum zur Erlangung des Bachelor festgelegten Anforderungen (Lerninhalt, Lernmethoden, Konzeption und Ablauf der Veranstaltungen).

Die Reihe BA KOMPAKT zeichnet sich aus durch:

- Fokussierung auf die elementaren Lernziele
- Starker Praxisbezug durch konkrete Beispiele
- Einbindung von Fallstudien für Einzel- und Gruppenarbeit
- Unmittelbare Anwendbarkeit des vermittelten Wissens durch Tipps und Hintergrundinformationen
- Übersichtliche, anschauliche Darstellung durch zahlreiche Kästen, Abbildungen und Tabellen
- Kontrollfragen zur Prüfung des Lernerfolgs

Weitere Bände in dieser Reihe http://www.springer.com/series/7570

Irene Rößler · Albrecht Ungerer

Statistik für Wirtschaftswissenschaftler

Eine anwendungsorientierte Darstellung

6. Auflage

Irene Rößler
Fakultät für Wirtschaft
Duale Hochschule Baden-Württemberg
Mannheim, Deutschland

Albrecht Ungerer
Fakultät für Wirtschaft
Duale Hochschule Baden-Württemberg
Mannheim, Deutschland

ISSN 1864-0354   ISSN 2626-7799   (electronic)
BA KOMPAKT
ISBN 978-3-662-60341-3   ISBN 978-3-662-60342-0   (eBook)
https://doi.org/10.1007/978-3-662-60342-0

Die Deutsche Nationalbibliothek verzeichnet diese Publikation in der Deutschen Nationalbibliografie; detail-
lierte bibliografische Daten sind im Internet über http://dnb.d-nb.de abrufbar.

Springer Gabler

Springer Gabler ist ein Imprint der eingetragenen Gesellschaft Springer-Verlag GmbH, DE und ist ein Teil von
Springer Nature.
Die Anschrift der Gesellschaft ist: Heidelberger Platz 3, 14197 Berlin, Germany

Vorwort zur 6. Auflage

Die Grundkonzeption des Buches haben wir beibehalten: Anwendungsbezug, Interpretation statistischer Kenngrößen im Sachzusammenhang, Musterklausuren als kapitelübergreifende Fallstudien, anspruchsvolle Layouts (z.B. exakte Grafiken). Einige inhaltliche Aktualisierungen wurden vorgenommen,

Den Musterklausuren haben wir einen zusätzlichen Aufgabenblock nur zur induktiven Statistik beigefügt, da an einigen Hochschulen die deskriptive und die induktive Statistik in unterschiedlichen Semestern gelehrt und in jeweiligen Abschlussklausuren geprüft werden.

Wir empfehlen parallel zu den Statistikveranstaltungen eine regelmäßige Besprechung auf mangelhafter Statistikbildung beruhender fake-news. Hilfreich ist hier die „Unstatistik des Monats" des Max-Planck-Instituts für Bildungsforschung – redigiert von Thomas Bauer, Gerd Gigerenzer und Walter Krämer (www.mpib-berlin.mpg.de/de/presse/dossiers/unstatistik-des-monats).

Mannheim, im Juli 2019

Irene Rößler

Albrecht Ungerer

Vorwort zur 1. Auflage

In einer Pressemitteilung des Statistischen Bundesamtes (DESTATIS) vom 9. Februar 2006 „Zur Zukunft der Statistikausbildung" wird befürchtet, „dass der Statistikgrundausbildung in den Curricula für die einschlägigen Bachelor-Studiengänge nicht genügend Aufmerksamkeit geschenkt wird ... (und) dass gerade in den berufsqualifizierenden Bachelor-Studiengängen für die Wirtschafts-, Markt- und Sozialforschung wichtige Methodenqualifikationen nicht ausreichend vermittelt werden." Vorgeschlagen wird, dass nicht nur formale Methoden gelehrt werden, sondern dass der gesamte statistische

Produktionsprozess von der Operationalisierung bis zur Datenanalyse (mit Entscheidungsbezug) praxisorientiert behandelt wird. [In der Pressemitteilung werden zahlreiche Persönlichkeiten aus Wissenschaft und Praxis genannt, die diese Einschätzung teilen.]

Die Module eines Bachelor-Curriculums sind im besten Fall so konzipiert, dass eine Quer- und Längsschnittsintegration gewährleistet ist. Bei der Konzeption dieses Buches wurde nach Durchsicht zahlreicher Curricula angenommen, dass die Lehrveranstaltung in ‚Statistik' flankiert wird durch Lehrveranstaltungen zu

- Wissenschaftstheorie
- empirischer Wirtschafts- und Sozialforschung bzw. Markt- und Meinungsforschung
- Präsentationstechniken (hier grafische und tabellarische Darstellungen) und Tabellenkalkulation
- Mathematik

und vertieft wird durch Lehrveranstaltungen zu

- Multivariaten Methoden
- Prognoseverfahren

zumindest innerhalb von Fächern wie Marketing und Unternehmensführung. Ebenso wird davon ausgegangen, dass vertiefende Anwendungen bzw. weiterführende statistische Konzepte in später stattfindenden Fächern der Volkswirtschafts- und Betriebswirtschaftslehre behandelt werden.

Dazu werden Ausblicke im Kapitel ‚Wirtschaftsstatistische Anwendungen' gegeben. Vorher werden jedoch Basiskonzepte statistischen Denkens im Anwendungszusammenhang vermittelt. Es wird angenommen, dass der größere Teil der Studierenden in der Berufspraxis nicht als Statistiker/in tätig sein wird – ansonsten wird er/sie das Fach innerhalb des Masterstudiums vertiefen –, sondern bei der Wahrnehmung seiner/ihrer Aufgaben auf bestehende Datenbanken, Data Warehouses, Managementinformationssysteme etc. zugreifen, d. h. Sekundärstatistiken bei der Entscheidungsfindung nutzen wird.

Allerdings gehört die Beherrschung eines Grundarsenals statistischer Verfahren, die bei der Lösung betrieblicher Teilaufgaben helfen bzw. der Steuerung von Teilprozessen dienen, zu den Schlüsselqualifikationen eines jeden Ökonomen bzw. einer jeden Ökonomin. Entsprechend den „Seven Tools", dem weltweit verwendeten Satz einfacher Werkzeuge im Qualitätsmanagement, sollte ein Bachelor der Wirtschaftswissenschaften wenigstens

- Ursachenstrukturierung vornehmen, Erhebungsmerkmale bestimmen können (Ishikawa-Diagramm)
- systematisch erheben können (Checklisten)
- Häufigkeitsverteilungen erstellen können (Histogramme)
- Kumulieren, ABC-Analysen vornehmen können (Pareto-Diagramme)

- mit grafischen Darstellungen Ergebnisse visualisieren können (Kreis-, Zeit-reihen-, Balkendiagramme)
- Rechnerische Zusammenhänge abbilden können (Streuungsdiagramme)
- Mittelwerte und Streuungsmaße berechnen und interpretieren können (statistische Prozesskontrolle).

Mit statistischen Methoden als Hilfsmittel im Management sollen folgende Erkenntnisse vermittelt werden:

1. Die Reduktion von Komplexität durch z. B. Maßzahlen wird durch Informationsverlust, der offengelegt werden sollte (‚Interpretation'), erkauft.
2. Die Streuung ist ein Maß für den Informationsverlust (‚Fehler'), also auch ein Maß für Komplexität.
3. Die Verteilung ist ein umfassendes Konzept für Vielfältigkeit, also z. B. auch für die Abbildung von Risiken.

Lernen aus Daten, um vernünftige Entscheidungen in Wissenschaft und Praxis treffen zu können, ist nicht nur durch Herausfiltern von Regelmäßigkeiten, sondern auch durch Beachtung der Variabilität und Diskontinuität möglich.

Die Aufgabe von Management Cockpits, Balanced Scorecards, Zufrieden-heitsindizes, OECD-Rankings, Armutsmaßen, Arbeitslosenquoten etc. besteht nicht darin, die ökonomische Wirklichkeit ‚bierdeckel'- oder ceteris-paribus-gerecht zu simplifizieren (auf experimentelle Markt- und Wirtschaftsforschung oder Skalen-Konstruktion wird hier nicht eingegangen), sondern eine Komple-xitätsreduktion im Entscheidungszusammenhang zu erreichen. Die Gefahr feh-lerhafter Entscheidungen – oft z. B. durch „Kurieren der Symptome" wie etwa Kombilohnmodelle zur Senkung der Arbeitslosenquote oder Entlassungen zur Erhöhung des Quartalsbetriebsergebnisses – kann nur durch eine Offenlegung des Informationsgehalts von Daten bezüglich der zu treffenden Entscheidung bzw. der zu prüfenden Theorie gebannt werden. Das ist aus Sicht der statisti-schen Methodenlehre durch Offenlegung der Variabilität des Datenentstehungs- und Auswertungs-, dabei insbesondere des Aggregationsprozesses, letztlich durch eine „Streuungszerlegung" möglich. Diesem Aspekt wird, wie oben erwähnt, hier besondere Aufmerksamkeit geschenkt, wobei allerdings Variabili-tätsursachen, die eher in der Wissenschaftstheorie (z. B. ‚Adäquation') oder den empirischen Forschungsmethoden (Skalenkonstruktion, Fragebogenentwurf etc.) behandelt werden, nur gestreift werden können.

Das Buch ist sowohl zum Selbststudium als auch zur Begleitung einer Lehr-veranstaltung konzipiert. Dazu musste eine Stoffauswahl getroffen werden, die trotzdem die oben genannten Lernziele erreichen lässt. Es wird eine unterrichts-geeignete (Umfang des Datensatzes), beispielorientierte Darstellung bevorzugt. Herleitungen werden dann dargestellt, wenn sie bei der Interpretation hilfreich sind. Der Aufbau jedes Abschnitts folgt der Form

- Lernziel

- Herleitung, Formalismus, Interpretationshilfe
- Beispiel(e).

Von diesem Konzept wird nur im Abschnitt 2.1 abgewichen, weil es dort sinnvoll schien, die Symbole bzw. Konzepte „theorielos" sofort beispielorientiert einzuführen.

Im Kapitel Wirtschaftsstatistische Anwendungen steht der Interpretationsaspekt im Vordergrund.

Jeder Abschnitt schließt mit einer kommentierten Formelsammlung und einer Aufgabe zur Wiederholung. Die gesamte Formelsammlung wird als farbiger Download unter

https://doi.org/10.18419/opus-16956

z. B. als Präsentationshilfe für Dozenten oder als Hilfsmittel für Klausuren zur Verfügung gestellt. Verweise auf Seitenzahlen in der Formelsammlung hier im Buch beziehen sich immer auf die identische Formelsammlung im Internet. Unter der genannten Adresse **.../Statistik/aufgaben.pdf** stehen weitere Aufgaben mit Lösungshinweisen zur Verfügung.

Wir bedanken uns bei Benjamin Neudorfer (M.A.), der uns wertvolle Tipps für die Lesbarkeit aus Sicht eines (ehemaligen) Studenten gab. Weitere Anregungen, insbesondere bezüglich der Konzeption und der Einsatzziele des Buches nehmen wir sehr gerne unter der o.g. Internetadresse entgegen.

Mannheim, im September 2007

Irene Rößler

Albrecht Ungerer

Inhaltsverzeichnis

Verzeichnis der Übersichten

1 Grundlagen

1.1 Begriff, Methoden und Aufgaben der Statistik

„Es gibt Notlügen, gemeine Lügen und Statistik". Das Ziel ist natürlich nicht, zu lernen, wie man mit Statistik „lügt", sondern begründen zu können, warum die Wirklichkeit nur unvollkommen in Zahlen abgebildet werden kann.

Der Begriff Statistik ist mehrdeutig:

1. **Statistik als Zahlenergebnis,** d. h. als quantifizierte Information zu Massenerscheinungen in der Empirie in Form von Maßzahlen, Tabellen und Grafiken.
2. **Statistik als Methodenlehre,** d. h. die Gesamtheit von Methoden zur Gewinnung und Verarbeitung quantitativer empirischer Befunde.

Bei Wissenschaftlern bedeutet „statistisch" oft stochastisch, d. h. es wird eine Unsicherheit konzediert, die mit Hilfe der Wahrscheinlichkeitsrechnung zu quantifizieren versucht wird. In der Öffentlichkeit ist „statistisch" häufig negativ belegt aus verschiedenen Gründen:

- In politischen Diskussionen werden unterschiedliche Statistiken als „Beweise" für die Richtigkeit gegensätzlicher Standpunkte verwendet bis hin zur Diskreditierung statistischer Ergebnisse, wenn sie nicht „passen".
- „Statistisch" wird – was zunächst richtig ist – als nicht ursächlich abgetan und nicht als Chance der Erkenntnisgewinnung begriffen. Statistik beweist nichts, hilft jedoch, schlauer zu werden.
- Statistiker werden als Erbsenzähler und Zahlenknechte empfunden, die seelenlose im schlimmsten Fall inhumane Zahlenfriedhöfe produzieren: Ranking von Katastrophen (Unglücken, Anschlägen etc.) nach der Zahl von Opfern; Massendaten zur Arbeitslosigkeit, zu Krankheiten etc. ohne die Einzelschicksale zu würdigen; Statistiken, deren Erhebung Unternehmen und Privatpersonen belasten und im Zweifelsfall gegen sie verwendet werden können.
- Statistiken werden als übertragbar auf Einzelfälle missverstanden: Ein Preisindex für die Lebenshaltung ist nicht „falsch", weil er den eigenen Empfindungen („gefühlte Inflation") oder sogar objektiven eigenen Messungen (z. B.

© Springer-Verlag GmbH Deutschland, ein Teil von Springer Nature 2019
I. Rößler und A. Ungerer, *Statistik für Wirtschaftswissenschaftler,*
BA KOMPAKT, https://doi.org/10.1007/978-3-662-60342-0_1

„das Haushaltsgeld reicht nicht mehr") nicht entspricht, eine Branchendurch-
schnittsproduktivität gilt (normalerweise) nicht für jeden einzelnen Betrieb
der Branche, nicht alle Raucher sterben früher als der Durchschnitt der
Nichtraucher etc. Hätten wir keine Variabilität in einem Datensatz, müssten
wir nicht die Komplexität zu Maßzahlen reduzieren!

Also gilt:

- Mit statistischen Ergebnissen kann nichts bewiesen werden, aber es ist ein
  Lernfortschritt möglich bis unter Umständen zu einer Widerlegung einer
  Behauptung über die Wirklichkeit.
- Aus statistischen Ergebnissen lässt sich (bei Variabilität) nicht ohne Risiko
  auf Einzelfälle schließen, umgekehrt widerlegen Einzelfallergebnisse keine
  Statistik.
- (Sekundär-) Statistiken sind immer mit „Fehlern" behaftet, weisen also Infor-
  mationsdefizite auf, weil u.a.
  - das Ergebnis vom Informationsbedarf abhängig ist
  - nicht alle Komponenten („Ursachen") eines Ergebnisses messbar sind (ihr
    Variabilitätseinfluss auch nur eingeschränkt in stochastischen Restgrößen
    enthalten ist)
  - „Zahlen" keine „hard facts" sind, sondern Abstraktionen der Wirklich-
    keit.

  [Viele Beispiele findet man bei Krämer (2015).]

Die hier behandelten statistischen Methoden werden zur Auswertung von Daten
eingesetzt, die durch Befragung, Beobachtung oder Experiment/Test erhoben
wurden. Üblicherweise unterscheidet man Methoden der

1. **Deskriptiven** (beschreibenden, explorativen) **Statistik,** die eine Reduktion
   großer, streuender Datenmengen auf überschaubare, im Sachzusammenhang möglichst aussagefähige Darstellungen gestattet und der

2. **Induktiven** (schließenden, Inferenz-) **Statistik,** die – gestützt auf die Wahrscheinlichkeitsrechnung – eine Verallgemeinerung der bei einer Untersuchung gewonnenen Ergebnisse erlaubt.

Gerade in den Wirtschaftswissenschaften kommt der deskriptiven Statistik
in ihrer Anwendung bei der Entscheidungsfindung eine große Bedeutung zu.
Selbst Methoden der multivariaten Statistik werden letztlich häufig im deskriptiven Sinn verwendet – sofern sie nicht bereits wie beim Data Mining
explorativ eingesetzt werden –, d. h. Ergebnisse werden als „Punktschätzungen"
zu Entscheidungshilfen. Ihre Variabilität wird vielleicht noch durch Ober- und
Untergrenzen (Best- und Worst Case, optimistische und pessimistische Variante)
abgebildet, sofern konsensfähige Zufallsfehlerobergrenzen eingehalten werden.
Ob das zugrundeliegende stochastische Modell jedoch das richtige ist (noch
eine Variabilitätsursache)? Wir beschränken uns auf das recht sichere Terrain

großer Stichproben aus großen Gesamtheiten als wichtigem Anwendungsfeld der induktiven Statistik in den Wirtschaftswissenschaften.

1.2 Der Datenentstehungsprozess

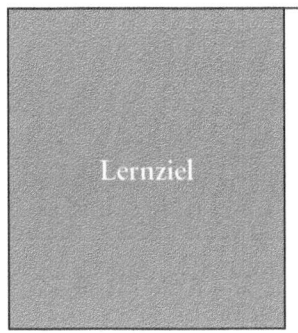

„Glaube keiner Statistik, die du nicht selbst gefälscht hast." „Gefälscht" soll, positiv verstanden, „erstellt" heißen. Lernziel ist also, die Gestaltungsmöglichkeiten innerhalb des Prozesses entscheidungsorientierter Datenbereitstellung nachvollziehen zu können. Damit hat man auch einen Ansatz zur kritischen Würdigung von sekundärstatistischen Ergebnissen als Informationshilfe bei eigenen Entscheidungen.

Statistische Daten werden (hoffentlich!) nicht grundlos erhoben, sondern dienen einem – meist sogar mehreren – Untersuchungsziel(en). Will man die Genauigkeit bzw. den Informationsgehalt von statistischen Ergebnissen beurteilen, so ist natürlich das Untersuchungsziel die Messlatte. Selbstverständlich können dann andere Untersuchungsziele mit diesen Daten nur eingeschränkt erreicht werden. Zum Beispiel sind die Arbeitslosenzahlen, die die Bundesagentur für Arbeit jeweils am Monatsende veröffentlicht, für ihren Arbeitsauftrag – Förderung und Vermittlung der bei ihr gemeldeten Arbeitsuchenden – korrekt, für andere Untersuchungszwecke können sie dann aber nicht als „falsch" (z. B. als zu hoch: viele Arbeitsunwillige sind enthalten oder z.B als zu niedrig: viele Entmutigte sind nicht enthalten) bezeichnet werden.

> Natürlich müssen wir die Interessen der Durchführungsinstitution bzw. des Auftraggebers einer Statistik beachten: So werden das gewerkschaftseigene Wirtschaftsforschungsinstitut (WSI) oder das Institut der deutschen Wirtschaft (IW) keine Daten publizieren, die den Interessen der Trägerinstitutionen nicht entsprechen. Auch bei bezahlten Forschungsaufträgen (z. B. der pharmazeutischen Industrie) sollte bei der Ergebnisinterpretation der Auftrag offengelegt werden und nicht nur – etwa in Presseveröffentlichungen – die Forschungsinstitution („Wissenschaftler der Universität . . .") als Beleg für korrekte Daten genannt werden.

Der Informationsgehalt statistischer Ergebnisse ist an der zu treffenden Entscheidung bzw. der zu prüfenden Theorie zu messen.

Übersicht 1: Beispiele für Entscheidungstatbestände

- Standortwahl für einen Filialisten im Einzelhandel
- Preisfestsetzung für ein neues Produkt, Preisvariation, Werbebudgethöhe, Wahl eines Marketing-Mix
- Höhe des Beschaffungsvolumens
- Kauf/Verkauf von Aktien
- Höhe eines Investitionsbudgets, Vergleich von Investitionsalternativen
- Wahl eines kalkulatorischen Zinssatzes, Lieferantenauswahl
- Einführung eines Kombilohnmodells oder von Mindestlöhnen
- finanzielle Förderung von Familien/Kindern, Senkung/Erhöhung von Steuersätzen
- Veränderung des Leitzinssatzes durch die EZB.

Übersicht 2: Beispiele für zu prüfende Theorien

- „Bei einer Preissenkung von 5 % für ein bestimmtes Produkt steigt (derzeit) der Absatz um 10 %."
- „Eine Aktie soll gekauft werden, wenn die aktuelle Kursentwicklung die 200-Tage-gleitende Durchschnittskurve von unten durchstößt."
- „Die Festsetzung von Mindestlöhnen erhöht die Arbeitslosigkeit."
- „Mehr Kinderkrippen erhöhen die Nettoreproduktionsquote."
- „Die Erhöhung der Leitzinsen durch die EZB erhöht die Arbeitslosenzahl."

Was Theorien bzw. Hypothesen sind und wie man sie so formuliert, dass sie in der Realität überprüft werden können, wird in der Wissenschaftstheorie behandelt. Mit diesen Beispielen sollte plausibiliert werden, dass selbstverständlich praktische Entscheidungen nicht theorielos getroffen werden. Theorie und Praxis sind zwei Seiten einer Medaille.

Der übliche Ablauf statistischer Untersuchungen lässt sich in folgende Phasen gliedern:

- Operationale Formulierung des Untersuchungsziels
- Festlegung der statistischen Gesamtheit
- Auswahl und Definition der Erhebungsmerkmale
- Wahl des Erhebungs- und Auswahlverfahrens
- Planung, Organisation, Durchführung und Kontrolle
- Aufbereitung und Erstellung von Dateien
- Auswertung
- Untersuchungszielbezogene Präsentation von ausgewählten Auswertungsergebnissen
- unter Umständen Dokumentation und Integration in ein Erhebungssystem

Ohne hier näher auf Probleme der empirischen Wirtschafts- und Sozialforschung einzugehen: Man ist in der Praxis oft gezwungen, sein Untersuchungsziel wegen der darauf folgenden Schritte anzupassen, d. h. einen „Idealtypus"
adäquat [Adäquationsproblem vgl. Grohmann (1985)] zu modifizieren.

Allerdings dienen Erhebungen oft mehreren Zielen und dürften damit
bezüglich ihres Informationsgehalts nicht nur an einem Ziel gemessen werden,
z. B. müssten bei der Bestimmung des notwendigen Stichprobenumfangs die
erwarteten Streuungen von allen erhobenen Merkmalen berücksichtigt werden.

Außerdem sind in der Praxis Erhebungen oft Teil eines Systems von Erhebungen, die in der Zusammenschau weitere wichtige Auswertungen erlauben,
z. B. als Zeitreihen oder zeitpunktbezogene Querschnittsanalysen.

Ein derartiges Erhebungssystem und darauf aufbauend ein statistisches Informationssystem kann als ein bezüglich der oben genannten Phasen abgestimmtes
Bündel von Einzelerhebungen definiert werden, das es erlaubt, einen konsisten-
ten Datenpool anzulegen.

Die statistischen Informationen aus derartigen Systemen – z. B. einem „Data
Warehouse" – sollten

- **vergleichbar** (Konsistenz von Begriffen etc.)
- **kontinuierlich** (Konstanz dieser Konsistenz)
- **aktuell**
- **genau** im Sinne von entscheidungsrelevant

sein. Ein solches System kann Daten beziehen aus:

- **Strukturerhebungen** oder **laufenden Erhebungen**
- **Totalerhebungen** oder **Teilerhebungen**
- **Primärerhebungen** oder **Sekundärerhebungen**.

Strukturerhebungen haben einen umfangreichen Merkmalskatalog, um eine
statistische Gesamtheit unter vielen Aspekten analysieren zu können. Sie finden
seltener statt, z. B. Kundenzufriedenheitsanalysen oder die vom statistischen
Bundesamt durchgeführten Strukturerhebungen im Produzierenden Gewerbe.
Laufende Erhebungen sind im betrieblichen Bereich meist solche, die im norma-
len Geschäftsgang anfallen, z. B. Reklamationsstatistiken oder die monatlichen
Preisstatistiken der statistischen Ämter. Totalerhebungen umfassen die gesamte
statistische Masse, z. B. eine vollständige Stichtagsinventur, Befragung aller
Lieferanten oder die Volkszählung in Deutschland im Jahr 1987. Teilerhebun-
gen umfassen nur einen – informativen – Teil, z. B. die sog. A-Kunden oder
Großunternehmen in der Auftragseingangsstatistik.

Übersicht 3: Teilerhebungsarten

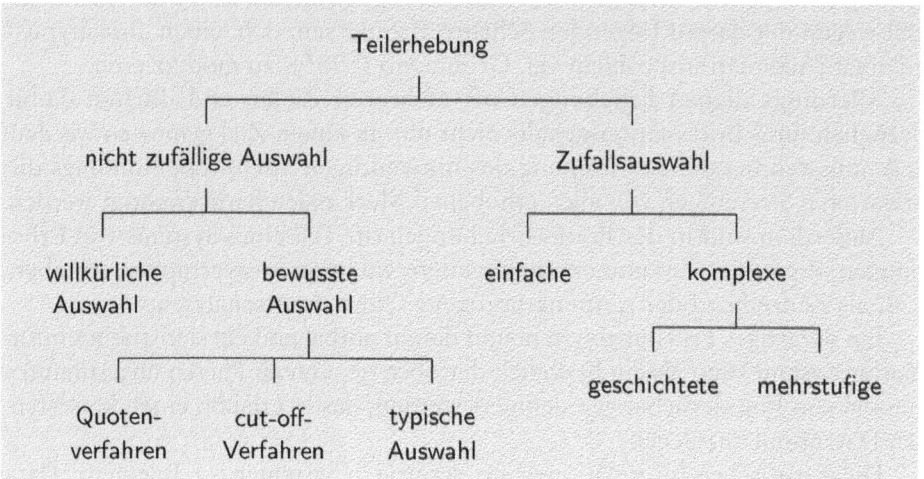

Bei der Zufallsauswahl (Randomverfahren) muss jede Einheit der Grundgesamtheit eine berechenbare Auswahlwahrscheinlichkeit besitzen, bei der einfachen jeweils dieselbe. Die Schichtung dient der Reduzierung des Stichprobenfehlers (vgl. Kapitel 5.2), mehrstufige Verfahren dienen der Kostenreduzierung bzw. werden angewandt, wenn keine Auswahllisten für die Erhebungseinheiten zugänglich sind, z. B. werden in einer ersten Stufe Städte, in der zweiten Stufe Stadtteile und dann erst Haushalte als Einheiten der gewünschten Gesamtheit ausgewählt.

Die willkürliche Auswahl erlaubt keine Berechnung von Auswahlwahrscheinlichkeiten und ist nicht repräsentativ.

Beim hauptsächlich in der Meinungsforschung eingesetzten Quoten- oder Quotaverfahren werden die Anteilssätze (Quoten) der Identifikationsmerkmale in der Teilerhebung so wie in der Grundgesamtheit gesetzt. Bei der nachträglich Plausibilisierung der Repräsentativität einer Teilerhebung wird oft die Quotengleichheit von Identifikationsmerkmalen überprüft. Das Quotenverfahren und genügend große (vgl. Kapitel 5.2) Zufallsstichproben führen zu repräsentativen, d. h. auf die Grundgesamtheit übertragbaren Ergebnissen bezüglich der Variablen. Bei Zufallsstichproben kann die „Genauigkeit" des Verfahrens mit Hilfe der Wahrscheinlichkeitsrechnung (schon vor der Ziehung) berechnet werden, beim Quotenverfahren durch „Bewährung" beim wiederholten Einsatz bzw. durch Vergleich mit dem Ergebnis der Totalerhebung z. B. bei Wahlen.

Das cut-off-Verfahren „schneidet" bezüglich des Untersuchungsziels „unwichtige" Einheiten ab. Ist z. B. die Merkmalssumme (Gesamtumsatz, Gesamtwert des Inventars) von Interesse, so werden die meist wenigen Einheiten erfasst, die die größten Beiträge zur Merkmalssumme leisten (vgl. Kapitel 6.1). (Ein

Ökonom aus Mannheim hat dieses Verfahren auch für Wahlen vorgeschlagen. Merkmalssumme ist hier das Steueraufkommen.)

Weist die Gesamtheit bezüglich der Untersuchungsvariablen keine große Streuung auf, so könnten – insbesondere bei Verlaufsuntersuchungen – typische Einzelfälle (vertieft) studiert werden, z. B. Katzen, um neues Futter zu testen, Personen, an denen Haut- oder Gehirnstrommessungen beim Betrachten von Anzeigen vorgenommen werden oder Einzelhandelskunden, deren Weg durch den Supermarkt beobachtet wird. Bei Bewertungen von Produkten, Dienstleistungen oder Meinungen („Likes") in sozialen Medien ist die Auswahlgrundlage und damit die Typizität oder Repräsentativität nicht überprüfbar. Social Bots können Minderheitsmeinungen vervielfältigen und als Instrument der Manipulation und Quelle für Fake News dienen.

Primärerhebungen (aus Sicht des Datenverwendens) werden selbst durchgeführt, also der Erhebungsprozess selbst oder von einem beauftragten Dienstleister exklusiv gestaltet wie z. B. Qualitätskontrollen von Warenlieferungen oder Mystery Shopping.

Techniken sind die Befragung (mündlich, schriftlich – auch Internet –, telefonisch), die Beobachtung (statistische Registrierung der Umwelt durch z. B. Zählen und Messen ohne wesentliche Kontrolle der Einflussfaktoren) und das Experiment (Befragung oder meist Beobachtung bei Kontrolle der Einflussfaktoren z. B. durch Test- und Kontrollgruppen, Doppel-Blind-Anordnungen, Vorher-Nachher-Untersuchungen bei konstanten Rahmenbedingungen, Randomisierung etc.).

Experimentelle Forschung wird bei mikroökonomischen und verhaltenswissenschaftlichen Fragestellungen zunehmend eingesetzt. Haupttechnik der Volkswirte ist die Beobachtung von Zeitreihen quantitativer Merkmale (Umsätze, Aktienkurse, Arbeitslosenzahlen etc.).

Werden Daten selbst erhoben, sind Gestaltungsbeschränkungen durch Rahmenbedingungen (Erhebungen der amtlichen Statistik müssen durch Gesetze bzw. Verordnungen legalisiert sein) und ein Wirtschaftlichkeitsprinzip (Abwägung aktuell – kostengünstig – genau) hinzunehmen. Oft ist es wirtschaftlicher, auf Sekundärerhebungen zurückzugreifen, auch weil sie sofort zur Verfügung stehen.

Sekundärerhebungen, die für ursprünglich andere Zwecke durchgeführt wurden, werden für eigene Zwecke ausgewertet wie z. B. Marktforschungsergebnisse aus dem GfK-Verbraucher- oder dem Nielsen-Einzelhandelspanel.

Panels sind laufende – meist Repräsentativstichproben – Befragungen (Wählerpanels) und/oder Beobachtungen (Einzelhandelspanels) zum selben Untersuchungsgegenstand (Zeitreihen!) einer Gesamtheit mit identischen Identifikationsmerkmalen. Es sind also immer gleichartige Einheiten, aber nicht unbedingt dieselben (das wäre eine Längsschnittuntersuchung).

Natürlich sind Sekundärerhebungen nur unter Schwierigkeiten in ein eigenes Informationssystem zu integrieren.

Übersicht 4: Quellen für Sekundärstatistiken

Namen			Internet-Adresse
amtliche Statistik	ausgelöste Statistik	• Statistisches Amt der EU • Statistisches Bundesamt • Statistische Landesämter • Kommunalstatistische Ämter	https://ec.europa.eu/eurostat/ www.destatis.de/ z. B. www.statistik-bw.de/ über statistische Landesämter, z. B. www.statistik-bw.de/SRDB/
	Ressort-statistik	• Deutsche Bundesbank • Bundesministerium der Finanzen • Bundesministerium für Wirtschaft und Energie • Bundesagentur für Arbeit	www.bundesbank.de/ www.bundesfinanzministerium.de/ www.bmwi.de/ www.arbeitsagentur.de/
nicht-amtliche Statistik	Wirtschaftsforschungsinstitute	• Deutsches Institut für Wirtschaftsforschung, Berlin (DIW) • Institut für Wirtschaftsforschung, München (ifo) • Rheinisch-Westfälisches Institut für Wirtschaftsforschung, Essen (RWI) • Institut für Weltwirtschaft, Kiel (IfW) • Hamburgisches WeltWirtschaftsInstitut, Hamburg (HWWI) • Zentrum für Europäische Wirtschaftsforschung, Mannheim (ZEW)	www.diw.de/ www.ifo.de/ www.rwi-essen.de/ www.ifw-kiel.de/ www.hwwi.org/ www.zew.de/
	Markt- und Meinungs-forschungs-Institute	• Institut für Demoskopie, Allensbach (IfD) • forsa Gesellschaft für Sozialforschung und statistische Analysen, Berlin • Gesellschaft für Konsum-, Markt- und Absatzforschung, Nürnberg (GfK) • Nielsen, Frankfurt a.M. • Unternehmen für Marktforschung/Marketingberatung, München (Kantar TNS)	www.ifd-allensbach.de/ www.forsa.de/ www.gfk.com/de www.nielsen.com/de/ www.kantartns.de/
	Wirtschafts-verbände	• Deutsche Industrie- und Handelskammern • Bundesverband der Deutschen Industrie (BDI) • Deutscher Gewerkschaftsbund (DGB)	www.dihk.de/ https://bdi.eu/ www.dgb.de/

Noch problematischer sind Statistiken, die aus einem Bündel mehr oder weniger abgestimmter Sekundärerhebungen bestehen wie die Volkswirtschaftlichen Gesamtrechnungen des Statistischen Bundesamtes (eine der besseren Bündelungen, die sogar international abgestimmt ist), ferner umweltökonomische Gesamtrechnungen, Länderrankings z. B. zur Kinder- und Familienfreundlichkeit oder zur Wettbewerbsstärke eines Landes oder sog. Metaanalysen, die die „wesentlichen" Ergebnisse unterschiedlicher Erhebungen zu gleichen/ähnlichen Sachverhalten (z. B. in der Medizinforschung) bündeln. Kritiker von Ergebnissen derartiger Analysen – sofern sie eigenen Erkenntnissen widersprechen – bemängeln dann auch meistens das Verfahren.

In der vom Kritischen Rationalismus geprägten empirischen Wirtschafts- und Sozialforschung werden die Kriterien

- **Objektivität** (unabhängig von Person/Institution)
- **Reliabilität** (Ergebnis reproduzierbar unter gleichen Bedingungen)
- **Validität** (kein Verfahrens-/Instrumenteneinfluss)

zur Gestaltung des Datenentstehungsprozesses genannt. Die praktische Umsetzung oder die nachträgliche Überprüfung ist jedoch schwierig.

Qualitätsmanagementsysteme (vgl. Seite 11) können zur stetigen Verbesserung der Datenqualität beitragen (Pionier solcher Systeme ist ein Stichprobenstatistiker: W. E. Deming), ein Rest von Variabilität wird sich jedoch meist nicht vermeiden lassen.

Übersicht 5: Variabilität beim Datenentstehungsprozess am Beispiel der Messung der Preisentwicklung für ein Produkt

Problembereich		ausgewählte Beispiele
Arbeitssystem	Begriffsbildung	statistische Masse und ihre Identifikationsmerkmale	Produzenten? Einzelhändler? Typen von Einzelhändlern (Fachgeschäfte, Kaufhäuser etc.)? Haushalte? Käufer? Jeweils sachlich, zeitlich, räumlich abgegrenzt genauso wie das *Produkt:* Homogenität bzgl. physischer Eigenschaften, Verpackung, Art des Verkaufs etc.
		Erhebungsmerkmale	„üblicher" Preis? Sonderpreis? Rabatte? Zahlungsfristen?
	Erfassung	Erhebungsverfahren	Umfragen? Beobachtung? Ständige Änderungsmeldungen (Panels)?
		Auswahlverfahren	Zufallsstichproben/Auswahlmodell? Quotenverfahren? Typische Auswahl z. B. von Produkten?
		Strategie	organisatorischer Ablauf, Abstimmung von Phasen des Arbeitssystems und von Begriffen

Übersicht 5: Variabilität beim Datenentstehungsprozess am Beispiel der Messung der
Preisentwicklung für ein Produkt (*Fortsetzung*)

Problembereich			ausgewählte Beispiele
Abbildungsergebnis	Abbildungs-modell	Zahlenergebnis	arithmetisches Mittel, Modus, Median
		Analyse, Vergleich	Vormonatsvergleich, Basisjahrvergleich, Entwicklungstrend mit verschiedenen Berechnungsmöglichkeiten
	quantifizierte Modell-charakterisierung	Modellwahl	nicht inferenziell: Streuungsmessung und Wahl der Abstandsmaße inferenziell: Wahl eines plausiblen Wahrscheinlichkeitsmodells
		Verfahrenswahl	nicht inferenziell: Standardabweichung, Genauigkeitsintervalle infernziell: Punktschätzer mit ihren Eigenschaften, Intervallschätzungen, Testverfahren
	Strategie		Abstimmung von Abbildungskomponenten untereinander sowie bezüglich der Merkmalsauswahl und Erhebung, Koordination mit anderen Erhebungen eines Erhebungsgegenstandes.

Nicht immer sind die Messprobleme in der Praxis so komplex, wie dargestellt. So kann die Entscheidung, ob man künftig auf einer Messe vertreten sein soll, aufgrund der Besucherfrequenz und des Auftragsvolumens getroffen werden. Bestellhöhen werden durch einfache Analyse periodisierter Abverkaufsdaten festgelegt, häufig sogar durch Programmroutinen eines Warenwirtschaftssystems automatisiert und unter Umständen subjektiv durch Heuristiken (Erfahrung) eines Abteilungsleiters modifiziert.

Übersicht 6: Auslistungsentscheidung für ein Produkt bei großem Sortimentsumfang
im Einzelhandel

Problembereich	Beispiel
Entscheidung	Auslistung
Operationalisierung	Bruttorentabilität
statistische Masse	Artikel des Standardsortiments
statistische Merkmale	Rohertrag, Abverkäufe, Bestände
Erhebung	Stammdatenbank, Scannerdaten, Warenwirtschaftssystem
Auswahl	Totalerhebung, Monat
Auswertung	artikelgenau: Aufschlagspanne mal Umschlagshäufigkeit
Präsentation	Sortimentsportfolio

Bei laufenden Erhebungen, wie sie in der betrieblichen Praxis häufig vorkommen, könnte es sich anbieten, im Sinne einer statistischen Prozesskontrolle in einem Qualitätsmanagementsystem die Variabilität des Gesamtsystems abzuschätzen. Kommen die Daten etwa durch Zufallsstichproben zustande, so könnte die Gesamtvariabilität in die durch die Zufallsauswahl bedingte Variabilität (Zufallsfehler) und die Restvariabilität (Systemfehler) zerlegt werden. Vor allem dann, wenn die Restvariabilität – wie in der betrieblichen Praxis – insbesondere durch das „Arbeitssystem" („Managementregelkreis": Planung, Organisation, Durchführung, Kontrolle bzw. „Demingzirkel": Plan-Do-Check-Act) bedingt ist, weil es um die Erfassung einfacher Fallzahlen von Bestands- oder Bewegungsmassen geht – die Messung selbst ist eindeutig –, könnte die Variabilität durch Wiederholungsmessungen bestimmt werden [Strecker als Pionier hat dies bei Landwirtschaftszählungen erfolgreich durchgeführt; Strecker (1980) und Strecker et al. (1989)].

Interessant ist, dass die Gesamtvariabilität – der Gesamtfehler – des Systems bei Totalerhebungen oft höher ist, als bei (Zufalls-) Stichproben, weil die Reduktion des Systemfehlers (z. B. durch Einsatz qualifizierteren Personals) größer ist, als der nun entstehende Zufallsfehler. So können dann auch Totalzählungen (sofern sie durchgeführt werden müssen: Stimmauszählung bei Wahlen, Viehzählungen in der Landwirtschaft, Jahresstichtagsinventuren) bezüglich ihrer Genauigkeit durch Zufallsstichproben überprüft werden oder gleich ganz durch Stichproben ersetzt werden, sofern Manipulationsmöglichkeiten ausgeschlossen sind. Die deutsche Wirtschaft spart so jährlich hohe Beträge durch den Einsatz von Zufallsstichproben bei der Inventur. Die Volkszählung (Zensus) 2011 in Deutschland war ebenfalls eine registergestützte Zufallsstichprobe.

1.3 Statistische Massen und Merkmalsarten

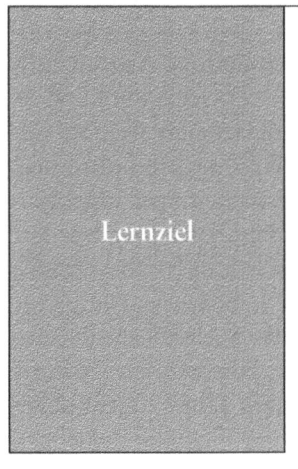

Lernziel

Mit der Maßtheorie (hier Mengen- und Ereignisalgebra) kann man einen „messbaren Raum" konzipieren, auf dem ein Wahrscheinlichkeitsmaß – also auch eine statistische Häufigkeit – eindeutig definierbar ist (Wahrscheinlichkeitsraum). In praktischen Anwendungen ist die Konstruktion eines messbaren Raums schwierig. Man versucht, Eindeutigkeit durch präzise Definition von Erhebungs- (Variable) und Identifikations- (Abgrenzungs-) merkmalen zu erreichen. Aber selbst dann, wenn die Merkmale eindeutig gemessen werden können, sind sie oft Platzhalter („Symptome") für gewünschte, nicht oder nicht direkt messbare Eigenschaften von Untersuchungsobjekten.

Eine **statistische Masse**, statistische Gesamtheit (auch Grundgesamtheit bei Stichprobenziehungen) besteht aus Einheiten mit denselben Ausprägungen sachlicher, räumlicher und zeitlicher Identifikationsmerkmale (sie sind also keine Variablen). Je nach zeitlicher Abgrenzung unterscheidet man

- **Bestandsmassen**: Zeitpunktbezug (Bevölkerungsbestand, Lagerbestand, Arbeitslosenzahl am Monatsende)

- **Bewegungsmassen**: Zeitraumbezug (Zuwanderungen, Geburten, Lagerzu- und abgänge, Verkäufe, Vermittlung von Arbeitslosen während eines Monats).

Einheiten statistischer Gesamtheiten können sein:

- Personen (Beschäftigte, Studierende, Wohnbevölkerung, Kunden, Autofahrer)
- Gegenstände (Lagerposten, Wohnungen, Produkte)
- Ereignisse (Entlassungen, Unfälle, Straftaten, Käufe)
- soziale, rechtliche oder regionale Einheiten (Haushalte, Familien; Unternehmen, Betriebe; Postleitzahlengebiete, Verwaltungsbezirke).

Schon an den Beispielen ist ersichtlich, wie schwierig „Eindeutigkeit" zu erreichen ist. So ist die Akademikerquote in Deutschland nicht mit der in den USA vergleichbar, weil manche Ausbildung im tertiären Sektor in Deutschland nicht in der Hochschulstatistik auftaucht, die in diesen Institutionen qualifizierten Absolventen also nicht zu „Studierenden" gezählt werden. Die Kriminalstatistik ist sowohl durch die Wandlung des Begriffs „Straftat" als auch durch ihre Erfassungsmodalitäten problematisch. Haushalte sind Wohngemeinschaften, die zusammen wirtschaften (also auch Gefängnisse) und keine Familien, Einheiten werden also häufig von denen definiert, die die Erhebung durchführen (Forschungsinstitute z. B.) und entsprechen nicht unbedingt der Vorstellung des Statistikkonsumenten. Eine seriöse Erhebungsinstitution – wie z. B. das Statistische Bundesamt – legt daher die Definition der Einheiten und die Abgrenzung der statistischen Masse offen. Trotzdem kommt es bei (verkürzter) Publikation von Ergebnissen statistischer Untersuchungen bezüglich der betroffenen Gesamtheit zu Missverständnissen: Ergebnisse randomisierter Doppelblindstudien an Sportstudenten während des Semesters oder von männlichen Probandenkollektiven zwischen 35 und 45 Jahren in der pharmazeutischen Forschung werden z. B. auf jüngere und ältere Personen als Verhaltensempfehlungen übertragen; die Lebenserwartung neugeborener Knaben wird als die Lebenserwartung von Männern bezeichnet (wieso haben Professoren und Päpste die höchste Lebenserwartung?); Zufriedenheitserhebungen bei Kunden im letzten Jahr werden – sofern das Ergebnis erfreulich war – Planungen für die nächsten Jahre zugrundegelegt; die β-Volatilität (letztlich der Verzinsungsanspruch der Eigenkapitalgeber), berechnet aus Daten des Aktienmarktes der letzten zehn Jahre, wird bei aktuellen Investitionsentscheidungen berücksichtigt . . . Lernen aus Daten bedeutet häufig, Übertragung von Ergebnissen auf andere (zeitlich, räumlich abgegrenzte) Gesamtheiten. Das damit verbundene Risiko (Variabilität) muss natürlich berücksichtigt werden.

Statistische **Merkmale** sind messbare Eigenschaften von Einheiten der Gesamtheit, wobei die Messung durch Zuordnung der Einheiten auf mögliche **Merkmalsausprägungen**, also durch eine Messskala vorgenommen wird. Die Art des Merkmals, sein Skalenniveau, beeinflusst sowohl die Erfassbarkeit der Mess- oder Beobachtungswerte als auch die rechnerische Weiterverarbeitung dieser Werte.

Üblicherweise werden klassifikatorische (Nominalskala), komparative (Ordinalskala) und metrische (Kardinal- als Differenzen- oder Verhältnisskala) Merkmale unterschieden. Klassifikatorische Merkmale bringen nur die Verschiedenheit oder Gleichartigkeit von Einheiten zum Ausdruck. Die Ausprägungen werden zur Weiterverarbeitung oft in Zahlen verschlüsselt. Beispiele sind Beruf, Studienfach, Wohnort, Geschlecht. Komparative Merkmale bringen zusätzlich zur Verschiedenheit eine Rangordnung zum Ausdruck wie Schulnoten – auch in Form von Punkteskalen –, Handelsklassen, Konfektions- und Schuhgrößen, Intelligenzquotienten. Die Ausprägungen werden ebenfalls häufig in Zahlen verschlüsselt. Sie bleiben trotzdem qualitative Merkmale, d. h. Differenzen und Verhältnisse ergeben keinen Sinn. Trotzdem werden – auch von Hochschullehrern für Statistik – z. B. Durchschnittsnoten berechnet, weil jeder dieses (falsche, aber robuste) Verfahren als ausreichend informativ für die zu treffenden Entscheidungen akzeptiert. Skalen qualitativer Merkmale sind aus Theorien begründet, wurden in der Praxis getestet und haben sich bewährt oder sind durch Konsens am Erhebungsergebnis interessierter Gruppen zustandegekommen. Das Statistische Bundesamt erstellt und überarbeitet regelmäßig Skalen für nominale Merkmale, sog. Systematiken (z. B. Berufs- oder Gütersystematiken). Diese Skalen sollten vollständig (erreichbar durch eine Kategorie „Rest") und eindeutig sein, d. h. jede Einheit sollte genau einer Ausprägung zuzuordnen sein.

Ordinalskalen, die oft ein Bündel anderer mindestens komparativer Merkmale abbilden, werden ausführlich in der empirischen Wirtschafts- und Sozialforschung behandelt.

Zusätzlich zur Rangordnung kann bei Kardinalskalen noch angegeben werden, in welchem Ausmaß sich zwei verschiedene Merkmalsausprägungen unterscheiden. Bei intervallskalierten Merkmalen bedeuten identische Differenzen dasselbe Ausmaß, Verhältnisse ergeben jedoch keinen Sinn, d. h. als Ausprägung können negative und positive Werte, auch der Wert Null vorkommen. So könnten Unternehmen nach dem Jahresüberschuss geordnet werden. Wollte man Verhältnisse bilden, müssten (und könnten) die negativen (Verluste) und die positiven Ausprägungen (Gewinne) und die Nullträger getrennt behandelt, also eine Verhältnisskala gebildet werden, denn 10 Mio. Verlust sind nicht halb soviel wie 20 Mio. Gewinn, aber Gewinne oder Verluste können sich verdoppeln.

Bei der Temperaturmessung in Grad Celsius machen aber auch Verhältnisse von Temperaturen über Null keinen Sinn. Ob sich ein Sinn von Verhältnissen in einer Kelvin-Skala ergibt, sei dahingestellt.

Bei verhältnisskalierten Werten – ohne die Ausprägung Null – haben Quotienten von Ausprägungen einen Sinn.

Bei manchen Anwendungen gerade in der Ökonomie, in der als Messgrößen in Währungseinheiten (z. B. €, $, £) bewertete Skalen (Umsatz, Einkommen, Vermögen, . . .) üblich sind, wird man feststellen, dass die Einheiten der untersuchten statistischen Gesamtheit – z. B. Beschäftigte – gleiche Differenzen und gleiche Verhältnisse unterschiedlich z. B. in Abhängigkeit von ihrer Positionierung auf der Skala beurteilen (100 € sind für einen Armen relativ viel, für einen Reichen relativ wenig). Dies ist hauptsächlich dann der Fall, wenn diese Skala nur Symptome abbildet, also z. B. etwas Komplexes wie „Armut", „Versorgung", „finanzielles Risiko" etc. messen soll. Quantitative, in Geld bemessene Einheiten werden in der Betriebswirtschaft gerne als „hard facts" oder „ökonomische Größen", die anderen als „soft facts" und „vor- oder außerökonomische Größen" bezeichnet, also ihr Informationsgehalt für die dort zu treffenden Entscheidungen als höher angesehen. Dies hat mit dem Grundverständnis der Wirtschaftswissenschaften (vgl. Wissenschaftstheorie), den Annahmen über die Wertbildung in einer Marktwirtschaft und der Vorstellung über die dort rational handelnden Wirtschaftssubjekte („homines oeconomici") zu tun.

Der verantwortungsbewusste Nutzer statistischer Daten wird dies wissen und nicht durch „Kurieren an Symptomen" z. B. durch einfache Umverteilung von „Reich" nach „Arm" Gestaltung suggerieren, auch wenn dieser „Bluff" durchaus eigenen Interessen nutzen (z. B. Wiederwahl, um dann zu gestalten) oder sogar einen Placebo-Effekt (z. B. Verhaltensänderung) haben kann.

Bei komparativen und insbesondere quantitativen Merkmalen ist für die Erhebbarkeit die rechnerische Verarbeitung und die tabellarische sowie grafische Darstellung, außerdem die Unterscheidung in

- **stetige Merkmale** („Messen", alle Werte eines Zahlenintervalls können auftreten) und
- **diskrete Merkmale** („Zählen", abzählbar viele Ausprägungen)

wichtig. Stetige Merkmale sind z. B. Körpergröße und -gewicht, Alter, Rankings auf einer stetigen Skala – bei tabellarischer Darstellung werden Ausprägungen zu Intervallen zusammengefasst, d. h. klassiert –, diskrete Merkmale sind z. B. in € bewertete Einheiten, Kinderzahl von Familien, Kundenbesuche je Tag am Messestand. In der Praxis werden diskrete Merkmale mit sehr vielen denkbaren Ausprägungen wie stetige behandelt und stetige wie diskrete Merkmale:

- **quasi-stetige Merkmale** (Ausprägungen zu überlappungsfreien Intervallen zusammenfassen, „Klassierung")
- **quasi-diskrete Merkmale** (Intervalle zu diskreten Zahlen runden).

So erhält man z. B. klassierte Einkommens- und Umsatzverteilungen bzw. eine Altersverteilung (Bevölkerungspyramide) nach Lebensjahren. Liegen als Informationen nur derartige gerundete bzw. klassierte Daten vor, z. B. weil sie schon so erhoben wurden (Bei der Frage „Wieviel gaben Sie im letzten Monat für alkoholische Getränke aus?" können keine Einzelwerte – außer z. B. der Wert Null – erwartet werden) oder nur noch die zusammengefassten Ergebnisse vorliegen, so ist die Weiterverarbeitung nur unter Annahmen über die Verteilung innerhalb des Intervalls möglich – eine Variabilitätskomponente sowohl bezüglich der Aussagefähigkeit von tabellarischen und grafischen Darstellungen als auch der Berechnung von Maßzahlen. Der Aspekt der Darstellung und Auswertung von vorliegenden univariaten, insbesondere klassierten Verteilungen wird hier aus zwei Gründen betont:

- Es sind Datensätze für realistische Beispiele möglich.
- Es können schon Konzepte der induktiven Statistik angesprochen werden, wodurch dieser erfahrungsgemäß als schwieriger empfundene Teil der statistischen Methodenlehre bereits vorbereitet wird.

Summary

- Statistik, als Methodenlehre und nicht als Zahlenergebnis verstanden ist eine wissenschaftliche Disziplin, die sich mit der Entwicklung und Anwendung von Verfahren zur Gewinnung, Beschreibung und Analyse von in Zahlen abbildbaren empirischen Befunden beschäftigt. Sie soll in einem Entscheidungsprozess informative Daten liefern; insbesondere soll sie helfen, Theorien an der Realität zu überprüfen.

- Die „Genauigkeit", besser der Informationsgehalt statistischer Ergebnisse, muss also im Licht der zu treffenden Entscheidung bzw. zu prüfenden Theorie – in der ersten Stufe des Erhebungsprozesses die Operationalisierung/Adäquation – gewürdigt werden.

- Natürlich hat jede Phase des Datenentstehungsprozesses Einfluss auf das Ergebnis. Dieser Einfluss sollte im Zusammenhang mit dem Erhebungsanlass offengelegt werden.

- Allgemein verlangt man die Nennung des Auftraggebers bzw. der Ausführungsinstitution und eine Begründung der ausgewählten Methoden, Instrumente und Verfahren. Wer dann gleich vorgeht, müsste zum selben Ergebnis kommen.

- Die Begründung der Verfahrenswahl im Sachzusammenhang gilt auch für die eingesetzten Auswertungs- und Darstellungsmethoden.

Summary

- Wird z. B. statistische Software genutzt, muss das Skalenniveau der gemessenen Merkmale (nominal, ordinal oder metrisch) vor der Wahl der Auswertungsmethoden angegeben werden. Sind Ausprägungen nominaler oder ordinaler Merkmale als Zahlen verschlüsselt, kann das Auswertungsergebnis unsinnig werden, wenn keine entsprechende Einschränkung vorgenommen wird.

- Grafische Darstellungen sind wichtige Hilfsmittel bei der Analyse und Interpretation statistischer Ergebnisse. „Künstlerische Freiheiten" (Wahl des Maßstabs, Farbgebung, Darstellung lediglich von Teilaspekten z. B. beim Verlauf von Zeitreihen etc.) erlauben allerdings eine Subjektivierung von Ergebnissen wie natürlich jede verbale Interpretation auch.

Aufgabe ①

Erstellen Sie ein Kreisdiagramm des Merkmals Familienstand für die Wohnbevölkerung der folgenden Tabelle:

Tab ... Wohnbevölkerung der Stadt XY am 30.02.20.. (in Tsd.)

Geschlecht	Familienstand				Insgesamt
	ledig	verheiratet	verwitwet	geschieden	
männl.	102	89	5	4	200
weibl.	109	90	15	6	220
Insgesamt	211	179	20	10	420

Quelle: Städtestatistisches Amt XY

Lösung:

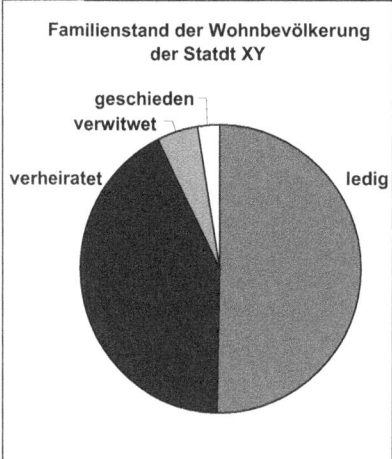

Familienstand der Wohnbevölkerung der Statdt XY

geschieden
verwitwet
verheiratet
ledig

Kreisfläche:
$$420 = \pi r^2 \implies r^2 = \frac{420}{\pi}$$

Ausschnitt:
$$A = \pi r^2 \frac{\alpha}{360} = \pi \frac{420}{\pi} \frac{\alpha}{360} = \frac{7}{6}\alpha$$
$$\implies \alpha = \frac{6}{7} A$$

Familienstand	A	α
ledig	211	$180,86°$
verheiratet	179	$153,43°$
verwitwet	20	$17,14°$
geschieden	10	$8,57°$
$\sum$	420	$360°$

Beispieldatensatz

Bei 25 Teilnehmern einer Statistik-Klausur wird eine statistische Erhebung mit den Merkmalen

- Geschlecht (männlich 1, weiblich 2)
- Vertiefungsfach (Bank 1, Handel 2, Industrie 3)
- Mathematiknote des vorangegangenen Semesters (2, 3, 4)
- Ausgaben für Kopien im letzten Semester (Euro)
- Einkommen im letzten Semester (Euro)
- Anzahl gekaufter/ausgeliehener Fachbücher im letzten Semester
- erwartete Leistung (unterdurchschnittlich -1, durchschnittlich 0, eher besser +1)

durchgeführt. Man erhält folgende Datenmatrix:

Stud.-Nr.	Ge-schlecht	Vertie-fungs-fach	Note	Ausgaben für Kopien €	Einkommen €	Anzahl Fachbücher	erwartete Leistung
1	2	2	3	21	2025	2	0
2	1	1	3	37	2220	1	0
3	1	2	2	26	2130	1	-1
4	2	3	3	68	2580	0	+1
5	1	2	4	16	1770	2	0
6	2	2	2	31	2160	1	0
7	1	3	4	24	2130	2	-1
8	2	3	2	6	1710	4	+1
9	2	2	2	22	1980	1	-1
10	1	3	4	32	2280	1	+1
11	2	1	3	17	2025	2	0
12	1	3	3	44	2325	0	0
13	1	1	3	30	2250	1	-1
14	2	2	2	12	1800	3	+1
15	1	3	4	57	2460	0	-1
16	1	3	3	41	2415	0	-1
17	2	1	2	20	1890	2	+1
18	2	2	2	19	2010	2	0
19	1	3	4	47	2370	0	-1
20	2	3	2	14	1965	3	+1
21	1	2	3	39	2235	1	0
22	2	3	2	18	1980	3	+1
23	2	2	2	2	1770	4	+1
24	1	2	3	10	1920	3	0
25	1	1	3	27	2100	1	+1

2 Deskriptive Statistik: Univariate Verteilungen

2.1 Darstellungsformen

Lernziel	Statistische Konzepte sind leichter vermittelbar, wenn man die (internationale) Sprache der Statistik versteht, die Symbole. Über Anwendungsbeispiele wird ein Gewöhnungseffekt erreicht.

Wird eine Gesamtheit nur nach einzelnen Merkmalen (univariat) untersucht, so ist der erste Schritt eine sinnvolle Ordnung der Beobachtungswerte – z. B. bei mindestens ordinalen Merkmalen der Größe nach. Bei großen Gesamtheiten wird man zur Erhöhung der Übersichtlichkeit die Beobachtungswerte in Gruppen mit gleichen Ausprägungen zusammenfassen („Gruppieren"), bei stetigen oder quasistetigen Merkmalen die Beobachtungswerte vorgegebenen, überschneidungsfreien Intervallen zuordnen („Klassieren"). Die geordnete tabellarische bzw. grafische Darstellung des zahlenmäßigen Umfangs der Gruppen mit gleichen Merkmalsausprägungen wird **Häufigkeitsverteilung** genannt. (Absolute) Häufigkeitsverteilungen sind also Darstellungen – bei in den reellen Zahlenraum abgebildeten Merkmalsausprägungen Funktionen –, die jeder auftretenden Merkmalsausprägung eine Anzahl zuordnen. Die Gesamtsumme dieser Anzahlen ergibt den Gesamtumfang der statistischen Masse.

Es ist (international) üblich, folgende Symbole zu verwenden:

- **Umfang** der statistischen Gesamtheit n
  (Bei Stichproben wird unterschieden in
  N: Grundgesamtheitsumfang und in n:
  Stichprobenumfang)

- **Urliste der Beobachtungswerte** für das $a_1, \ldots, a_i, \ldots, a_n$
  Merkmal X der n statistischen Einhei- $(a_i$ mit $i = 1, \ldots, n)$
  ten (solange es noch Missverständnisse
  geben könnte, wird nicht das Symbol x_i
  mit $i = 1, \ldots, n$ verwendet)

- **Ausprägungen** des Erhebungsmerkmals $x_1, \ldots, x_j, \ldots, x_m$
  X (Variable) bei m Ausprägungen $(x_j$ mit $j = 1, \ldots, m)$

- **absolute Häufigkeit** der Ausprägung x_j $\quad h_j = h(x_j)$ mit $\sum\limits_{j=1}^{m} h_j = n$

© Springer-Verlag GmbH Deutschland, ein Teil von Springer Nature 2019
I. Rößler und A. Ungerer, *Statistik für Wirtschaftswissenschaftler*,
BA KOMPAKT, https://doi.org/10.1007/978-3-662-60342-0_2

- **relative Häufigkeit** der Ausprägung x_j $f_j = f(x_j) = \dfrac{h_j}{n}$ mit $\displaystyle\sum_{j=1}^{m} f_j = 1$

- **relative Häufigkeit in %** $f_j \cdot 100$

- **kumulierte absolute Häufigkeit** von x_j, $H_j = H(x_j)$ mit

  das Merkmal X muss ordinal oder me-
  trisch sein, Ordnung der Größe nach $H_j = \displaystyle\sum_{k=1}^{j} h_k, \; H_m = n$
  mit $x_k < x_{k+1}, k = 1, \ldots, j-1$

- **kumulierte relative Häufigkeit** von x_j $F_j = F(x_j)$ mit

  des mindestens ordinalen Merkmals X
  mit der Größe nach geordneten Ausprä- $F_j = \displaystyle\sum_{k=1}^{j} f_k = \dfrac{H_j}{n}, \; F_m = 1.$
  gungen

Man erhält also $\displaystyle\sum_{j=1}^{m} f_j = 1$, weil $\displaystyle\sum_{j=1}^{m} f_j = \sum_{j=1}^{m} \dfrac{h_j}{n} = \dfrac{1}{n}\sum_{j=1}^{m} h_j = \dfrac{1}{n}\cdot n = 1$ gilt

und $F_m = 1$, weil $F_m = \dfrac{H_m}{n} = \dfrac{n}{n} = 1$ gilt.

Die grundlegenden Häufigkeitsverteilungen sollen am Beispieldatensatz (vgl. Seite 17) gezeigt werden. Für die $n = 25$ Teilnehmer an einer am Ende des Semesters stattfindenden Statistikklausur werden im Vorfeld der Klausur durch Befragung 7 Merkmale erfasst (die Nummerierung folgt einer alphabetischen Liste und ist nicht Gegenstand der Auswertung, auch wenn sie „variiert"):

- ○ das Geschlecht (nominal, $m = 2$)
- ○ das Vertiefungsfach (nominal, $m = 3$)
- ○ die Note einer im vorausgehenden Semester geschriebenen Mathematikklausur (ordinal, $m = 3$)
- ○ im Semester getätigte Ausgaben für Kopien (metrisch, quasi-diskret)
- ○ das Semestereinkommen (metrisch, quasi-diskret).
- ○ im Semester gekaufte/ausgeliehene Fachbücher (metrisch, diskret, $m = 5$)
- ○ die erwartete Leistung in der Statistikklausur (ordinal, $m = 3$)

Für das Merkmal „Vertiefungsfach" ist also z. B. $a_3 = 2, a_{22} = 3$.

Tab. 1: Vertiefungsfach der Teilnehmer an der Statistikklausur am ... an der Hochschule ...

j	x_j	h_j	f_j	$f_j \cdot 100$
1	1 (Bank)	5	0,2	20
2	2 (Handel)	10	0,4	40
$m=3$	3 (Industrie)	10	0,4	40
$\sum$	–	25=n	1	100

Die Darstellung von Auswertungsberechnungen sollte immer tabellarisch erfolgen. Für die grafische Darstellung werden Balken- oder Flächendiagramme (z. B. Kreisdiagramme) verwendet.

Abb. 1a: Balkendiagramm

Abb. 1b: Kreisdiagramm

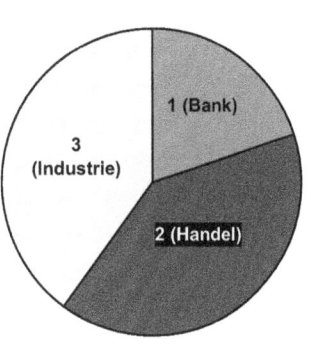

Für das Merkmal „erwartete Leistung" ist $a_3 = -1$ und $a_{22} = +1$.

Tab. 2: Erwartete Leistung der Teilnehmer an der Statistikklausur am ... an der Hochschule ...

j	x_j	h_j	f_j	H_j	F_j
1	-1	7	0,28	7	0,28
2	0	9	0,36	16	0,64
$m=3$	1	9	0,36	$25=n$	1
$\sum$	–	$25=n$	1	–	–

9 Studierende erwarten eine durchschnittliche Leistung, 16 Studierende erwarten eine durchschnittliche oder schlechtere Leistung.

Abb. 2: Absolute und kumulierte absolute Häufigkeitsverteilungen des Merkmals „erwartete Leistung"

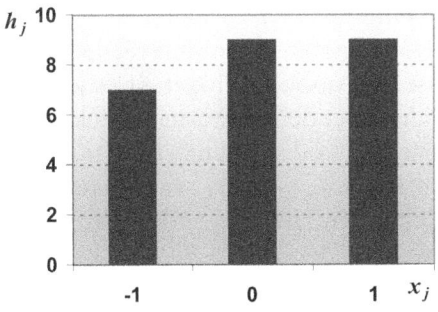
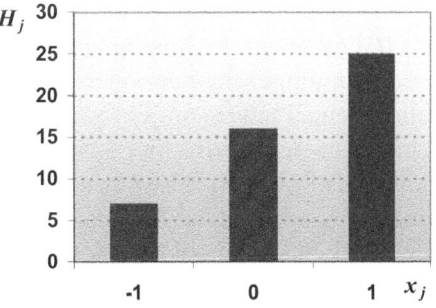

Bei Merkmalen, deren Ausprägungen eine Ordnung aufweisen, können Verteilungen durch ihre Form verbal beschrieben werden, z. B.

- **unimodal (eingipflig)** oder **multimodal (mehrgipflig)**
- **symmetrisch** oder **links-/rechtssteil.**

Abb. 3: Verteilungsformen

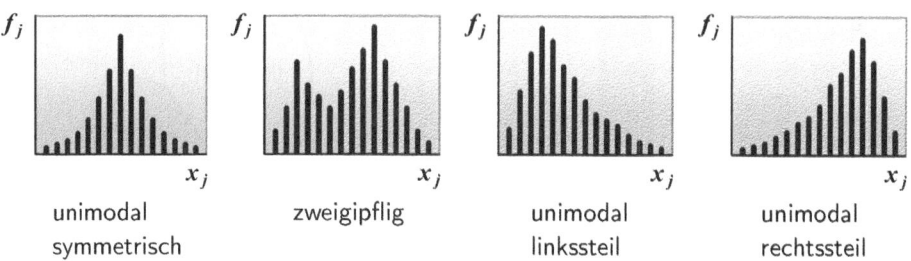

| unimodal | zweigipflig | unimodal | unimodal |
| symmetrisch | | linkssteil | rechtssteil |

Für das Merkmal „im Semester gekaufte/ausgeliehene Fachbücher" ist $a_3 = 1$ und $a_{22} = 3$.

Tab. 3: Anzahl gekaufter/ausgeliehener Fachbücher der Teilnehmer an der Statistikklausur am ... an der Hochschule ...

j	x_j	h_j	f_j	H_j	F_j
1	0	5	0,2	5	0,2
2	1	8	0,32	13	0,52
3	2	6	0,24	19	0,76
4	3	4	0,16	23	0,92
$m=5$	4	2	0,08	$25=n$	1
$\sum$	–	$25=n$	1	–	–

6 Studierende hatten im Semester 2 Fachbücher zur Verfügung. 19 Studierende hatten 2 oder weniger Fachbücher zur Vorbereitung zur Verfügung.

Für metrische Merkmale können die Punkte (x_j, h_j) oder (x_j, f_j) bzw. (x_j, H_j) oder (x_j, F_j) in einem (Punkte-) Koordinatensystem mit reellen Zahlenachsen eingezeichnet werden. Zur besseren Anschaulichkeit ist es jedoch üblich, keine Punkte sondern Stäbe oder Säulen über den x_j-Werten zu zeichnen, d. h. die x_j-Achse wird hier – analog zu nominalen oder ordinalen Merkmalen – „nur" als Rubrikenachse mit den Rubriken $x_1, \dots, x_j, \dots, x_m$ aufgefasst, über denen durch Stäbe bzw. Säulen mit den zugehörigen Höhen h_j oder f_j bzw. H_j oder F_j die Häufigkeiten veranschaulicht werden.

Abb. 4: Relative und kumulierte relative Häufigkeitsverteilungen des Merkmals „Fachbücher"

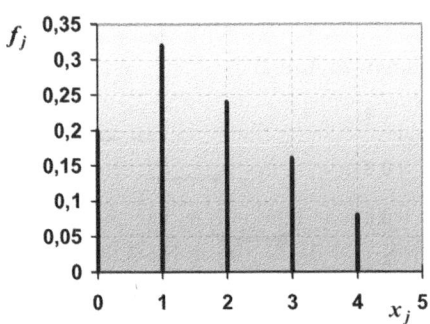 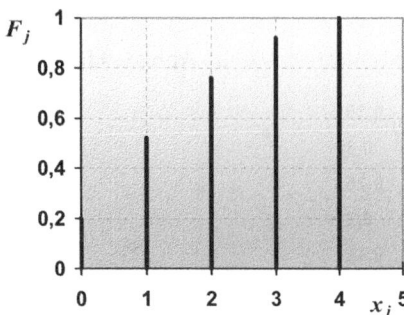

Möchte man die Häufigkeiten eines metrischen Merkmals – in Kapitel 4.1, Seite 101, wird man sehen, dass so auch bei nominalen Merkmalen verfahren werden kann, wenn den Ausprägungen sinnvolle reelle Zahlen zugeordnet werden können – in einem Koordinatensystem „richtig" darstellen, so definiert man absolute bzw. relative Häufigkeitsfunktionen $h(x)$ bzw. $f(x)$ sowie absolute bzw. relative empirische Verteilungsfunktionen $H(x)$ bzw. $F(x)$, z. B. in der relativen Darstellung:

- **relative Häufigkeitsfunktion** $\quad f(x) = \begin{cases} f_j \text{ für } x = x_j, \ j = 1, \ldots, m \\ 0 \text{ sonst} \end{cases}$

- **empirische Verteilungsfunktion** $\quad F(x) = \begin{cases} 0 \text{ für } x < x_1 \\ F_j \text{ für } x_j \leq x < x_{j+1}, \ j = 1, \ldots, m-1 \ . \\ 1 \text{ für } x \geq x_m \end{cases}$

Vorteil dieser reellen Funktionen ist, dass mit jeweils einer Gleichung $h = h(x)$, $f = f(x)$, $H = H(x)$ bzw. $F = F(x)$ jedem x-Wert der reellen Zahlenachse – und nicht nur den Tabellenwerten der Häufigkeitstabelle – ein Funktionswert zugeordnet werden kann.

Das Konzept der „Häufigkeitsfunktionen" wird daher dann wieder aufgegriffen, wenn statt der tabellarischen Darstellung der Funktion eine Gleichung gewählt werden kann (vgl. in Kapitel 4.1, Seite 101) und dadurch z. B. die Weiterverrechnung der relativen Häufigkeiten – dann als Wahrscheinlichkeiten – vereinfacht wird.

Bei der grafischen Darstellung einer Häufigkeits- bzw. empirischen Verteilungsfunktion ist also – gemäß der Definition – zu beachten, dass $h(x)$ bzw. $f(x)$ sowie $H(x)$ bzw. $F(x)$ nur für $x = x_j$ Messwerte h_j, f_j, H_j, F_j aufweisen, denn alle reellen Zahlen der x-Achse mit $x \neq x_j$ treten in der absoluten bzw. relativen Häufigkeit von 0 auf. Für die kumulierten Häufigkeiten bedeutet dies, dass von einer Merkmalsausprägung x_j bis zur nächst höheren x_{j+1} das Niveau H_j

bzw. F_j erhalten bleibt. Somit erhält man für die relative Häufigkeitsfunktion bzw. die relative empirische Verteilungsfunktion durch Einzeichnen aller Punkte $(x, f(x))$ bzw. $(x, F(x))$ folgende „Kurven" (auch Graphen genannt):

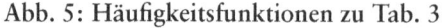

Abb. 5: Häufigkeitsfunktionen zu Tab. 3

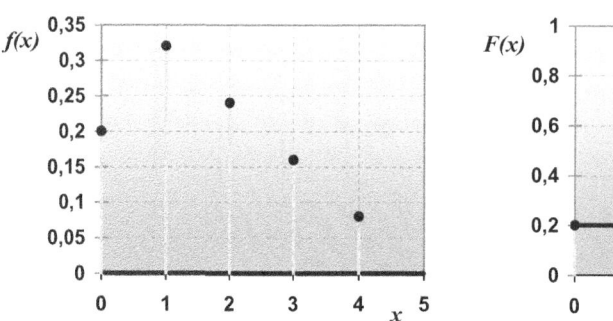 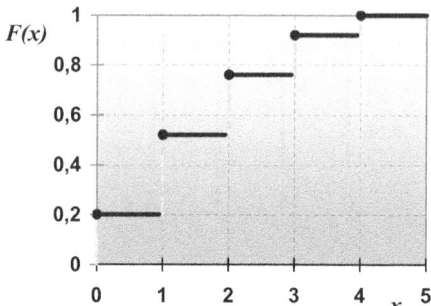

Die Kurven können natürlich nur andeutungsweise gezeichnet werden, da die Darstellung in der Nähe der x_j-Werte nur ungefähr möglich ist.

Empirisch gehaltvoll sind diese Funktionen für diskrete Merkmale also nur an den Stellen $x = x_j$. Bei stetigen Merkmalen ist allerdings jeder Wert für x möglich. Dann ist es sinnvoll, schon bei der Erhebung bzw. vor der Auszählung benachbarte Beobachtungswerte vordefinierten Intervallen, d. h. Klassen, zuzuordnen. Die Zahl und die Breite der Klassen wird vom Untersuchungsziel und den Erhebungsmöglichkeiten bestimmt.

> Der Vorschlag, bei normalverteilten Gesamtheiten wie in der Qualitätskontrolle $\sqrt{n}$ als Anzahl der Klassen zu wählen, drückt lediglich aus, dass bei geringer Anzahl weniger Klassen und bei hohem Gesamtheitsumfang mehr Klassen mit ausreichender Besetzung je Klasse zu erwarten sind.

Die Klassen müssen überschneidungsfrei definiert werden. In den Naturwissenschaften wird dies (mathematisch gesehen klüger) durch die Intervallbegrenzung (...) „über ... bis ...", in den Wirtschafts- und Sozialwissenschaften durch [...] „von ... bis unter ..." erreicht.

Als zusätzliche Symbole bei klassierten Verteilungen sind üblich (wie aus der Indizierung ersichtlich ist, wird der Buchstabe a nun für die Klassenuntergrenze verwendet und nicht für einen Beobachtungswert):

- m **Klassen** $[a_1, b_1), \ldots, [a_j, b_j), \ldots, [a_m, b_m)$

- **Klassenbreite** $w_j = b_j - a_j$

- **Klassenmitte** $\tilde{x}_j = \dfrac{a_j + b_j}{2}$

- **absolute Häufigkeit** $h_j = \displaystyle\sum_{x_i \in [a_j, b_j)} h(x_i) \ \text{mit} \ \sum_{j=1}^{m} h_j = n$

- relative Häufigkeit $\qquad f_j = \dfrac{h_j}{n}$ mit $\sum\limits_{j=1}^{m} f_j = 1$

- kumulierte absolute Häufigkeit $\qquad H_j = \sum\limits_{k=1}^{j} h_k$ mit $H_m = n$

- kumulierte relative Häufigkeit $\qquad F_j = \sum\limits_{k=1}^{j} f_k = \dfrac{H_j}{n}$ mit $F_m = 1$.

Die absoluten und relativen Häufigkeiten sind also den Klassen, die kumulierten Häufigkeiten den Klassenobergrenzen zugeordnet.

Die Zahl und die Breite der Klassen beeinflusst daher das Ergebnis der Häufigkeitsverteilungen. Das Klassierungsverfahren ist somit nicht valide, d. h. man verwendet ein statistisches Modell und „verfälscht" dadurch in gewissem Ausmaß das Ergebnis. Dieser Einfluss auf das Ergebnis muss offengelegt werden. Hierbei gilt das Einfachheitspostulat – sofern nicht eine sachlogische Begründung etwas anderes rechtfertigt –, d. h. eine möglichst bezüglich der „Verfälschung" (Variabilität) leicht nachvollziehbare, aber alle empirischen Informationen berücksichtigende Modellwahl.

Bei der tabellarischen Darstellung der Verteilung kann deshalb bei ungleichen Klassenbreiten der Vergleichbarkeit wegen auf gleiche Klassenbreiten umgerechnet, d. h. eine

- absolute Dichte $\qquad h_j^* = \dfrac{h_j}{w_j}$ mit $\sum\limits_{j=1}^{m} h_j^* w_j = n \qquad$ bzw. eine

- relative Dichte $\qquad f_j^* = \dfrac{f_j}{w_j}$ mit $\sum\limits_{j=1}^{m} f_j^* w_j = 1$

in einer zusätzlichen Spalte angegeben werden.

Tab. 4: Ausgaben für Kopien der Teilnehmer an der Statistikklausur am ... an der Hochschule ...

Ausgaben von ... bis unter ... €	w_j	h_j	h_j^*	f_j	f_j^*	F_j
0 – 15	15	5	0,333	0,2	0,013	0,2
15 – 25	10	8	0,8	0,32	0,032	0,52
25 – 35	10	5	0,5	0,2	0,02	0,72
35 – 50	15	5	0,333	0,2	0,013	0,92
50 – 75	25	2	0,08	0,08	0,0032	1
$\sum$	75	25=n	–	1	–	–

8 Studierende hatten im Semester Kopierausgaben von 15 bis unter 25 €, das sind 0,8 Studierende je € ($h_2^* = \frac{8}{10}$). 52 % der Studierenden hatten Kopierausgaben von weniger als 25 €.

Sollen die Häufigkeitsverteilungen grafisch dargestellt werden, müssen über die Verteilungen innerhalb der Klassen weitere Annahmen getroffen werden.

Abb. 6: Annahmen zur Intraklassenverteilung

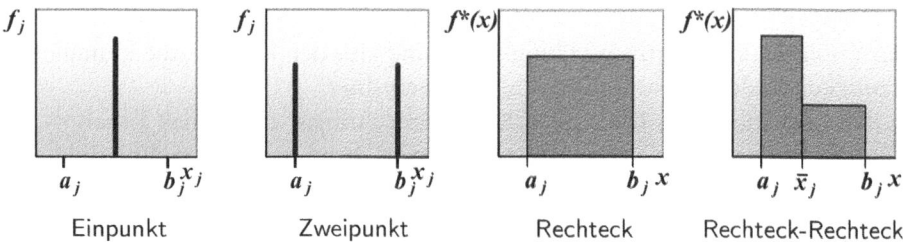

| Einpunkt | Zweipunkt | Rechteck | Rechteck-Rechteck |

So könnte man, – falls keine weiteren Informationen vorliegen –, annehmen, dass alle Einheiten in der Klassenmitte (Einpunkt), jeweils zur Hälfte an den Klassenrändern (Zweipunkt) oder gleichmäßig über das Intervall (Rechteck-, stetige Gleichverteilung) verteilt sind. Wäre beispielsweise die Merkmalssumme oder das arithmetische Mittel einer Klasse bekannt, so könnte man keines dieser Modelle verwenden, sondern müsste ein Modell wählen, das mit dieser Information vereinbar ist (z. B. Rechteck-Rechteck-Verteilung). Wir wählen hier als Modell – auch bei zukünftigen Berechnungen von Kenngrößen aus klassierten Verteilungen, sofern keine weiteren Informationen vorliegen – die Rechteckverteilung. Da diese Rechtecke so breit wie die Klassen sind, erhält man eine flächenproportionale Darstellung der absoluten und relativen Häufigkeiten, d. h. ein sog. **Histogramm**. Die Höhen dieser Rechtecke entsprechen dann den Besetzungsdichten und die Oberkanten der Rechtecke können als Funktion beschrieben werden:

- **Klassierte (relative) Dichtefunktion**
$$f^*(x) = \begin{cases} f_j^* & \text{für } x \in [a_j, b_j), \ j = 1, \dots, m \\ 0 & \text{sonst} \end{cases}$$

$$\text{mit } \int_{a_1}^{b_m} f^*(x)dx = 1$$

Das Sternchen soll zum Ausdruck bringen, dass hier ein Modell zur Darstellung verwendet wird. Dem Modell entsprechend wird dann die klassierte Verteilungsfunktion als Graph durch eine lineare Verbindung der Werte der kumulierten Häufigkeiten gezeichnet, wobei streng genommen die Werte F_j vor der Klassenobergrenze eingezeichnet werden müssten (daher ist die Formulierung „über … bis …" exakter und „schöner").

- **Klassierte Verteilungsfunktion**

$$F^*(x) = \int\limits_{a_1}^{x} f^*(u)du = \begin{cases} 0 & \text{für } x < a_1 \\ F_{j-1} + f_j^*(x - a_j) & \text{für } x \in [a_j, b_j), \ j = 1, \dots, m. \\ 1 & \text{für } x \geq b_m \end{cases}$$

Abb. 7: Histogramm und klassierte Verteilungsfunktion zu Tab. 4

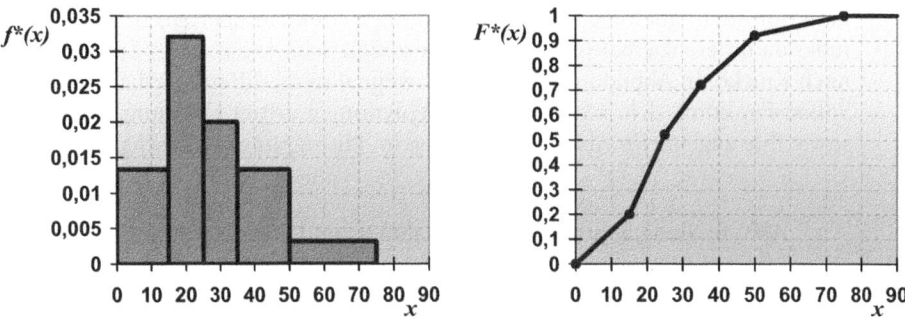

Da die Rechteckflächen des Histogramms die Häufigkeiten über den Klassen darstellen und die Verteilungsfunktion $F^*(x)$ die kumulierten Häufigkeiten beschreibt, entspricht die Fläche unter der klassierten Häufigkeitsdichte $f^*(x)$ im Intervall $[a_1, \xi]$ dem Funktionswert $F^*(\xi)$. Fällt ξ mit x_j zusammen, so stimmt dies mit dem empirischen Ergebnis exakt überein. Für $\xi \neq x_j$ ist die Fläche unter $f^*(x)$ in $[a_1, \xi]$ genau dann gleich $F^*(\xi)$, wenn die Punkte der Verteilungsfunktion in der Klasse, in der ξ liegt, linear miteinander verbunden wurden, d. h. die Rechteckverteilung bei der klassierten Verteilungsfunktion berücksichtigt wurde. Dass allerdings – für jedes beliebige $\xi \neq x_j$ – auch $F^*(\xi)$ mit dem empirischen Ergebnis übereinstimmt, hängt davon ab, ob die Rechteckannahme erfüllt ist.

Daher stellt sich die Frage, ob es nicht besser wäre, statt der Rechtecke mit der zugehörigen nicht stetigen Funktion der klassierten Häufigkeitsdichte eine stetige – also ohne Sprungstellen – oder sogar differenzierbare – also ohne Knicke – (relative) Dichtefunktion zu suchen, die ebenso gewährleistet, dass zum einen die Flächen unter der Funktion in den vorgegebenen Intervallen $[a_j, b_j)$, $j = 1, \dots, m$, gerade den zugeordneten (relativen) Häufigkeiten entsprechen und zum anderen die Fläche unter der Funktion im gesamten Definitionsbereich gerade 1 beträgt. Für die stetige Verteilungsfunktion würde dann nach wie vor gelten, dass ihr Graph durch die vorgegebenen Punkte (x_j, F_j) geht, der Verlauf zwischen zwei Punkten (x_j, F_j) und (x_{j+1}, F_{j+1}) wäre jedoch nicht mehr linear.

Ein Mathematiker würde mit numerischen Methoden bzw. entsprechender Software eine Spline-Funktion, die sich stückweise aus Polynomen zusammensetzt, bestimmen. Der Graph der Spline-Funktion müsste durch die gegebenen Punkte

$(0,0), (x_1, F_1), \ldots, (x_{m-1}, F_{m-1}), (x_m, 1)$ gehen und aufeinanderfolgende Punkte müssten durch die Kurve eines Polynoms verbunden werden. Um einen möglichst glatten Verlauf der Spline-Funktion bzw. ihrer zugehörigen Ableitungsfunktion zu erhalten, stellt man an den Stellen, an denen zwei Polynome zusammen treffen, Bedingungen. Fordert man, dass die Spline-Funktion auch an den Stellen $x_j, j = 1, \ldots, m$, stetig differenzierbar ist (d. h. die ersten Ableitungen sind gleich), so wird gewährleistet, dass die Dichtefunktion, die sich als stückweise aneinander gesetzte Funktion der Ableitungen der Polynome ergibt, stetig ist, also keine Sprungstellen aufweist. Bei einer zweimal stetig differenzierbaren Spline-Funktion (d. h. auch die zweiten Ableitungen stimmen überein) ist die Dichtefunktion differenzierbar (und damit auch stetig), d. h. sie hat weder Sprungstellen noch Knicke. In Abbildung 8 wird eine zweimal stetig differenzierbare kubische Spline-Funktion, d. h. mit stückweisen Polynomen dritter Ordnung, dargestellt sowie ihre zugehörige Ableitungsfunktion im Histogramm veranschaulicht.

Abb. 8: Stetig approximierte Verteilungs- und Dichtefunktion

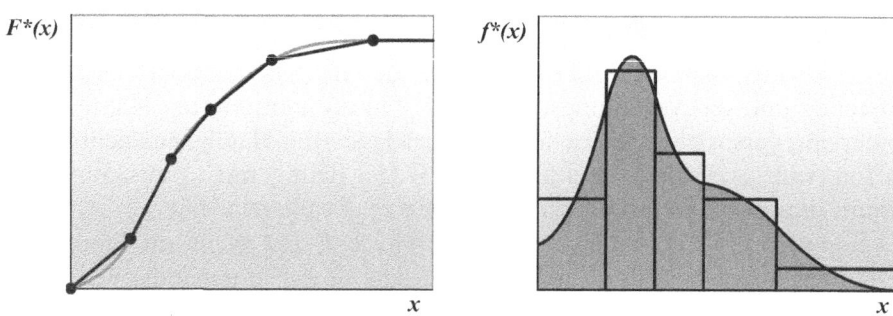

Der Statistiker ginge einen anderen Weg. Er würde zunächst überlegen, welches aus der Sachkenntnis heraus vernünftige Verteilungsmodell – z. B. eine logarithmische Normalverteilung für eine Einkommensverteilung – gewählt werden könnte. Sodann würde er aus der Familie dieser Verteilungen eine passende wählen, z. B. dadurch, dass er überprüft,

- ob die empirischen relativen Häufigkeiten von der aus der gewählten Verteilung berechneten theoretischen nicht zu sehr (quantifiziert durch die Wahrscheinlichkeitsrechnung, z. B. einen χ^2-Test, vgl. Kapitel 5.3)

- oder ob die kumulierten relativen Häufigkeitswerte höchstens zufallsbedingt von den theoretischen Werten

abweichen. Er würde dann für die grafische Darstellung entsprechende Funktionsgleichungen einer Dichte- bzw. Verteilungsfunktion wählen. Dies ist „handwerklicher" als die Weiterverrechnung von Tabellen. Sofern man solche Funktionen kennt, müsste man Häufigkeiten/Wahrscheinlichkeiten für vorgegebene Intervalle durch Berechnen der zugehörigen Fläche unter der Dichtefunktion,

d. h. durch Ermitteln des entsprechenden bestimmten Integrals, feststellen. Einfacher ist es jedoch, die Häufigkeiten/Wahrscheinlichkeiten durch Bilden von Differenzen der [in Tafeln (vgl. Anhang B) erfassten] Werte der Verteilungsfunktion zu bestimmen.

Abb. 9: Bestimmung von Häufigkeiten/Wahrscheinlichkeiten aus der Verteilungsfunktion

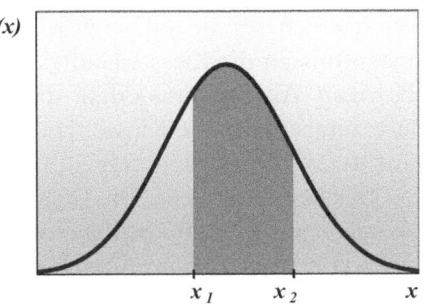 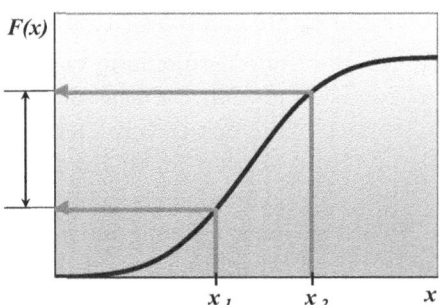

In den nächsten Kapiteln werden Maßzahlen – z. B. arithmetisches Mittel, Varianz – für statistische Verteilungen behandelt. Man kann sich vorstellen, dass derartige Maßzahlen einmal im deskriptiven Sinn „anschaulich" Aspekte wie die „Form" der zugrunde liegenden Verteilung beschreiben sollten. Im Fall von Funktionsgleichungen für die Verteilungen wäre dies dann der Fall, wenn solche Maßzahlen z. B. selbst als Funktionen der Parameter der Funktionsgleichungen ausgedrückt werden könnten. Sie würden dann alle Informationen über die zugrunde liegende theoretische Verteilung ausschöpfen, d. h. mit der Bestimmung dieser Maßzahlen und der Nennung der Familie der Verteilungen wäre die „passende" Verteilung exakt festgelegt. Bei der Auswahl einiger in der deskriptiven Statistik behandelten Maßzahlen wird diesem Aspekt bereits Rechnung getragen, d. h. diese Maßzahlen sollen nicht nur „anschaulich" im deskriptiven Sinn sein, sondern auch noch Eigenschaften haben, die bei Anwendungen in der induktiven Statistik benötigt werden. Dieser „Kompromiss" führt oft dazu, dass man sich zunächst unter der entsprechenden Maßzahl „nichts vorstellen" kann. Normierungen – z. B. auf den Wertebereich $[0, 1]$ – bzw. informative Vergleiche im Sachzusammenhang sind dann hilfreich.

Summary

- Die erste Stufe einer Auswertung erhobener Daten umfasst die sinnvolle Ordnung der Merkmalswerte bzw. ihre Zusammenfassung zu Gruppen mit gleichen Merkmalsausprägungen. Die tabellarische oder grafische Darstellung der Häufigkeiten des Auftretens von Merkmalsausprägungen heißt Häufigkeitsverteilung.

Sum-mary

- Bei quantitativen Merkmalen mit sehr vielen Ausprägungen (z. B. Einkommen) oder bei stetigen Merkmalen werden zur Erhebung bzw. vor der Auszählung benachbarte Beobachtungswerte zu Klassen zusammengefasst. Die Klassengrenzen dürfen sich nicht überschneiden. Die Wahl der Klassenbreiten hängt einerseits von der Erhebbarkeit, andererseits vom gewünschten Informationsgehalt und der Klassenbesetzung ab.

- Weisen die Klassen eine unterschiedliche Breite auf, so werden zur Vermeidung von Missverständnissen die Klassenhäufigkeiten auf die Klassenbreiten bezogen. Als Ergebnis erhält man die besser vergleichbaren Besetzungsdichten je Klasse. Diese werden in Histogrammen auf der Ordinate abgetragen, die Häufigkeiten somit als Rechteckflächen dargestellt. Die Dichtefunktionen innerhalb der Klassen entsprechen somit Rechteckverteilungen – also Oberkanten von Rechtecken (einfachstes Modell).

- In wirtschaftswissenschaftlichen Anwendungen sind kumulierte Häufigkeiten informativ, weil bei den üblicherweise linkssteilen Häufigkeitsverteilungen des Merkmals „Wert" (Einkommen, Umsatz, Vermögen, Inventarwert, Kundenaufträge, etc.) auf eine geringe Anzahl ein hoher Merkmalssummenanteil entfällt und so einfach sinnvolle Grenzen für weitere Analysen gefunden werden können.

- Die empirische und die – zum ersten Mal mit Hilfe eines statistischen Modells (Rechteckverteilung) erstellte – klassierte Verteilungsfunktion sind nicht nur Konzepte für eine sinnvolle grafische Darstellung, die z. B. auch der Bestimmung von Quantilen dienen kann, sondern erleichtern auch in der induktiven Statistik die Ermittlung von Wahrscheinlichkeiten.

Auf-gabe

2

Bei einer Erhebung stellt man folgende Personenzahl je Wohnung in den 40 Sozialwohnungen einer Stadt fest (Urliste):

5,2,1,4,6,   3,2,4,4,7,   6,1,2,3,5,   3,3,4,3,3   0,5,2,4,3, 3,6,5,6,4,   3,5,3,4,3,   3,5,7,3,4.

Berechnen Sie in tabellarischer Form absolute und relative Häufigkeiten sowie die kumulierten Häufigkeiten. Zeichnen Sie die Häufigkeitsverteilungen.

Lösung:

j	x_j	h_j	f_j	H_j	F_j
1	0	1	0,025	1	0,025
2	1	2	0,05	3	0,075
3	2	4	0,1	7	0,175
4	3	13	0,325	20	0,5
5	4	8	0,2	28	0,7
6	5	6	0,15	34	0,85
7	6	4	0,1	38	0,95
$m=8$	7	2	0,05	$40=n$	1
$\sum$	–	$40=n$	1	–	–

Relative Häufigkeiten

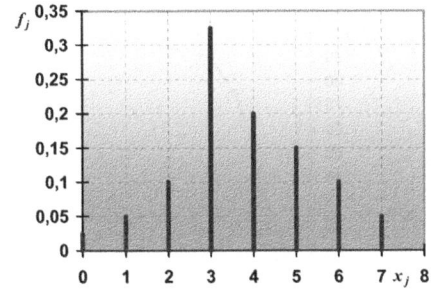

Kumulierte relative Häufigkeiten

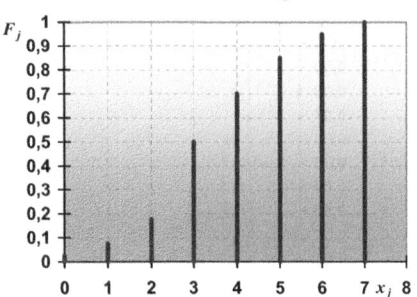

Relative Häufigkeitsfunktion

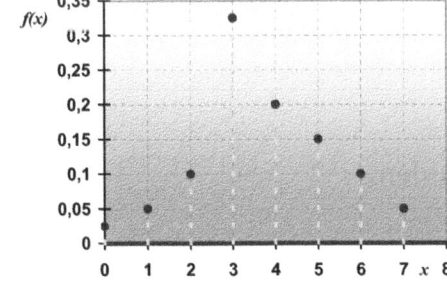

Empirische Verteilungsfunktion

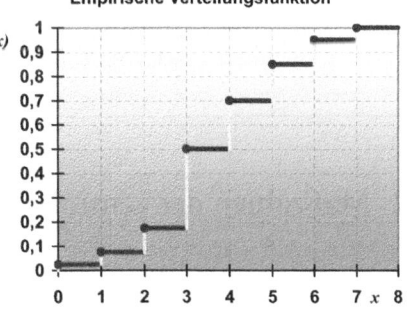

	Einkommen von ... bis unter ... €	%
	0 – 500	10
	500 – 1 000	25
	1 000 – 1 250	25
	1 250 – 1 500	15
	1 500 – 2 000	15
	2 000 – 3 000	5
	3 000 – 5 000	5

Auf-gabe

(3)

Zur Analyse der sog. „Altersarmut" wird eine Erhebung zur Einkommenslage (monatliche Renten und sonstige Einkommen) von Rentnern herangezogen. Zeichnen Sie ein Histogramm und die klassierte Verteilungsfunktion. Schätzen Sie nach der Grafik, wie viel Prozent über weniger als 1 150 € verfügen.

Lösung:

Einkommen von ... bis unter ... €	w_j	f_j %	f_j^* %	F_j %
0 – 500	500	10	0,02	10
500 – 1 000	500	25	0,05	35
1 000 – 1 250	250	25	0,1	60
1 250 – 1 500	250	15	0,06	75
1 500 – 2 000	500	15	0,03	90
2 000 – 3 000	1 000	5	0,005	95
3 000 – 5 000	2 000	5	0,0025	100
$\sum$	5 000	100	–	–

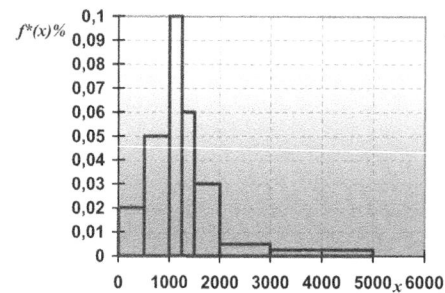

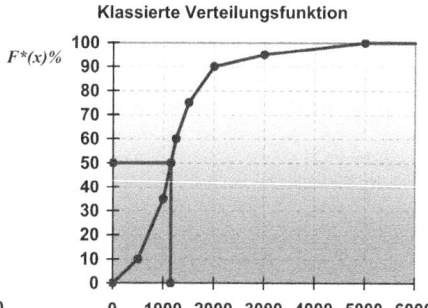

50 % der Befragten haben (durch lineare Interpolation geschätzt) weniger als 1 150 € monatlich zur Verfügung.

2.2 Maßzahlen der zentralen Tendenz

Lernziel

Jede Verdichtung eines Datensatzes ist mit Informationsverlust verbunden, also auch die Zusammenfassung zu „Mittelwerten". Insbesondere bei schiefen Verteilungen und bezüglich Anwendungen in der Ökonomie, bei denen die Merkmalssumme eine wichtige Information darstellt, muss der unterschiedliche Informationsgehalt dieser Maßzahlen beachtet werden.

Der häufigste Wert (Modus) und die Quantile werden auch als „Mittelwerte der Lage", die „Durchschnitte" (arithmetisches, geometrisches und harmonisches Mittel) auch als „berechenbare Mittelwerte" bezeichnet. „Rechnerischer Wert" wird in der Praxis dann oft damit gleichgesetzt, dass das Ergebnis berechenbarer Mittelwerte meist nicht als Beobachtungswert (Merkmalsausprägung) auftritt im Gegensatz zu den Mittelwerten der Lage. Die Zusammenfassung von Beobachtungswerten zu einem Mittelwert kann selbst schon die benötigte Information enthalten, z. B. den Monatsumsatz eines Handelsfilialunternehmens berechnet aus den Monatsumsätzen seiner Filialen. Oft soll jedoch die Maßzahl einen Aspekt der Häufigkeitsverteilung abbilden, z. B. welcher Monatsumsatz typisch ist – also in etwa für die meisten Filialen zutrifft, oder über welchem Umsatz die 10 % besten Filialen liegen oder welcher Durchschnittsumsatz pro Filiale (z. B. als Basis für für die Planung neuer Filialen) erzielt werden konnte.

Welche Maßzahl im Sachzusammenhang informativ ist, muss fachspezifisch geprüft werden. Dazu ist auch ein gewisses mathematisches Verständnis der Eigenschaften der Maßzahl nötig.

> So wurde im Jahr 2006 endlich als Referenzgröße für die (Einkommens-) Armutsgefährdungsgrenze der Median und nicht mehr das ausreißerabhängige arithmetische Mittel gewählt [vgl. Statistisches Bundesamt (Hrsg.) Datenreport 2006, Bonn 2006, Seite 611].

Die wichtigsten – d. h. am häufigsten verwendeten – Maßzahlen der zentralen Tendenz werden im folgenden behandelt.

- **Häufigster Wert (Modus, Dichtemittel, dichtester Wert)** $D = x_k$ mit $h_k = \max_j h_j$ bzw. $f_k = \max_j f_j$

- **am dichtesten besetzte Klasse (Modalklasse)** $[a_D, b_D) = [a_k, b_k)$ mit $h_k^* = \max_j h_j^*$ bzw. $f_k^* = \max_j f_j^*$.

Der häufigste Wert ist also diejenige Merkmalsausprägung, die am häufigsten vorkommt bzw. die am dichtesten besetzte Klasse (jeweils absolutes Maximum der Häufigkeitsverteilung). Sinnvoll ist diese Maßzahl nur für eingipflige, relativ steile Verteilungen. Sie ist bei allen Merkmalsarten bestimmbar.

Quantile können ab mindestens ordinal skalierten Merkmalen bestimmt werden. Ein Quantil ist derjenige Beobachtungswert $a_{(k)}$ bis zu dem genau k der nach der Größe [i=(1),...,(k),...,(n)] geordneten Beobachtungswerte $a_{(i)}$ liegen. Hat man schon Häufigkeitsverteilungen erstellt, so ist das Quantil die zum entsprechenden vorgegebenen Wert der Verteilungsfunktion passende Merkmalsausprägung x_k, bis zu der k der Größe nach geordnete Beobachtungswerte $a_{(i)}$ liegen.

Abb. 10: Bestimmung von Quantilen aus der Verteilungsfunktion

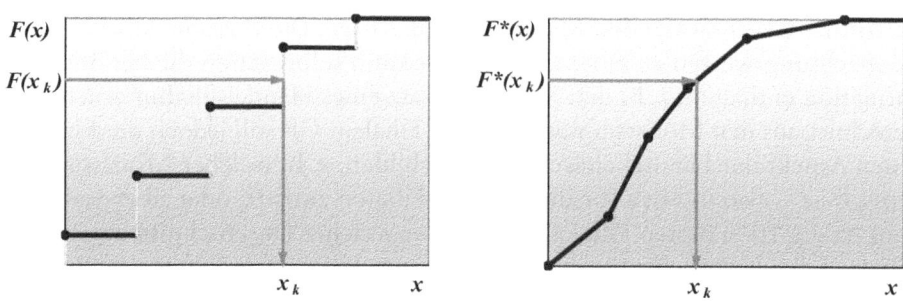

Spezielle Quantile sind Perzentile (1 %-Grenzen), Dezile (10 %-Grenzen) oder

- **Quartile** (25 %-Grenzen)

1. Quartil $Q_1 = a_{(k)}$ mit $k = \dfrac{1}{4}(n+1)$

$Q_1 = x_k$ mit $F(x_k) = \min\limits_{j}\{F(x_j)|F(x_j) \geq 0,25\}$

$F^*(Q_1) = 0,25$

2. Quartil, Zen- $Q_2 = Z = a_{(k)}$ mit $k = \dfrac{1}{2}(n+1)$
tralwert, Median

$Q_2 = Z = x_k$ mit $F(x_k) = \min\limits_{j}\{F(x_j)|F(x_j) \geq 0,5\}$

$F^*(Z) = 0,5$

3. Quartil $Q_3 = a_{(k)}$ mit $k = \dfrac{3}{4}(n+1)$

$Q_3 = x_k$ mit $F(x_k) = \min\limits_{j}\{F(x_j)|F(x_j) \geq 0,75\}$

$F^*(Q_3) = 0,75.$

Ergibt k keinen ganzzahligen Wert, wird abgerundet. Der Zentralwert ist also der Wert einer Reihe der Größe nach geordneter Beobachtungswerte, der – bei ungeradem n – genau in der Mitte liegt, z. B. bei $n = 11$ der 6te ($k = \frac{11+1}{2}$) – es liegen 5 Werte davor und 5 Werte danach. Bei $n = 10$ wäre es der 5,5te (der nicht vorkommt), also der 5te Wert (k abrunden).
Der bekannteste Mittelwert ist das **arithmetische Mittel** ($\overline{x}$, sprich „x quer"):

- **arithmetisches Mittel** $\overline{x} = \dfrac{\sum\limits_{k} g_k x_k}{\sum\limits_{k} g_k}$

also immer die Summe der mit ihren Gewichten g_k multiplizierten Größen x_k dividiert durch die Summe der Gewichte. Sind die Gewichte jeweils gleich groß,

z. B. jeweils 1, so spricht man vom ungewogenen arithmetischen Mittel. Die Gewichte sind im Sachzusammenhang festgelegt (Credit Points bei Bachelor-Noten, „Warenkorb-"-Anteile bei Preisindizes, in die Vergangenheit abnehmend bei der exponentiellen Glättung, etc.).

Zur Bestimmung des arithmetischen Mittels von univariaten Verteilungen nimmt g_k die Werte 1, h_j, f_j bzw. n_j an:

- **aus Beobachtungswerten**
$$\overline{x} = \frac{\sum_{i=1}^{n} 1\, a_i}{\sum_{i=1}^{n} 1} = \frac{1}{n} \sum_{i=1}^{n} a_i$$

- **aus absoluten Häufigkeiten**
$$\overline{x} = \frac{\sum_{j=1}^{m} h_j x_j}{\sum_{j=1}^{m} h_j} = \frac{1}{n} \sum_{j=1}^{m} h_j x_j$$

- **aus relativen Häufigkeiten**
$$\overline{x} = \frac{\sum_{j=1}^{m} f_j x_j}{\sum_{j=1}^{m} f_j} = \sum_{j=1}^{m} f_j x_j.$$

Das arithmetische Mittel enthält als wichtigste Information nicht die Mitte einer Verteilung, sondern die Merkmalssumme.

- **Hochrechnungseigenschaft**
$$\sum_{i=1}^{n} a_i = \sum_{j=1}^{m} h_j x_j = \boldsymbol{x} = n \cdot \overline{x}.$$

Hat man schon arithmetische Mittel $\overline{x}_j$ von m Untergruppen vom Umfang n_j (mit $\sum_{j=1}^{m} n_j = n$), so muss man zur Bestimmung des arithmetischen Mittels der Gesamtheit aus den Untergruppen die $\overline{x}_j$ mit ihrem Umfang n_j gewichten, d. h. je Untergruppe zunächst hochrechnen auf die Merkmalssumme $\boldsymbol{x}_j$.

- **arithmetisches Mittel aus arithmetischen Mitteln $\overline{x}_j$**
$$\overline{x} = \frac{\boldsymbol{x}}{n} = \frac{\sum_{j=1}^{m} \boldsymbol{x}_j}{n} = \frac{\sum_{j=1}^{m} n_j \overline{x}_j}{n}.$$

Bei klassierten Daten kann so die Merkmalssumme $\widehat{\boldsymbol{x}}$ geschätzt werden. Dazu werden zunächst die Klassenmitten $\tilde{x}_j$ als Schätzwerte für die arithmetischen Mittel der Klassen angenommen und dann entsprechend hochgerechnet.

- **arithmetisches Mittel für klassierte Verteilungen**
$$\hat{\overline{x}} = \frac{\widehat{\boldsymbol{x}}}{n} = \frac{1}{n} \sum_{j=1}^{m} \widehat{\boldsymbol{x}}_j = \frac{1}{n} \sum_{j=1}^{m} h_j \tilde{x}_j.$$

Sind die Merkmalssummen bzw. die arithmetischen Mittel je Klasse gegeben, braucht natürlich nicht so geschätzt zu werden.

Beispiel für die Berechnung von Mittelwerten des diskreten Merkmals „Anzahl gekaufter/ausgeliehener Fachbücher" des Beispieldatensatzes:

a) Mittelwerte aus Beobachtungswerten

   1. D nicht bestimmbar

   2. Z: Beobachtungswerte ordnen, danach abzählen.

      Der 13. Wert ($k = \frac{25+1}{2}$) ist $Z = 1$, d. h. 50 % der Studierenden kauften bzw. liehen 1 oder kein Buch aus.

   3. $\overline{x} = \frac{1}{25}(2+1+\ldots+3+1) = \frac{40}{25} = 1,6$, d. h. im Durchschnitt kaufte bzw. lieh ein Studierender 1,6 Bücher aus.

b) Mittelwerte aus der Häufigkeitstabelle

j	x_j	h_j	$h_j x_j$	f_j	$f_j x_j$	F_j
1	0	5	0	0,2	0	0,2
2	1	8	8	0,32	0,32	0,52
3	2	6	12	0,24	0,48	0,76
4	3	4	12	0,16	0,48	0,92
$m=5$	4	2	8	0,08	0,32	1
$\sum$	–	25=n	40=x	1	1,6=$\overline{x}$	–

   1. $D = x_2 = 1$, da $\max_j h_j = h_2 = 8$, d. h. die meisten Studierenden kauften oder liehen 1 Fachbuch aus.

   2. $Z = x_2 = 1$, da $F(x_2) = 0,52$ ist.

   3. $\overline{x} = \dfrac{40}{25} = 1,6$.

c) Mittelwerte aus den grafischen Häufigkeitsverteilungen

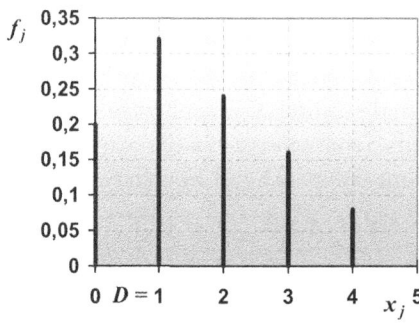 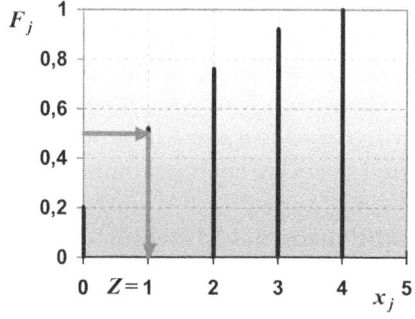

d) arithmetisches Mittel aus den arithmetischen Mitteln der Gruppen des Geschlechts

$\overline{x}_1 = \frac{1}{13}(1+1+2+2+1+0+1+0+0+0+1+3+1) = 1$, d. h. im Durchschnitt kaufte bzw. lieh ein Student 1 Buch aus.

$\overline{x}_2 = \frac{1}{12}(2+0+1+4+1+2+3+2+2+3+3+4) = 2,25$, d. h. im Durchschnitt kaufte bzw. lieh eine Studentin 2,25 Bücher aus.

$\overline{x} = \frac{1}{12+13}(13 \cdot 1 + 12 \cdot 2,25) = 1,6.$

Beispiel für die Berechnung von Mittelwerten des Merkmals „Ausgaben für Kopien" des Beispieldatensatzes:

a) Mittelwerte aus Beobachtungswerten (quasi-diskret)

1. Der 13. Wert ist $Z = 24$, d. h. 50 % der Studierenden gaben 24 € oder weniger im Semester für Kopien aus.

2. $\overline{x} = \frac{1}{25}(21 + 37 + \ldots + 10 + 27) = \frac{680}{25} = 27,2$, d. h. im Durchschnitt gab ein Studierender 27,2 € im Semester für Kopien aus.

b) Mittelwerte aus klassierten Daten der Häufigeitstabelle (quasi-stetig)

Ausgaben von ... bis unter ... €	w_j	h_j	h_j^*	$\tilde{x}_j$	$h_j \tilde{x}_j$	F_j'
0 – 15	15	5	0,333	7,5	37,5	0,2
15 – 25	10	8	0,8	20	160	0,52
25 – 35	10	5	0,5	30	150	0,72
35 – 50	15	5	0,333	42,5	212,5	0,92
50 – 75	25	2	0,08	62,5	125	1
$\sum$	75	25=n	–	–	685	–

1. $[a_D, b_D) = [15, 25)$ da $h_k^* = \max_j h_j^* = 0,8$, d. h. in der Klasse von 15 bis unter 25 € lag die höchste Dichte mit 0,8 Studierenden je € vor.

2. $\hat{\overline{x}} = \frac{685}{25} = 27,4.$

c) Mittelwerte aus den grafischen Häufigkeitsverteilungen

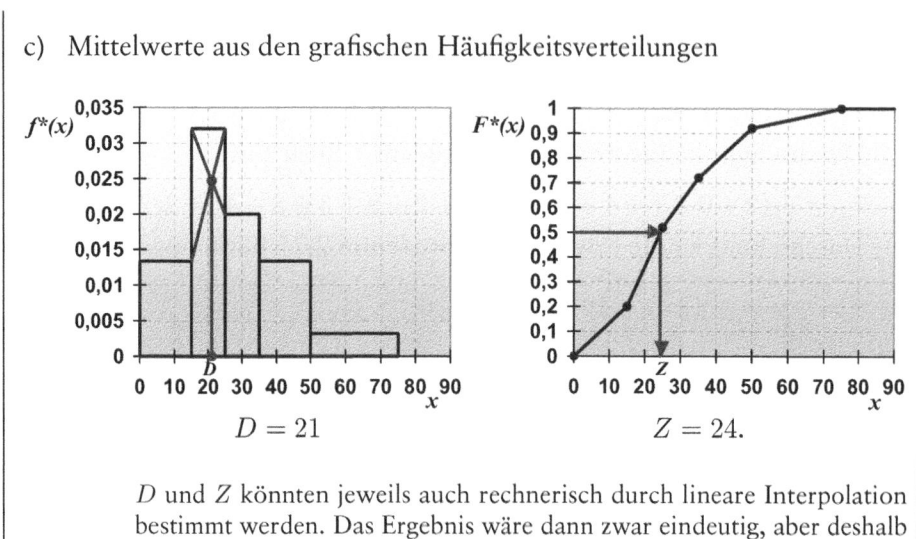

$D = 21$

$Z = 24.$

D und Z könnten jeweils auch rechnerisch durch lineare Interpolation bestimmt werden. Das Ergebnis wäre dann zwar eindeutig, aber deshalb natürlich nicht „genauer". Allerdings ist D inhaltlich nicht interpretierbar.

Die unterschiedlichen Ergebnisse für die Mittelwerte D, Z und $\bar{x}$ folgen aus der gegebenen Verteilung. Je nach Form der Verteilung ergibt sich eine bestimmte Lage der Mittelwerte.

Abb. 11: Lageregel der Mittelwerte unterschiedlicher Verteilungstypen

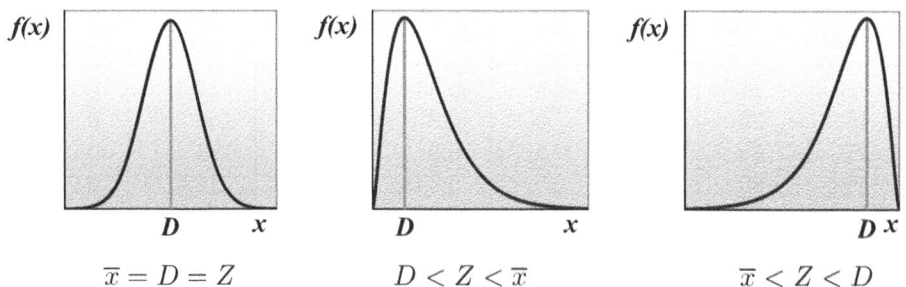

$\bar{x} = D = Z$ $D < Z < \bar{x}$ $\bar{x} < Z < D$

Spezielle Durchschnitte für quantitative Merkmale sind das geometrische Mittel und das harmonische Mittel.

Kann das Wachstum einer Zeitreihe $x_0, x_1, \ldots, x_T$ von Beobachtungswerten eines Merkmals X durch Proportionalitätsfaktoren (Wachstumsfaktoren) $p_1, \ldots, p_T$ beschrieben werden, so muss ein konstanter durchschnittlicher Wachstumsfaktor p_G, mit dem X ebenso von x_0 auf x_T wächst, als **geometrisches Mittel** der Proportionalitätsfaktoren bestimmt werden.

Tab. 5: Proportionalskala

Beobach-tungswert	Zuwachs gegenüber Vorperiode		Proportionalitäts-faktoren
	absolut	prozentual	
x_t	$x_t - x_{t-1}$	$z_t = \dfrac{x_t - x_{t-1}}{x_{t-1}} \cdot 100$	$p_t = 1 + \dfrac{z_t}{100} = \dfrac{x_t}{x_{t-1}}$
x_0	–	–	–
x_1	$x_1 - x_0$	$z_1 = \dfrac{x_1 - x_0}{x_0} \cdot 100$	$p_1 = 1 + \dfrac{z_1}{100} = \dfrac{x_1}{x_0}$
x_2	$x_2 - x_1$	$z_2 = \dfrac{x_2 - x_1}{x_1} \cdot 100$	$p_2 = 1 + \dfrac{z_2}{100} = \dfrac{x_2}{x_1}$
$\vdots$	$\vdots$	$\vdots$	$\vdots$
x_T	$x_T - x_{T-1}$	$z_T = \dfrac{x_T - x_{T-1}}{x_{T-1}} \cdot 100$	$p_T = 1 + \dfrac{z_T}{100} = \dfrac{x_T}{x_{T-1}}$

- **geometrisches Mittel**

$$g = p_G = 1 + \frac{z_G}{100} = \sqrt[T]{\left(1 + \frac{z_1}{100}\right)\left(1 + \frac{z_2}{100}\right) \cdots \left(1 + \frac{z_T}{100}\right)}$$

$$= \sqrt[T]{p_1 \cdot p_2 \cdots p_T} = \sqrt[T]{\frac{x_1}{x_0} \cdot \frac{x_2}{x_1} \cdots \frac{x_T}{x_{T-1}}} = \sqrt[T]{\frac{x_T}{x_0}}.$$

Damit gilt: $x_T = p_G^T \cdot x_0 = \left(1 + \dfrac{z_G}{100}\right)^T x_0 = (1 + \dfrac{z_1}{100})(1 + \dfrac{z_2}{100}) \cdots (1 + \dfrac{z_T}{100}) x_0.$

D. h. es wird angenommen, dass die Variable X über den Zeitraum $[0,T]$ exponentiell wächst, also die Zeitreihe $x_0, x_1, \ldots, x_T$ eine geometrische (und keine arithmetische) Folge bildet. Unter dieser Annahme wäre es falsch, einen durchschnittlichen Wachstumsfaktor der Zeitreihenwerte mit dem arithmetischen Mittel zu bestimmen.

Beispiel für die Berechnung eines geometrischen Mittels:

Zinstreppe eines Bundesschatzbriefes vom Typ B am 1. Mai 2012:

Laufjahr	1. Jahr	2. Jahr	3. Jahr	4. Jahr	5. Jahr	6. Jahr	7. Jahr
Zinssatz %	0,05	0,05	0,05	0,20	1,00	1,75	1,75

Anlagebetrag: 5 000 €.

$g = \sqrt[7]{1,0005^3 \cdot 1,002 \cdot 1,01 \cdot 1,0175^2} = \sqrt[7]{1,0493} = 1,0069,$

d. h.: Die durchschnittliche jährliche Zinsrate beträgt 0,69 %.

Kapitalbestand nach 7 Jahren: K = 1,0493 · 5 000 ≈ 5 246 €.

Das **harmonische Mittel** wird verwendet, wenn Verhältniszahlen gemittelt werden, deren Gewichte sich auf die Zählergröße beziehen, also z. B. eine Durchschnittsgeschwindigkeit berechnet werden soll (km/h) aus Geschwindigkeiten, die in Teilabschnitten (nicht in Teilzeiten) gefahren werden oder wenn die Bevölkerungsdichte (E/qkm) in der EU aus den Bevölkerungsdichten der einzelnen Mitgliedstaaten berechnet werden soll und die Einwohnerzahlen bekannt sind. Dann müssen die Kehrwerte dieser Verhältniszahlen gebildet werden, danach kann ein gewogenes arithmetisches Mittel berechnet und anschließend wieder der Kehrwert dieses arithmetischen Mittels genommen werden.

- **harmonisches Mittel** $\qquad h = \left(\dfrac{\sum g_i \cdot x_i^{-1}}{\sum g_i} \right)^{-1} = \dfrac{\sum g_i}{\sum g_i \cdot x_i^{-1}}$

Beispiel für die Berechnung eines harmonischen Mittels:

Bevölkerungsdichte (E/qkm):

Berlin: $\qquad\qquad\qquad\qquad$ Brandenburg:

$$x_1 = \frac{3\,395\,000}{892} = 3\,806 \qquad x_2 = \frac{2\,559\,000}{29\,479} = 87.$$

Dichte eines neuen Landes Berlin-Brandenburg:

○ arithmetisches Mittel

$$\frac{1}{892 + 29\,479} \left(892 \cdot 3\,806 + 29\,479 \cdot 87 \right) = 196 \text{ E/qkm}$$

○ harmonisches Mittel

$$h = \left[\underbrace{\frac{1}{3\,395\,000 + 2\,559\,000}}_{\frac{1}{g_1 + g_2}} \cdot \left(\underbrace{3\,395\,000}_{g_1} \cdot \underbrace{\frac{1}{3\,806}}_{x_1^{-1}} + \underbrace{2\,559\,000}_{g_2} \cdot \underbrace{\frac{1}{87}}_{x_2^{-1}} \right) \right]^{-1}$$

$$= \frac{3\,395\,000 + 2\,559\,000}{\dfrac{3\,395\,000}{3\,806} + \dfrac{2\,559\,000}{87}} = \frac{g_1 + g_2}{\dfrac{g_1}{x_1} + \dfrac{g_2}{x_2}}$$

$$= 196 \text{ E/qkm}.$$

Ein weiteres Beispiel für die Anwendung des harmonischen Mittels ist ein Preisindex der Lebenshaltung mit aktuellen Gewichten (Paasche-Preisindex, vgl. Kapitel 6.3, Seite 207).

Für Anwendungen in folgenden Kapiteln sind noch weitere Eigenschaften des arithmetischen Mittels interessant:

- **lineare Transformation** $z_i = c + d \cdot a_i \implies$

$$\overline{z} = \frac{1}{n} \sum_i z_i = \frac{1}{n} \sum_i (c + d \cdot a_i)$$

$$= c + d \cdot \frac{1}{n} \sum_i a_i$$

$$= c + d \cdot \overline{x}.$$

- **Schwerpunkteigenschaft** $\dfrac{1}{n} \sum_i (a_i - \overline{x}) = \dfrac{1}{n} \sum_i a_i - \dfrac{1}{n} n\overline{x} = 0,$

d. h.: Die Summe der Differenzen der Beobachtungswerte zum arithmetischen Mittel ergibt immer Null. Wenn man also ein Streuungsmaß über Differenzen zum arithmetischen Mittel definieren will, muss man z. B. entweder Unterschiedsbeträge oder quadrierte Differenzen verrechnen. Für das arithmetische Mittel der quadrierten Differenzen gilt die

- **Minimumeigenschaft** $\displaystyle\sum_i (a_i - A)^2 \geq \sum_i (a_i - \overline{x})^2,$

d. h. für jeden anderen Mittelwert A als das arithmetische Mittel ist die Summe der Abweichungsquadrate größer, denn

$$\sum (a_i - A)^2 = \sum [(a_i - \overline{x}) + (\overline{x} - A)]^2$$

$$= \sum (a_i - \overline{x})^2 + 2\sum (a_i - \overline{x})(\overline{x} - A) + \sum (\overline{x} - A)^2$$

$$= \sum (a_i - \overline{x})^2 + n(\overline{x} - A)^2$$

$$\geq \sum (a_i - \overline{x})^2.$$

Das arithmetische Mittel der quadrierten Abweichungen vom arithmetischen Mittel heißt Varianz.

Summary

- In der zweiten Stufe der Auswertung werden Beobachtungswerte bzw. Häufigkeitsverteilungen zu Maßzahlen verdichtet. Im Sachzusammenhang sinnvolle Maßzahlen sollen so u. a. – sofern sie nicht selbst Untersuchungsziel sind – einen übersichtlichen Vergleich verschiedener statistischer Reihen erlauben.

- Der Modus ist die Merkmalsausprägung einer Verteilung mit der größten Häufigkeit bzw. bei stetigen Merkmalen der Bereich auf der Merkmalsachse, der am dichtesten besetzt ist.

- Der Median oder Zentralwert ist der Beobachtungswert einer der Größe nach geordneten Reihe von Beobachtungswerten, unterhalb dessen die Hälfte der Werte liegt.

Sum-mary

- Die Größe, die sich ergibt, wenn die Merkmalssumme gleich auf alle Merkmalsträger aufgeteilt wird, heißt arithmetisches Mittel („Durchschnitt").

- Nur bei symmetrischen, eingipfeligen Verteilungen (z. B. der Normalverteilung) fallen die Werte zusammen, enthält also das arithmetische Mittel sowohl die Information Merkmalssumme (hochgerechnet) als auch „häufigster Wert" und „Mitte". Bei den in der Ökonomie üblichen schiefen Verteilungen ergeben sich aber jeweils unterschiedliche Werte, deren Differenzen umso größer sind, je schiefer die Verteilung ist.

So hatten z. B. in Deutschland 2007 ca. 75 % der Vermögensbesitzer weniger als das „durchschnittliche" Vermögen und besaßen zusammen nur 10 % des Gesamtvermögens.

Auf-gabe 4

Berechnen Sie für die 2. Aufgabe (vgl. Seite 30) die drei behandelten Mittelwerte.

Lösung:

j	x_j	h_j	$h_j x_j$	f_j	$f_j x_j$	F_j
1	0	1	0	0,025	0	0,025
2	1	2	2	0,05	0,05	0,075
3	2	4	8	0,1	0,2	0,175
4	3	13	39	0,325	0,975	0,5
5	4	8	32	0,2	0,8	0,7
6	5	6	30	0,15	0,75	0,85
7	6	4	24	0,1	0,6	0,95
$m=8$	7	2	14	0,05	0,35	1
$\sum$	–	40=n	149=x	1	3,725=$\overline{x}$	–

1. $D = x_4 = 3$, da $\max_j h_j = 13$, d. h. 3 Personen in einer Sozialwohnung ist die häufigste Belegung

2. $Z = 3$, d. h. in 50 % der Sozialwohnungen lebten 3 oder weniger als 3 Personen (da n gerade, wird als Ordnungsnummer $\frac{n}{2}$ und nicht $\frac{n+1}{2}$ (weniger als 4) genommen.

3. $\overline{x} = \dfrac{149}{40} = 3,725$, d. h. im Durchschnitt lebten 3,725 Personen in einer Sozialwohnung.

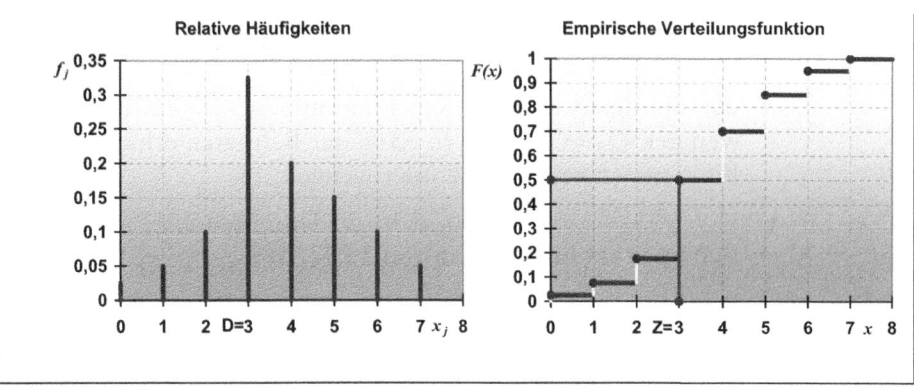

Auf- gabe (5)	Berechnen Sie für die 3. Aufgabe (vgl. Seite 31) die Modalklasse, die Quartile und das arithmetische Mittel.

Lösung:

Einkommen von ... bis unter ... €	w_j	$f_j \%$	$f_j^* \%$	$\tilde{x}_j$	$f_j \% \cdot \tilde{x}_j$	$F_j \%$
0 – 500	500	10	0,02	250	2 500	10
500 – 1 000	500	25	0,05	750	18 750	35
1 000 – 1 250	250	25	0,1	1 125	28 125	60
1 250 – 1 500	250	15	0,06	1 375	20 625	75
1 500 – 2 000	500	15	0,03	1 750	26 250	90
2 000 – 3 000	1 000	5	0,005	2 500	12 500	95
3 000 – 5 000	2 000	5	0,0025	4 000	20 000	100
$\sum$	5 000	100	–	–	128 750	–

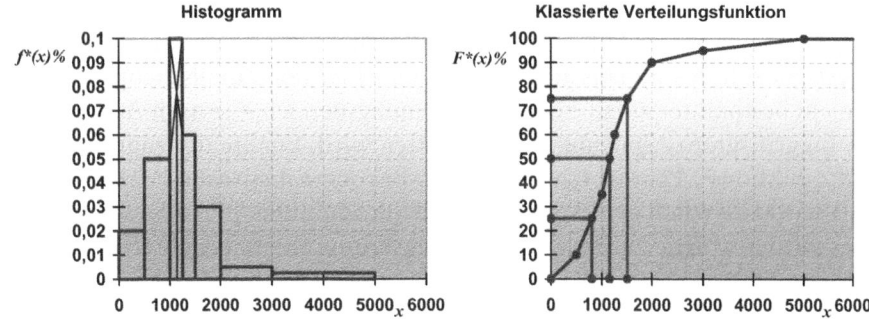

1. $[a_D, b_D) = [1\,000, 1250)$, da $\max_j f_j^* \% = 0,1$, d. h. die Einkommensklasse von $1\,000\,€$ bis unter $1\,250\,€$ ist die am dichtesten besetzte Klasse.

2. $Q_1 = 800$, d. h. 25 % der Befragten erhielten ein Einkommen von 800 € oder weniger. $Z = Q_2 = 1\,150$, d. h. 50 % der Befragten erhielten ein Einkommen von 1 150 € oder weniger. $Q_3 = 1\,500$, d. h. 75 % der Befragten erhielten ein Einkommen von 1 500 € oder weniger.

3. $\hat{\bar{x}} = \frac{128\,750}{100} = 1\,287,50$, d. h. im Durchschnitt erhielt ein Befragter ein Einkommen von 1 287,50 €.

Hinweis: Bestimmt man beispielsweise durch Interpolation den (nicht interpretierbaren) Modus $D = 1\,138,89$, so kann die Lageregel der linkssteilen Einkommensverteilung mit $D < Z < \hat{\bar{x}}$ veranschaulicht werden.

2.3 Maßzahlen der Streuung

Lernziel	Dort, wo es Aufgabe der Statistik ist, einen Datensatz auf Regelmäßigkeiten zu reduzieren – z. B. auf einen Mittelwert – kann die zusätzliche Angabe eines Streuungsmaßes ein Abbild für die Ungenauigkeit, den Informationsverlust dieser Reduktion liefern.

Wie in Kapitel 1.2 dargestellt, kann jede Stufe des Datenentstehungsprozesses zur Variabilität der Ergebnisse beitragen. Im Idealfall, z. B. bei der einfachen experimentellen statistischen Qualitätskontrolle, wird der Datenentstehungsprozess so weit beherrscht, dass die eine zu erwartende Messgröße, z. B. die Abweichung des Istwertes eines Qualitätsmerkmals von einem Sollwert keine systematischen Fehler aufweist. Die Variation ist dann nur ein Abbild für die Zuverlässigkeit des statistischen Verfahrens – hier der Zufallsstichprobe. Wenn dann ein bestimmter zufallsbedingter Streuungsbereich – je nach Ausmaß Warn- bzw. Eingriffsgrenze genannt – überschritten wird, könnte der zugrunde liegende (Produktions-) Prozess fehlerhaft sein. Bei der statistischen Prozesskontrolle (SPC) wird zusätzlich gemessen, ob dieser (Produktions-) Prozess selbst instabil ist, es wird also eine zusätzliche Streuungskomponente beachtet (vgl. Kapitel 5.3, Seite 181).

Bei nicht experimentell zustande gekommenen Datensätzen sind Streuungsanalysen oft Hilfsmittel einer Ursachenanalyse, z. B. durch Aufteilung einer Gesamtheit in Untergruppen mit nicht mehr streuenden Beobachtungswerten.

Die Streuung von Beobachtungswerten kann aber auch für sich gesehen eine interessante Information darstellen, z. B. als Maßzahl für die Ungleichheit von Einkommens- oder Umsatzverteilungen etwa im regionalen oder zeitlichen Vergleich oder als Maßzahl für die Volatilität eines Aktienkurses und damit als Risikomaß. An diesen beiden Beispielen sieht man, dass diese Streuung selbst variieren kann, die Streuung der Streuung also auch von Interesse sein kann.

In der deskriptiven Statistik helfen Streuungsmaße, die Form einer Verteilung zu beschreiben und dienen dazu, den Informationsgehalt von Mittelwerten zu relativieren. Will man z. B. die Aussage „Der am häufigsten geäußerte Studienwunsch von Abiturienten ist Betriebswirtschaft" validieren, so kann man zusätzlich noch ein Streuungsmaß für nominale Merkmale angeben, z. B. den

- **Homogenitätsindex** $P = \dfrac{m}{m-1}(1 - \sum\limits_{j=1}^{m} f_j^2), \quad 0 \le P \le 1$

Abb. 12: Homogenitätsindex und Verteilungen eines nominalen Merkmals

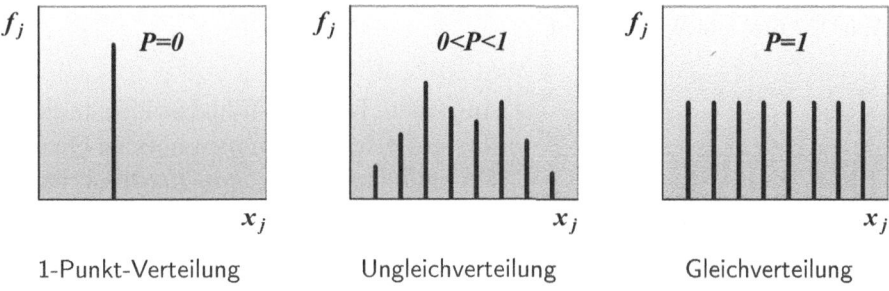

1-Punkt-Verteilung   Ungleichverteilung   Gleichverteilung

P ist Null, wenn alle Betriebswirtschaftslehre studieren wollen und Eins, wenn jeder etwas anderes studieren will bzw. bei weniger Studienfächern als Abiturienten sich die Wünsche gleich auf die möglichen Studienfächer verteilen. Sonst liegt P zwischen Null und Eins.

Beispiel für die Berechnung eines Homogenitätsindexes für das Merkmal „Mathematiknote" des Beispieldatensatzes:

$$P = \frac{3}{2}\left[1 - \left(\frac{10}{25}\right)^2 - \left(\frac{10}{25}\right)^2 - \left(\frac{5}{25}\right)^2\right] = 0,96.$$

Dieser Index kann also auch bei ordinalen Merkmalen, z. B. Noten, berechnet werden und ist sicher sinnvoller, wenn es nur wenige Ausprägungen gibt, als der bei solchen Merkmalen als Streuungsmaß bestimmbare

- **Quartilsabstand** QA: Q_1 bis Q_3

(„Die mittleren 50 % liegen zwischen Q_1 und Q_3.") Bei ordinalen Merkmalen kann streng genommen

$$QA = Q_3 - Q_1$$

nicht berechnet werden.

Bei metrischen Merkmalen können Streuungen durch Differenzen abgebildet werden. Für Reihen von Beobachtungswerten, bei denen die Extremwerte informativ sind, z. B. Preisreihen, kann die

- **Spannweite** $R = a_{(n)} - a_{(1)}$ bzw.

$$R = a_{\max} - a_{\min}.$$

als Maßzahl verwendet werden. Die Spannweite dient auch dazu, den Quartilsabstand besser einschätzen zu können, z. B. in einem Box-and-Whisker-Plot.

Abb. 13: Box-and-Whisker Plot

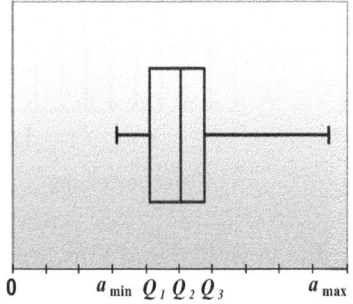

Aus einem Box-and-Whisker Plot, in dem die Spannweite zusammen mit den Quartilen (und damit auch dem Quartilsabstand) abgetragen wird, kann eine Aussage über die Verteilung, z. B. linkssteil, gewonnen werden (unter der Annahme, dass die Verteilung unimodal ist).

Abb. 14: Modifizierter Box-and-Whisker Plot

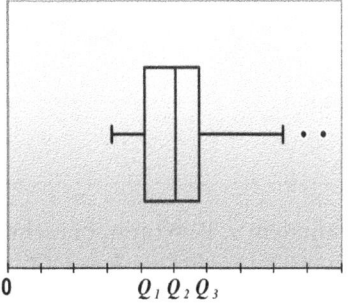

Mit der Definition von Ausreißern z. B. als Beobachtungswerte, die kleiner als $Q_1 - 1,5 \cdot (Q_3 - Q_1)$ bzw. größer als $Q_3 + 1,5 \cdot (Q_3 - Q_1)$ sind, kann ein modifizierter Box-and-Whisker Plot gezeichnet werden, in dem nicht die Spannweite, sondern der Abstand zwischen dem kleinsten und größten Beobachtungswert, der kein Ausreißer ist, abgetragen wird. Ausreißer werden dann als separate Punkte eingefügt.

Beispiel für den Quartilsabstand des Merkmals „Ausgaben für Kopien" des Beispieldatensatzes:

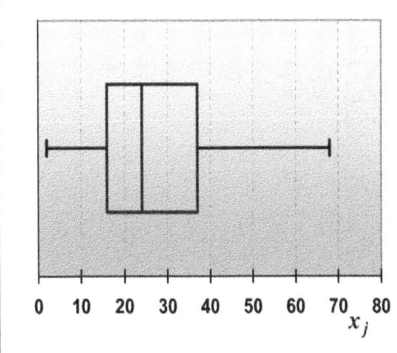

$$Q_1 = 16, \; Q_2 = 24, \; Q_3 = 37;$$

$$QA = 37 - 16 = 21;$$

$$a_{(1)} = 2, \; a_{(25)} = 68,$$

$$R = 68 - 2 = 66.$$

Übliche Streuungsmaße sind arithmetische Mittel von Differenzen der Beobachtungswerte zu einem Mittelwert. Da sich positive und negative Differenzen zum arithmetischen Mittel vollkommen aufheben (Schwerpunkteigenschaft), werden entweder quadrierte Differenzen (s.u.) oder Beträge der Differenzen verrechnet als

- **Durchschnittliche Abweichung** $\displaystyle d_A = \frac{1}{n} \sum_{i=1}^{n} |a_i - A|$

$$= \frac{1}{n} \sum_{j=1}^{m} h_j |x_j - A|$$

$$= \sum_{j=1}^{m} f_j |x_j - A|$$

für $A = \overline{x}$ durchschnittliche Abweichung vom arithmetischen Mittel
für $A = Z$ durchschnittliche Abweichung vom Zentralwert.

> Diese Abweichung ist im letzten Fall minimal. Ein „zentraler Ort" z. B. ein Zentrallager sollte also nicht im „Schwerpunkt" (arithmetisches Mittel) sondern im „Medianpunkt" errichtet werden.

Die wichtigste Streuungsmaßzahl in der Statistik – sie ist Parameter der Gauß'schen Normalverteilung (vgl. Kapitel 4.2) – ist die

- **Varianz** $\displaystyle s^2 = \frac{1}{n} \sum_{i=1}^{n} (a_i - \overline{x})^2 = \frac{1}{n} \sum_{i=1}^{n} (a_i^2 - 2a_i\overline{x} + \overline{x}^2)$

$$= \frac{1}{n} \sum_{i=1}^{n} a_i^2 - 2\overline{x}\frac{1}{n} \sum_{i=1}^{n} a_i + \overline{x}^2 = \frac{1}{n} \sum_{i=1}^{n} a_i^2 - 2\overline{x}^2 + \overline{x}^2$$

$$= \frac{1}{n} \sum_{i=1}^{n} a_i^2 - \overline{x}^2.$$

Die Varianz kann also nach zwei Formeln berechnet werden, die bis auf Rundungsfehler zu den gleichen Rechenergebnissen führen. Allerdings ist die Anwendung der letzten Formel (auch Verschiebungssatz genannt) numerisch genauer, wenn gerundet werden muss.

$$s^2 = \frac{1}{n} \sum_{j=1}^{m} h_j (x_j - \overline{x})^2 = \frac{1}{n} \sum_{j=1}^{m} h_j x_j^2 - \overline{x}^2$$

$$s^2 = \sum_{j=1}^{m} f_j (x_j - \overline{x})^2 = \sum_{j=1}^{m} f_j x_j^2 - \overline{x}^2.$$

- **Standardabweichung** $s = +\sqrt{s^2}.$

Beispiel für die Berechnung der Varianz und Standardabweichung des Merkmals „Anzahl der Fachbücher" des Beispieldatensatzes:

x_j	h_j	$h_j x_j$	$\|x_j - \overline{x}\|$	$h_j \|x_j - \overline{x}\|$	$(x_j - \overline{x})^2$	$h_j (x_j - \overline{x})^2$
0	5	0	1,6	8	2,56	12,8
1	8	8	0,6	4,8	0,36	2,88
2	6	12	0,4	2,4	0,16	0,96
3	4	12	1,4	5,6	1,96	7,84
4	2	8	2,4	4,8	5,76	11,52
$\sum$	25=n	40=x	–	25,6	–	36

$$d_{\overline{x}} = \frac{25,6}{25} = 1,024, \quad s^2 = \frac{36}{25} = 1,44, \quad s = \sqrt{1,44} = 1,2;$$

d. h. im Durchschnitt weicht ein Beobachtungswert des Merkmals „Anzahl der Fachbücher" vom arithmetischen Mittel 1,6 Bücher um 1,024 bzw. 1,2 Bücher ab. Für die durchschnittliche Abweichung vom Zentralwert $Z = 1$ ergibt sich $d_Z = 1$.

Werden die Beobachtungswerte linear transformiert, z. B. bei Tarifverhandlungen 3 % ($d = 1,03$) Lohn- und Gehaltssteigerungen bei einem zusätzlichen Festbetrag von 100 € ($c = 100$) beschlossen, gilt für die neue Varianz

- **lineare Transformation** $z_i = c + d \cdot a_i$ mit $\overline{z} = c + d \cdot \overline{x}$ (s.o.)

$$s_Z^2 = \frac{1}{n} \sum (c + d \cdot a_i - c - d \cdot \overline{x})^2$$

$$= d^2 \frac{1}{n} \sum (a_i - \overline{x})^2$$

$$= d^2 s_X^2.$$

Speziell „**Standardisierung**" $z_i = \dfrac{a_i - \overline{x}}{s_X} = \underbrace{-\dfrac{\overline{x}}{s_X}}_{=\,c} + \underbrace{\dfrac{1}{s_X}}_{=\,d} a_i \implies$

$$\overline{z} = 0, \ s_Z = 1.$$

Durch eine Erhöhung um einheitliche Sockelbeträge ändert sich also die Streuung als Varianz nicht (d. h. die absoluten Gehaltsabstände bleiben gleich), aber durch proportionale Gehaltsanhebungen. Wird die Streuung relativiert als

- **Variationskoeffizient** $V = \dfrac{s}{\overline{x}}$ mit $a_i \geq 0$ und $\overline{x} > 0$,

dann verringert sich die so gemessene Variabilität durch Sockelbeträge (die Gehaltsabstände werden relativ geringer), aber nicht durch proportionale Anhebungen, denn

für $z_i = c + a_i$ ist $V_Z = \dfrac{s_Z}{\overline{z}} = \dfrac{s_X}{c + \overline{x}} < \dfrac{s_X}{\overline{x}} = V_X$

für $z_i = ba_i$ ist $V_Z = \dfrac{s_Z}{\overline{z}} = \dfrac{bs_X}{b\overline{x}} = \dfrac{s_X}{\overline{x}} = V_X$.

Tarifabschlüsse enthalten deshalb meist beide Komponenten, um beiden Sichtweisen gerecht zu werden. Der Variationskoeffizient kann außerdem als Disparitätsmaß verwendet werden, da z. B. mit sinkendem Variationskoeffizient die Disparität sinkt, d. h. der Anteil der Lohn- und Gehaltsempfänger, die einen großen Teil der gesamten Lohn- und Gehaltssumme erhalten, abnimmt (vgl. Kapitel 6.1).

Um die Streuung der Beobachtungswerte eines Merkmals erklären zu können, sucht man nach möglichen Einflussfaktoren. Mit einer nominalen erklärenden Variablen (einfaktorielle Varianzanalyse) werden die Beobachtungswerte in Gruppen zerlegt. Zur Überprüfung, ob die erklärende Variable bzw. die Gruppenbildung die Streuung erklären können, wird eine Varianzzerlegung durchgeführt

- **Varianzzerlegung** bei m Untergruppen $(j = 1, \ldots, m)$

$$s^2 = \frac{1}{n}\sum_{i=1}^{n}(a_i - \overline{x})^2 = \frac{1}{n} \cdot \sum_{j=1}^{m}\sum_{i=1}^{n_j}(a_{ij} - \overline{x})^2$$

$$= \frac{1}{n} \cdot \sum_{j=1}^{m}\sum_{i=1}^{n_j}[(a_{ij} - \overline{x}_j) + (\overline{x}_j - \overline{x})]^2$$

$$= \frac{1}{n} \cdot \sum_{j=1}^{m}\sum_{i=1}^{n_j}(a_{ij} - \overline{x}_j)^2$$

$$+ \frac{2}{n} \cdot \sum_{j=1}^{m}\sum_{i=1}^{n_j}(a_{ij} - \overline{x}_j)(\overline{x}_j - \overline{x})$$

$$+ \frac{1}{n} \cdot \sum_{j=1}^{m}\sum_{i=1}^{n_j}(\overline{x}_j - \overline{x})^2$$

$$= \underbrace{\frac{1}{n} \cdot \sum_{j=1}^{m}\sum_{i=1}^{n_j}(a_{ij} - \overline{x}_j)^2}_{s_{\text{int}}^2} + \underbrace{\frac{1}{n} \cdot \sum_{j=1}^{m}n_j(\overline{x}_j - \overline{x})^2}_{s_{\text{ext}}^2}$$

$$= \frac{1}{n} \cdot \sum_{j=1}^{m}n_j \cdot s_j^2 + s_{\text{ext}}^2 = s_{\text{int}}^2 + s_{\text{ext}}^2 \text{ mit } \sum_{j=1}^{m}n_j = n.$$

Bei den Umformungen wurde die Schwerpunkteigenschaft des arithmetischen Mittels berücksichtigt, d. h. $\frac{2}{n} \cdot \sum_{j=1}^{m}\sum_{i=1}^{n_j}(a_{ij} - \overline{x}_j)(\overline{x}_j - \overline{x}) = 0$, da

$$\sum_{i=1}^{n_j}(a_{ij} - \overline{x}_j) = \sum_{i=1}^{n_j}a_{ij} - n_j\overline{x}_j = 0.$$

Die Gesamtvarianz ist also nicht nur wie das Gesamt-arithmetische-Mittel ein gewogenes arithmetisches Mittel der Gruppenvarianzen, sondern berücksichtigt noch die Variabilität zwischen den arithmetischen Mitteln der Gruppen.

Beispiel für die Berechnung der externen und internen Varianz des Merkmals „Anzahl der Fachbücher" des Beispieldatensatzes:

Varianz aus Varianzen der Gruppen Geschlecht Vgl. Seite 37 d)

$\overline{x}_1 = 1,\ \overline{x}_2 = 2,25,\ \overline{x} = 1,6$

$$s_1^2 = \frac{1}{13}(1^2 + 1^2 + 2^2 + 2^2 + 1^2 + 0^2 + 1^2 + 0^2 + 0^2 + 0^2 + 1^2 + 3^2 + 1^2)$$

$$- 1^2 = 0,769230769$$

$$s_2^2 = \frac{1}{12}(2^2 + 0^2 + 1^2 + 4^2 + 1^2 + 2^2 + 3^2 + 2^2 + 2^2 + 3^2 + 3^2 + 4^2)$$

$$-2,25^2 = 1,354166667$$

$$s_{\text{int}}^2 = \frac{1}{12 + 13}(13 \cdot 0,769230769 + 12 \cdot 1,354166667) = 1,05$$

$$s_{\text{ext}}^2 = \frac{1}{12 + 13}[13 \cdot (1 - 1,6)^2 + 12 \cdot (2,25 - 1,6)^2] = 0,39$$

$$s^2 = 1,05 + 0,39 = 1,44.$$

Anwendungen der Streuungszerlegung findet man in diesem Buch bei

○ bivariaten Analysen
○ geschichteten Stichprobenverfahren

und bei der Berechnung der

● **Varianz für klassierte Daten**

$$\hat{s}^2 = \underbrace{\sum_{j=1}^{m} f_j \hat{s}_j^2}_{\hat{s}_{\text{int}}^2} + \underbrace{\sum_{j=1}^{m} f_j (\overline{x}_j - \overline{x})^2}_{s_{\text{ext}}^2}$$

mit $\hat{s}_j^2 = \dfrac{w_j^2}{12}$ bei unterstellter Rechteckverteilung in den Klassen

(vgl. Seite 153)

$$\hat{s}^2 = \underbrace{\sum_{j=1}^{m} f_j \frac{w_j^2}{12}}_{\hat{s}_{\text{int}}^2} + \underbrace{\sum_{j=1}^{m} f_j (\hat{\overline{x}}_j - \hat{\overline{x}})^2}_{\hat{s}_{\text{ext}}^2}$$

mit $\hat{\overline{x}}_j = \tilde{x}_j$ bei unterstellter Rechteckverteilung zur Schätzung von $\overline{x}$.
(Sind $\overline{x}_j$ bekannt und liegen nicht genau in der Klassenmitte, so dürfte streng genommen keine Rechteckverteilung unterstellt werden.)

Beispiel für die Berechnung der externen und internen Varianz des Merkmals „Ausgaben für Kopien" des Beispieldatensatzes:

a) Varianz aus Beobachtungswerten

$$\sum a_i = 680, \quad \sum a_i^2 = 24.490,$$

$$\overline{x} = \frac{680}{25} = 27,2, \quad s^2 = \frac{24.490}{25} - 27,2^2 = 239,76.$$

b) Varianz aus klassierten Daten der Häufigkeitstabelle

$[a_j, b_j)$	w_j	h_j	f_j	w_j^2	$f_j w_j^2$	$\tilde{x}_j$	$f_j \tilde{x}_j$	$|\tilde{x}_j - \hat{\bar{x}}|$	$(\tilde{x}_j - \hat{\bar{x}})^2$	$f_j(\tilde{x}_j - \hat{\bar{x}})^2$
0 – 15	15	5	0,2	225	45	7,5	1,5	19,9	396,01	79,202
15 – 25	10	8	0,32	100	32	20	6,4	7,4	54,76	17,5232
25 – 35	10	5	0,2	100	20	30	6	2,6	6,76	1,352
35 – 50	15	5	0,2	225	45	42,5	8,5	15,1	228,01	45,602
50 – 75	25	2	0,08	625	50	62,5	5	35,1	1 232,01	98,5608
$\sum$	75	25	1	–	192	–	27,4	–	–	242,24

$$\hat{s}_{\text{int}}^2 = \frac{192}{12} = 16, \quad \hat{\bar{x}} = 27,4, \quad \hat{s}_{\text{ext}}^2 = 242,24, \quad \hat{s}^2 = 16 + 242,24 = 258,24.$$

Streuungsbetrachtungen helfen, vorschnelle Schlüsse zu vermeiden. So ist nach einer bekannten Untersuchung die Fähigkeit von Frauen, Auto zu fahren, schlechter ausgeprägt als bei Männern, errechnet beispielsweise über eine durchschnittliche Punktbewertung. Da aber die Streuung innerhalb der Gruppen sehr groß ist – viele Frauen fahren besser Auto als der Durchschnitt der Männer –, kann nicht das Geschlecht als Ursache identifiziert werden. Werden beispielsweise die im Jahr zurückgelegten Kilometer als weiteres Merkmal berücksichtigt, so stellt sich heraus, dass sich bei gleicher Kilometerzahl Frauen und Männer nicht unterscheiden. Frauen fahren also lediglich weniger.

Summary

- Maßzahlen der Streuung sollen die Variation der statistischen Einheiten in den Merkmalsausprägungen abbilden, bei quantitativen Merkmalen besonders bezüglich eines Mittelwertes. So gesehen sind sie auch eine Maßgröße für den Informationsgehalt eines Mittelwertes als Abbildungsergebnis einer statistischen Verteilung. In diesem Sinn ist besonders die Varianz eine wichtige Größe zur Bestimmung des Stichprobenfehlers (vgl. Induktive Statistik).

- Der bei nominalen und bei diskreten Merkmalen anwendbare Homogenitätsindex ist bei der Gleichverteilung (gleichmäßige Aufteilung der Merkmalsträger auf die Merkmalsausprägungen) am größten (Wert 1) und bei der Einpunktverteilung Null (alle haben dieselbe Merkmalsausprägung).

- Quartilsabstände (manchmal auch als Quartilsverhältnisse bei verhältnisskalierten Merkmalen wie Einkommen) bilden den Unterschied zwischen zwei Quartilen ab, z. B. zeigt der Quartilsabstand den Unterschied zwischen dem größten und kleinsten Beobachtungswert der mittleren 50 %.

Summary

- Die Varianz ist ein arithmetisches Mittel aus quadrierten Differenzen zwischen Beobachtungswerten und dem arithmetischen Mittel dieser Beobachtungswerte. Als Parameter der Gauß'schen Normalverteilung ist sie auch in der deskriptiven Statistik das gebräuchlichste Streuungsmaß – meist als Standardabweichung, der positiven Wurzel aus der Varianz.

- Besonders anschaulich ist die Varianz bei der Verwendung in den multivariaten Verfahren: Werden Untergruppen bezüglich ihrer arithmetischen Mittel verglichen, so sind Unterschiede nur dann informativ, wenn die Varianzen innerhalb der Gruppen klein im Vergleich zur Varianz zwischen den Gruppenmittelwerten sind (Streuungszerlegung).

- Die Varianzzerlegung in einen externen („zwischen Untergruppen") und internen („innerhalb der Untergruppen") Teil wird auch zur Bestimmung der Varianz einer klassierten Verteilung verwendet.

- Ist nur die Verteilung auf die Klassen bekannt und keine Merkmalssumme (insgesamt und je Klasse), so werden unter der Annahme einer Rechteckverteilung über die Klassenmitten sowohl die Merkmalssummen als auch die Varianz geschätzt.

Aufgabe 6

Berechnen Sie für die 2. Aufgabe (vgl. Seite 30) den Quartilsabstand und die Standardabweichung.

Lösung:

j	x_j	h_j	f_j	F_j	$f_j x_j$	$f_j x_j^2$
1	0	1	0,025	0,025	0	0
2	1	2	0,05	0,075	0,05	0,05
3	2	4	0,1	0,175	0,2	0,4
4	3	13	0,325	0,5	0,975	2,925
5	4	8	0,2	0,7	0,8	3,2
6	5	6	0,15	0,85	0,75	3,75
7	6	4	0,1	0,95	0,6	3,6
$m=8$	7	2	0,05	1	0,35	2,45
$\sum$	–	40=n	1	–	$3{,}725=\overline{x}$	16,375

1. $Q_1 = x_4 = 3$, da $F(x_4) = 0,5 = \min\limits_{j}\{F(x_j)|F(x_j) \geq 0,25\}$,

   $Q_3 = x_6 = 5$, da $F(x_6) = 0,85 = \min\limits_{j}\{F(x_j)|F(x_j) \geq 0,75\}$,

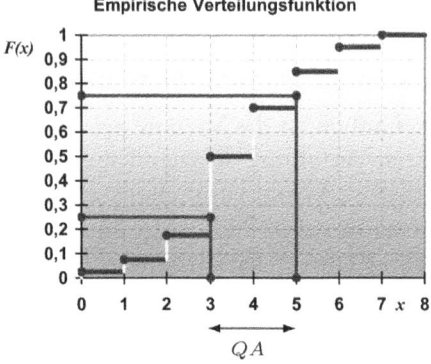

Empirische Verteilungsfunktion

$QA = 5 - 3 = 2$, d. h. in den mittleren 50 % der befragten Haushalte lebten 3 bis 5 Personen.

2. $s^2 = 16,375 - 3,725^2 \approx 2,5 \implies s \approx \sqrt{2,5} = 1,58$, d. h. die durchschnittliche Abweichung einer empirisch erfassten Personenzahl in einem Sozialhaushalt von der durchschnittlichen Personenzahl 3,725 betrug 1,58 Personen, hier nach dem Verschiebungssatz berechnet, da die quadrierten Differenzen zum arithmetischen Mittel sechs Nachkommastellen aufweisen, bei Rundung vor der Verrechnung das Ergebnis dann also weniger genau ausfiele.

Aufgabe ⑦

Nehmen Sie eine Varianzzerlegung für das Vertiefungsfach ($j = 1, 2, 3$) und die Ausgaben für Kopien (a_{ij}) des Beispieldatensatzes Seite 17 vor.

Lösung:

Stud.-Nr. i	Faktorstufe Vertiefungsfach j	Kopier-ausgaben a_{ij}	a_{ij}^2
2	1	37	1 369
11	1	17	289
13	1	30	900
17	1	20	400
25	1	27	729
$\sum$	–	131	3 687

$$\overline{x}_1 = \frac{131}{5} = 26,2$$

$$s_1^2 = \frac{3\,687}{5} - 26,2^2$$

$$= 50,96$$

Stud.-Nr. i	Faktorstufe Vertiefungsfach j	Kopier-ausgaben a_{ij}	a_{ij}^2
1	2	21	441
3	2	26	676
5	2	16	256
6	2	31	961
9	2	22	484
14	2	12	144
18	2	19	361
21	2	39	1 521
23	2	2	4
24	2	10	100
$\sum$	–	198	4 948
4	3	68	4 624
7	3	24	576
8	3	6	36
10	3	32	1 024
12	3	44	1 936
15	3	57	3 249
16	3	41	1 681
19	3	47	2 209
20	3	14	196
22	3	18	324
$\sum$	–	351	15 855

$$\overline{x}_2 = \frac{198}{10} = 19,8$$

$$s_2^2 = \frac{4\,948}{10} - 19,8^2$$

$$= 102,76$$

$$\overline{x}_3 = \frac{351}{10} = 35,1$$

$$s_3^2 = \frac{15\,855}{10} - 35,1^2$$

$$= 353,49$$

$$s_{\text{int}}^2 = \frac{1}{25}(5 \cdot 50,96 + 10 \cdot 102,76 + 10 \cdot 353,49) = 192,692$$

$$\overline{x} = \frac{1}{25}(5 \cdot 26,2 + 10 \cdot 19,8 + 10 \cdot 35,1) = 27,2$$

$$s_{\text{ext}}^2 = \frac{1}{25}\left(5(26,2 - 27,2)^2 + 10(19,8 - 27,2)^2 + 10(35,1 - 27,2)^2\right)$$

$$= 47,068$$

$$s^2 = s_{\text{int}}^2 + s_{\text{ext}}^2 = 192,692 + 47,068 = 239,76.$$

Das Vertiefungsfach dürfte nicht die unterschiedlichen Durchschnittsausgaben erklären, da die Streuung innerhalb der Gruppen noch sehr hoch ist – also auch im Vergleich zur Streuung zwischen den Gruppen, so dass es noch andere Variabilitätsursachen geben wird (vgl. Aufgabe 11, Seite 79).

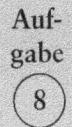

Aufgabe 8 Berechnen Sie für die 2. Aufgabe (vgl. Seite 30) den Variationskoeffizienten und für 3. Aufgabe (vgl. Seite 31) den Quartilsabstand und die Standardabweichung.

Lösung: Vgl. 6. Aufgabe (Seite 53):

$$\overline{x} = 3,725, \; s = 1,58 \Longrightarrow V = \frac{1,58}{3,725} = 0,424.$$

Dieses Ergebnis ist nur im Vergleich interpretierbar. Würde sich z. B. in einer vergleichbaren Analyse in einer anderen Stadt ein Variationskoeffizient von V=0,6 ergeben, so läge in dieser Stadt eine höhere Disparität vor, d. h. der Anteil der mit wenig bzw. vielen Personen belegten Wohnungen wäre höher.

Vgl. 5. Aufgabe (Seite 43):

$$Q_1 = 800, \; Q_3 = 1\,500 \Longrightarrow QA = 700,$$

d. h.: Die mittleren 50 % der Befragten hatten ein Einkommen von 800 € bis 1 500 €.

Unter der zusätzlichen Kenntnis, dass in der Urliste das kleinste Einkommen $a_{\min} = 200$ € und das größte Einkommen $a_{\max} = 4\,800$ € betragen hat, kann ein Box-and-Whisker Plot dargestellt werden, wodurch die Linkssteilheit der Einkommensverteilung zum Ausdruck kommt.

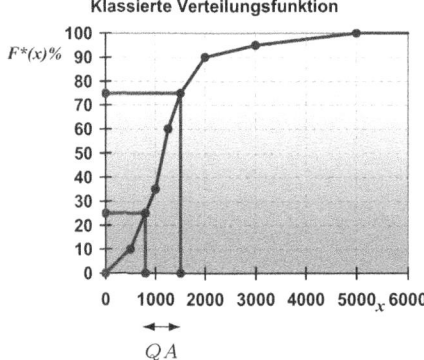

Klassierte Verteilungsfunktion

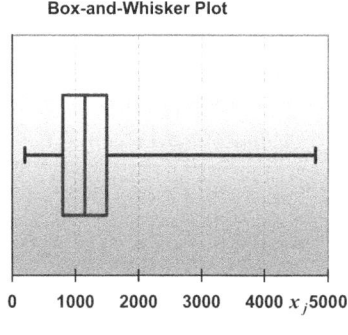

Box-and-Whisker Plot

$[a_j, b_j)$	w_j	f_j	w_j^2	$f_j w_j^2$	$\tilde{x}_j$	$f_j \cdot \tilde{x}_j$	$\tilde{x}_j^2$	$f_j \cdot \tilde{x}_j^2$
0 – 500	500	0,10	250 000	25 000	250	25	62 500	6 250
500 – 1 000	500	0,25	250 000	62 500	750	187,50	562 500	140 625
1 000 – 1 250	250	0,25	62 500	15 625	1 125	281,25	1 265 625	316 406,25
1 250 – 1 500	250	0,15	62 500	9 375	1 375	206,25	1 890 625	283 593,75
1 500 – 2 000	500	0,15	250 000	37 500	1 750	262,5	3 062 500	459 375
2 000 – 3 000	1 000	0,05	1 000 000	50 000	2 500	125	6 250 000	312 500
3 000 – 5 000	2 000	0,05	4 000 000	200 000	4 000	200	16 000 000	800 000
$\sum$	5 000	1	–	400 000	–	$1\,287{,}5 = \hat{\bar{x}}$	–	2 318 750

$$\hat{s}^2_{\text{int}} = \frac{400\,000}{12} = 33\,333{,}333,$$

$$\hat{s}^2_{\text{ext}} = 2\,318\,750 - 1\,287{,}5^2 = 661\,093{,}75$$

$$\Longrightarrow \hat{s}^2 = 33\,333{,}333 + 661\,093{,}75 = 694\,427{,}083$$

$$\Longrightarrow \hat{s} = \sqrt{694\,427{,}083} = 833{,}323,$$

d. h. im Durchschnitt weicht ein beobachteter Wert des Einkommens vom Durchschnittseinkommen 1 287,50 € um 833,23 € ab.

3 Deskriptive Statistik: Bivariate Verteilungen

3.1 Darstellungsformen

Ein Lernen aus Daten findet sehr häufig durch eine Prüfung rechnerischer Zusammenhänge zwischen Untersuchungsvariablen statt, in einer ersten Stufe durch Kontingenztabellen und Reihenfolgevergleiche.

Beziehungen zwischen Variablen können einseitig

$$x \longrightarrow y$$
$$(y \longrightarrow x)$$

(bei freier, d. h. sachlogisch zu begründender, Wahl wird immer x als beeinflussende Variable gewählt) oder gegenseitig

$$x \longleftrightarrow y \qquad \text{(direkt)}$$

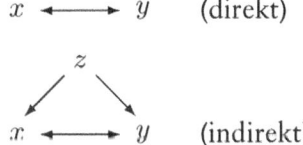

$$x \longleftrightarrow y \qquad \text{(indirekt)}$$

sein. Bei der Prüfung, ob derartige Zusammenhänge „ursächlich", d. h. sachlogisch begründbar sind, können statistische Methoden helfen, aber nicht als Beweis dienen. Die einfachsten „statistischen Witze" erhält man durch Interpretation rechnerischer Zusammenhänge als Ursache-Wirkungsbeziehungen [vgl. Krämer (2015)].

> Analysen bei Schülern von Grundschulen ergaben: „Je größer die Füße, desto schöner die Handschrift."

Eine Darstellungsform bivariater Beziehungen für alle Merkmalsarten – bei zu vielen Ausprägungen bzw. stetigen Merkmalen muss allerdings der Übersichtlichkeit wegen gruppiert bzw. klassiert werden – sind zweidimensionale Häufigkeitstabellen, die Häufigkeitsvergleiche für Paare von Merkmalsausprägungen erlauben, sog.

© Springer-Verlag GmbH Deutschland, ein Teil von Springer Nature 2019
I. Rößler und A. Ungerer, *Statistik für Wirtschaftswissenschaftler*,
BA KOMPAKT, https://doi.org/10.1007/978-3-662-60342-0_3

- **Kontingenztabellen**

Merkmal Y	Merkmal X					$\sum$
	x_1	$\ldots$	x_j	$\ldots$	x_k	
y_1	h_{11}	$\ldots$	h_{1j}	$\ldots$	h_{1k}	$n_{1\bullet}$
$\vdots$	$\vdots$		$\vdots$		$\vdots$	$\vdots$
y_i	h_{i1}	$\ldots$	h_{ij}	$\ldots$	h_{ik}	$n_{i\bullet}$
$\vdots$	$\vdots$		$\vdots$		$\vdots$	$\vdots$
y_m	h_{m1}	$\ldots$	h_{mj}	$\ldots$	h_{mk}	$n_{m\bullet}$
$\sum$	$n_{\bullet 1}$	$\ldots$	$n_{\bullet j}$	$\ldots$	$n_{\bullet k}$	n

So lassen sich sofort Häufungen von Paaren feststellen, bei mindestens ordinalen Merkmalen auch Richtung und Stärke von rechnerischen Zusammenhängen durch höhere Häufigkeiten in einer Hauptdiagonalen.

Rechnerische Zusammenhänge können auch mit Verfahren der univariaten Analyse festgestellt werden durch Vergleich von

- **Bedingten Verteilungen mit Randverteilungen.**

j	x_j	$\dfrac{h_{1j}}{n_{1\bullet}}$	$\ldots$	$\dfrac{h_{ij}}{n_{i\bullet}}$	$\ldots$	$\dfrac{h_{mj}}{n_{m\bullet}}$	$\dfrac{n_{\bullet j}}{n}$
1	x_1						
2	x_2						
$\vdots$	$\vdots$						
k	x_k						
$\sum$	$-$	1		1		1	1

i	y_i	$\dfrac{h_{i1}}{n_{\bullet 1}}$	$\ldots$	$\dfrac{h_{ij}}{n_{\bullet j}}$	$\ldots$	$\dfrac{h_{ik}}{n_{\bullet k}}$	$\dfrac{n_{i\bullet}}{n}$
1	y_1						
2	y_2						
$\vdots$	$\vdots$						
m	y_m						
$\sum$	$-$	1		1		1	1

Unterscheiden sich die bedingten Verteilungen in den Spalten bzw. in den Zeilen so sind rechnerische Zusammenhänge vorhanden. Je geringer die Unterschiede ausfallen, desto geringer ist der statistische Zusammenhang. Besteht kein Zusammenhang, so stimmen die bedingten Verteilungen überein und entsprechen der jeweiligen relativen Randverteilung. Deshalb kann aus den Randverteilungen die theoretische absolute zweidimensionale Häufigkeitsverteilung berechnet werden, die bei statistischer Unabhängigkeit gültig wäre.

- **absolute Häufigkeit bei rechnerischer Unabhängigkeit**

$$h_{ij}^e = \frac{n_{\bullet j}}{n} \cdot n_{i\bullet} = \frac{n_{i\bullet}}{n} \cdot n_{\bullet j} = \frac{n_{\bullet j} \cdot n_{i\bullet}}{n}, \; i = 1, \ldots, m, j = 1, \ldots, k.$$

Beispiel für eine Kontingenztabelle und bedingte Verteilungen der Merkmale „Vertiefungsfach" (X) und „Mathematiknote" (Y) des Beispieldatensatzes:

Mathematiknote Y	Vertiefungsfach X			$\sum$
	Bank (1)	Handel (2)	Industrie (3)	
2	1	6	3	10
3	4	3	3	10
4	0	1	4	5
$\sum$	5	10	10	25

Vertiefungsfach X	bedingte Verteilungen $\dfrac{h_{1j}}{n_{1.}}$ $\dfrac{h_{2j}}{n_{2.}}$ $\dfrac{h_{3j}}{n_{3.}}$			relative Randverteilung $\dfrac{n_{.j}}{n}$
Bank (1)	0,1	0,4	0	0,2
Handel (2)	0,6	0,3	0,2	0,4
Industrie (3)	0,3	0,3	0,8	0,4
$\sum$	1	1	1	1

Mathematiknote Y	bedingte Verteilungen $\dfrac{h_{i1}}{n_{.1}}$ $\dfrac{h_{i2}}{n_{.2}}$ $\dfrac{h_{i3}}{n_{.3}}$			relative Randverteilung $\dfrac{n_{i.}}{n}$
2	0,2	0,6	0,3	0,4
3	0,8	0,3	0,3	0,4
4	0	0,1	0,4	0,2
$\sum$	1	1	1	1

Da der Zeilenvergleich (bedingte Verteilungen des Vertiefungsfachs) bzw. der Spaltenvergleich (bedingte Verteilungen der Mathematiknote) keine übereinstimmenden Zahlenwerte liefert, also innerhalb der Zeilen einer Tabelle von bedingten Verteilungen unterschiedliche Werte stehen, hing die Mathematiknote, die ein Studierender im vorangegangenen Semester erzielte, von seinem Vertiefungsfach ab.

Hat man mindestens ordinale Merkmale, so könnte man Zusammenhänge durch Reihenfolgevergleiche der Beobachtungswertpaare (a_i, b_i), $i = 1, \ldots, n$ – Ordnung nach der Größe des beeinflussenden Merkmals – anstellen.

Um die Zahl der Symbole zu beschränken, werden ab jetzt auch für Beobachtungswerte die Buchstaben x und y verwendet. Am Laufindex ist der Unterschied zwischen Beobachtungswert ($i = 1, \ldots, n$) und Merkmalsausprägung [$i = 1, \ldots, m(k)$] ersichtlich

$$\begin{matrix} a_1, \ldots, a_n \\ b_1, \ldots, b_n \end{matrix} \quad \text{jetzt} \quad \begin{matrix} x_1, \ldots, x_n \\ y_1, \ldots, y_n \end{matrix},$$

also (x_i, y_i) als Beobachtungspaar der i-ten Einheit mit $i = 1, \ldots, n$.

Bei sehr vielen Beobachtungswerten bzw. bei stetigen Merkmalen ist eine grafische Darstellung als **Streuungsdiagramm** übersichtlicher.

Abb. 15: Streuungsdiagramme

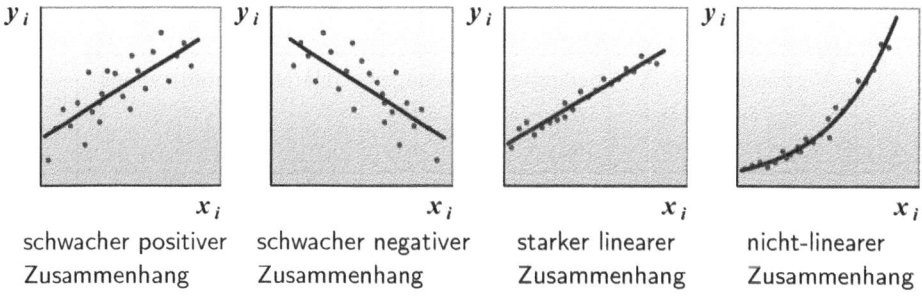

schwacher positiver   schwacher negativer   starker linearer   nicht-linearer
Zusammenhang   Zusammenhang   Zusammenhang   Zusammenhang

Beispiel für ein Streuungsdiagramm der Merkmale X „Einkommen" und Y „Ausgaben für Kopien" des Beispieldatensatzes:

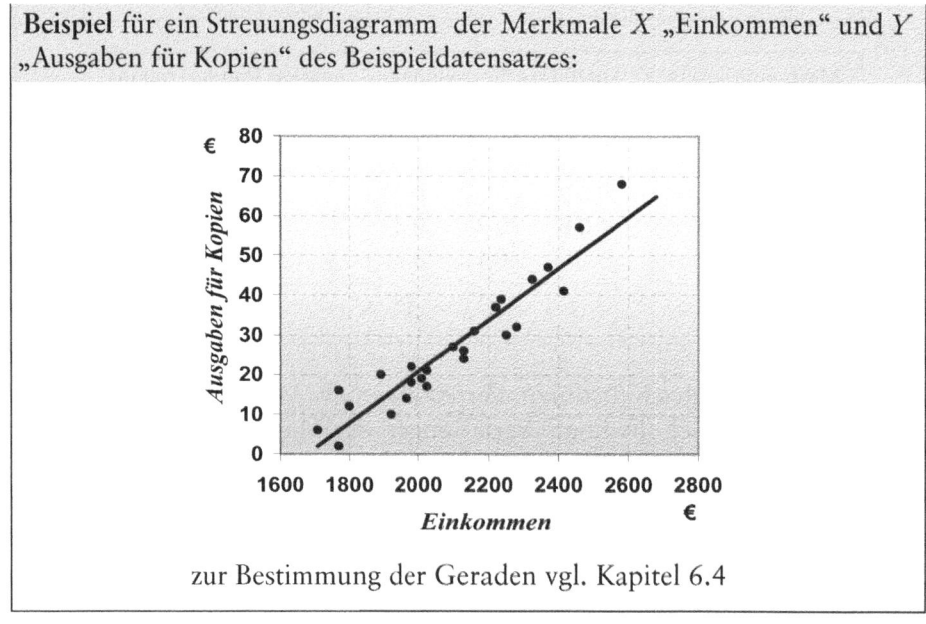

zur Bestimmung der Geraden vgl. Kapitel 6.4

Bei metrischen Merkmalen kann statt eines direkten Reihenfolgevergleichs ($x_i \longleftrightarrow y_i$ „je größer das Einkommen, desto höher die Kopierausgaben") ein Lagenvergleich zum arithmetischen Mittel [$(x_i - \overline{x}) \longleftrightarrow (y_i - \overline{y})$ „kleiner als das Durchschnittseinkommen" bedeutet meist auch „geringere Kopierausgaben als der Durchschnitt"] vorgenommen werden.

Summary

- Werden an einem Merkmalsträger zwei Beobachtungswerte zweier unterschiedlicher Merkmale festgestellt, so kann untersucht werden, ob ein rechnerischer Zusammenhang zwischen diesen Merkmalen besteht. In tabellarischer Form geschieht dies bei Häufungen von gleichen Beobachtungspaaren durch eine Häufigkeitstabelle (Assoziations-, Kontingenz-, Korrelationstabelle), sonst durch eine der Größe (meist des beeinflussenden Merkmals) nach geordnete Reihe der Beobachtungspaare (nicht bei nominalen Merkmalen möglich). Die Analyse erfolgt im ersten Fall durch Spalten- bzw. Zeilenvergleich, im zweiten Fall (vor allem grafisch) durch Reihenfolgenvergleich.

- Durch die Korrelationsrechnung bei ordinalen oder metrischen Merkmalen wird die Richtung (positive oder negative Korrelation) und Stärke des rechnerischen/statistischen Zusammenhangs abgebildet.

- Oft ist der rechnerische Zusammenhang zwischen zwei Variablen indirekt, d. h. durch eine dritte ("latente") Variable bedingt, die u. U. nicht direkt beobachtet werden kann – wie z. B. „Intelligenz".

Aufgabe

200 erwerbstätige Wähler werden nach der Stellung im Beruf (x_j mit x_1: Arbeiter, x_2: Angestellte/Beamte, x_3: Selbständige) und ihrer Wahlentscheidung bei den letzten Landtagswahlen (y_i mit y_1: CDU, y_2: SPD, y_3: FDP, y_4: Grüne) befragt. Man erhält folgendes Ergebnis:

	x_1	x_2	x_3
y_1	30	51	9
y_2	44	32	4
y_3	2	11	7
y_4	4	6	–

Berechnen Sie die Randverteilungen, die (sieben) bedingten Verteilungen sowie die absoluten Häufigkeiten der Assoziationstabelle bei statistischer Unabhängigkeit der betrachteten Merkmale in dieser Gesamtheit.

Wie hoch ist der Anteil
- der Angestellten/Beamten, die die SPD wählen?
- der Angestellten/Beamten unter den Wählern der SPD?
- der Wähler der SPD unter den Angestellten/Beamten?

Lösung:

Partei Y	Beruf X			$\sum$
	Arbeiter x_1	Angestellte/Beamte x_2	Selbständige x_3	
CDU y_1	30	51	9	90
SPD y_2	44	32	4	80
FDP y_3	2	11	7	20
Grüne y_4	4	6	0	10
$\sum$	80	100	20	200

$$\frac{32}{200} \cdot 100 = 16\,\% \text{ der 200 Befragten sind Angestellte/Beamte}$$
$$\text{und wählen die SPD.}$$

$$\frac{32}{80} \cdot 100 = 40\,\% \quad \text{der SPD-Wähler sind Angestellte/Beamte.}$$

$$\frac{32}{100} \cdot 100 = 32\,\% \text{ der Angestellten/Beamten wählen die SPD.}$$

Beruf X	bedingte Verteilungen				rel. Randvert.
	$\dfrac{h_{1j}}{n_{1.}}$	$\dfrac{h_{2j}}{n_{2.}}$	$\dfrac{h_{3j}}{n_{3.}}$	$\dfrac{h_{4j}}{n_{4.}}$	$\dfrac{n_{.j}}{n}$
Arbeiter x_1	0,333	055	0,1	0,4	0,4
Ang./Beamte x_2	0,567	0,4	0,55	0,6	0,5
Selbständige x_3	0,1	0,05	0,35	0	0,1
$\sum$	1	1	1	1	1

Partei Y	bedingte Verteilungen			relative Randverteilung
	$\dfrac{h_{i1}}{n_{.1}}$	$\dfrac{h_{i2}}{n_{.2}}$	$\dfrac{h_{i3}}{n_{.3}}$	$\dfrac{n_{i.}}{n}$
CDU y_1	0,375	0,51	0,45	0,45
SPD y_2	0,55	0,32	0,2	0,4
FDP y_3	0,025	0,11	0,35	0,1
Grüne y_4	0,05	0,06	0	0,05
$\sum$	1	1	1	1

Absolute Häufigkeiten bei statistischer Unabhängigkeit:

Partei Y		Beruf X		$\sum$
	Arbeiter x_1	Ang./Beamte x_2	Selbständige x_3	
CDU y_1	36	45	9	90
SPD y_2	32	40	8	80
FDP y_3	8	10	2	20
Grüne y_4	4	5	1	10
$\sum$	80	100	20	200

Auf-gabe

(10)

In einem Betrieb werden für die letzten zwölf Quartale die Zahl der Arbeitslosen im zugehörigen Arbeitsamtsbezirk (x in Hdrt.) und die Zahl der Krankmeldungen (y in Hdrt.) verglichen:

x_i	70	80	90	120	130	150	150	170	70	60	60	50
y_i	8	7	10	7	6	4	3	2	13	14	16	18

Zeichnen Sie ein Streuungsdiagramm. Interpretation?

Lösung:

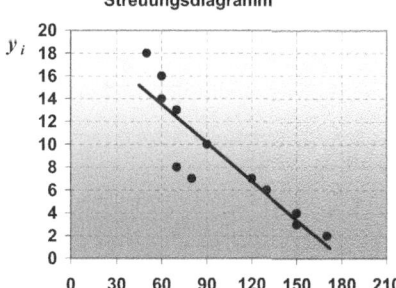

Es liegt ein negativer linearer Zusammenhang zwischen der Zahl der Arbeitslosen und der Zahl der Krankmeldungen vor, d.h: Die Anzahl der Krankmeldungen steigt mit sinkender Arbeitslosenzahl.

Hinweis: Weder „beweist" dieser rechnerische Zusammenhang, dass bei steigender Arbeitslosenzahl weniger „krankgefeiert" bzw. trotz Krankheit aus Angst vor einem Arbeitsplatzverlust gearbeitet wird, noch stützt er die These, dass die „Kranken" jeweils entlassen wurden. Nur durch weitere Erhebungen wäre eine Überprüfung dieser Behauptungen möglich.

3.2 Maßzahlen des rechnerischen Zusammenhangs

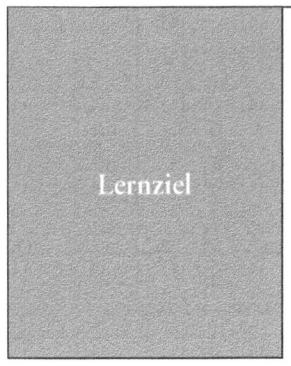

Lernziel

Die Maßzahlen des rechnerischen Zusammenhangs in der deskriptiven Statistik werden üblicherweise auf den Wertebereich $[0, 1]$ bzw. $[-1, +1]$ normiert. Interpretationen zur Stärke des Zusammenhangs sollten trotzdem nur durch passende Vergleiche zwischen verschiedenen Datensätzen oder im Sachzusammenhang vorgenommen werden. Die Aussage „der Wert 0,7 bedeutet einen mittleren bis starken Zusammenhang" ist inhaltsleer. Ein Versuch, sie mit Inhalt zu füllen, sind die PRE-Maße.

Bei allen Merkmalsarten, für die Häufigkeitsverteilungen (allerdings darf der Informationsverlust durch Zusammenfassung z. B. in Klassen nicht zu hoch sein) als Kontingenztabellen dargestellt werden können, lässt sich der rechnerische Zusammenhang durch Vergleiche der tatsächlichen absoluten Häufigkeiten mit theoretischen „Idealhäufigkeiten" abbilden. Allerdings wäre der Vergleich mit theoretischen Häufigkeiten für den stärksten rechnerischen Zusammenhang nur bei quadratischen Tabellen und „passenden" Randverteilungen möglich. Ein Vergleich mit den absoluten Häufigkeiten h_{ij}^e, die bei statistischer Unabhängigkeit gültig wären, ist immer möglich. Eine Maßzahl, die auf der Differenz $(h_{ij} - h_{ij}^e)$ beruht, ist der (chi-Quadrat)

- χ^2-**Koeffizient**
$$\chi^2 = \sum_{i=1}^{m} \sum_{j=1}^{k} \frac{(h_{ij} - h_{ij}^e)^2}{h_{ij}^e}.$$

Normiert auf das Intervall $[0, 1)$ als

- C-**Koeffizient nach Pearson** $C = \sqrt{\dfrac{\chi^2}{\chi^2 + n}}.$

Normiert auf das Intervall $[0, 1]$ als

- **korrigierter C-Koeffizient** $C^* = \dfrac{C}{C_{\max}}$ mit $C_{\max} = \sqrt{\dfrac{\min(k, m) - 1}{\min(k, m)}}.$

Maßzahlen für rechnerische Zusammenhänge nominaler Merkmale heißen Assoziationsmaße bzw. Kontingenzkoeffizienten.

Zur nachvollziehbaren Berechnung von χ^2 mit dem Taschenrechner bei Nutzung des Summenspeichers ist es sinnvoll, die Berechnung der Brüche $\dfrac{(h_{ij} - h_{ij}^e)^2}{h_{ij}^e}$

für $i = 1, \ldots, m$, $j = 1, \ldots, k$ nicht in einzelnen Spalten (wie beim Vorgehen z. B. in einem „Spreadsheet" eines Tabellenkalkulationsprogramms) vorzunehmen, sondern die Zwischenergebnisse in die erweiterten Felder der Kontingenztabelle nach folgendem Muster (modifizierte Pieschsche Fensterformel) einzutragen

h_{ij}	h_{ij}^e
$(h_{ij} - h_{ij}^e)^2$	$\dfrac{(h_{ij} - h_{ij}^e)^2}{h_{ij}^e}$

$\implies$ Ergebnis in Summenspeicher

So werden die ungerundeten Werte weiter verrechnet und „ungünstige" Zwischenergebnisse müssen nicht noch einmal eingetippt werden.

Beispiel für die Berechnung von Kontingenzkoeffizienten der Merkmale „Vertiefungsfach" (X) und „Mathematiknote" (Y) des Beispieldatensatzes:

Mathematik-note Y	Vertiefungsfach X			$\sum$
	Bank (1)	Handel (2)	Industrie (3)	
2	1 2 1 0,5	6 4 4 1	3 4 1 0,25	1,75
3	4 2 4 2	3 4 1 0,25	3 4 1 0,25	2,5
4	0 1 1 1	1 2 1 0,5	4 2 4 2	3,5
$\sum$				7,75 $= \chi^2$

$$C = \sqrt{\frac{7,75}{7,75 + 25}} = 0,486, \quad C_{\max} = \sqrt{\frac{2}{3}} = 0,816, \quad C^* = \frac{0,486}{0,816} = 0,596.$$

Bei ordinalen Merkmalen kann man als Korrelationskoeffizienten den auf Paarvergleichen beruhenden Koeffizienten von Kendall einsetzen (Tau b)

- **Kendalls** τ_b (symmetrische Tabellen)

$$\tau_b = \frac{n_c - n_d}{\sqrt{(n_c + n_d + T_x)(n_c + n_d + T_y)}}, \quad -1 \leq \tau_b \leq 1.$$

Bei n statistischen Einheiten, an denen 2 ordinale Merkmale erhoben werden, gibt es beim Vergleich eines Beobachtungspaares (x_i, y_i) mit allen anderen $(n-1)$ Beobachtungspaaren (x_h, y_h) mit $h \neq i$ und $i, h = 1, \ldots, n$ insgesamt $\frac{n(n-1)}{2}$ vergleichbare Paare.

> Bei n Zahlen gibt es $\frac{n(n-1)}{2}$ Zahlenpaare (i, h), $i \neq j$ und $i, h = 1, \ldots, n$, wenn die Reihenfolge der Zahlen in einem Zahlenpaar keinen Unterschied ausmacht.
>
> $(1, 2), (1, 3), \ldots, (1, n) \qquad \Longrightarrow \ (n-1)$ Paare
>
> $(2, 1), (2, 3), \ldots, (2, n) \qquad \Longrightarrow \ (n-1)$ Paare
>
> $\vdots$
>
> $(n, 1), (n, 2), \ldots, (n, n-1) \Longrightarrow \ (n-1)$ Paare.
>
> Somit gib es insgesamt $n(n-1)$ Paare. Wenn die Reihenfolge der Zahlen in einem Paar keine Rolle spielt, halbiert sich die Anzahl der Paare.

Es gilt für:

n_c: Zahl der konkordanten Paare: Das eine Paar ist bezüglich der beiden Beobachtungswerte besser (also höher in der Rangordnung) als das Partnerpaar.

n_d: Zahl der diskordanten Paare: Das eine Paar ist bezüglich des einen Beobachtungswertes besser (also höher in der Rangordnung) und bezüglich des anderen Beobachtungswertes schlechter (also niedriger in der Rangordnung) als das Partnerpaar.

Bei weniger Ausprägungen je Merkmal als n wird es Paare mit nicht eindeutiger Rangordnung bzw. mit gleichem Rang geben, sog. „Ties" (Verknüpfungen):

T_x: Zahl der Paare, die bezüglich der Ausprägungen von X gleich sind
T_y: Zahl der Paare, die bezüglich der Ausprägungen von Y gleich sind
T_{xy}: Zahl der Paare, die sowohl bezüglich der Ausprägungen von X als auch von Y gleich sind.

Bei Messungen von Zusammenhängen in Kontingenztabellen werden die T_{xy} als Bezugsgröße nicht beachtet, da ein stärkst möglicher Zusammenhang, z. B. Besetzung nur der Diagonale bei quadratischen Tabellen, sonst nicht wiedergegeben würde. Ist Y die abhängige Variable, so kann statt τ_b auch

- **Somers' d** $\quad d_y = \dfrac{n_c - n_d}{n_c + n_d + T_y}, \qquad -1 \leq d_y \leq 1,$

verwendet werden.

Beispiel für die Berechnung von Kendalls τ_b und Somers' d der Merkmale „Mathematiknote" (X) und „ und erwartete Leistung in Statistik" (Y) des Beispieldatensatzes:

konkordante Paare					diskordante Paare					Ties			

Statistik	Mathematik		
	2	3	4
-1	2	2	3
0	2	6	1
$+1$	6	2	1

Statistik	Mathematik		
	2	3	4
-1	2	2	3
0	2	6	1
$+1$	6	2	1

Statistik	Mathematik		
	2	3	4
-1	2	2	3
0	2	6	1
$+1$	6	2	1

$$\frac{n(n-1)}{2} = \frac{25 \cdot 24}{2} = 300$$

$$n_c = 2 \cdot (6+1+2+1) + 2 \cdot (1+1) + 2 \cdot (2+1) + 6 \cdot 1 \qquad = 36$$
$$n_d = 3 \cdot (2+6+6+2) + 2 \cdot (2+6) + 1 \cdot (6+2) + 6 \cdot 6 \qquad = 108$$
$$T_x = 2 \cdot (2+6) + 2 \cdot 6 + 2 \cdot (6+2) + 6 \cdot 2 + 3 \cdot (1+1) + 1 \cdot 1 = 63$$
$$T_y = 2 \cdot (2+3) + 2 \cdot 3 + 2 \cdot (6+1) + 6 \cdot 1 + 6 \cdot (2+1) + 2 \cdot 1 = 56$$
$$T_{xy} = \frac{2 \cdot 1}{2} + \frac{2 \cdot 1}{2} + \frac{3 \cdot 2}{2} + \frac{2 \cdot 1}{2} + \frac{6 \cdot 5}{2} + \frac{6 \cdot 5}{2} + \frac{2 \cdot 1}{2} + \qquad = 37$$
$$= 300$$

$$\tau_b = \frac{36 - 108}{\sqrt{207 \cdot 200}} = -0,354 \qquad d_y = \frac{36 - 108}{200} = -0,36,$$ d. h. je schlechter
die Note in Mathematik (d. h. je höher ihr Zahlenwert) ist, desto pessimistischer ist die Einschätzung für das Ergebnis der Statistikklausur.

Bei metrischen Merkmalen kann die Richtung des Zusammenhangs durch ein arithmetisches Mittel der Produkte der Differenzen $(x_i - \overline{x})$ und $(y_i - \overline{y})$ für $i = 1, \ldots, n$ vorgenommen werden. Ist der Zusammenhang positiv, so werden überwiegend Differenzen mit gleichen Vorzeichen miteinander multipliziert, ist der Zusammenhang negativ, so werden die Ergebnisse der Produkte überwiegend negativ sein („der Absatz eines Artikels in den Geschäften, deren Preis über dem Durchschnittspreis liegt, ist überwiegend unterdurchschnittlich"). Diese Maßzahl heißt

- **Kovarianz** $\left. \begin{aligned} s_{XY} &= \frac{1}{n} \sum_{i=1}^{n} (x_i - \overline{x})(y_i - \overline{y}) \\ &= \frac{1}{n} \sum_{i=1}^{n} x_i y_i - \overline{x}\,\overline{y} \end{aligned} \right\}$ aus Beobachtungswerten

$$s_{XY} = \frac{1}{n} \sum_{j=1}^{k} \sum_{i=1}^{m} h_{ij}(x_j - \overline{x})(y_i - \overline{y}) \left.\begin{array}{c} \\ \\ \\ \\ \end{array}\right\} \text{aus Kontingenztabellen.}$$
$$= \frac{1}{n} \sum_{j=1}^{k} \sum_{i=1}^{m} h_{ij} x_j y_i - \overline{xy}$$

Normiert auf das Intervall $[-1, +1]$ heißt sie

- **Korrelationskoeffizient nach Bravais/Pearson**

$$r = \frac{s_{XY}}{s_X \cdot s_Y}.$$

r misst die Stärke des linearen Zusammenhangs:

für $y_i = a + bx_i$ ist

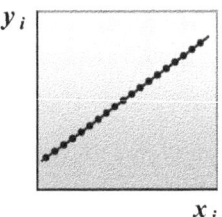

$$r = \frac{\frac{1}{n} b \sum_{i=1}^{n} (x_i - \overline{x})(x_i - \overline{x})}{s_X \cdot b \cdot s_X} = +1.$$

für $y_i = a - bx_i$ ist

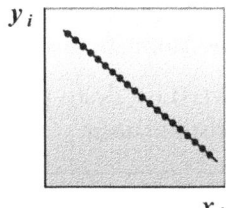

$$r = \frac{\frac{1}{n}(-b) \sum_{i=1}^{n} (x_i - \overline{x})(x_i - \overline{x})}{s_X \cdot b \cdot s_X} = -1.$$

Beispiel für die Berechnung des Korrelationskoeffizienten r der Merkmale „Einkommen" (X) und „Ausgaben für Kopien" (Y) des Beispieldatensatzes:

i	x_i	y_i	x_i^2	y_i^2	$x_i y_i$
1	2 025	21	.	.	.
2	2 220	37	.	.	.
⋮	⋮	⋮	⋮	⋮	⋮
25	2 100	27	.	.	.
$\sum$	52 500	680	111 528 450	24 490	1 510 860

$$\overline{x} = \frac{52\,500}{25} = 2\,100, \quad \overline{y} = \frac{680}{25} = 27,2,$$

$$s_X^2 = \frac{111\,528\,450}{25} - 2\,100^2 = 51\,138, \quad s_Y^2 = \frac{24\,490}{25} - 27,2^2 = 239,76,$$

$$s_{XY} = \frac{1\,510\,860}{25} - 2\,100 \cdot 27,2 = 3\,314,4, \quad r = \frac{3\,314,4}{\sqrt{51\,138}\sqrt{239,76}} = 0,95.$$

Würden mehr als eine Variable X einen rechnerischen Einfluss auf die Variable Y ausüben,

> also z. B. auf die Konsumausgaben Y für Bier in einem Haushalt nicht nur das laufende Nettoeinkommen X, sondern auch die Zahl der Sommertage, die Zahl übertragener Fußballspiele, die Zahl der Haustiere etc.,

so ist dieser Koeffizient noch mehr als ein Maß des linearen Zusammenhangs. Als

- **Bestimmtheitsmaß**

$$r^2 = \frac{s_{XY}^2}{s_X^2 s_Y^2}, \quad 0 \le r^2 \le 1,$$

misst er allgemein die „Stärke" der statistischen Erklärung von Y durch X. Man könnte sich einen beliebigen (also auch linearen, vgl. Kapitel 6.4) rechnerischen, also statistisch geschätzten Zusammenhang zwischen Y und X mit $\hat{y} = f(x)$ vorstellen und dann eine **Varianzzerlegung**

$$s_Y^2 = s_{\hat{Y}}^2 + s_e^2$$

vornehmen, wobei in s_e^2 die nicht durch $\hat{y} = f(x)$ erklärten Streuungsteile enthalten wären.

Hätte man den rechnerischen Zusammenhang durch $\hat{y} = f(x)$ vollständig erfasst, so ergäben sich keine Reste $e_i = y_i - \hat{y}_i$.

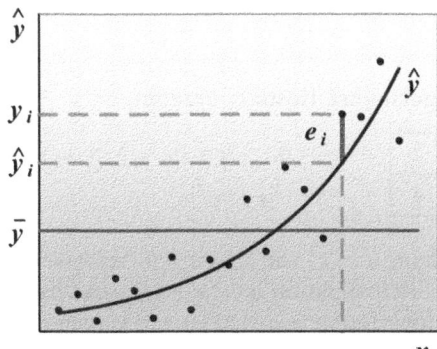

Ausgehend von der Zerlegung der zu erklärenden Abweichung eines einzelnen Beobachtungswertes y_i vom arithmetischen Mittel $\overline{y}$ in eine nicht erklärte Abweichung e_i und eine durch den geschätzten funktionalen Zusammenhang $\hat{y} = f(x)$ erklärte Abweichung $\hat{y}_i - \overline{y}$ kann eine Varianzzerlegung hergeleitet werden.

$$y_i - \overline{y} = (y_i - \hat{y}_i) + (\hat{y}_i - \overline{y}) \implies$$

$$\sum_i (y_i - \overline{y})^2 = \sum_i [(y_i - \hat{y}_i) + (\hat{y}_i - \overline{y})]^2$$

$$= \sum_i (y_i - \hat{y}_i)^2 + 2 \sum_i (y_i - \hat{y}_i)(\hat{y}_i - \overline{y}) + \sum_i (\hat{y}_i - \overline{y})^2$$

$$\text{mit } \sum_i (y_i - \hat{y}_i)(\hat{y}_i - \overline{y}) = \sum_i e_i(\hat{y}_i - \overline{y}) = \sum_i e_i \hat{y}_i - \overline{y} \sum_i e_i.$$

Wählt man (vernünftigerweise) ein statistisches Schätzverfahren (vgl. z. B. Kapitel 6.4) so, dass $\sum_i e_i = 0$ (Summe der Abweichungen ergibt Null, d. h. im Durchschnitt heben sich die Abweichungen auf) und $\sum_i e_i \hat{y}_i = 0$ (Fehlervariable und Schätzvariable bzw. Einflussvariable sind unkorreliert, sonst wären Fehler noch weiter erklärbar), womit auch

$$s_e^2 = \frac{1}{n} \sum_i (e_i - \overline{e})^2 = \frac{1}{n} \sum_i e_i^2 = \frac{1}{n} \sum_i (y_i - \hat{y}_i)^2 \text{ und } \overline{\hat{y}} = \overline{y} \text{ und damit}$$

$$s_{\hat{Y}}^2 = \frac{1}{n} \cdot \sum_i (\hat{y}_i - \overline{y})^2 \text{ gilt, so folgt die}$$

- **Varianzzerlegung**

$$s_Y^2 = \frac{1}{n} \sum_{i=1}^n (y_i - \overline{y})^2 = \underbrace{\frac{1}{n} \cdot \sum_{i=1}^n (y_i - \hat{y}_i)^2}_{s_e^2} + \underbrace{\frac{1}{n} \cdot \sum_{i=1}^n (\hat{y}_i - \overline{y})^2}_{s_{\hat{Y}}^2}$$

$$\implies \qquad 1 = \frac{s_e^2}{s_Y^2} + \frac{s_{\hat{Y}}^2}{s_Y^2}$$

$$\text{also} \qquad r^2 = 1 - \frac{s_e^2}{s_Y^2} = \frac{s_{\hat{Y}}^2}{s_Y^2}.$$

Das **Bestimmtheitsmaß** r^2 ist somit der durch das statistische Schätzverfahren erklärte Varianzanteil der y_i-Werte. Die Erklärung könnte daher verbessert werden durch z. B.

○ ein verbessertes Schätzverfahren, das geringere Reste e_i erzeugt.

z. B.:

x_i	-2	-1	0	1	2
y_i	4	1	0	1	4

$\overline{x} = 0$, $\quad \overline{y} = 0$, $\quad \sum x_i y_i = 0$

$\implies s_{XY} = 0$.

Es liegt ein funktionaler Zusammenhang $y = x^2$ vor, aber $r = 0$. Verbesserung des Schätzverfahrens: Keine lineare Schätzfunktion $\hat{y}_i = a + bx_i$, sondern ein Polynom zweiten Grades als Schätzfunktion $\hat{y}_i = a + bx_i + cx_i^2$ verwenden.

○ Hinzunehmen weiterer erklärender, voneinander unabhängiger Variablen.

> Die ex-post-Prognose des Bierverbrauchs ließe sich z. B. verbessern – sichtbar am erhöhten Bestimmtheitsmaß – durch Berücksichtigung des Einflusses der Sommertage und der übertragenen Fußballspiele, wobei letzteres u. U. stärker zur Erhöhung beiträgt, nicht aber durch Beachtung der Zahl der Haustiere. (Bei kleinem Stichprobenumfang müsste das korrigierte Bestimmtheitsmaß verwendet werden, da das Bestimmtheitsmaß allein durch seine Berechnung bei Hinzunehmen einer weiteren erklärenden Variablen steigt, auch wenn die hinzugenommene Variable keinen Erklärungsbeitrag leistet.)

Beispiel für die Berechnung des Bestimmtheitsmaßes der Merkmale „Einkommen" (X) und „Ausgaben für Kopien" (Y) des Beispieldatensatzes:

Vgl. Seite 71: $r^2 = 0,95^2 = 0,9025$, d. h. 90,25 % der zu erklärenden Varianz der Ausgaben für Kopien können durch den (hier linear, vgl. Kapitel 6.4) geschätzten Zusammenhang mit dem Einkommen, $\hat{y} = f(x)$, erklärt werden. Durch Hinzunehmen weiterer erklärender Variablen könnte r^2 erhöht werden, aber auch u. U. durch Wahl eines anderen z. B. nicht-linearen Zusammenhangs. Dann dürfte allerdings das Bestimmtheitsmaß nicht als Quadrat des Korrelationskoeffizienten berechnet werden.

Lässt sich die Varianz eines metrischen Merkmals Y durch den Einfluss eines nominalen Merkmals X erklären, so kann aus der Varianzzerlegung bei den zu den Merkmalsausprägungen des nominalen Merkmals zugehörigen Untergruppen der Beobachtungswerte (vgl. Seite 50) der (eta-Quadrat)

* η^2-**Koeffizient** $\eta^2 = \dfrac{s_{\text{ext}}^2}{s^2}, \quad 0 \leq \eta^2 \leq 1,$

bestimmt werden. η^2 gibt dann den durch den Einfluss des nominalen Merkmals X bzw. durch die Gruppenbildung erklärten Anteil an der zu erklärenden Varianz von Y an.

Beispiel für die Berechnung des η^2-Koeffizienten der Merkmale „Geschlecht" (X) und „Anzahl der Fachbücher" (Y) des Beispieldatensatzes:

Vgl. Seite 51: $\eta^2 = \dfrac{s_{\text{ext}}^2}{s^2} = \dfrac{0,39}{1,44} = 0,2708$, d. h. 27,08 % der zu erklärenden Varianz der Fachbücher können durch das Geschlecht erklärt werden.

Der Hinweis für einen Koeffizienten, der auf den Wertebereich $[0, 1]$ normiert ist: „bis $< 0,3$: niedrig", „$0,3$ bis $< 0,7$: mittel", „$0,7$ bis 1: hoch", ist eine Tautologie (mit Ausnahme von Koeffizienten wie etwa dem hier nicht behandelte Herfindahl-Index – Summe der quadrierten Marktanteile, – der bei 0,5 „klumpt"). Ein η^2 von 0, 2 kann „hoch" sein, wenn z. B. für eine Krankheit, gegen die es bisher kein Medikament gab, eine Behandlung gefunden wurde, für die im korrekten experimentellen Vergleich in der Testgruppe der Wert 0, 2 auftritt. Dann gäbe es wenigstens Hoffnung und Anlass, weiter zu forschen, sofern der Zuwachs nicht zufällig ist. Hätte man nur eine Veränderung zwischen Kontrollgruppe (bisherige Behandlung: Wert 0, 8) und Testgruppe (Wert 0, 81), dann wäre der Wert 0, 81 als niedrig eben im richtigen Vergleich einzustufen.

Mit sogenannten PRE-Maßen wird versucht, trotzdem unabhängig von sachlichen Zusammenhängen eine Vorstellung der Stärke eines Zusammenhangs zu vermitteln.

Ergänzung: PRE-Maße

Maße, die die „proportionale Fehlerreduktion" (Proportional Reduction in Error) als Interpretationshilfe bei der Normierung auf das Intervall $[0, 1]$ bieten sollen, müssen in folgender Form darstellbar sein:

$$\text{PRE} = \frac{E_1 - E_2}{E_1}.$$

Sie drücken so die proportionale Abnahme des Vorhersagefehlers bezüglich Y bei Berücksichtigung des rechnerischen Einflusses von X aus. Dabei bedeuten

- E_1: „Fehler" bezüglich der „Vorhersage" der abhängigen Variablen Y, wenn man Informationen zur (univariaten) Verteilung von Y hat.

- E_2: „Fehler" bezüglich der „Vorhersage" der abhängigen Variablen Y, sofern man Informationen zum Einfluss der unabhängigen Variablen X auf Y hat.

Die Maße unterscheiden sich je nach

○ „Vorhersagewert" (z. B. häufigster Wert, arithmetisches Mittel etc.)
○ „Fehler"-Definition (z. B. Anzahl unzutreffender Vorhersagen, Varianz etc.)

Bei nominalen Merkmalen kann als Assoziationsmaß verwendet werden (lambda)

- **Goodmans/Kruskals λ** $\lambda_y = \dfrac{\sum\limits_{j} \max\limits_{i} h_{ij} - \max\limits_{i} n_{i\bullet}}{n - \max\limits_{i} n_{i\bullet}}, \quad 0 \leq \lambda_y \leq 1,$

    als PRE-Maß

$$\lambda_y = \frac{E_1 - E_2}{E_1} \quad \text{mit}$$

$$E_1 = n - \max_i n_{i\cdot}$$ (Fehler, wenn man den häufigsten Wert vorhersagt)

$$E_2 = \sum_j (n_{\cdot j} - \max_i h_{ij})$$ (Fehler, wenn man die häufigsten Werte der Spaltenverteilungen vorhersagt).

Beispiel für die Berechnung von Goodmans/Kruskals λ der Merkmale „Geschlecht" (X) und „Vertiefungsfach" (Y) des Beispieldatensatzes:

Vertiefungsfach Y	Geschlecht X		$\sum$
	$j = 1$ (männlich)	$j = 2$ (weiblich)	
(Bank) $i = 1$	3	2	5
(Handel) $i = 2$	4	6	10
(Industrie) $i = 3$	6	4	10
$\sum$	13	12	25 $= n$
$\max_i h_{ij}$	6	6	10 $= \max_i n_{i\cdot}$

$$\lambda_y = \frac{6 + 6 - 10}{25 - 10} = 0,1333 \text{ bzw.}$$

$$E_1 = 25 - 10 = 15, \quad E_2 = (13 - 6) + (12 - 6) = 13 \Longrightarrow$$

$$\lambda_y = \frac{15 - 13}{15} = 0,1333.$$

Mit der Vorhersage, dass eine befragte Person als Vertiefungsfach Handel wählt (da in diesem Beispiel 2 Modi (häufigste Werte) vorliegen: Handel und Industrie, hätte man genauso gut als Vorhersage Industrie annehmen können), begeht man einen Fehler für die restlichen 15 Studierenden, die nicht Handel sondern ein anderes Vertiefungsfach wählen. Kennt man das Geschlecht, z. B. männlich, dann würde man voraussagen, dass die befragte männliche Person als Vertiefungsfach Industrie wählt (Industrie ist der häufigste Wert mit 6 von 13 männlichen Studierenden). Mit dieser Vorhersage begeht man einen Fehler für die restlichen 7 männlichen Studierenden. Bei den weiblichen Studierenden würde man als Vertiefungsfach Handel voraussagen (Handel ist der häufigste Wert mit 6 von 12 weiblichen Studierenden), wobei ein Vorhersagefehler von 6 vorliegt. Also würde man bei Kenntnis des Geschlechts 13 der Studierenden falsch prognostizieren und ohne Kenntnis des Geschlechts 15. Damit fällt der Vorhersagefehler für das Vertiefungsfach um 13,33 % geringer aus, wenn man das Geschlecht kennt, – dies bringt λ_y zum Ausdruck.

Bei ordinalen Merkmalen wird als PRE-Maß Kendalls τ_b bzw. Somers' d modifiziert, sofern nur wenige Ties auftreten. (gamma)

- **Goodmans/Kruskals γ** $\quad \gamma = \dfrac{n_c - n_d}{n_c + n_d}, \quad -1 \le \gamma \le 1,$

  als PRE-Maß

$$|\gamma| = \frac{E_1 - E_2}{E_1} \quad \text{mit}$$

$E_1 = 0,5 \cdot (n_c + n_d)$ („Prinzip des unzureichenden Grundes": Bei zufälligen Ereignissen mit zwei Ausgängen wird ohne Vorinformation 50:50 getippt)

$E_2 = \min(n_c, n_d)$ (der größere Wert als Vorhersagewert, damit ist der andere Wert der Fehler)

für $n_c > n_d$ ist die Korrelation positiv

$$\frac{E_1 - E_2}{E_1} = \frac{0,5 \cdot (n_c + n_d) - n_d}{0,5 \cdot (n_c + n_d)} = \frac{n_c - n_d}{n_c + n_d} = \gamma > 0$$

für $n_c < n_d$ ist die Korrelation negativ

$$\frac{E_1 - E_2}{E_1} = \frac{0,5 \cdot (n_c + n_d) - n_c}{0,5 \cdot (n_c + n_d)} = -\left(\frac{n_c - n_d}{n_c + n_d}\right) = -\gamma > 0 \implies \gamma < 0.$$

Bei metrischen Merkmalen kann das Bestimmtheitsmaß als PRE-Maß interpretiert werden:

- **Bestimmtheitsmaß r^2** $\quad r^2 = \dfrac{s_{\hat{Y}}^2}{s_Y^2} = 1 - \dfrac{s_e^2}{s_Y^2} = \dfrac{s_Y^2 - s_e^2}{s_Y^2}, \quad 0 \le r^2 \le 1,$

  als PRE-Maß

$$r^2 = \frac{E_1 - E_2}{E_1} \quad \text{mit}$$

$E_1 = s_Y^2$ [Fehler als Varianz, (Differenzen: $y_i - \overline{y}$)]

$E_2 = s_e^2$ [Fehler als Streuung der y_i um $\hat{y}_i$, (Differenzen $y_i - \hat{y}_i$), $\hat{y}_i$ als Vorhersagewert].

Beispiel für die Interpretation des Bestimmtheitsmaßes als PRE-Maß der Merkmale „Einkommen" (X) und „Ausgaben für Kopien" (Y) des Beispieldatensatzes:

Vgl. Seite 73: $r^2 = 0,95^2 = 0,9025$, d. h.: Der Fehler, den man mit der Vorhersage, dass ein Studierender pro Semester Kopierausgaben in Höhe von $\overline{y}$ tätigt, begeht, wird um 90,25 % verringert, wenn man sein Einkommen x berücksichtigt.

Bei der Vorhersage für einen *einzelnen* Studierenden mit einem Einkommen y_i kann zwar mit $\hat{y}_i$ ein größerer Vorhersagefehler auftreten als mit $\overline{y}$, insgesamt aber ergibt sich eine Reduktion des Vorhersagefehlers um 90,25 % bei Berücksichtigung des Einkommens.

Bei nominal(X)-metrischen (Y)- Beziehungen hat man den

- η^2-Koeffzienten $\eta^2 = \dfrac{s_{\text{ext}}^2}{s_Y^2} = 1 - \dfrac{s_{\text{int}}^2}{s_Y^2} = \dfrac{s_Y^2 - s_{\text{int}}^2}{s_Y^2}, \quad 0 \leq \eta^2 \leq 1,$

  als PRE-Maß

$$\eta^2 = \frac{E_1 - E_2}{E_1} \quad \text{mit}$$

$$E_1 = s_Y^2 \quad \text{[Fehler als Varianz,}$$
$$\text{(Differenzen: } y_i - \overline{y})]$$

$$E_2 = s_{\text{int}}^2 \quad \text{[Fehler als Streuung der } y_{ij} \text{ um } \overline{y}_j,$$
$$\text{(Differenzen } y_{ij} - \overline{y}_j),$$
$$\overline{y}_j \text{ als Vorhersagewert].}$$

Beispiel für die Interpretation des η^2-Koeffizienten als PRE-Maß der Merkmale „Geschlecht" (X) und „Anzahl der Fachbücher" (Y) des Beispieldatensatzes:

Vgl. Seite 73: $\eta^2 = 0,2708$, d. h.: Der Fehler, den man mit der Vorhersage, dass ein Studierender $\overline{y} = 1,6$ Fachbücher pro Semester kauft bzw. ausleiht, begeht, wird um 27,08 % verringert, wenn man das Geschlecht berücksichtigt.

Bei der Vorhersage für einen *einzelnen* männlichen Studierenden kann mit $\overline{y}_1 = 1$ ein größerer Vorhersagefehler auftreten als mit $\overline{y} = 1,6$, z. B.: Stud.-Nr. 5: $y_5 = 2$, also beträgt der Vorhersagefehler unter Beücksichtigung des Geschlechts 1 und ohne Berücksichtigung nur 0, 4.

**Sum-
mary**

- Kenngrößen bivariater Verteilungen, die die Stärke des rechnerischen Zusammenhangs zwischen den beiden Merkmalen in der untersuchten Gesamtheit abbilden, heißen Assoziations- oder Kontingenzmaße (wenn eines der Merkmale nominal skaliert ist) bzw. Korrelationskoeffizienten (wenn keines der Merkmale nominal skaliert ist).

- Der χ^2-Koeffizient ist größer als Null, wenn ein Zusammenhang besteht. Eine Richtung des Zusammenhangs ist nicht interpretierbar. Viele Assoziationsmaße beruhen auf der Größe χ^2, die den Unterschied zwischen den tatsächlichen Häufigkeiten und den bei Unabhängigkeit geltenden Häufigkeiten abbildet.

- Der in der Statistikliteratur aufgeführte Rangkorrelationskoeffizient nach Spearman vergleicht Differenzen der Rangplätze der Beobachtungswerte zweier ordinaler Merkmale.

- Da Differenzen bei ordinalen Merkmalen keinen Sinn ergeben, sollte stattdessen ein auf Paarvergleichen – Vergleich der konkordanten Paare von Beobachtungswerten mit der Zahl der diskordanten Paare – beruhender Koeffizient wie Kendall's τ oder Somers' d berechnet werden.

- Bei metrischen Merkmalen wird ein Korrelationskoeffizient nach Bravais/Pearson – eine Verhältniszahl aus der Kovarianz und dem Produkt der Standardabweichungen der beiden Merkmale – berechnet. Er misst die Stärke des linearen Zusammenhangs. Bei perfektem linearen Zusammenhang ergibt er den Zahlenwert -1 (negative Korrelation) bzw. +1 (positive Korrelation).

- Der quadrierte Korrelationkoeffizient (hier bei linearen rechnerischen Zusammenhängen) nach Bravais/Pearson wird als „Bestimmtheitsmaß" bezeichnet. Er misst die „Stärke" der statistischen „Erklärung" der abhängigen Variablen durch eine (oder mehrere) beeinflussende Variable(n).

- Der η^2-Koeffizient ist das Verhältnis aus externer Varianz (Unterschiede zwischen arithmetischen Mitteln von meist nach einem nominalen Merkmal gebildeten Untergruppen) und der Gesamtvarianz (Unterschiede zwischen allen Einzelwerten).

Summary

- Die beiden zuletzt genannten Koeffizienten beruhen also auf Varianzzerlegungen: Je besser die Variabilität, d. h. die Unterschiede in den Beobachtungswerten des abhängigen Merkmals, durch das statstsische Verfahren (Regressionsrechnung bzw. Mittelwertsvergleich) „erklärt" werden können, desto schlüssiger ist das Verfahren.

Aufgabe 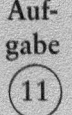 **11**

Berechnen Sie für die Aufgaben 7, 9 und 10 (Seite 54, 63 und 65) sinnvolle Maßzahlen des rechnerischen Zusammenhangs.

Lösung für Aufgabe 7 (Seite 54):

$$s_{\text{int}}^2 = 192,692, \quad s_{\text{ext}}^2 = 47,068, \quad s^2 = 239,76$$

$$\implies \eta^2 = \frac{47,068}{239,76} = 0,196,$$

d. h.: Da die Streuung innerhalb der 3 Gruppen des Vertiefungsfaches groß ist, können nur ca. 20 % der Varianz der Kopierausgaben durch das Vertiefungsfach der Studierenden erklärt werden. Interpretation als PRE-Maß: Der Fehler, den man mit der Vorhersage, dass ein Studierender 27,2 € pro Semester für Kopien ausgibt, begeht, wird um ca. 20 % reduziert, wenn man das Vertiefungsfach bei der Prognose der Durchschnittsausgaben berücksichtigt.

Lösung für Aufgabe 9 (Seite 63):

Partei	Beruf X						$\sum$
Y	Arbeiter		Angestellte/Beamte		Selbständige		
CDU	30	36	51	45	9	9	
	36	1	36	0,8	0	0	1,8
SPD	44	32	32	40	4	8	
	144	4,5	64	1,6	16	2	8,1
FDP	2	8	11	10	7	2	
	36	4,5	1	0,1	25	12,5	17,1
Grüne	4	4	6	5	0	1	
	0	0	1	0,2	1	1	1,2
$\sum$						$\chi^2 =$	28,2

$$C = \sqrt{\frac{28,2}{28,2 + 200}} = 0,352,$$

$$C_{\max} = \sqrt{\frac{2}{3}} = 0,816 \implies$$

$$C^* = \frac{0,352}{0,816} = 0,431.$$

| Partei Y | Beruf X | | | $\sum$ |
	Arbeiter $j = 1$	Ang./Beamte $j = 2$	Selbstdg. $j = 3$	
CDU $i = 1$	30	51	9	90
SPD $i = 2$	44	32	4	80
FDP $i = 3$	2	11	7	20
Grüne $i = 4$	4	6	0	10
$\sum$	80	100	20	200 $= n$
$\max\limits_{i} h_{ij}$	44	51	9	90 $= \max\limits_{i} n_i$.

$$\lambda_y = \frac{44 + 51 + 9 - 90}{200 - 90} = 0,127$$

bzw. $E_1 = 200 - 90 = 110$

und $E_2 = (80 - 44) + (100 - 51) + (20 - 9) = 96$

$$\implies \lambda_y = \frac{110 - 96}{110} = 0,127,$$

d. h.: Der Fehler, den man mit der Vorhersage, dass ein Wähler die insgesamt meist gewählte Partei (CDU) wählt, begeht, fällt um 12,72 % geringer aus, wenn man den Beruf des Wählers bei der Prognose berücksichtigt. Man würde also den häufigsten Wert (d. h. die am häufigsten gewählte Partei) etwas besser prognostizieren, weil sich das Wählerverhalten nach Berufsgruppen unterscheidet. Hätten die Arbeiter mehrheitlich auch CDU gewählt, wäre $\lambda_y = 0$.

Lösung für Aufgabe 10 (Seite 65):

i	x_i	y_i	x_i^2	y_i^2	$x_i y_i$
1	70	8	4 900	64	560
2	80	7	6 400	49	560
3	90	10	8 100	100	900
4	120	7	14 400	49	840
5	130	6	16 900	36	780
6	150	4	22 500	16	600
7	150	3	22 500	9	450
8	170	2	28 900	4	340
9	70	13	4 900	169	910
10	60	14	3 600	196	840
11	60	16	3 600	256	960
12	50	18	2 500	324	900
$\sum$	1 200	108	139 200	1 272	8 640

$$\overline{x} = \frac{1\,200}{12} = 100, \quad \overline{y} = \frac{108}{12} = 9,$$

$$s_X^2 = \frac{139\,200}{12} - 100^2 = 1\,600, \quad s_Y^2 = \frac{1\,272}{12} - 9^2 = 25,$$

$$s_{XY} = \frac{8\,640}{12} - 100 \cdot 9 = -180, \quad r = \frac{-180}{\sqrt{1\,600}\sqrt{25}} = -0,9,$$

$$r^2 = 0,81,$$

d. h.: 81 % der Varianz der Krankmeldungen der Quartale (d. h. also die unterschiedliche Höhe der Krankmeldungen) können (kann) durch die Anzahl der Arbeitslosen in den Quartalen erklärt werden. Interpretation als PRE-Maß: Der Fehler, den man mit dem Durchschnitt von 900 Krankmeldungen als Prognose für jeden einzelnen Quartalsstand begine, wird um 81 % verringert, wenn man die Zahl der Arbeitslosen im Quartal berücksichtigt.

4 Wahrscheinlichkeitsrechnung

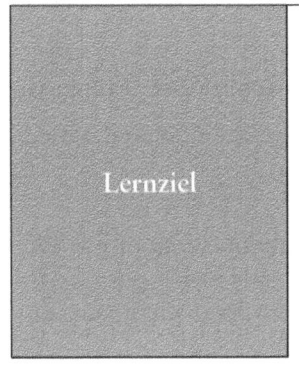

Die Wahrscheinlichkeitsrechnung wird hier nur so weit behandelt, wie sie dem Verständnis von Wahrscheinlichkeitsverteilungen zur Abbildung von Risiken bei Entscheidungen dient. Im Vordergrund steht damit auch nicht die Vorstellung verschiedener diskreter und stetiger theoretischer Verteilungen, sondern am Beispiel der Normalverteilung als Stichprobenverteilung die Bestimmung und Interpretation dieser Risiken insbesondere für die grundlegenden Anwendungskonzepte der induktiven Statistik.

Exkurs: Alea iacta esto

Obwohl bei Management- oder Politikentscheidungen wohl selten gewürfelt, d. h. die Wahl einer Alternative dem Zufall überlassen wird, soll hier als einführendes Beispiel für die Wahrscheinlichkeitsrechnung als Hilfsmittel, vernünftige Entscheidungen bei Ungewissheit zu treffen, „gewürfelt" werden. Die dabei vorgestellten Konzepte können unter www.prof-roessler.de/Dateien/Statistik/ zgs.xlsm durch eigene Experimente nachvollzogen werden, so dass diejenigen, denen die folgenden Kapitel zu abstrakt erscheinen, einen spielerischen Zugang finden können.

Die möglichen Ergebnisse *eines* Wurfs mit einem sechsseitigen, fairen Würfel sind die Zahlen 1 bis 6. Sie treten alle mit der gleichen Wahrscheinlichkeit $P(X = i) = \frac{1}{6}$, $i = 1, \ldots, 6$, auf. Der Würfelwurf ist ein Zufallsexperiment, also ein beliebig wiederholbarer Vorgang, der nach einer bestimmten Vorschrift ausgeführt wird (Zufallsprozess) und dessen Ergebnis im vorhinein ungewiss ist, dessen möglichen Ergebnissen $(A, B, \ldots)$ jedoch Maße für diese Ungewissheit, Wahrscheinlichkeiten $[P(A), P(B), \ldots]$, zugeordnet werden können. Dies könnte durch Zählen bei wiederholten Ausführungen (Wahrscheinlichkeit als relative Häufigkeit) oder durch eine mathematische Abbildung des Zufallsprozesses erfolgen. Rechenregeln für die Wahrscheinlichkeitsrechnung entsprechen den Rechenregeln für relative Häufigkeiten. Zur eindeutigen Verrechnung von Wahrscheinlichkeiten sind drei Grundregeln (Axiome von Kolmogoroff) ausreichend:

© Springer-Verlag GmbH Deutschland, ein Teil von Springer Nature 2019
I. Rößler und A. Ungerer, *Statistik für Wirtschaftswissenschaftler*,
BA KOMPAKT, https://doi.org/10.1007/978-3-662-60342-0_4

1) $0 \leq P(A) \leq 1$, z. B. $P(A = 6) = \dfrac{1}{6}$, d. h. die Wahrscheinlichkeit, eine 6 zu würfeln, beträgt $\frac{1}{6}$.

2) $P(I) = 1$, wobei I den Ereignisraum beschreibt, hier: $I = \{1, 2, 3, 4, 5, 6\}$, d. h. die Wahrscheinlichkeit, eine Zahl zwischen 1 und 6 zu würfeln (sicheres Ereignis), beträgt 1.

3) $P(A \cup B) = P(A) + P(B)$, wobei A und B sich ausschließende Ereignisse sind, z. B. $P(A = 5) + P(B = 6) = \dfrac{1}{3}$, d. h. die Wahrscheinlichkeit, eine 5 oder 6 zu würfeln, beträgt $\frac{1}{3}$.

Als zufälliges Ereignis hätte man auch andere Zusammenfassungen aus den Elementarereignissen (1 bis 6) wählen können, wie „gerade Zahl" oder „Zahl größer als 3". Diese beiden Ereignisse schließen sich allerdings nicht aus. Zur Bestimmung der Wahrscheinlichkeit verwendet man den

- **Additionssatz**

  bei sich nicht ausschließenden Ereignissen:

  $P(A \cup B) = P(A) + P(B) - P(A \cap B)$, d. h. die Wahrscheinlichkeit eine gerade Zahl oder eine Zahl, die größer als 3 ist, zu würfeln beträgt $\frac{2}{3}$, denn die Wahrscheinlichkeit, eine gerade Zahl – d. h. eine 2, 4 oder 6 – zu würfeln, beträgt $3 \cdot \frac{1}{6} = \frac{1}{2}$, die Wahrscheinlichkeit, eine Zahl, die größer als 3 ist – d. h. eine 4, 5 oder 6 –, zu würfeln, beträgt $3 \cdot \frac{1}{6} = \frac{1}{2}$ und die Wahrscheinlichkeit, eine Zahl, die gerade und größer 3 ist – d. h. eine 4 oder 6 –, zu würfeln, beträgt $2 \cdot \frac{1}{6} = \frac{1}{3}$, also $P(\text{gerade Zahl} \cup \text{Zahl größer } 3) = \frac{1}{2} + \frac{1}{2} - \frac{1}{3} = \frac{2}{3}$. Dieser Satz gilt auch für sich ausschließende Ereignisse, da hier die Schnittmenge $A \cap B$ leer und damit $P(A \cap B) = 0$ ist.

- **Multiplikationssatz**

  $P(A \cap B) = P(A)P(B|A)$, z. B. die Wahrscheinlichkeit, eine Zahl, die gerade und größer 3 ist – d. h. eine 4 oder 6 –, zu würfeln, kann berechnet werden als Produkt der Wahrscheinlichkeit, eine gerade Zahl zu würfeln, $P(\text{gerade Zahl}) = \frac{1}{2}$, und der bedingten Wahrscheinlichkeit $P(\text{Zahl größer } 3|\text{Zahl gerade}) = \frac{2}{3}$, d. h. der Wahrscheinlichkeit, aus der Menge der geraden Zahlen $\{2,4,6\}$ eine Zahl, die größer als 3 ist, – also 4 oder 6 – zu würfeln, so dass $P(\text{gerade Zahl} \cap \text{Zahl größer } 3) = \frac{1}{2} \cdot \frac{2}{3} = \frac{1}{3}$.

Werden den Ereignissen reelle Zahlen zugeordnet, so spricht man von Zufallsvariablen X und ihren Realisationen x bzw. x_i. So könnte man der Zahl 6 (hier ist das Ergebnis auch schon eine Zufallsvariable) den Gewinn von 40 € zuordnen, den Ergebnissen 1,2,3 jeweils -10 € sowie 4 und 5 jeweils -5 €. Bei einer abzählbaren Zahl von möglichen Ergebnissen für (diskrete) Zufallsvariablen könnte man dann eine tabellarische Wahrscheinlichkeitsverteilung erstellen [$P(X = x_i) = p(x_i)$ mit $0 \leq p(x_i) \leq 1$, $\sum p(x_i) = 1$]:

Tab. 6: Wahrscheinlichkeitsverteilung der Zufallsvariablen „Würfelzahl" (X) beim Wurf eines sechsseitigen fairen Würfels

x_i	$P(X = x_i) = p(x_i)$	$P(X \leq x_i) = F(x_i)$	$x_i p(x_i)$
1	1/6	1/6	1/6
2	1/6	2/6	2/6
3	1/6	3/6	3/6
4	1/6	4/6	4/6
5	1/6	5/6	5/6
6	1/6	1	1
$\sum$	1	–	3,5

Tab. 7: Wahrscheinlichkeitsverteilung der Zufallsvariablen „Gewinn" (X)

x_i	$P(X = x_i) = p(x_i)$	$P(X \leq x_i) = F(x_i)$	$x_i p(x_i)$
-10	3/6	3/6	-30/6
-5	2/6	5/6	-10/6
+40	1/6	1	40/6
$\sum$	1	–	0

Für diese Verteilungen lassen sich dann auch Kenngrößen wie z. B. der „Erwartungswert"

$$E(X) = \mu = \sum x_i p(x_i)$$

bestimmen.

Wären die Zufallsvariablen stetig – z. B. Abweichungen von der Normfüllmenge beim Befüllen von Getränkeflaschen –, dann müsste als Tabelle eine klassierte Verteilung erstellt werden, die u. U. durch eine stetige Verteilung (als Funktionsgleichung) angenähert werden könnte. Wahrscheinlichkeiten sind dann Flächen unter der Dichtefunktion (vgl. Kapitel 2.1, Seite 28).

Abb. 16: Dichtefunktion einer stetigen
Zufallsvariablen

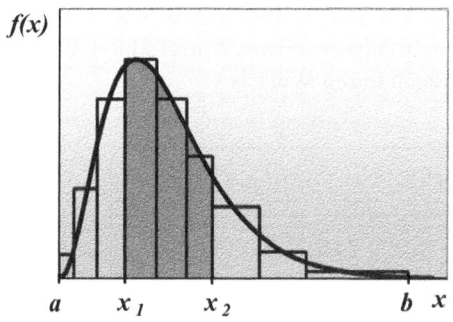

$$f(x) \geq 0 \quad \text{und} \quad \int_a^b f(x)dx = 1$$

$$F(x) = \int_a^x f(u)du$$

Abb. 17: Verteilungsfunktion einer
stetigen Zufallsvariablen

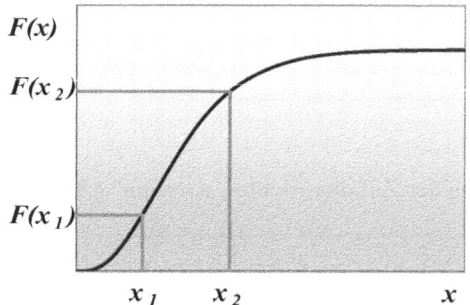

$$P(x_1 < X \leq x_2) = F(x_2) - F(x_1)$$

$$E(X) = \mu = \int_a^b x f(x)dx$$

Die folgenden Beispiele könnten auch als n-maliges Würfeln bzw. würfeln mit n Würfeln interpretiert werden. Wir fassen jedoch die möglichen Ergebnisse des einmaligen Würfelns mit einem sechseitigen, unverfälschten Würfel als eine Häufigkeitsverteilung für eine sehr große Grundgesamtheit mit ihren Kenngrößen μ und σ^2 auf.

Abb. 18: Wahrscheinlichkeitsverteilung
einer gleichverteilten diskreten ZV

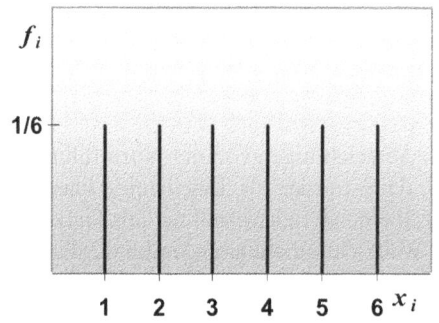

x_i	f_i
1	1/6
2	1/6
3	1/6
4	1/6
5	1/6
6	1/6

$$\mu = \sum f_i x_i = 3,5$$

$$\sigma^2 = \sum f_i x_i^2 - \mu^2$$

$$= \frac{35}{12} = \frac{105}{36}$$

Aus dieser Grundgesamtheit werden Stichproben vom Umfang n gezogen (sog. Urnenmodell, das bei Stichprobenanwendungen plausibel ist). So ergeben sich, sofern als Unterscheidung bei den ausgewählten Einheiten nur deren Beobachtungswert 1 bis 6 erfasst würde, bei $n = 2$ aus den zunächst $6 \cdot 6 = 36$ Paaren, die alle gleich wahrscheinlich sind, nur noch 21 bezüglich der auftretenden Merkmalsausprägungen unterscheidbare Paare [(1,4) und (4,1) z. B. enthalten dieselbe Information] mit dann natürlich unterschiedlichen Wahrscheinlichkeiten.

Tab. 8: Darstellungen einer zweidimensionalen Wahrscheinlichkeitsverteilung der beiden Zufallsvariablen „Würfelzahl" beim zweimaligen Wurf eines Würfels

2. Ziehung	1. Ziehung					
	1	2	3	4	5	6
1	1/36	1/36	1/36	1/36	1/36	1/36
2	1/36	1/36	1/36	1/36	1/36	1/36
3	1/36	1/36	1/36	1/36	1/36	1/36
4	1/36	1/36	1/36	1/36	1/36	1/36
5	1/36	1/36	1/36	1/36	1/36	1/36
6	1/36	1/36	1/36	1/36	1/36	1/36

2. Ziehung	1. Ziehung					
	1	2	3	4	5	6
1	1/36	2/36	2/36	2/36	2/36	2/36
2		1/36	2/36	2/36	2/36	2/36
3			1/36	2/36	2/36	2/36
4				1/36	2/36	2/36
5					1/36	2/36
6						1/36

Eine weiter verkürzte Darstellung der möglichen Ergebnisse – bei großem n sicher sinnvoll – bekäme man, wenn die jeweiligen Ergebnisse durch eine „Stichprobenfunktion"

$$f(X_1, \ldots, X_n)$$

zusammengefasst würden, die allerdings in einem Sachzusammenhang informativ sein müsste z. B.

$$f(X_1, \ldots, X_n) = \overline{X} = \frac{1}{n} \sum_{i=1}^{n} X_i.$$

Diese wären natürlich auch als Ergebnis einer Zufallsstichprobe Zufallsvariable (deshalb Großbuchstaben), die streuen, also von Stichprobe zu Stichprobe unterschiedliche Realisationen $\overline{x}_i$ ergeben können.

Tab. 9: Mögliche Ergebnisse der Zufallsvariablen „Mittelwert der Würfelzahlen" $(\overline{X})$ beim zweimaligen Wurf eines Würfels

| 2. Ziehung | 1. Ziehung | | | | | |
	1	2	3	4	5	6
1	1	1,5	2	2,5	3	3,5
2	1,5	2	2,5	3	3,5	4
3	2	2,5	3	3,5	4	4,5
4	2,5	3	3,5	4	4,5	5
5	3	3,5	4	4,5	5	5,5
6	3,5	4	4,5	5	5,5	6

$$\text{z. B.}\quad \overline{x}_1 = \frac{1+3}{2} = 2 \quad \text{oder}\quad \overline{x}_2 = \frac{4+6}{2} = 5.$$

Tab. 10: Wahrscheinlichkeitsverteilung der Zufallsvariablen „Mittelwert der Würfelzahlen" $(\overline{X})$ beim zweimaligen Wurf eines Würfels mit ihren Kenngrößen

$\overline{x}_j$	$p_j(\overline{x}_j)$	$\overline{x}_j p_j(\overline{x}_j)$	$\overline{x}_j - \mu$	$(\overline{x}_j - \mu)^2$	$(\overline{x}_j - \mu)^2 p_j(\overline{x}_j)$
1	1/36	1/36	-2,5	6,25	6,25/36
1,5	2/36	3/36	-2	4	8/36
2	3/36	6/36	-1,5	2,25	6,75/36
2,5	4/36	10/36	-1	1	4/36
3	5/36	15/36	-0,5	0,25	1,25/36
3,5	6/36	21/36	0	0	0
4	5/36	20/36	0,5	0,25	1,25/36
4,5	4/36	18/36	1	1	4/36
5	3/36	15/36	1,5	2,25	6,75/36
5,5	2/36	11/36	2	4	8/36
6	1/36	6/36	2,5	6,25	6,25/36
$\sum$	1	126/36			52,5/36=105/72

**Abb. 19a: Wahrscheinlichkeitsverteilung
der Stichprobenmittelwerte für $n = 2$**

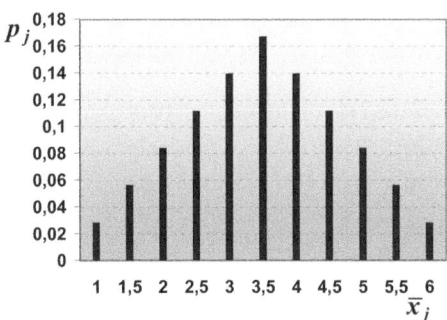

$$E(\overline{X}) = \sum \overline{x}_j p_j(\overline{x}_j) = \frac{126}{36}$$

$$= 3,5 = \mu$$

$$Var(\overline{X}) = \sum (\overline{x}_j - \mu)^2 p_j(\overline{x}_j)$$

$$= \frac{105}{72} = \frac{105}{2 \cdot 36} = \frac{\sigma^2}{n}$$

Die Stichprobenverteilung ist also eine Verteilung aller möglichen Ergebnisse (Realisationen) der Stichprobenfunktion. Sie hat interessante Eigenschaften:

- Erwartungswert (über alle möglichen Ergebnisse)

$$E(\overline{X}) = \sum \overline{x}_j p(\overline{x}_j) = \mu = 3,5$$

- Varianz

$$Var(\overline{X}) = \sigma^2_{\overline{X}} = \sum (\overline{x}_j - \mu)^2 p(\overline{x}_j) = \frac{\sigma^2}{n} = \frac{105}{72}.$$

Frequentistisch orientierte Statistiker beurteilen Stichprobenverfahren danach, wie sie sich auf lange Dauer (bei Wiederholungen) bewähren. So werden als Stichprobenfunktionen solche bevorzugt, die „im Durchschnitt" zum richtigen Ergebnis führen (Erwartungstreue) und deren Ergebnisse von Wiederholung zu Wiederholung möglichst nahe beieinander liegen, also möglichst wenig streuen. Dass „im Durchschnitt" das Richtige herauskommt, ist zwar tröstlich, wichtiger ist jedoch sicher – da in der Praxis meist nur eine Stichprobe gezogen wird –, dass die möglichen Ergebnisse nur wenig streuen. Wie man sieht, ist dies abhängig von der Varianz in der Grundgesamtheit und dem Stichprobenumfang. Je größer die Stichprobe ist, desto eher „trifft" man ungefähr den wahren Wert für das arithmetische Mittel in der Grundgesamtheit. Dies kann man durch Intervallschätzungen quantifizieren.

Tab. 11: Intervallschätzungen der Zufallsvariablen „Mittelwert der Würfelzahlen"
($\overline{X}$) beim zweimaligen Wurf eines Würfels

$\overline{x}_j$	$p(\overline{x}_j)$	Inklusionsschluss $\overline{x}_j \in [2, 29; 4, 71]$?	Repräsentationsschluss $[\overline{x}_j - 1, 21; \overline{x}_j + 1, 21]$	$\mu = 3, 5$ überdeckt?
1	1/36	nein	[-0,21;2,21]	nein
1,5	2/36	nein	[0,29;2,71]	nein
2	3/36	nein	[0,79;3,21]	nein
2,5	4/36	ja	[1,29;3,71]	ja
3	5/36	ja	[1,79;4,21]	ja
3,5	6/36	ja	[2,29;4,71]	ja
4	5/36	ja	[2,79;5,21]	ja
4,5	4/36	ja	[3,29;5,71]	ja
5	3/36	nein	[3,79;6,21]	nein
5,5	2/36	nein	[4,29;6,71]	nein
6	1/36	nein	[4,79;7,21]	nein

○ vor der Stichprobenziehung: **Inklusionsschluss**

$$P(\mu - 1 \cdot \sigma_{\overline{X}} \leq \overline{X} \leq \mu + 1 \cdot \sigma_{\overline{X}}) = P(2, 29 \leq \overline{X} \leq 4, 71) = \frac{24}{36} = 0,6667$$

d. h.: Mit einer Wahrscheinlichkeit von 66,67 % wird man als Ergebnis ein Stichprobenmittel zwischen 2,29 und 4,71 erhalten bzw. wird das um das Stichprobenmittel $\overline{X}$ gelegte $\sigma_{\overline{X}}$-Intervall [2,29;4,71] den unbekannten Mittelwert μ der Grundgesamtheit überdecken.

○ nach der Stichprobenziehung: **Repräsentationsschluss**

$$P(\overline{X} - 1 \cdot \sigma_{\overline{X}} \leq \mu \leq \overline{X} + 1 \cdot \sigma_{\overline{X}}) = \frac{24}{36} = 0,6667.$$

d. h.: Mit einer (vor Ziehung!) Wahrscheinlichkeit von 66,67 % überdecken die um die Stichprobenmittel $\overline{x}_j$ gelegten $\sigma_{\overline{X}}$-Intervalle den (unbekannten) Mittelwert μ. Nach der Stichprobenziehung liegt aber normalerweise in der Praxis nur ein Stichprobenergebnis vor. Der Repräsentationsschluss wird dann zur Berechnung eines „Vertrauensintervalles" – eines Stichprobenfehlers – herangezogen, d. h. vor der Ziehung kann man zwar berechnen, welche $\sigma_{\overline{X}}$-Intervalle um $\overline{X}$ (d. h. die verschiedenen $\overline{x}_j$) den Mittelwert μ überdecken würden. Nach der Ziehung kann man aber nur noch darauf vertrauen, dass dies auch im realisierten Fall so ist.

Inklusionsschluss: 24 von 36 Stichprobenmittelwerten $\bar{x}_i$ fallen in das Intervall $[2,29;4,71]$

Repräsentationsschluss: 24 von 36 Intervallen $[\bar{x}_i - 1,21; \bar{x}_i + 1,21]$ überdecken μ.

Die Stichprobenfunktion $\overline{X}$ bietet einen weiteren Vorteil, der aus den Grafiken (vgl. .../Dateien/Statistik/zgs.xlsm)

Abb. 19b: Wahrscheinlichkeitsverteilung der Stichprobenmittelwerte für $n = 4$ **Abb. 19c: Wahrscheinlichkeitsverteilung der Stichprobenmittelwerte für $n = 5$**

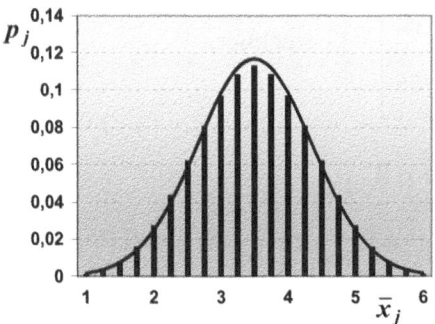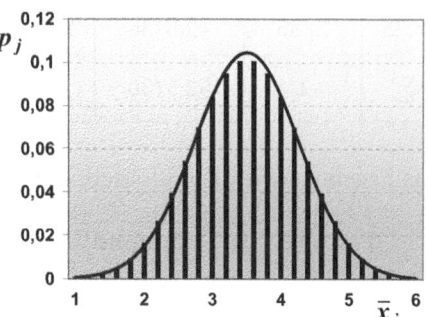

erkennbar ist: Bei großem Stichprobenumfang [für $n = 4$ ergeben sich 1 296 (davon 21 unterschiedliche) und für $n = 5$ bereits 7 776 (davon 26 unterschiedliche) Stichprobenmittelwerte] muss man die Stichprobenverteilung nicht herleiten, sondern kann stattdessen als Näherung eine Normalverteilung mit μ und $\sigma_{\overline{X}}$ verwenden („Zentraler Grenzwertsatz") und dann sehr einfach eine Intervallschätzung vornehmen.

Hätte man als Stichprobenfunktion die

- **Varianz**

$$f(X_1,\ldots,X_n) = S'^2 = \frac{1}{n}\sum_{i=1}^{n}(X_i - \overline{X}_i)^2,$$

die z. B. für Disparitäts- oder Untergruppenanalysen in der Grundgesamtheit sinnvoll ist, so ergäbe sich als Stichprobenverteilung für $n = 2$:

Tab. 12: Wahrscheinlichkeitsverteilung der
Zufallsvariablen „Varianz der Würfelzahlen"
(S'^2) beim zweimaligen Wurf eines Würfels

$s_j'^2$	$p(s_j'^2)$	$s_j'^2 p(s_j'^2)$	s_j^2	$s_j^2 p(s_j^2)$
0	6/36	0	0	0
0,25	10/36	2,5/36	0,5	5/36
1	8/36	8/36	2	16/36
2,25	6/36	13,5/36	4,5	27/36
4	4/36	16/36	8	32/36
6,25	2/36	12,5/36	12,5	25/36
$\sum$	1	52,5/36		105/36

Aus Seite 86 kennen wir $\sigma^2 = 105/36$. Um dieses Ergebnis aus $\sum_j s_j^2 p(s_j^2)$ zu erhalten, wurden die Varianzen mit der Formel
$$s_j^2 = \frac{1}{n-1}\sum(x_j - \overline{x}_j)^2$$
berechnet.

Das Ergebnis *einer* Zufallsstichprobe wäre z. B.
$$\overline{x} = \frac{1}{2}(2+3) = 2,5 \text{ und } s'^2 = \frac{1}{2}[(2-2,5)^2 + (3-2,5)^2] = 0,25.$$

Wie man erkennt, ist $E(S'^2) = \dfrac{52,5}{36} \neq \sigma^2 = \dfrac{105}{36}$. Würde man als Schätzfunktion also

$$f(X_1,\ldots,X_n) = S^2 = \frac{1}{n-1}\sum_{i=1}^{n}(X_i - \overline{X}_i)^2$$

verwenden, bekäme man eine erwartungstreue Schätzung für σ^2. Deshalb wird bei Stichproben diese Varianzformel verwendet.

Abb. 20: Wahrscheinlichkeitsverteilung
der Stichprobenvarianzen für $n = 2$

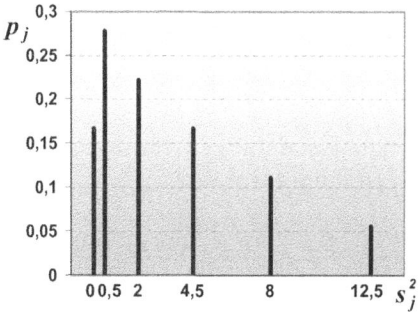

An der Grafik erkennt man, dass höhere Stichprobenumfänge nötig sind, um als Näherung eine Normalverteilung verwenden zu können.

Man könnte auch eine Varianz der Stichprobenvarianzen berechnen. Sie variieren also von Ziehung zu Ziehung, was z. B. bei der Bestimmung eines Konfidenzintervalls aus Stichprobenergebnissen $\overline{x}$ und s beachtet werden muss: Die Intervallgrenzen sind dann auch Zufallsvariable, d. h. die Konfidenzaussage bezüglich des arithmetischen Mittels ist selbst unsicher.

4.1 Wahrscheinlichkeiten, Zufallsvariablen und Verteilungen

Historisch gesehen entstand die Wahrscheinlichkeitsrechnung vor etwa 300 Jahren aus Überlegungen zu Gewinnaussichten bei Glücksspielen. Dies mag neben den oft einfachen Zufallsprozessen bei Spielen auch eine Rechtfertigung sein für die üblicherweise an Glücksspielen erläuterten Grundregeln der Wahrscheinlichkeitsrechnung.

Durch die Wahrscheinlichkeitsrechnung wird versucht, Gesetzmäßigkeiten, denen zufällige Ereignisse gehorchen, zu finden. Ergebnisse zufälliger Ereignisse sind ungewiss, u. U. lässt jedoch die Art des Zufallsprozesses eine Bestimmung von Maßen für diese Ungewissheit, d. h. von Wahrscheinlichkeiten zu. So ist es z. B. möglich, dass ein Studierender, der den Raum verlassen will, über die Tasche des Nachbarn stolpert und stürzt. Dieser „Fall" wird jedoch selten vorkommen, ist also „unwahrscheinlich", aber der zugrunde liegende Prozess ist unbekannt, so dass man keine Maßzahl für das Auftreten dieses Ereignisses bestimmen kann. Würde man jedoch aus den Studierenden des Beispieldatensatzes (Seite 17) einen Studierenden zufällig, d. h. mit gleicher Auswahlwahrscheinlichkeit für alle Studierenden auswählen und ihn danach fragen, ob er eine 3 in Mathematik hatte, so könnten wir durch einfaches Abzählen die Wahrscheinlichkeit für dieses zufällige Ereignis (Zufallsauswahl eines Studierenden mit einer 3 in Mathematik) berechnen, nämlich $P(\text{Mathe} = 3) = \frac{10}{25}$.

Zufällige Ereignisse werden mit großen Buchstaben $A, B, C, \ldots$ bezeichnet. Das Ereignis, das genau dann eintritt, wenn A nicht eintrifft, heißt Komplementärereignis $\overline{A}$ zu A. Unter der Vereinigung der Ereignisse $A \cup B$ versteht man das Ereignis, das eintrifft, wenn A oder B oder beide eintreffen. Die Vereinigung von A und $\overline{A}$ ist das sichere Ereignis I. Komplementär zum sicheren Ereignis I ist das unmögliche Ereignis $\emptyset$. Als Schnittmenge der Ereignisse $A \cap B$ ist das Ereignis definiert, das eintritt, wenn beide Ereignisse (sowohl ... als auch) A und B eintreten.

Beispiel für eine Zufallsauswahl eines Studierenden aus dem Beispieldatensatz und a) Feststellung seiner Mathematiknote b) zusätzlich Einschätzung seiner Statistik-Klausur:

a) A: Note 3, $\overline{A}$: Noten 2 und 4, I: Noten 2,3,4, $\emptyset$: Note 5

b) B: Erwartung in Statistik $+1$ (überdurchschnittlich)

$A \cup B$: Mathematiknote 3 oder Statistikerwartung $+1$, d. h. dieses Ereignis trifft für alle Studierenden zu, die in Mathematik die Note 3 haben und für alle Studierende, die in Statistik ein überdurchschnittliches Ergebnis erwarten.

$A \cap B$: Mathematiknote 3 und Statistikerwartung $+1$, d. h. dieses Ereignis trifft für alle Studierenden zu, die in Mathematik die Note 3 haben und in Statistik ein überdurchschnittliches Ergebnis erwarten.

Statistik	Mathematik		
	2	3	4
-1	2	2	3
0	2	6	1
$+1$	6	2	1

Aus der Kontingenztabelle ist zu entnehmen, dass $A \cup B$ für 17 Studierende und $A \cap B$ für 2 Studierende zutrifft.

Sind die zufälligen Ereignisse eines Zufallsexperiments, d. h. eines beliebig wiederholbaren Vorgangs, der nach einer bestimmten Vorschrift (Offenlegung des Zufallsprozesses) ausgeführt wird, „korrekt" definiert, so kann man ihnen Wahrscheinlichkeiten zuordnen.

„Korrekt" definiert z. B. als sog. Ereignisfeld, d. h. als ein System aller Ereignisse. Ereignisfelder sind bezüglich der Vereinigung $\cup$, dem Durchschnitt $\cap$ und der Komplementbildung abgeschlossen und enthalten das sichere Ereignis. Die Wahrscheinlichkeit ist ein normiertes, additives Maß auf dem Ereignisfeld. Im endlichen Fall kann die Zuordnung von Wahrscheinlichkeiten auf die so genannten Elementarereignisse – alle anderen sind aus diesen zusammengesetzt – erfolgen. Damit ergeben sich aus diesen alle anderen Zuordnungen.

Die Wahrscheinlichkeit als normiertes, additives Maß kann dann abstrakt mit Hilfe ihrer Eigenschaften erklärt werden, die in den drei **Axiomen von Kolmogoroff** zusammengefasst sind.

1. Axiom: Jedem zufälligen Ereignis A ist eine bestimmte Zahl $P(A)$ zugeordnet, die die Ungleichung

$$0 \leq P(A) \leq 1$$

erfüllt.

2. Axiom: Die Wahrscheinlichkeit des sicheren Ereignisses I ist 1:

$$P(I) = 1.$$

Der Umkehrschluss, 1 ergäbe sich auch für ein nur „fast" sicheres Ereignis, gilt nicht.

3. Axiom: Die Wahrscheinlichkeit einer Vereinigung von einander sich paarweise ausschließenden zufälligen Ereignissen $A, B, C, \ldots$ ist die Summe der Wahrscheinlichkeiten für diese Ereignisse:

$$P(A \cup B \cup C \cup \ldots) = P(A) + P(B) + P(C) + \ldots$$

Dieses Axiomensystem gilt auch für relative Häufigkeiten f_j. Konkrete Zahlenwerte erhält man über das zugrunde liegende Zufallsexperiment (vgl. auch „Wahrscheinlichkeitsbegriff" Seite 96).

Aus den Axiomen folgt

$$P(\emptyset) = 0 \quad \text{(Umkehrschluss gilt nicht)}$$

$$P(A \cup \overline{A}) = 1.$$

Für „bedingte" Wahrscheinlichkeiten $P(A|B)$, d. h. die Wahrscheinlichkeit für A unter der Bedingung, dass B eingetroffen ist, gilt

$$P(A|B) = \frac{P(A \cap B)}{P(B)}$$

also auch

$$P(A \cap B) = P(A|B) \cdot P(B) = P(B|A) \cdot P(A).$$

Sind A und B stochastisch unabhängig, so gilt

$$P(A|B) = P(A|\overline{B}) = P(A)$$

$$P(B|A) = P(B|\overline{A}) = P(B)$$

und damit

$$P(A \cap B) = P(A) \cdot P(B) \quad \text{(vgl. } \frac{h_{ij}^e}{n} \text{)}.$$

Schließen sich zwei Ereignisse nicht aus, so ist

$$P(A \cup B) = P(A) + P(B) - P(A \cap B).$$

Sie sind dann also nicht unabhängig.

Beispiel für eine Stichprobe vom Umfang 1 aus dem Beispieldatensatz mit den zufälligen Ereignissen „Mathematiknote" und „Einschätzung der Statistik-Klausur":

Statistik	Mathematik 2	3	4	$\sum$
-1	2	2	3	7
0	2	6	1	9
$+1$	6	2	1	9
$\sum$	10	10	5	25

A: Mathematiknote,

B: erwartetes Ergebnis in Statistik

$$P(2 \cup 3) = P(2) + P(3) - P(2 \cap 3) = \frac{10}{25} + 0 - 0 = \frac{10}{25}$$

$$P(0 \cup +1) = P(0) + P(+1) - P(0 \cap +1) = 0 + \frac{9}{25} + 0 = \frac{9}{25}$$

$$P(+1|3) = \frac{P(+1 \cap 3)}{P(3)} = \frac{P(\emptyset)}{10} = 0, \quad P(4|-1) = \frac{P(4 \cap -1)}{P(-1)} = \frac{3}{7}$$

$$P(3 \cup +1) = P(3) + P(+1) - P(3 \cap +1) = \frac{10}{25} + \frac{9}{25} - \frac{2}{25} = \frac{17}{25},$$

$$P(3 \cap +1) = \frac{2}{25}.$$

Die Wahrscheinlichkeiten entsprechen bei einer Stichprobe vom Umfang 1 den – entsprechend normierten – relativen Häufigkeiten.

Bei diesem Beispiel lassen sich Wahrscheinlichkeiten durch „Abzählen" bestimmen. Würden wir Stichproben mit einem Umfang höher als 1 mit oder ohne Zurücklegen aus den 25 Studierenden ziehen, so könnten wir immer noch Fälle – zufällige Ereignisse – notieren und ihre Wahrscheinlichkeiten mit Hilfe der oben genannten Rechenregeln bestimmen. Bei sehr einfachen Zufallsexperimenten, deren Ergebnisse als Elementarereignisse gleichwahrscheinlich sind, lassen sich Wahrscheinlichkeiten aus dem Verhältnis von „günstigen" zu „möglichen" Fällen bestimmen. Die diesem Wahrscheinlichkeitsmaß zugrunde liegende Auffassung wird **klassischer** Wahrscheinlichkeitsbegriff genannt.

Sind sehr viele Fälle möglich, so kann die Kombinatorik beim „Abzählen" helfen.

Tab. 13: Anzahl der Kombinationen n-ter Ordnung, d. h. der Zusammenstellung von n Elementen, aus einer Menge von N Elementen

Wiederholen/ Zurücklegen	Anordnung	
	berücksichtigt (Variationen)	nicht berücksichtigt (Kombinationen)
ja (m. Z.)	N^n	$\binom{N + n - 1}{n}$
nein (o. Z.)	$\dfrac{N!}{(N - n)!}$	$\binom{N}{n}$

Variationen o. Z. mit $N = n$ heißen Permutationen. Für die Anzahl von Permutationen mit N Elementen ergibt sich: $N! = N \cdot (N - 1) \cdot (N - 2) \cdots 2 \cdot 1$.

Berechnung eines Binomialkoeffizienten: $\binom{N}{n} = \dfrac{N!}{n!(N - n)!}$.

1. Beispiel: Lotto 6 aus 49, Kombinationen ohne Zurücklegen:

$$\binom{49}{6} = 13\,983\,816.$$

2. Anzahl möglicher (verschiedener) Stichproben vom Umfang $n = 5$ aus den 25 Studierenden (vgl. Seite 17) mit Zurücklegen:

$$\binom{25 + 5 - 1}{5} = 118\,755.$$

3. Zahl der Möglichkeiten, 25 Studierende in einem Klausurraum auf 25 Plätze zu verteilen:

$$25! = 1,5511 \cdot 10^{25}.$$

In der Praxis wird zur Bestimmung konkreter Zahlenwerte für Wahrscheinlichkeiten am häufigsten vom **statistischen** oder **frequentistischen** Wahrscheinlichkeitsbegriff ausgegangen. Im Idealfall ist die Wahrscheinlichkeit eine relative Häufigkeit, die in einer langen Reihe unabhängiger Versuche unter konstanten äußeren Bedingungen festgestellt wurde. Man könnte also z. B. seit es Lottoziehungen gibt überprüfen, ob alle 49 Zahlen ungefähr gleich häufig gezogen wurden (www.dielottozahlende.net/lotto/6aus49/statistik.html). Man könnte dies auch über eine Computersimulation nachvollziehen. Bei Zufallsprozessen, die analytisch nur schwer auswertbar sind, wird ersatzweise mit Computersimulationen gearbeitet. Häufig hat man nicht-stabile äußere Bedingungen sowie

keine wiederholbaren Versuche und wird trotzdem aus historischen Häufigkeitsverteilungen Wahrscheinlichkeiten für zu erwartende Ereignisse bestimmen.
Dies ist bei der Planung von Zufallsstichproben aufgrund alter Erhebungen
oder Pilotstudien in der amtlichen Statistik und der Markt- und Meinungsforschung oder bei der Abschätzung zukünftiger Risiken in der Versicherungs-
und Finanzwirtschaft aus aktuell bekannten Risikoverteilungen (Sterbewahr-
scheinlichkeiten, Unfallhäufigkeiten, historische Kursschwankungen etc.) der
Fall.

Bei Risikoabschätzungen in Entscheidungssituationen könnten Wahrscheinlichkeiten subjektiv als Maß für den Grad der Überzeugtheit von der Richtigkeit
einer Aussage – in Zahlen konkretisiert z. B. durch Wetteinsätze – gebildet
werden. Die Maße müssen natürlich den o.g. Axiomen genügen. So könnten
z. B. subjektive „a-priori-Wahrscheinlichkeiten" über empirische Wahrschein-
lichkeitsmessungen zu „a-posteriori-Wahrscheinlichkeiten" modifiziert werden.
Dazu kann der Satz von der **totalen Wahrscheinlichkeit** verwendet werden. B_i
sind sich ausschließende Ereignisse, die den Ereignisraum ausfüllen.

- **Totale Wahrscheinlichkeit**

$$P(A) = \sum_i P(B_i)P(A|B_i) = \sum_i P(A \cap B_i)$$

Abb. 21: Ereignisraum und seine Aufteilung

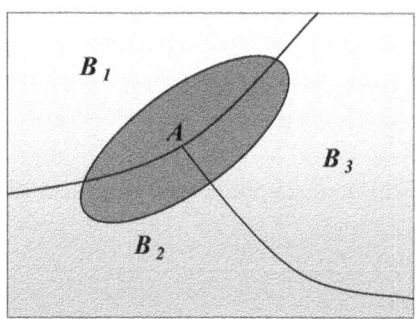

- **Bayes'sches Theorem**

$$P(A \cap B_i) = P(B_i)P(A|B_i) = P(A)P(B_i|A)$$

$$P(B_i|A) = \frac{P(B_i)P(A|B_i)}{P(A)} = \frac{P(B_i)P(A|B_i)}{\sum_i P(B_i)P(A|B_i)}.$$

Beispiel zum Satz von der totalen Wahrscheinlichkeit:

3 Maschinen B_i produzieren unterschiedliche Ausschussquoten $P(A|B_i)$:

Maschine B_i	Anteil an der Gesamtfertigung $P(B_i)$	Ausschuss-quote $P(A|B_i)$	Ausschuss von Maschine B_i $P(B_i)P(A|B_i)$	$P(B_i|A)$
1	0,5	0,01	0,005	0,25
2	0,4	0,02	0,008	0,40
3	0,1	0,07	0,007	0,35
$\sum$	1	–	0,020	1

Insgesamt waren 2 % der Teile fehlerhaft (totale Wahrscheinlichkeit). 10 % $[P(B_3)]$ der Produkte des Loses wurden von Maschine 3 bei 7 % $[P(A|B_3)]$ Ausschuss produziert. Vom Los waren also 0,7 % $[P(B_3)P(A|B_3)]$ der Teile sowohl Ausschuss als auch von Maschine 3. Wählt man vom (aussortierten) Ausschuss ein Stück zufällig aus, so ist es mit einer Wahrscheinlichkeit von 40 % $[P(B_2|A)]$ von Maschine 2.

Beispiel zum Bayes'schen Theorem:

Ein Wirtschaftsprüfer beurteilt aus seiner Erfahrung eine sehr große Gesamtheit zu prüfender Belege (z. B. ordnungsgemäße Zuteilung von Bausparverträgen) vor der Prüfung folgendermaßen [a-priori-Verteilung $P(B_i)$ über die möglichen Zustände B_i – Fehlerquoten – der Gesamtheit]:

B_i	$P(B_i)$	$P(A|B_i)$	$P(B_i)P(A|B_i)$	$P(B_i|A)$
1 %	0,5	0,18486	0,09243	0,42113
2 %	0,3	0,27341	0,08202	0,37371
3 %	0,2	0,22515	0,04503	0,20516
$\sum$	1	–	0,21949	1

Aus seiner (auch empirischen) Erfahrung – z. B. als a-posteriori-Verteilung nach der letzten Prüfung – nimmt er a priori für seinen neuen Mandanten an, die Gesamtheit enthalte mit einer Wahrscheinlichkeit von 0,3 genau 2 % falsche Belege (fehlerhaft zugeteilte Bausparverträge). Er prüft 100 zufällig ausgewählte Belege und findet 2 fehlerhafte Belege (A). Wie groß ist jeweils die Wahrscheinlichkeit, aus einer Gesamtheit B_i zwei fehlerhafte Belege zu finden $[P(A|B_i)]$?

$$\left[\binom{100}{2} \pi^2(1-\pi)^{98} \text{ mit } \pi = 0,01; \; 0,02; \; 0,03 \quad \text{(vgl. Seite 101).}\right]$$

Würde er nur überlegen, welche Gesamtheit am ehesten dieses Ergebnis erzeugt – also alle möglichen Alternativen subjektiv gleich bewerten –, so würde er auf die Gesamtheit mit einer Fehlerquote von 2 % tippen, die „Mutmaßlichkeit" ist hier 0,27341 und damit die größte (maximum likelihood); auf die Gesamtheit mit 1 % Fehler würde er am wenigsten tippen. Da er aber Vorinformationen besitzt, verlässt er sich nicht nur auf diese eine Stichprobe, sondern bewertet die Stichprobeninformation zusätzlich mit seiner subjektiven Einschätzung [verbundene Wahrscheinlichkeiten $P(B_i)P(A|B_i)$] und erhält durch Normierung die a-posteriori-Verteilung. Seine neue Bewertung der Prüfungssituation, die er bei der nächsten Belegprüfung nutzen könnte (neue a-priori-Verteilung), fällt also pessimistischer aus, auch wenn er immer noch eine Gesamtheit mit nur 1 % Fehlerquote für am wahrscheinlichsten hält.

In vielen Anwendungen ist nicht nur die Bestimmung der Wahrscheinlichkeit für ein zufälliges Ereignis, sondern über alle möglichen Ereignisse interessant.

Tab. 14: Ergebnisse und ihre Wahrscheinlichkeiten für den Zufallsprozess „Ziehung von 3 Stichproben aus der Grundgesamtheit des Beispieldatensatzes und Feststellung des Geschlechts"

Ergebnis	Wahrscheinlichkeit	
m m m	$1 \cdot 0,52^3$	$= 0,140608$
w m m, m w m, m m w	$3 \cdot 0,48 \cdot 0,52^2$	$= 0,389376$
w w m, w m w, m w w	$3 \cdot 0,48^2 \cdot 0,52$	$= 0,359424$
w w w	$1 \cdot 0,48^3$	$= 0,110592$
$\sum$	1	

Wird jedem Ergebnis aus der Ergebnismenge eine sinnvolle reelle Zahl zugeordnet, so heißt die Zuordnung

- **Zufallsvariable**

    X (Großbuchstaben)

mit ihren möglichen

• **Realisationen**

  x (Kleinbuchstaben).

Der Vorteil dieser Zuordnung ist nicht nur eine übersichtlichere tabellarische Darstellung, sondern bei entsprechenden Zufallsprozessen die mögliche Formulierung des Verteilungsgesetzes durch eine Funktionsgleichung. Ist am eben dargestellten Beispiel die Zufallsvariable X: Zahl der Frauen in der Stichprobe mit dann $x = 0, 1, 2, 3$, so ergibt sich

Tab. 15: Wahrscheinlichkeitsverteilung der Zufallsvariablen „Anzahl der Frauen in der Stichprobe" beim 3-maligen Ziehen

x	$p(x)$	$F(x) = P(X \leq x)$
0	0,140608	0,140608
1	0,389376	0,529984
2	0,359424	0,889408
3	0,110592	1
$\sum$	1	–

Abb. 22: Binomialverteilung für $\pi = 0, 48$ und $n = 3$

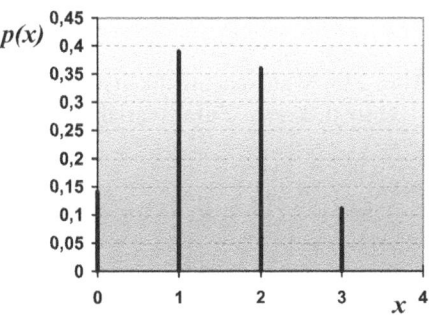

also eine Verteilung, die wie in der deskriptiven Statistik ausgewertet werden könnte. Mit den Rechenregeln der Kombinatorik und der Wahrscheinlichkeitsrechnung könnten wir eine Formel, die den o.g. Zufallsprozess [Ziehung einer Stichprobe vom Umfang n mit Zurücklegen aus einer Zweipunktverteilung (0,1) mit Anteilssatz π für die 1 in der Grundgesamtheit und Feststellung der Zahl der „Erfolge" x in der Stichprobe] abbildet, bestimmen. Da es in jeder Stichprobe $\binom{n}{x}$ Möglichkeiten gibt (Additionssatz), folgt für die unabhängigen Ereignisse 0 und 1 (Multiplikationssatz) die

• **Wahrscheinlichkeitsfunktion der Binomialverteilung**

$$p(x) = \binom{n}{x} \pi^x (1 - \pi)^{n-x}.$$

Für das obige – auf den Datensatz (Seite 17) bezogene – Beispiel der Zufallsvariablen X: Zahl der Frauen in der Stichprobe mit $x = 0, 1, 2, 3$ und Ziehung einer Stichprobe im Umfang n=3 mit Zurücklegen aus einer (0,1)-Grundgesamtheit mit 0: männlich und dem Anteil $(1 - \pi) = 0, 52$ und 1: weiblich und dem Anteil $\pi = 0, 48$ lassen sich die Wahrscheinlichkeiten mit der Wahrscheinlichkeitsfunktion berechnen als

$$p(0) = \binom{3}{0} 0,48^0 \cdot 0,52^3 = 0,140608, \quad p(1) = \binom{3}{1} 0,48^1 \cdot 0,52^2 = 0,389376$$

$$p(2) = \binom{3}{2} 0,48^2 \cdot 0,52^1 = 0,359424, \quad p(3) = \binom{3}{3} 0,48^3 \cdot 0,52^0 = 0,110592.$$

Allgemein kann man die Verteilung einer

- **diskreten Zufallsvariable** X definieren mit

$$P(X = x_j) = p(x_j) \quad \text{mit} \quad \sum_j p(x_j) = 1$$

$$P(X \leq x_j) = F(x_j) = \sum_{k=1}^{j} p(x_k) \quad \text{mit} \quad x_k < x_{k+1}.$$

Abb. 23a: Wahrscheinlichkeitsverteilung einer diskreten Zufallsvariablen X **Abb. 23b:** Verteilungsfunktion einer diskreten Zufallsvariablen X

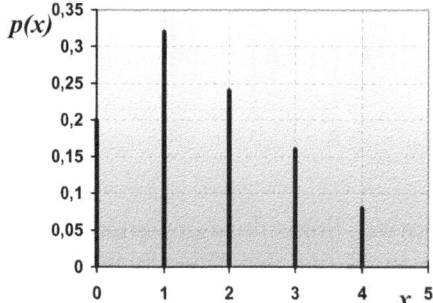
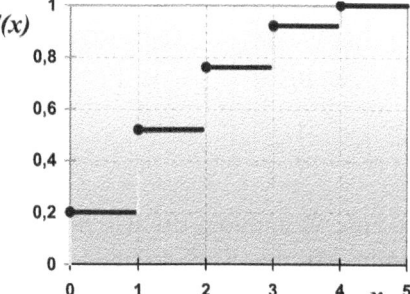

- **Kenngrößen arithmetisches Mittel und Varianz**

$$\mu = \sum_j x_j p(x_j)$$

$$\sigma^2 = \sum_j (x_j - \mu)^2 p(x_j) = \sum_j x_j^2 p(x_j) - \mu^2.$$

Die Berechnung erfolgt wie in der deskriptiven Statistik, dort allerdings mit relativen Häufigkeiten an Stelle von Wahrscheinlichkeiten. Da es sich um Kenngrößen einer Zufallsvariablen handelt, nennt man sie auch „Erwartungswerte":

- **Erwartungswert der Zufallsvariablen** X

$$E(X) = \mu = \sum_j x_j p(x_j).$$

- **Erwartungswert der quadrierten Differenzen der Zufallsvariablen X zum arithmetischen Mittel**

$$Var(X) = E\big[[X - E(X)]^2\big] = E[(X - \mu)^2] = \sigma^2 = \sum_j (x_j - \mu)^2 p(x_j)$$
$$= E(X^2) - [E(X)]^2 = \sum_j x_j^2 p(x_j) - \mu^2.$$

Allgemein ist der Erwartungswert oder die „mathematische Erwartung" einer Zufallsvariablen X oder einer Funktion der Zufallsvariablen $g(X)$ – z. B. $g(X) = X^2$ – im diskreten Fall $E[g(x)] = \sum g(x_j) p(x_j)$.

Beispiele für Funktionen $g(x)$:

$g(x)$	$E[g(x)]$	$Var[g(x)]$
a	a	0
bX	$bE(X)$	$b^2 Var(X)$
$a + X$	$a + E(X)$	$Var(X)$
$a + bX$	$a + bE(X)$	$b^2 Var(X)$
$\dfrac{X - E(X)}{Var(X)}$	0	1

Beispiel für die tabellarische Berechnung des Erwartungswertes und der Varianz einer Binomialverteilung

Vgl. das in Tab. 14 beschriebene Beispiel Seite 100f: $n = 3$ und $\pi = 0,48$

x_j	$p(x_j)$	$x_j p(x_j)$	$x_j^2 p(x_j)$
0	0,140608	0	0
1	0,389376	0,389376	0,389376
2	0,359424	0,718848	1,437696
3	0,110592	0,331776	0,995328
$\sum$	1	1,44	2,8224

$E(X) = \mu = 1,44$, $\quad E(X^2) - [E(X)]^2 = \sigma^2 = 2,8224 - 1,44^2 = 0,7488$, d. h. man erwartet bei einem Zufallsexperiment, in dem aus einer (0,1)-Grundgesamtheit – mit 0: männlich und dem Anteil $(1 - \pi) = 0,52$ und 1: weiblich und dem Anteil $\pi = 0,48$ – eine Stichprobe im Umfang $n = 3$ gezogen wird, dass dabei 1,44 Frauen enthalten sind und die erwartete Abweichung vom Mittelwert der Grundgesamtheit $\sqrt{0,7488} = 0,865$ Frauen beträgt.

Lässt sich – wie in diesem Fall – die Wahrscheinlichkeitsverteilung als Funktionsgleichung darstellen, können oft die Kenngrößen als Funktionen der Parameter
der Wahrscheinlichkeitsverteilungen ausgedrückt werden, z. B.:

- **Kenngrößen der Binomialverteilung**

$$p(x) = B(x|n, \pi) = \binom{n}{x} \pi^x (1 - \pi)^{n-x}$$

  ○ **Erwartungswert** (Nachweis vgl. Seite 113)

$$E(X) = \mu = \sum_x x \binom{n}{x} \pi^x (1 - \pi)^{n-x}$$
$$= n \cdot \pi$$

  ○ **Varianz** (Nachweis vgl. Seite 113)

$$Var(X) = \sigma^2 = \sum_x x^2 \binom{n}{x} \pi^x (1 - \pi)^{n-x} - (n\pi)^2$$
$$= n \cdot \pi(1 - \pi).$$

Beispiel für die Berechnung des Erwartungswertes und der Varianz einer
Binomialverteilung

Vgl. das in Tab. 14 beschriebene Beispiel Seite 100f: $n = 3$ und $\pi = 0, 48$
$E(X) = \mu = 3 \cdot 0, 48 = 1, 44, \quad Var(X) = \sigma^2 = 3 \cdot 0, 48 \cdot 0, 52 = 0, 7488.$

Am Beispiel der Binomialverteilung erkennt man auch, dass eine diskrete Zufallsvariable sich nicht auf ein mindestens ordinales Merkmal wie in der deskriptiven
Statistik beziehen muss. Bei unserem Zahlenbeispiel wird als Merkmal das Geschlecht erfasst. Die Zufallsvariable ist die Zahl der Frauen in der Stichprobe.
Die Binomialverteilung kann als Wahrscheinlichkeitsverteilung immer dann
eingesetzt werden, wenn die Stichproben mit Zurücklegen (oder allgemein
Stichproben aus sehr großen Gesamtheiten) aus dichotomen Grundgesamtheiten [(0,1)-Variable z. B. Gut-Schlecht-Prüfung in der Qualitätskontrolle] gezogen
und „Fälle" in der Stichprobe festgestellt werden. Der Erwartungswert ist dann
natürlich nicht ein „Durchschnittsgeschlecht", sondern die Anzahl x der gesuch-
ten Merkmalsträger in der Stichprobe. Kommen also in einer Grundgesamtheit
nur die Werte 0 [mit Anteil $(1 - \pi)$] und 1 [mit Anteil π] z. B. als „Platzhalter"
für ein dichotomes nominales Merkmal vor, dann gilt für diese (0,1)-Verteilung

Abb. 24: Bernoulli-Verteilung

- **arithmetisches Mittel**

$$\mu = 0 \cdot (1 - \pi) + 1 \cdot \pi = \pi$$

- **Varianz**

$$\sigma^2 = 0^2 \cdot (1 - \pi) + 1^2 \cdot \pi - \pi^2$$
$$= \pi(1 - \pi).$$

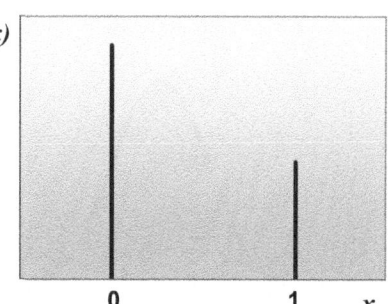

Das arithmetische Mittel ist also der Anteilssatz der 1-Träger. Wird aus einer (0,1)-Gesamtheit eine Stichprobe vom Umfang $n = 1$ gezogen, wird dies auch Bernoulli-Experiment und die Verteilung **Bernoulli-Verteilung** genannt.

- **Eine Zufallsvariable X und deren Verteilung heißen stetig,** wenn die zugehörige Verteilungsfunktion

$$F(x) = P(X \leq x)$$

in Integralform dargestellt werden kann

$$F(x) = \int_{-\infty}^{x} f(u)du.$$

Der Integrand $f(x)$ heißt Wahrscheinlichkeitsdichte oder Dichtefunktion der stetigen Zufallsvariablen X.

$$F'(x) = f(x)$$
$$\int_{-\infty}^{\infty} f(x)dx = 1.$$

Wahrscheinlichkeiten für Intervalle der stetigen Variablen müssen entweder als bestimmte Integrale der Dichtefunktion oder einfacher als Differenz zweier Funktionswerte der Verteilungsfunktion bestimmt werden.

Abb. 25: Bestimmung von Wahrscheinlichkeiten aus der Verteilungsfunktion
$$P(X \leq x_1) = F(x_1)$$

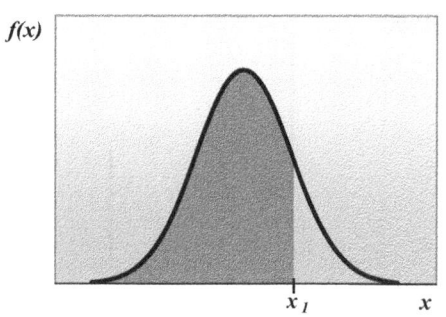
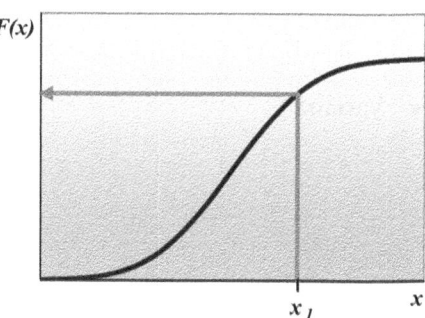

Abb. 26: Bestimmung von Wahrscheinlichkeiten aus der Verteilungsfunktion
$$P(X > x_1) = 1 - P(X \leq x_1) = 1 - F(x_1)$$

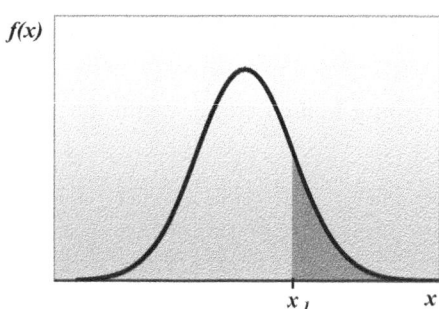
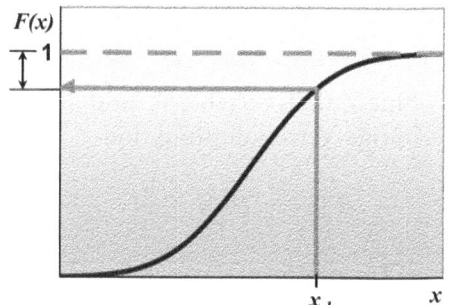

Abb. 27: Bestimmung von Wahrscheinlichkeiten aus der Verteilungsfunktion
$$P(x_1 < X \leq x_2) = F(x_2) - F(x_1)$$

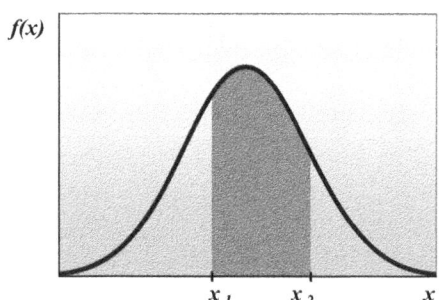
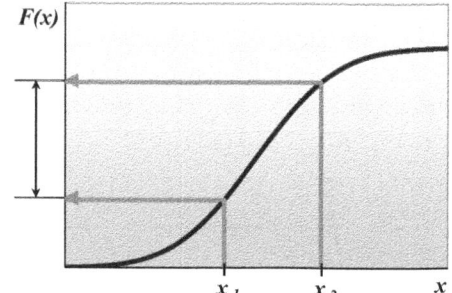

- **Erwartungswert**

$$E(X) = \mu = \int\limits_{-\infty}^{\infty} x f(x) dx$$

(Eine Verteilung hat nur dann einen Erwartungswert, wenn das Integral $\int\limits_{-\infty}^{\infty} |x| f(x) dx$ existiert.)

- **Varianz**

$$Var(X) = E[(X - \mu)^2] = \sigma^2 = \int\limits_{-\infty}^{\infty} (x - \mu)^2 f(x) dx$$

$$= E(X^2) - [E(X)]^2 = \int\limits_{-\infty}^{\infty} x^2 f(x) dx - \mu^2.$$

Beispiel für die Berechnung des Erwartungswertes und der Varianz einer Rechteckverteilung

Bei klassierten Verteilungen wird, sofern keine Informationen zur Intraklassenverteilung vorliegen, mit dem Modell der Rechteckverteilung gearbeitet $[a \leq x \leq b]$.

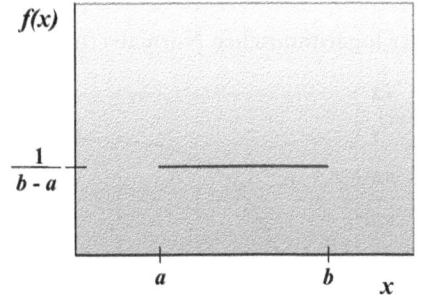 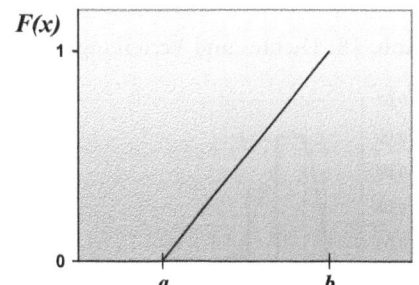

$$f(x) = \frac{1}{b-a} \implies \int\limits_{a}^{b} f(x) dx = 1 \qquad F(x) = \int\limits_{a}^{x} f(u) du = \frac{x-a}{b-a}$$

$$E(X) = \int\limits_{a}^{b} x \frac{1}{b-a} dx = \frac{1}{b-a}\left(\frac{b^2}{2} - \frac{a^2}{2}\right) = \frac{(b+a)(b-a)}{2(b-a)} = \frac{a+b}{2}$$

$$Var(X) = \int\limits_{a}^{b} x^2 \frac{1}{b-a} dx - \left(\frac{a+b}{2}\right)^2 = \frac{1}{b-a}\left(\frac{b^3}{3} - \frac{a^3}{3}\right) - \left(\frac{a+b}{2}\right)^2$$

$$= \frac{b^3 - a^3}{3(b-a)} - \frac{(a+b)^2}{4} = \frac{(b^2 + ab + a^2)(b-a)}{3(b-a)} - \frac{(a+b)^2}{4}$$

$$= \frac{4(b^2 + ab + a^2) - 3(a^2 + 2ab + b^2)}{12} = \frac{b^2 - 2ab + a^2}{12}$$

$$= \frac{(b-a)^2}{12}$$

Auch bei dieser Rechteckverteilung lassen sich also die Kenngrößen als Funktion der Verteilungsparameter (a, b) darstellen.

Das Beispiel zeigt, dass stetige Verteilungen als Modelle bei unbekannten empirischen Verteilungen gewählt werden könnten bzw. als grafische Näherung für eine empirische Verteilung, weil die Funktionsgleichungen leichter rechnerisch weiterverarbeitet werden können, z. B. für eine Stichprobenplanung. So könnte an die typischen linkssteilen Verteilungen in der Ökonomie für Wertgrößen eine logarithmische Normalverteilung angepasst werden,

Abb. 28: Dichte- und Verteilungsfunktion der logarithmischen Normalverteilung

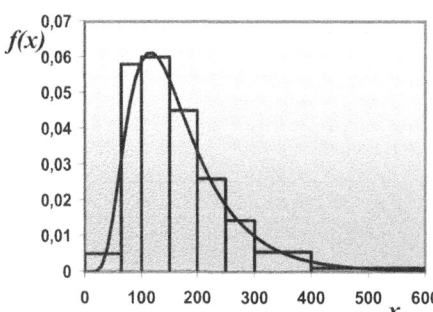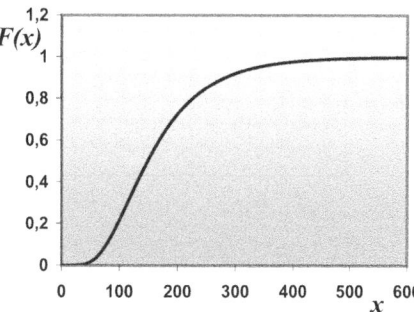

wobei die Anpassung an die Verteilungsfunktion (vgl. Kapitel 2.1) einfacher vorzunehmen ist. Die Wahl des Funktionstyps müsste eigentlich durch ein zum empirischen Sachverhalt passendes stochastisches Modell begründet werden. So findet man in der Theorie der personellen Verteilung Lognormal- und Paretoverteilungen, Lebensdauerverteilungen werden durch Gamma- und Weibull-Verteilungen nachgebildet, bei Wachstums- bzw. Sättigungsprozessen (vgl. Kapitel 6.5) werden Exponential- und logistische Funktionen verwendet.

Die stochastischen Eigenschaften der genannten Verteilungen könnten so verbalisiert werden:

○ *Lognormal:* „Fähigkeiten", „Beziehungen", „Ausbildung" etc. sind multiplikativ verknüpft, schaukeln sich also gegenseitig als Erklärungsfaktoren für die Einkommenshöhe auf.

○ *Pareto:* Es gibt eine von einem Disparitätsmaß abhängige proportionale Beziehung zwischen einer „Reichtums-" Grenze und dem Durchschnittseinkommen der Reichen.

○ *Gamma:* „gefaltete" Exponentialverteilung, der Ausfall einer Einheit (Maschine z. B.) ist dann zu erwarten, wenn alle möglichen (exponentialverteilten) unabhängigen Ursachen zusammenwirken – „wenn alle Stricke reißen".

○ *Weibull:* Verteilung kleinster Extremwerte, schon eine einzelne der möglichen Ursachen kann zum Ausfall führen – „wenn das schwächste Glied in der Kette reißt".

○ *Lognormal:* Die Ausfallursachen verstärken sich gegenseitig, wobei die Zunahme der Wirkung im Zeitablauf proportional zur Gesamtwirkung im davor liegenden Zeitpunkt ist.

○ *Exponential:* Wachstum bei konstanten Raten bzw. bei Lebens- und Zeitdauer-Verteilung „ohne Gedächtnis", die Restdauer ist unabhängig von der Vergangenheit.

○ *Logistische:* Die Zuwachsrate vermindert sich proportional zum erreichten Bestand.

Bei Anwendungen in diesem Buch werden theoretische Verteilungen vornehmlich mit dem stochastischen Prozess einer Zufallsstichprobenziehung zur Informationsgewinnung über eine unbekannte Grundgesamtheit begründet.

Die Erläuterung von Stichprobenfunktionen und ihrer Verteilungen im nächsten Kapitel wird einfacher, wenn man zunächst – wie in der deskriptiven Statistik die

• **zweidimensionale Zufallsvariable** $Z = g(X, Y)$ $[Z = g(X_1, \ldots, X_n)]$

und ihre Verteilung $P(Z \leq z)$

○ diskret: $F(z) = F(x, y) = \displaystyle\sum_{g(x,y) \leq z} \sum f(x, y)$

○ stetig: $F(z) = F(x, y) = \displaystyle\int\limits_{g(x,y) \leq z} \int f(x, y) dx dy$

betrachtet.

Abb. 29: Zweidimensionale Normalverteilung

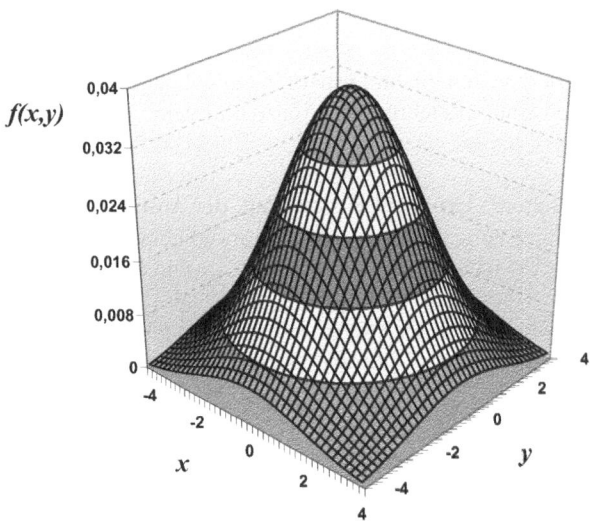

Es gilt für $Z = g(X, Y) = X + Y$

$$E(Z) = \mu_Z = \overline{Z} = E(X + Y) = E(X) + E(Y)$$
$$Var(Z) = E[(Z - \overline{Z})^2] = E(Z^2) - [E(Z)]^2 = \sigma_Z^2 = \sigma_X^2 + \sigma_Y^2 + 2\,\sigma_{XY}$$
$$\sigma_{XY} = E(XY) - E(X)E(Y).$$

Sind X und Y stochastisch unabhängig, so gilt

$$F(x, y) = F(x)F(y) \quad \text{für alle } (x, y) \in \mathbb{R}^2$$
$$\text{und da dann } COV(X, Y) = 0, \text{ ist}$$
$$E(XY) = E(X)E(Y).$$

Dann ist die Varianz

$$Var(X + Y) = Var(X) + Var(Y) = \sigma_{X+Y}^2 = \sigma_X^2 + \sigma_Y^2 \quad \text{und}$$
$$Var(X - Y) = Var(X) + (-1)^2 Var(Y) = Var(X) + Var(Y).$$

Beispiel für die Berechnung von Kenngrößen für die Summe unkorrelierter Variablen

Es werden die Merkmale „Anzahl der Erwerbspersonen" (Y) und „Anzahl der Nichterwerbspersonen" (X) je Haushalt in einer Grundgesamtheit beobachtet, aus der eine Stichprobe vom Umfang 1 gezogen werden soll. (In der Praxis wird eine indirekte Abhängigkeit bestehen.)

Gemeinsame Wahrscheinlichkeitsverteilung:

y_i			x_j			$\sum$
	0	1	2	3	4	
1	0,05	0,15	0,15	0,10	0,05	0,5
2	0,04	0,12	0,12	0,08	0,04	0,4
3	0,01	0,03	0,03	0,02	0,01	0,1
$\sum$	0,1	0,3	0,3	0,2	0,1	1

$$E(X) = 1,9$$
$$E(Y) = 1,6$$
$$Var(X) = 4,9 - 1,9^2$$
$$= 1,29$$
$$Var(Y) = 3 - 1,6^2 = 0,44$$

Unabhängigkeit: $\quad p_{ij} = p_{i.} \cdot p_{.j} \qquad F_{ij} = F_{i.} \cdot F_{.j}$

$\qquad$ z. B.: $\quad p_{24} = p_{2.} \cdot p_{.4} \qquad F_{24} = F_{2.} \cdot F_{.4}$

$\qquad\qquad 0,08 = 0,4 \cdot 0,2 \qquad 0,81 = 0,9 \cdot 0,9.$

Neue Variable: Anzahl der Personen pro Haushalt: $Z = X + Y$.
Neue Verteilung („Faltung"):

$$p(z) = \sum_{x=0}^{z} p_x(x) \cdot p_y(z - x) = \sum_{y=1}^{z} p_x(z - y) \cdot p_y(y)$$

z	$p(z)$		$z \cdot p(z)$	$z^2 \cdot p(z)$
1	$0,5 \cdot 0,1$	$= 0,05$	0,05	0,05
2	$0,5 \cdot 0,3 + 0,4 \cdot 0,1$	$= 0,19$	0,38	0,76
3	$0,5 \cdot 0,3 + 0,4 \cdot 0,3 + 0,1 \cdot 0,1$	$= 0,28$	0,84	2,52
4	$0,5 \cdot 0,2 + 0,4 \cdot 0,3 + 0,1 \cdot 0,3$	$= 0,25$	1,00	4
5	$0,5 \cdot 0,1 + 0,4 \cdot 0,2 + 0,1 \cdot 0,3$	$= 0,16$	0,80	4
6	$0,4 \cdot 0,1 + 0,1 \cdot 0,2$	$= 0,06$	0,36	2,16
7	$0,1 \cdot 0,1$	$= 0,01$	0,07	0,49
$\sum$		1,00	3,5	13,98

$$E(Z) = 3,5 \text{ und } Var(Z) = 13,98 - 3,5^2 = 1,73$$

oder: $E(X + Y) = E(X) + E(Y) = 1,9 + 1,6 = 3,5$ und

$$Var(X + Y) = Var(X) + Var(Y) = 1,29 + 0,44 = 1,73.$$

Daraus ergeben sich folgende Sätze:

- **Additionssatz für Erwartungswerte**

  Der Erwartungswert einer Summe von Zufallsvariablen ist gleich der Summe der Erwartungswerte dieser Zufallsvariablen

  $$E(X_1 + \ldots + X_n) = E(X_1) + \ldots + E(X_n)$$

  speziell

  $$E(X + \ldots + X) = n\,E(X)$$

  bei identisch verteilten Zufallsvariablen.

- **Multiplikationssatz für Erwartungswerte**

  Für n unabhängige Zufallsvariablen $X_1, \ldots, X_n$, deren Erwartungswerte existieren, gilt:

  $$E(X_1 \cdot \ldots \cdot X_n) = E(X_1) \cdot \ldots \cdot E(X_n).$$

- **Additionssatz für Varianzen**

  Die Varianz einer Summe unabhängiger Zufallsvariablen, deren Varianzen existieren, ist gleich der Summe dieser Varianzen

  $$Var(X_1 + \ldots + X_n) = Var(X_1) + \ldots + Var(X_n)$$

  speziell

  $$Var(X + \ldots + X) = n\,Var(X)$$

  bei identisch verteilten Zufallsvariablen.

  Identisch verteilte unabhängige Zufallsvariablen erhält man z. B. bei einer Zufallsstichprobe (bei gleichen Auswahlwahrscheinlichkeiten) mit Zurücklegen.

Beispiel für die Berechnung des Erwartungswertes und der Varianz bei n-maliger Ausführung eines Bernoulli-Experiments (X_j: Zahl der Erfolge in der j-ten Stichprobe)

1. Bei variabler Erfolgswahrscheinlichkeit π_j (Zufallsvariablen sind unabhängig, aber nicht identisch verteilt, d. h. Grundgesamtheiten mit unterschiedlichen π)

   ○ $E(X_j) = \pi_j$

   $$\mu = E(\sum_{j=1}^{n} X_j) = X_1 + \ldots + X_n:$$ Zahl der „Erfolge" bei n Ausführungen

○ $\sigma_j^2 = E(X_j^2) - [E(X_j)]^2 = \pi_j - \pi_j^2$

$$\sigma^2 = \sum_j \sigma_j^2 = \sum_j (\pi_j - \pi_j^2) = \sum_j \pi_j - \sum_j \pi_j^2.$$

2. Bei konstanter Erfolgswahrscheinlichkeit π (unabhängige, identisch verteilte Zufallsvariable X: Zahl der Erfolge)

○ $E(X) = \pi$

$\mu = n \cdot E(X) = n \cdot \pi$

○ $Var(X) = E(X^2) - [E(X)]^2 = \pi - \pi^2 = \pi(1 - \pi)$

$\sigma^2 = n \cdot Var(X) = n \cdot \pi(1 - \pi) = n \cdot \pi - n \cdot \pi^2.$

Für die Binomialverteilung hätte man so den Erwartungswert und die Varianz einfach herleiten können (vgl. Seite 104).

Anmerkung: Wäre π_j des ersten Falls im Durchschnitt π, also $\sum \pi_j = n \cdot \pi$, so ist die Varianz σ^2 dann immer kleiner, d. h.: Es ist besser, eine Gesamtheit – z. B. in der Qualitätskontrolle – in n unabhängige gleich große Untergesamtheiten zu teilen und jeweils eine Stichprobe zu ziehen als n aus der Grundgesamtheit. Man schätzt besser (vgl. Schichtung).

Sum-mary

- Bisher wurden Methoden zur zahlenmäßigen Beschreibung genau abgegrenzter statistischer Massen vorgestellt. Ziel statistischer Untersuchungen ist jedoch meist, allgemeingültigere Ergebnisse zu erhalten. Werden solche Daten als Ergebnisse von Zufallsexperimenten – z. B. Befragungsergebnisse aus einer Zufallsstichprobe von Personen – gewonnen, so ist zwar der Grad der Allgemeingültigkeit des Ergebnisses (der Induktionsschluss) unsicher, er kann aber mit Hilfe der Wahrscheinlichkeitsrechnung quantifiziert werden.

- Die Axiome von Kolmogoroff – Rechenregeln der Wahrscheinlichkeitsrechnung – gelten auch für das Rechnen mit relativen Häufigkeiten.

- Bei einfachen Zufallsexperimenten, deren Ergebnisse (Elementarereignisse) gleichwahrscheinlich sind, lassen sich Wahrscheinlichkeiten aus dem Verhältnis von „günstigen" zu „möglichen" Fällen berechnen (Glücksspiele, Urnenmodelle). Die diesem Wahrscheinlichkeitsmaß zugrundeliegende Auffassung wird auch klassischer Wahrscheinlichkeitsbegriff genannt.

- In den Wirtschafts- und Sozialwissenschaften wird beim „Schätzen" und „Testen" überwiegend vom statistischen oder frequentistischen Wahrscheinlichkeitsbegriff ausgegangen: Wahrscheinlichkeit ist eine relative Häufigkeit, die in einer sehr langen Reihe unabhängiger Versuche festgestellt wurde. Der allgemeine Ursachenkomplex für die Häufigkeitsverteilung muss allerdings konstant bleiben. Beispielsweise könnte man so eine Verteilung von möglichen Ergebnissen einer Stichprobenziehung errechnen und aus dieser Verteilung dann Wahrscheinlichkeiten für ganz bestimmte Ergebnisse entnehmen.

- Insbesondere bei ökonomischen Anwendungen (z. B. bei Risikoabschätzungen in Entscheidungssituationen) spielt der induktive, speziell der subjektive Wahrscheinlichkeitsbegriff eine Rolle. Die Wahrscheinlichkeit wird als ein Maß für den Grad der Überzeugtheit von der Richtigkeit einer Aussage aufgefasst. Vielfach wird die Meinung vertreten, dass in praktischen Anwendungen jede Wahrscheinlichkeitsaussage subjektive Elemente enthalte.

Summary

- Drückt man die möglichen Ergebnisse als Zufallsvariable X aus, d. h. als eine Abbildung, die jedem Ergebnis aus der Ergebnismenge eine reelle Zahl zuordnet, so könnte man in allen in den letzten drei Punkten genannten Fällen eine Verteilung von Wahrscheinlichkeiten auf die Zufallsvariable X als Funktionsgleichung erstellen. Die Funktion $F(x)$, die jedem $x \in \mathbb{R}$ die Wahrscheinlichkeit $P(X \leq x)$ zuordnet, also $F(x) = P(X \leq x)$, heißt Verteilungsfunktion von X. Die Wahrscheinlichkeiten für mögliche Realisationen x kann man dann an der Verteilungsfunktion $F(x)$ ablesen. Für die praktische Anwendung üblich sind häufig verwendete Wahrscheinlichkeits- bzw. Verteilungsfunktionen, die schon tabellarisch (in „Tafeln") ausgewertet sind (vgl. „Tafeln" im Anhang B).

- In der Praxis wird zur Bestimmung von Wahrscheinlichkeiten oft so vorgegangen, dass je nach Art der Zufallsvariablen und des die Wahrscheinlichkeit erzeugenden Zufallsprozesses aus vorliegenden „theoretischen" Verteilungen (das sind in mathematische Modelle – hier Funktionsgleichungen – abgebildete, theoretische Zufallsprozesse) eine „passende" ausgewählt wird. Eine so zustandekommende Wahrscheinlichkeitsaussage ist dann natürlich selbst mit einer gewissen Unsicherheit (nämlich die der richtigen Modellauswahl) behaftet, ohne dass diese Unsicherheit quantifiziert werden könnte.

Summary

- Für derartige Verteilungen lassen sich normalerweise Kenngrößen wie in der deskriptiven Statistik (Erwartungswert, Varianz) berechnen. Günstig ist es, wenn diese Kenngrößen auch eine Funktion der Parameter der Verteilung sind. Beispielsweise sind bei der Gauß'schen Normalverteilung die Kenngrößen μ und σ^2 selbst Parameter der Verteilung.

Aufgabe

a) Berechnen Sie die Wahrscheinlichkeitsverteilung für das Ereignis „Zahl der Arbeiter" in einer Stichprobe m. Z. von 3 Personen aus den 200 der Aufgabe 9 (Seite 63).

b) Angenommen, wir ziehen aus der Einkommensverteilung von Aufgabe 3 (Seite 31), eine Stichprobe vom Umfang $n = 1$. Wie groß ist die Wahrscheinlichkeit, jemanden zu ziehen, dessen Einkommen weniger als $1\,000\,€$, $2\,000\,€$ und mehr, zwischen $1\,250\,€$ und unter $3\,000\,€$ beträgt?

Lösung: a) Für das Bernoulli-Experiment der Zufallsvariablen X mit den Realisationen 0: kein Arbeiter und 1: Arbeiter folgt aus Aufgabe 9 (Seite 63): $P(1) = \frac{80}{200} = 0,4$ und $P(0) = 1 - 0,4 = 0,6$, d. h.: Die Wahrscheinlichkeit, in *einer* Stichprobe aus den 200 Personen einen Arbeiter zu ziehen, beträgt $0,4$, die Wahrscheinlichkeit, keinen Arbeiter zu zichen, beträgt dann $0,6$.

Ergebnisse und ihre Wahrscheinlichkeiten (nach Anwendung des Additions- und Multiplikationssatzes) für den Zufallsprozess „Ziehung von *drei* Stichproben (mit Zurücklegen) aus der Grundgesamtheit von 200 Personen und Feststellung der Arbeiter":

Ergebnis	Wahrscheinlichkeit	
000	$1 \cdot 0,6^3$	$= 0,216$
100, 010, 001	$3 \cdot 0,4 \cdot 0,6^2$	$= 0,432$
110, 101, 011	$3 \cdot 0,4^2 \cdot 0,6$	$= 0,288$
111	$1 \cdot 0,4^3$	$= 0,064$
$\sum$	1	

Mit der Zufallsvariablen X: Zahl der Arbeiter in der Stichprobe und den Realisationen bei 3 Ziehungen: $x = 0, 1, 2, 3$ ergibt sich die Wahrscheinlichkeitsverteilung:

x	$p(x)$	$F(x) = P(X \leq x)$
0	0,216	0,216
1	0,432	0,648
2	0,288	0,936
3	0,064	1
$\sum$	1	–

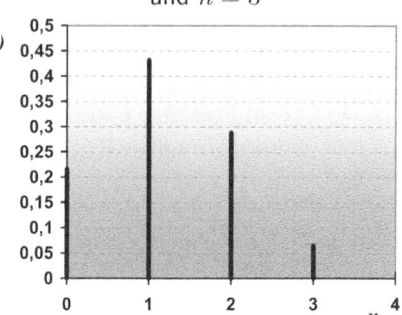

Binomialverteilung für $\pi = 0,4$ und $n = 3$

Die Wahrscheinlichkeiten $p(x)$ können auch mit der Binomialverteilung

$$p(x) = \binom{n}{x} \pi^x (1-\pi)^{n-x}$$

berechnet werden, wobei:

Zufallsvariable X: Zahl der Arbeiter in der Stichprobe mit $x = 0, 1, 2, 3$ und Ziehung einer Stichprobe mit Umfang $n = 3$ m. Z. aus einer (0,1)-Grundgesamtheit mit 0: kein Arbeiter und dem Anteil $(1 - \pi) = 0,6$ und 1: Arbeiter und dem Anteil $\pi = 0,4$.

$$p(0) = \binom{3}{0} 0,4^0 \cdot 0,6^3 = \frac{3!}{0!3!} \cdot 0,6^3 = 0,6^3 = 0,216$$

$$p(1) = \binom{3}{1} 0,4^1 \cdot 0,6^2 = \frac{3!}{1!2!} \cdot 0,4 \cdot 0,6^2 = 3 \cdot 0,4 \cdot 0,6^2 = 0,432$$

$$p(2) = \binom{3}{2} 0,4^2 \cdot 0,6^1 = \frac{3!}{2!1!} \cdot 0,4^2 \cdot 0,6 = 3 \cdot 0,4^2 \cdot 0,6 = 0,288$$

$$p(3) = \binom{3}{3} 0,4^3 \cdot 0,6^0 = \frac{3!}{3!0!} \cdot 0,4^3 = 0,4^3 = 0,064.$$

b) Aus Aufgabe 3 (Seite 31) folgt:

$x_0 \leq X < x_1$	$F(x_1) = P(X \leq x_1)$
0 – 500	0,10
500 – 1 000	0,35
1 000 – 1 250	0,60
1 250 – 1 500	0,75
1 500 – 2 000	0,90
2 000 – 3 000	0,95
3 000 – 5 000	1

$$P(X \leq 1\,000) = 0,35$$

$$P(X > 2\,000) = 1 - F(2\,000) = 1 - 0,9 = 0,1$$

$$P(1\,250 < X \leq 3\,000) = F(3\,000) - F(1\,250)$$
$$= 0,95 - 0,6 = 0,35.$$

4.2 Stichprobenfunktionen und die Normalverteilung als Stichprobenverteilung

Bei Zufallsstichprobenziehungen ergibt der Zufallsprozess als zufälliges Ereignis eine Zusammenstellung der n Ziehungsergebnisse als mehrdimensionale Zufallsvariable also

$X_1, \ldots, X_n$ mit den möglichen Realisationen

$x_1, \ldots, x_n$.

Grundlage der induktiven Statistik (in frequentistischer Auffassung) ist eine Aufstellung aller denkbaren Ziehungsergebnisse. Für eine übersichtliche Darstellung sollten sich die n-Tupel von Ergebnissen in eine eindimensionale Stichprobenfunktion

$$T_{(n)} = f(X_1, \ldots, X_n)$$

zusammenfassen lassen, die aus frequentistischer Sicht folgende Eigenschaften als Schätzwert für den unbekannten festen Parameter Θ der Grundgesamtheitsverteilung $f_X(x|\Theta)$ haben sollte:

- **Erwartungstreue:** Im Mittel über alle Stichproben soll sich der wahre Wert Θ ergeben (sonst ist das Verfahren verzerrt und hat einen „Bias")

$$E_\Theta(T_{(n)}) = \Theta.$$

- **Konsistenz:** Mit zunehmendem Stichprobenumfang sollte $T_{(n)}$ stochastisch gegen Θ streben

$$\operatorname*{plim}_{n \to \infty} T_{(n)} = \Theta,$$

d. h. nicht streng mit jeder Erhöhung von n, sondern die Wahrscheinlichkeit, dass $T_{(n)}$ in einem beliebig kleinen ε-Intervall um Θ liegt, d. h. der Unterschiedsbetrag zwischen $T_{(n)}$ und Θ innerhalb einer vorzugebenden Grenze ε liegt, soll mit zunehmendem n gegen 1 streben

$$\lim_{n \to \infty} P(\Theta - \varepsilon < T_{(n)} < \Theta + \varepsilon) = \lim_{n \to \infty} P(|T_{(n)} - \Theta| < \varepsilon) = 1,$$

große Abweichungen sollen also immer seltener werden. Diese asymptotische Eigenschaft ist auch bei nicht frequentistischer Auffassung erwünscht: Stichproben sollten allgemein bei größerem Umfang genauere Ergebnisse liefern.

- **Effizienz:** Die Schätzfunktion sollte von Realisation zu Realisation möglichst wenig streuen; daraus ergibt sich, dass bei Wahlmöglichkeit zwischen erwartungstreuen Schätzfunktionen diejenige mit kleinerer Varianz gewählt werden sollte

$$Var(T_{(n)}) < Var(T^*_{(n)}),$$

  $T_{(n)}$ ist „wirksamer" als jede beliebige erwartungstreue Schätzfunktion $T^*_{(n)}$. Die „Güte" einer Schätzfunktion kann also über ihre Streuung (als Varianz) abgebildet werden.

- Ihre **Stichprobenverteilung** sollte **bekannt** sein, so dass vor der Ziehung Wahrscheinlichkeitsaussagen zu möglichen Ergebnissen getroffen werden können.

Außerdem sollten die Parameter Θ der Grundgesamtheit und damit ihre Schätzfunktionen im Sachzusammenhang informativ sein. Sollte z. B. eine Einkommensarmutsquote – Prozentsatz von Haushalten in der Grundgesamtheit, die unter der Armutsgrenze liegen – geschätzt werden, so müsste man je nach Definition

- Armutsgrenze: 50 % des arithmetischen Mittels
- Armutsgrenze: 60 % des Median

als Schätzfunktion

- das arithmetische Mittel (erwartungstreu)
- den Median (nicht erwartungstreu)

einsetzen.

> Diese eher deskriptive Sichtweise wäre zu beschränkt, wenn die Grundgesamtheit exakt durch eine theoretische Verteilung (oder als Stichprobe aus einer „höheren" Grundgesamtheit) beschrieben werden könnte. Man hätte dann eine konkrete Funktion aus der Verteilungsfamilie bestimmt, wenn ihre Parameter geschätzt werden könnten; daraus wären dann sämtliche benötigten Informationen ableitbar. Für diesen Fall wäre die Schätzung dieser Parameter über die genannten Stichprobenfunktionen, die selbst als Funktionen dieser Parameter darstellbar sein müssten, eben *eine* Möglichkeit (sog. Momentenmethode) der Konstruktion von Punktschätzern. Andere sind denkbar und werden in der theoretischen Statistik erörtert. Eine andere Verfahrensweise der Konstruktion von Schätzern (Methode der kleinsten Quadrate) wird in Kapitel 6.4 dargestellt.

Geht es darum, mit Hilfe statistischer Verfahren Erkenntnisse über die Realität zu gewinnen, so darf natürlich nicht nur bei Unterstellung eines statistischen Modells argumentiert und dem Anwender der „Schwarze Peter" für die Wahl des richtigen Modells zugeschoben werden.

Die am häufigsten verwendeten Schätzfunktionen sind das arithmetische Mittel und die Varianz, hier für unabhängige Stichproben (z. B. Grundgesamtheitsumfang N sehr groß oder mit Zurücklegen ausgewählt):

- **arithmetisches Mittel**

$$T = \overline{X} = \frac{1}{n} \sum_{i=1}^{n} X_i.$$

  ○ **Erwartungstreue**

$$E(\overline{X}) = E(\frac{1}{n} \sum_{i=1}^{n} X_i) = \frac{1}{n} \sum_{i=1}^{n} E(X_i) = \frac{1}{n} \sum_{i=1}^{n} \mu = \mu$$

  ○ **Varianz**

$$Var(\overline{X}) = Var(\frac{1}{n} \sum_{i=1}^{n} X_i) = \frac{1}{n^2} \sum_{i=1}^{n} Var(X_i) = \frac{1}{n^2} n\sigma^2 = \frac{\sigma^2}{n}.$$

  Je höher der Stichprobenumfang – nicht der Auswahlsatz $\frac{n}{N}$, sofern N groß (Praxis: $\frac{n}{N} < 0,05$) – desto weniger streuen die möglichen Stichprobenergebnisse $\overline{x}$.

- **Varianz**

  1) $T = S''^2 = \frac{1}{n} \sum (X_i - \mu)^2$ für μ bekannt

$$E(S''^2) = E\left[\frac{1}{n} \sum (X_i - \mu)^2\right] = \frac{1}{n} E\left[\sum (X_i - \mu)^2\right] = \frac{1}{n} n\sigma^2$$

$$= \sigma^2 \text{ (erwartungstreu)}$$

  2) $T = S'^2 = \frac{1}{n} \sum (X_i - \overline{X})^2$ falls μ unbekannt und aus der Stichprobe geschätzt werden muss

$$E(S'^2) = E\left[\frac{1}{n} \sum (X_i - \overline{X})^2\right] = \frac{1}{n} \left[\sum E(X_i^2) - E(\overline{X}^2)\right]$$

$$E(X_i^2) = \sigma^2 + [E(X)]^2 = \sigma^2 + \mu^2$$

$$E(\overline{X}^2) = \sigma^2_{\overline{X}} + [E(\overline{X})]^2 = \frac{\sigma^2}{n} + \mu^2$$

$$E(S'^2) = \frac{1}{n}\,n(\sigma^2 + \mu^2) - \left(\frac{\sigma^2}{n} + \mu^2\right)$$

$$= \sigma^2 - \frac{\sigma^2}{n} \neq \sigma^2 \quad (\text{nicht erwartungstreu, „Bias“: } -\frac{\sigma^2}{n})$$

3) $\;T = S^2 = \dfrac{1}{n-1} \sum (X_i - \overline{X})^2 = \dfrac{n}{n-1} S'^2$

$$E(S^2) = \frac{n}{n-1} E(S'^2) = \frac{n}{n-1}\sigma^2\left(1 - \frac{1}{n}\right) = \sigma^2\frac{n}{n-1}\left(\frac{n-1}{n}\right)$$

$$= \sigma^2 \quad (\text{erwartungstreu}).$$

Stichprobenvarianzen werden deshalb nach dieser Formel berechnet.

Die frequentistische Sichtweise erlaubt es, vor der Stichprobenziehung Überlegungen zu möglichen Verfahren anzustellen und danach z. B. einen Mindeststichprobenumfang zu berechnen, der eine vorgegebene Genauigkeit erwarten lässt. Nach der Stichprobenziehung sind keine Wahrscheinlichkeitsaussagen mehr möglich, d. h. man muss darauf vertrauen, das Genauigkeitsziel erreicht zu haben. Wie man dieses Vertrauen – der Induktionsschluss von der Stichprobe auf die Gesamtheit – zu quantifizieren versucht, behandeln die Folgekapitel. Nach anderen Vorschlägen sollte man die zu einem Stichprobenergebnis am „besten passende" Grundgesamtheit suchen („likelihood-Schätzer") bzw. bei der Auswahl einer passenden Grundgesamtheit noch zusätzliche Informationen (von anderen oder eigene, subjektive) berücksichtigen.

Hier wird das zur Popper'schen Falsifizierungslogik passende und am meisten akzeptierte frequentistische Konzept dargestellt [vgl. aber Stegmüller (1973)]. Vor der Stichprobenziehung wird hierbei überlegt, welche Ergebnisse eintreten könnten, nach der Ziehung, welche Ergebnisse hätten eintreten können. Die Vorgehensweise wird im Kapitel 5 am arithmetischen Mittel als Stichprobenfunktion dargestellt. Es werden zwei Fälle unterschieden:

- **Heterograder Fall** (x_i beliebiger Zahlenwert):

$$\overline{X} = \frac{1}{n}\sum_{i=1} X_i \;\text{ mit }\; E(\overline{X}) = \mu$$

- **Homograder Fall** ($x_i = 0$ oder $x_i = 1$):

$$\overline{X} = P \;\text{ mit }\; E(P) = \pi.$$

Übersicht 7: Grundgesamtheit, Stichprobe, Stichprobenverteilung

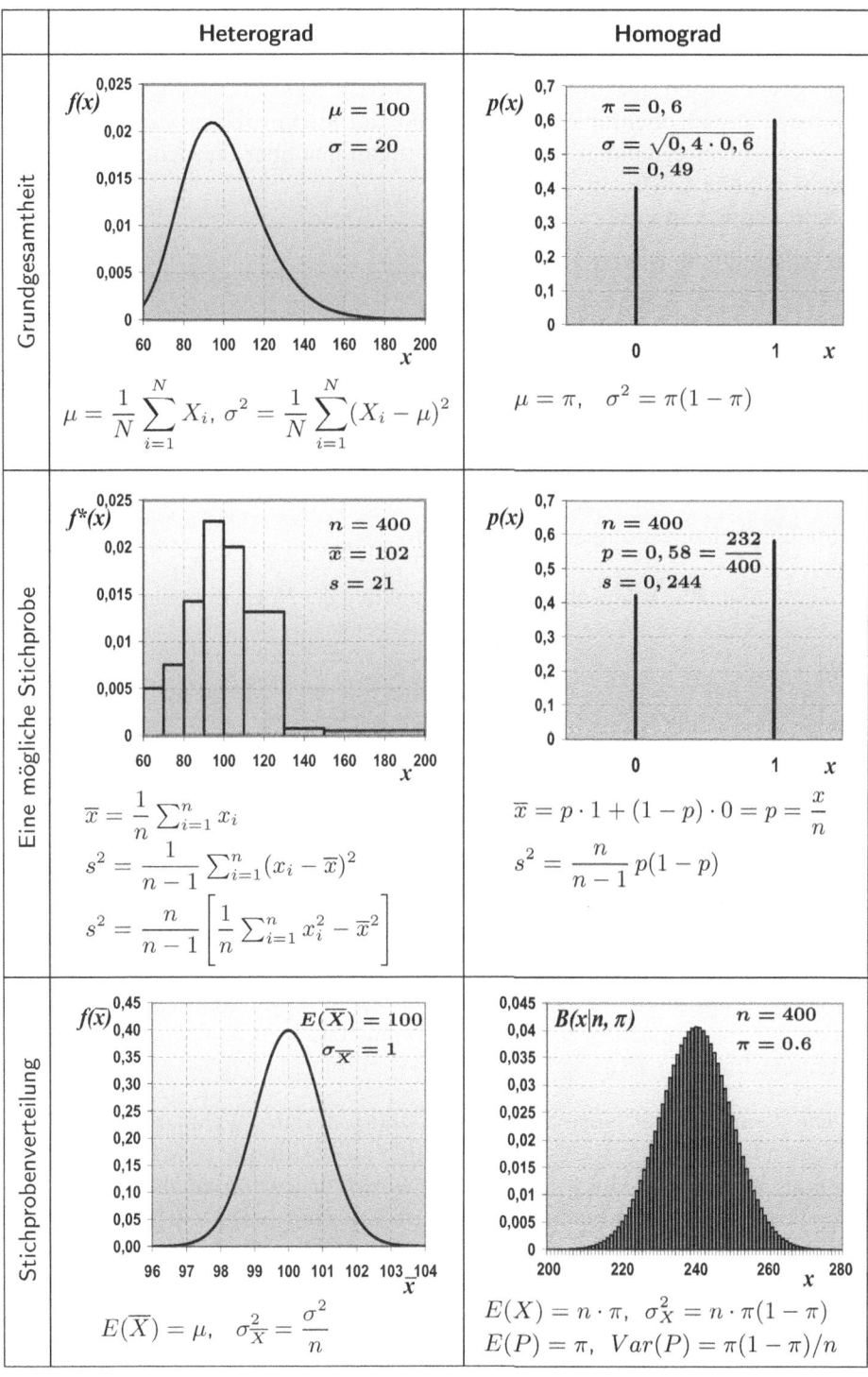

Ist die Stichprobenverteilung bekannt – wie im homograden Fall eine Binomialverteilung –, dann könnte man bei bekannter Grundgesamtheitsverteilung, u. U. genügen Annahmen zu oder Schätzungen ihrer wichtigsten Kenngrößen, schon vor der Ziehung Wahrscheinlichkeitsaussagen zu möglichen Stichprobenergebnissen treffen. Im homograden Fall betrifft dies z. B. nur den Anteilssatz π. Je nach Stichprobenfunktion und Größe der Stichprobe sind zur Ableitung von Stichprobenverteilungen gewisse Informationen über die Grundgesamtheit nötig (vgl. Seite 133).

Sehr häufig kann die

- **(Gauß'sche) Normalverteilung**

$$f(x) = \frac{1}{\sigma\sqrt{2\pi}}\, e^{-\frac{1}{2}\left(\frac{x-\mu}{\sigma}\right)^2} \quad \text{(Dichtefunktion)}$$

$$F(x) = P(X \le x) = \frac{1}{\sigma\sqrt{2\pi}} \int\limits_{-\infty}^{x} e^{-\frac{1}{2}\left(\frac{u-\mu}{\sigma}\right)^2} du \quad \text{(Verteilungsfunktion)}$$

als Stichprobenverteilung gewählt werden.

Abb. 30: Dichte- und Verteilungsfunktion der Normalverteilung

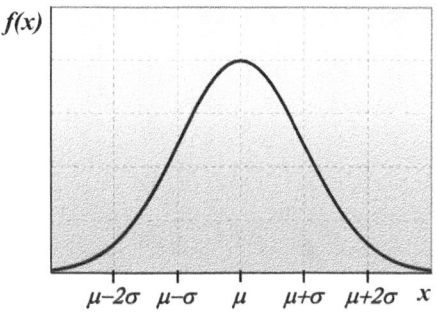 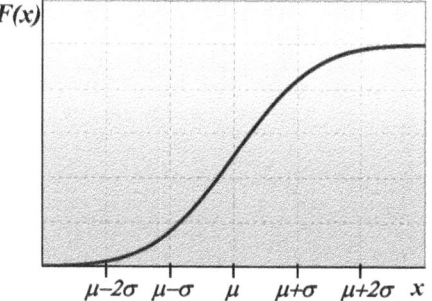

Die Dichtefunktion hat ihr Maximum in $x = \mu$ und ihre Wendepunkte an den Stellen $x = \mu - \sigma$ und $x = \mu + \sigma$. Sie ist symmetrisch zu $x = \mu$, woraus für die Verteilungsfunktion $F(\mu - x) = 1 - F(\mu + x)$ folgt.

Die Parameter der Normalverteilung sind μ und σ^2. Wahrscheinlichkeiten $P(X \le x)$ oder $P(x_1 \le X \le x_2)$ werden so bestimmt, dass die Differenz $x - \mu$ als Vielfaches z von σ ausgedrückt wird. Für jede Normalverteilung gilt z. B., dass 97,72 % aller Beobachtungswerte einer normalverteilten Gesamtheit unterhalb des Wertes $x = \mu + 2\sigma$ bzw. 68,26 % aller Beobachtungswerte im Intervall $[\mu - 1 \cdot \sigma \le x \le \mu + 1 \cdot \sigma]$ liegen. Normalverteilte beliebige Zufallsvariablen X – kurz $X \sim N(\mu, \sigma^2)$ – werden deshalb linear transformiert. Die Z-Transformation oder

- **Standardisierung**

$$Z = \frac{X - \mu}{\sigma}$$

ergibt die Standardnormalverteilung

$$\Phi(z) = F(x) \quad \text{mit}$$

$$\mu_Z = \frac{\mu_X}{\sigma} + \frac{1}{\sigma} \mu_X = 0, \quad \sigma_Z = \frac{1}{\sigma_X} \sigma_X = 1, \quad \text{d. h. } Z \sim N(0,1),$$

deren Werte vertafelt sind (vgl. Seite 331) bzw. in Excel als Funktionswerte für vorgegebene z-Werte [mit „=STANDNORMVERT(z)"] bestimmt
werden können. Aus der Verteilungsfunktion sind dann für alle Normalverteilungen Wahrscheinlichkeiten ablesbar.

Für $X \sim N(\mu, \sigma^2)$ ist

$$F(x) = \frac{1}{\sigma\sqrt{2\pi}} \int\limits_{-\infty}^{x} e^{-\frac{1}{2}\left(\frac{u-\mu}{\sigma}\right)^2} du = \frac{1}{\sqrt{2\pi}} \int\limits_{-\infty}^{z} e^{-\frac{v^2}{2}} dv = \Phi(z)$$

mit $\quad v = \frac{u - \mu}{\sigma} \quad$ und $\quad \frac{dv}{du} = \frac{1}{\sigma} \quad$ bzw. $\quad dv = \frac{1}{\sigma} du.$

Die Integration von u von $-\infty$ bis x entspricht der Integration über v von $-\infty$
bis $z = \frac{x-\mu}{\sigma}$.

Würde man also z. B. für eine grafische Darstellung die Dichtefunktion einer
normalverteilten Zufallsvariablen X benötigen, müssten die Werte der Dichtefunktion für Z (als Tafeln erhältlich)

$$\phi(z) = \frac{1}{\sqrt{2\pi}} e^{-\frac{1}{2}z^2}$$

noch durch σ dividiert werden, so dass man

$$f(x) = \frac{1}{\sigma\sqrt{2\pi}} e^{-\frac{1}{2}z^2} = \frac{1}{\sigma\sqrt{2\pi}} e^{-\frac{1}{2}\left(\frac{x-\mu}{\sigma}\right)^2}$$

erhält. Mit Excel lassen sich $f(x)$-Werte für vorgegebene x-Werte, Parameter μ
und σ mit „=NORMVERT(x; μ; σ; FALSCH)" berechnen.

Größere Streuungen führen zu flacheren, geringere Streuungen zu steileren
(stärker „gewölbten") Normalverteilungen.

Abb. 31: Beispiele für Normalverteilungen

$\mu = 0$; $\sigma^2 = 0,25$: $\mu = 0$; $\sigma^2 = 0,5625$:

$\mu = 0$; $\sigma^2 = 1$: $\mu = 0$; $\sigma^2 = 4$:

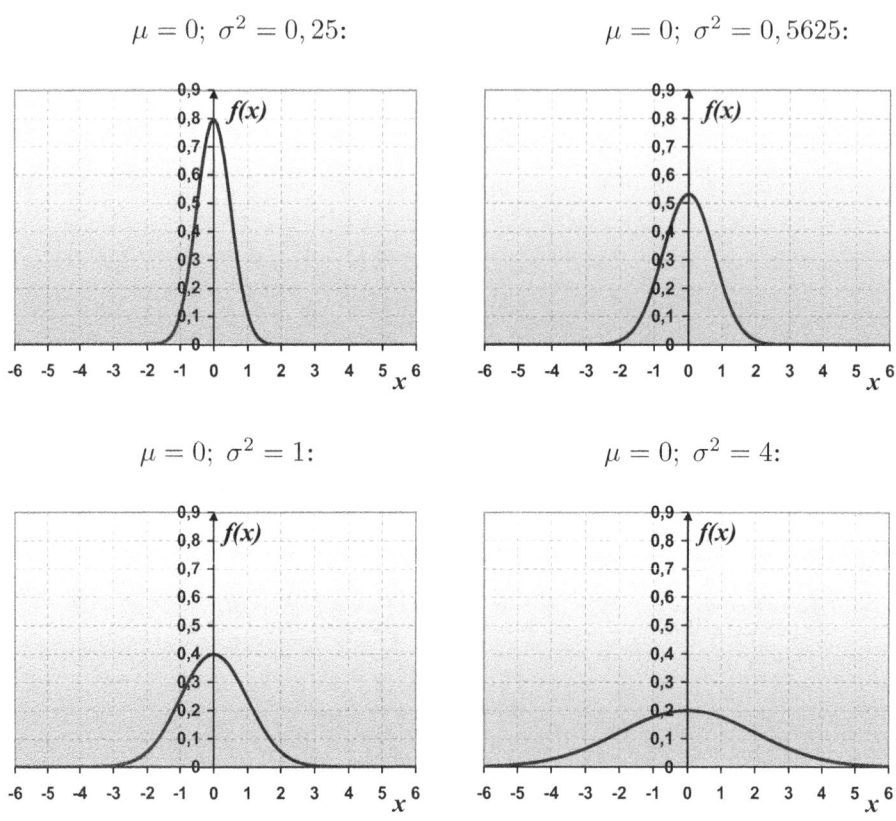

In den Wirtschafts- und Sozialwissenschaften sind Tafeln mit ganzzahligen z-Werten und nicht-ganzzahligen Wahrscheinlichkeiten z. B.

$$P(\mu - 2\sigma < X \le \mu + 2\sigma) = 95,45\,\%$$

und in den Natur- und Ingenieurwissenschaften (z. B. in der Qualitätskontrolle) mit nicht-ganzzahligen z-Werten, aber ganzzahligen Wahrscheinlichkeiten üblich

$$P(\mu - 1,96\sigma < X \le \mu + 1,96\sigma) = 95\,\%.$$

Abb. 32: Wahrscheinlichkeiten der Standardnormalverteilung

$P(Z \leq z_1) = \Phi(z_1):$ $P(Z \leq -z_1) = \Phi(-z_1) = 1 - \Phi(z_1):$

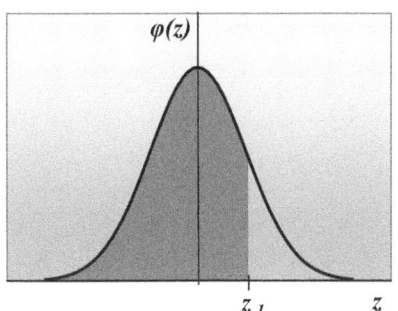   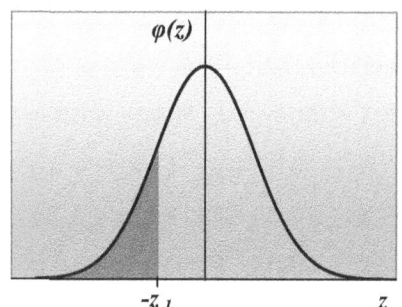

$P(-z_1 \leq Z \leq z_1) = 2\Phi(z_1) - 1:$

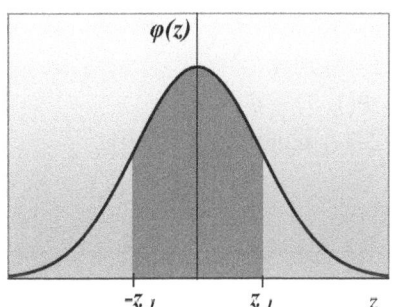

z	$\Phi(z)$	z	$\Phi(z)$
0,00	0,5000	1,75	0,9599
0,25	0,5987	2,00	0,9772
0,50	0,6915	2,25	0,9878
0,75	0,7734	2,50	0,9938
1,00	0,8413	2,75	0,9970
1,25	0,8944	3,00	0,9987
1,50	0,9332		

Beispiel für die Berechnung von Wahrscheinlichkeiten einer beliebigen Normalverteilung unter Verwendung der vertafelten Standardnormalverteilung

Das Flüssigkeitsvolumen bei einer bestimmten Temperatur abgefüllter Bierflaschen ist normalverteilt mit $\mu = 500$ ml und $\sigma = 2$ ml. Wir wählen eine Flasche zufällig aus. Wir bestimmen die Wahrscheinlichkeit dafür, eine Flasche mit

- höchstens 504 ml: $P(X \leq 504)$
- mindestens 504 ml: $P(X \geq 504)$
- weniger als 498 ml: $P(X < 498)$
- mindestens 500 ml: $P(X \geq 500)$
- zwischen 496 und 504 ml: $P(496 \leq X \leq 504)$
- zwischen 500 und 502 ml: $P(500 \leq X \leq 502)$
- zwischen 499 und 503 ml: $P(499 \leq X \leq 503)$

zu erhalten.

Zunächst wird standardisiert

x	496	498	499	500	502	503	504
z	-2	-1	-0,5	0	1	1,5	2

Danach erhält man

$$P(X \leq 504) = F(504) = \Phi(2) = 0,9772$$

$$P(X \geq 504) = 1 - F(504) = 1 - \Phi(2) = 1 - 0,9772 = 0,0228$$

$$P(X \leq 498) = F(498) = \Phi(-1) = 1 - \Phi(1) = 1 - 0,8413 = 0,1587$$

$$P(X \geq 500) = F(500) = \Phi(0) = 0,5$$

$$P(496 \leq X \leq 504) = F(504) - F(496) = \Phi(2) - \Phi(-2) = 2 \cdot \Phi(2) - 1$$
$$= 0,9544$$

$$P(500 \leq X \leq 502) = F(502) - F(500) = \Phi(1) - \Phi(0) = 0,8413 - 0,5$$
$$= 0,3413$$

$$P(499 \leq X \leq 503) = F(503) - F(499) = \Phi(1,5) - \Phi(-0,5)$$
$$= \Phi(1,5) - 1 + \Phi(0,5) = 0,9332 - 1 + 0,6915$$
$$= 0,6247.$$

Wie oben gezeigt wurde, erhält man bei einer Ziehung unabhängiger Zufalls-stichproben vom Umfang n aus einer Grundgesamtheit und Feststellung des arithmetischen Mittels (als Zufallsvariable) in der Stichprobe eine Stichproben-verteilung mit $E(\overline{X}) = \mu$ und $Var(\overline{X}) = \sigma^2/n$.

In sehr vielen praktischen Anwendungsfällen kann die Normalverteilung wenigstens asymptotisch $[X \overset{a}{\sim} N(\mu, \sigma^2/n)]$ als Stichprobenverteilung gewählt und damit schon vor der Ziehung sehr einfach eine Wahrscheinlichkeitsaussage zu möglichen Ziehungsergebnissen getroffen werden. Im Folgenden werden die wichtigsten praktischen Anwendungsfälle dargestellt.

1. Reproduktivität der Normalverteilung

Die Grundgesamtheit sei normalverteilt $[N(\mu, \sigma^2)]$. Dann ist auch die Summe und damit der Durchschnitt unabhängiger Zufallsvariablen normalverteilt mit

$$\sum_{i=1}^{n} X_i \sim N(n\mu, n\sigma^2) \text{ bzw. } \overline{X} \sim N(\mu, \frac{\sigma^2}{n}).$$

Beispiel für die Reproduktivität der Normalverteilung als Stichproben-verteilung

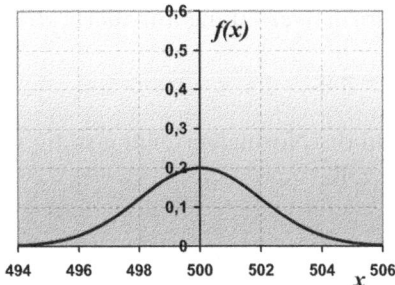 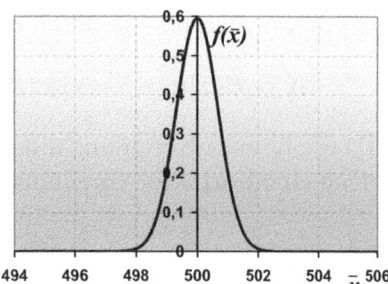

Grundgesamtheit mit

$$\mu = 500, \sigma^2 = 4$$

Stichprobenverteilung mit

$$E(\overline{x}) = 500, Var(\overline{x}) = \tfrac{4}{20} = 0,2$$

Abfüllung von Bierflaschen: Ein Kasten Bier (n=20) wird als Zufallsaus-wahl aus der Gesamtheit aufgefasst. Wir bestimmen die Wahrscheinlich-keit dafür, im Mittel je Flasche nur 499 ml oder weniger zu erhalten.

Für *eine* Flasche würde gelten [$X \sim N(500,4)$]:

$$P(X \leq 499) = F(499) = \Phi(-0,5) = 1 - \Phi(0,5) = 0,3085.$$

Für *im Mittel* 20 Flaschen gilt [$\overline{X} \sim N(500; 0,2)$]:

$$P(\overline{X} \leq 499) = F(499) = \Phi(-2,236) = 1 - \Phi(2,236) = 0,0127.$$

Portfolio-Theorie des Biertrinkers: Um das Risiko, beim Kauf einer Fla-sche zu wenig Bier erhalten zu haben, auszugleichen, sollte man einen Kasten kaufen. Die Empfehlung bezieht sich natürlich nicht auf das sofortige Trinken.

2. **Grenzwertsatz von Moivre und Laplace**

Die Grundgesamtheit sei (0,1)-verteilt. Die Stichprobenverteilung der Erfol-ge aus unabhängigen Zügen ist eine Binomialverteilung

$$B(x|n, \pi) = \binom{n}{x}\pi^x(1-\pi)^{n-x} \qquad (\pi: \text{Anteilssatz der 1-Träger})$$

bzw. mit

$$P = \frac{1}{n}\sum X_i = \frac{1}{n}E(X), \quad E(X) = n \cdot \pi \text{ und } Var(X) = n \cdot \pi(1-\pi)$$

$$E(P) = \pi \text{ und } Var(P) = \frac{\pi(1-\pi)}{n}.$$

Für $n\pi(1-\pi) \geq 9$ (also große Stichproben und nicht zu kleine π) lässt sich die Binomialverteilung durch eine Normalverteilung annähern, d. h.

$$X \sim B(x|n,\pi) \overset{a}{\sim} N[n\pi, n\pi(1-\pi)].$$

Da die Binomialverteilung diskret und die Normalverteilung stetig ist, wird noch eine Korrektur vorgenommen, z. B.

$$P(0 \leq X \leq b) = \sum_{x=a}^{b} \binom{n}{x} \pi^x (1-\pi)^{n-x} \approx \Phi(\beta) - \Phi(\alpha) \quad \text{mit}$$

$$\alpha = \frac{a - n\pi - 0,5}{\sqrt{n\pi(1-\pi)}}, \quad \beta = \frac{b - n\pi + 0,5}{\sqrt{n\pi(1-\pi)}},$$

die man bei großem n vernachlässigen kann.

Beispiel für den Grenzwertsatz von Moivre und Laplace

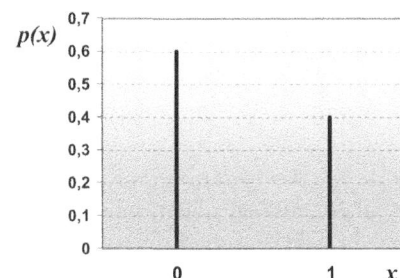

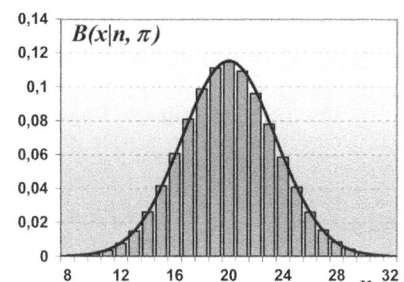

Grundgesamtheit mit	Stichprobenverteilung mit
$\pi = 0,4; \ \sigma = 0,49$	$n = 50, \ E(x) = n\pi = 20,$
	$Var(x) = n\pi(1-\pi) = 12$

Aus großer Wählergesamtheit mit 40 % Wählern der Partei „C" werden zufällig 50 ausgewählt. Wir bestimmen die Wahrscheinlichkeit dafür, zwischen 18 und 22 Wähler von „C" zu erhalten.

$$P(\frac{18-20}{\sqrt{12}} \leq Z \leq \frac{22-20}{\sqrt{12}}) = P(-0,577 \leq Z \leq 0,577)$$

$$= 2 \cdot \Phi(0,577) - 1 = 2 \cdot 0,718 - 1$$

$$= 0,436.$$

3. Grenzwertsatz von Lindeberg und Lévy

$X_1, \ldots, X_n$ seien unabhängige Zufallsvariablen mit derselben Verteilungsfunktion, also auch demselben Mittelwert und derselben Varianz. Dann ist die Zufallsvariable

$$Z_n = \frac{\overline{X}_n - \mu}{\sigma} \sqrt{n} \quad \text{mit } \overline{X}_n = \frac{1}{n} \sum_{i=1}^{n} X_i$$

asymptotisch normalverteilt mit Mittelwert 0 und Varianz 1, d. h.

$$Z_n \overset{a}{\sim} N(0,1), \quad F_n(z) = P(Z_n \leq z) \xrightarrow[n \to \infty]{} \Phi(z), \quad z \in \mathbb{R}.$$

Für praktische Anwendungen sollte $n \geq 100$ sein; dann sind Summen und Durchschnitte von unabhängigen Zufallsvariablen normalverteilt. Die Verteilung der Grundgesamtheit spielt (fast) keine Rolle. Für die in der amtlichen Statistik und der Markt- und Meinungsforschung üblichen Stichprobenumfänge ist dieser Grenzwertsatz zentral.

Beispiel für den Grenzwertsatz von Lindeberg und Lévy

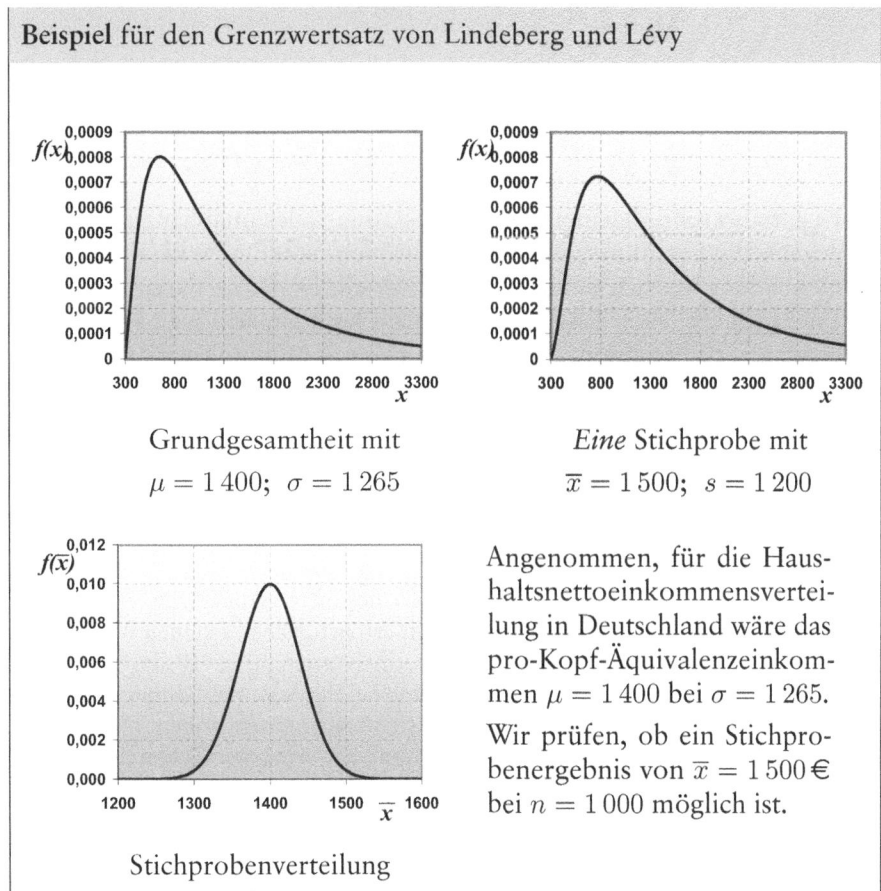

Grundgesamtheit mit
$\mu = 1\,400; \quad \sigma = 1\,265$

Eine Stichprobe mit
$\overline{x} = 1\,500; \quad s = 1\,200$

Stichprobenverteilung

Angenommen, für die Haushaltsnettoeinkommensverteilung in Deutschland wäre das pro-Kopf-Äquivalenzeinkommen $\mu = 1\,400$ bei $\sigma = 1\,265$.

Wir prüfen, ob ein Stichprobenergebnis von $\overline{x} = 1\,500\,€$ bei $n = 1\,000$ möglich ist.

$$\mu = 1\,400, \ \sigma_{\overline{X}} = \frac{1\,265}{\sqrt{1\,000}} = 40.$$

$F(1\,500) = \Phi(2,5) = 0,9938$. Nur $0,62\,\%$ der Ergebnisse würden $1\,500$ oder höher ausfallen, es wäre also ein sehr unwahrscheinliches Ergebnis.

4. Grenzwertsatz von Ljapounoff und Feller

$X_1, \ldots, X_n$ seien unabhängige, beliebig verteilte Zufallsvariablen mit jeweiligem Erwartungswert μ_i und Varianz σ_i^2, wobei keine Varianz überwiegen darf. Dann ist die Zufallsvariable

$$Z_n = \frac{\overline{X}_n - \dfrac{1}{n}\sum_{i=1}^{n}\mu_i}{\sqrt{\dfrac{1}{n}\sum_{i=1}^{n}\sigma_i^2}} \ \sqrt{n}$$

asymptotisch normalverteilt mit Mittelwert 0 und Varianz 1, d. h.

$$Z_n \overset{a}{\sim} N(0,1), \ \ F_n(z) = P(Z_n \leq z) \xrightarrow[n \to \infty]{} \Phi(z), \ z \in \mathbb{R}.$$

Es gilt also sehr allgemein, dass die Summe vieler unabhängiger (sich nicht gegenseitig beeinflussender) Zufallsgrößen, von denen keine bei der Summenbildung überwiegen darf, normalverteilt ist. Dieser Grenzwertsatz wird zur Begründung der Risikoschätzung am Kapitalmarkt (vgl. Kapitel 6.6) allgemein zur Berechnung von Fehlern bei uni- und multivariaten Prognosen verwendet. Außer der rechnerischen Wirkung der identifizierten fundamentalen Einflussgrößen auf die (zu prognostizierende) Zielvariable führt eine große Summe im einzelnen unwichtiger Restgrößen zu einer nicht erklärbaren (aber einem Zufallsprozess gehorchenden) Restvariation der Zielvariablen, deren Auswirkung über die Normalverteilung quantifiziert werden kann.

> Übertragen auf die Portfolio-Theorie des Biertrinkers: Wäre eine Flasche mit Keimen kontaminiert, die Übelkeit erregen, gäbe es keinen Risikoausgleich. Der Grenzwertsatz – d. h. die Normalverteilung als Risikoverteilung – ist nicht anwendbar, weil eine Variable bei der Summenbildung überwiegt. Es hilft also nicht(s), den ganzen Kasten sofort auszutrinken. Die Umkehrung gilt meist nicht. Der Hinweis bei Übelkeit, „eine der 20 Flaschen muss wohl schlecht gewesen sein" am Morgen nach dem Konsum des gesamten Kastens ist wohl falsch. Hier verursacht die Summe im einzelnen harmloser Faktoren die Wirkung.

5. Ungleichung von Tschebyscheff

Kennt man keine Stichprobenverteilung, so gilt wenigstens die Ungleichung von Tschebyscheff.

Als wichtigste wünschenswerte Eigenschaft von Schätzfunktionen war eingangs des Kapitels die Konsistenz genannt worden: Bei Erhöhung des Stichprobenumfangs sollten Abweichungen zum wahren Wert immer unwahrscheinlicher werden. Für nicht negative Zufallsvariablen gilt die

- **Ungleichung von Markoff**

$$P(X \geq c) \leq \frac{E(X)}{c}, \quad c > 0.$$

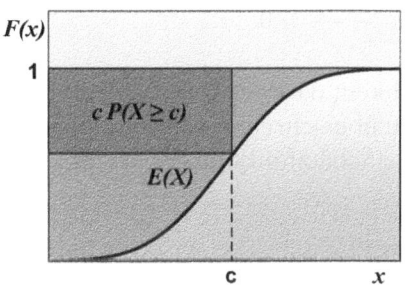

Abb. 33: Grafische Veranschaulichung der Ungleichung von Markoff

Die dunkelgraue Rechteckfläche $c \cdot P(X \geq c)$ ist kleiner als die von der Kurve $F(x)$ und der Linie $F(x) = 1$ eingeschlossene Fläche $E(X)$. Damit ist

$$P(X \geq c) \leq \frac{E(X)}{c}$$

(vgl. Formelsammlung im Internet Seite 9).

Ist X eine Zufallsvariable mit $E(X) = \mu$ und $Var(X) = \sigma^2$, so wird daraus die

- **Tschebyscheff'sche Ungleichung**

$$P(|X - \mu| \geq c) \leq \frac{1}{c^2} Var(X), \quad c > 0$$

für $c = k \cdot \sigma$

$$P(|X - \mu| \geq k \cdot \sigma) \leq \frac{1}{k^2}$$

$$P(|X - \mu| < k \cdot \sigma) \geq 1 - \frac{1}{k^2}, \quad k > 0.$$

Selbst wenn die Verteilung von X unbekannt ist, kann man Obergrenzen für die Wahrscheinlichkeiten für Abweichungen vom arithmetischen Mittel angeben, z. B.

$$P(|X - \mu| < 2 \cdot \sigma) \geq 1 - \frac{1}{4} = 0,75.$$

Mindestens 75 % der Werte liegen innerhalb des 2σ-Intervalls (bei der Normalverteilung 95,45 %).

> Auf die häufig in der deskriptiven Statistik gestellte Frage, was man sich unter der Standardabweichung vorstellen soll, hat man damit wenigstens eine Antwort.

Mit dieser Ungleichung lässt sich zeigen, dass $\overline{X}_n$ (beim Modell mit Zurücklegen) eine konsistente Schätzfunktion für μ ist, denn

$$\text{für } \overline{X}_n = \frac{1}{n} \sum_{i=1}^{n} X_i \text{ und } Var(\overline{X}_n) = \frac{\sigma^2}{n} \text{ ist}$$

$$P(|\overline{X}_n - \mu| \geq c) \leq \frac{1}{c^2} \frac{\sigma^2}{n} \implies$$

$$\lim_{n \to \infty} P(|\overline{X}_n - \mu| \geq c) \leq \lim_{n \to \infty} \frac{1}{c^2} \frac{\sigma^2}{n} = 0.$$

Der Grenzwert der Wahrscheinlichkeit, dass der Unterschiedsbetrag einen festen, beliebig kleinen Wert $c > 0$ überschreitet, ist Null (negative Wahrscheinlichkeiten gibt es nicht). Die Schätzfunktion $\overline{X}_n$ ist also konsistent für μ, d. h.

$$\operatorname*{plim}_{n \to \infty} \overline{X}_n = \mu \quad \text{bzw.} \quad \lim_{n \to \infty} P(|\overline{X}_n - \mu| < \epsilon) = 1 \text{ für } \epsilon > 0,$$

d. h.: Die Wahrscheinlichkeit, dass das arithmetische Mittel in ein beliebig kleines ϵ-Intervall um μ fällt, konvergiert für $n \to \infty$ gegen 1.

Weitere Schätzfunktionen und ihre Stichprobenverteilungen sind auf der Seite 133 zusammengestellt, wobei $t(\nu)$ die t-Verteilung mit ν Freiheitsgraden, $\chi^2(\nu)$ die Chi-Quadratverteilung mit ν Freiheitsgraden und $f(\nu_1, \nu_2)$ die F-Verteilung mit den Freiheitsgraden ν_1 und ν_2 beschreibt (vertafelte Werte vgl. Seite 332ff).

Übersicht 8: Häufig angewandte Stichprobenverteilungen

Zufalls-variable	Stichprobenverteilung und Verteilungsvoraussetzungen	Parameter
$\overline{X}$	$N(\mu, \sigma^2)$ für $X \sim N(\mu, \sigma^2)$ oder $n > 30$: X bel. verteilt	$E(\overline{X}) = \mu$ $Var(\overline{X}) = \sigma_{\overline{X}}^2 = \dfrac{\sigma^2}{n}$ (m.Z.) $Var(\overline{X}) = \sigma_{\overline{X}}^2 = \dfrac{\sigma^2}{n}\dfrac{N-n}{N-1}$ (o.Z.) für $\dfrac{n}{N} < 0{,}05$ kann $\dfrac{N-n}{N-1}$ vernachlässigt werden.
P	$B(n\pi \mid n, \pi)$ (m.Z.) $N(n\pi, n\pi(1-\pi))$ für $n\pi(1-\pi) \geq 9$	$E(P) = \pi$ $Var(P) = \dfrac{\pi(1-\pi)}{n}$ (m.Z.)
$\dfrac{\overline{X} - \mu}{\sigma}\sqrt{n}$	$N(0,1)$ für $X \sim N(\mu, \sigma^2)$	$E\left(\dfrac{\overline{X} - \mu}{\sigma}\sqrt{n}\right) = 0$ $Var\left(\dfrac{\overline{X} - \mu}{\sigma}\sqrt{n}\right) = 1$
$\dfrac{\overline{X} - \mu}{S}\sqrt{n}$	$t(n-1)$ für $X \sim N(\mu, \sigma^2)$ $N(0,1)$ für $n > 30$: X bel. verteilt	$v = n - 1$
$\dfrac{(n-1)S^2}{\sigma^2}$	$\chi^2(n-1)$ für $X \sim N(\mu, \sigma^2)$	$v = n - 1$
$\dfrac{S_1^2}{S_2^2}$	$f(n_1 - 1, n_2 - 1)$ für $X_g \sim N(\mu_g, \sigma_g^2)$ $g = 1, 2$	$v_1 = n_1 - 1,\ v_2 = n_2 - 1$
$\overline{X}_1 - \overline{X}_2$	$N(\mu_1 - \mu_2, \sigma_{\overline{x}_1 - \overline{x}_2}^2)$ für $X_g \sim N(\mu_g, \sigma_g^2)$ oder $n > 30$: X_g bel. verteilt $g = 1, 2$	$E(\overline{X}_1 - \overline{X}_2) = \mu_1 - \mu_2$ $Var(\overline{X}_1 - \overline{X}_2) = \sigma_{\overline{x}_1 - \overline{x}_2}^2 = \dfrac{\sigma_1^2}{n_1} + \dfrac{\sigma_2^2}{n_2}$ (m.Z. bzw. o.Z. für $\dfrac{n_g}{N_g} < 0{,}05,\ g = 1,2$)
$P_1 - P_2$	$N(n_1\pi_1 - n_2\pi_2, n_1\pi_1(1-\pi_1) + n_2\pi_2(1-\pi_2))$ für $n_g\pi_g(1-\pi_g) \geq 9$ $g = 1, 2$	$E(P_1 - P_2) = \pi_1 - \pi_2$ $Var(P_1 - P_2) = \dfrac{\pi_1(1-\pi_1)}{n_1} + \dfrac{\pi_2(1-\pi_2)}{n_2}$ (m.Z. bzw. o.Z. für $\dfrac{n_g}{N_g} < 0{,}05,\ g = 1,2$)

Summary

- Die am häufigsten eingesetzte theoretische Verteilung ist die Gauß'sche Normalverteilung. Die Zufallsvariable kann hier als Summe „sehr vieler" voneinander unabhängiger Einflussvariablen interpretiert werden, also z. B. als arithmetisches Mittel bei der Ziehung von einfachen, unabhängigen Zufallsstichproben. Die Normalverteilung ist dann die Verteilung aller möglichen Ziehungsergebnisse.

- In der Praxis – sofern keine Software zur Verfügung steht – bestimmt man Wahrscheinlichkeiten für durch die Normalverteilung abbildbare Zufallsprozesse so, dass man die Differenz zwischen dem Ergebnis der Zufallsgröße und ihrem Erwartungswert als Vielfaches der Sandardabweichung ausdrückt („Standardisierung" oder „z-Transformation") und dann die entsprechende Wahrscheinlichkeit $[P(Z \leq z)]$ in Tafeln zur Verteilungsfunktion der Standardnormalverteilung abliest.

- Bei der Ziehung unabhängiger Zufallsstichproben vom Umfang n aus einer Grundgesamtheit mit arithmetischem Mittel μ und Standardabweichung σ gilt für die Verteilung aller möglichen arithmetischen Mittel:

- Der Erwartungswert („Durchschnitt") aller möglichen Stichprobenergebnisse für das arithmetische Mittel ist das arithmetische Mittel μ der Grundgesamtheit.

- Die Streuung aller möglichen Durchschnitte, $\sigma_{\bar{x}}^2$, hängt von der Streuung in der Grundgesamtheit und dem Stichprobenumfang ab.

- Bei „großen" (Praxis: über 100) Stichprobenumfängen kann die Verteilung der Stichprobenergebnisse durch eine Normalverteilung mit den Parametern μ und $\sigma_{\bar{x}}^2$ approximiert werden (zentraler Grenzwertsatz).

Aufgabe

Angenommen, die Körpergröße von Männern in Deutschland sei normalverteilt mit $\mu = 178$cm und $\sigma = 10$cm.

a) Wie groß ist die Wahrscheinlichkeit bei zufälliger Auswahl eines Mannes, eine Körpergröße aa) $x \leq 193$cm ab) $x > 168$cm ac) 158cm $< x \leq 198$cm zu erhalten?

b) Angenommen, man ziehe eine Stichprobe mit Zurücklegen vom Umfang $n = 100$ (1000). Wie groß ist die Wahrscheinlichkeit, als arithmetisches Mittel einen Wert ba) $\bar{x} > 177$cm bb) $\bar{x} \leq 180$cm bc) 175cm $< \bar{x} \leq 181$cm zu erhalten?

Lösung: aa) $x = 193\text{cm} \implies z = \dfrac{x - \mu}{\sigma} = \dfrac{193 - 178}{10} = 1,5.$

$P(X \leq 193) = P(Z \leq 1,5) = \Phi(1,5) = 0,9332$, d. h.: Die Wahrscheinlichkeit, bei zufälliger Auswahl eines Mannes eine Körpergröße mit $x \leq 193\text{cm}$ zu ziehen, beträgt 93,32 %.

ab) $x = 168\text{cm} \implies z = \dfrac{x - \mu}{\sigma} = \dfrac{168 - 178}{10} = -1.$

$P(X > 168) = 1 - P(X \leq 168) = 1 - P(Z \leq -1) = 1 - \Phi(-1) = 1 - [1 - \Phi(1)] = \Phi(1) = 0,8413$, d. h.: Die Wahrscheinlichkeit, bei zufälliger Auswahl eines Mannes eine Körpergröße mit $x > 168\text{cm}$ zu ziehen, beträgt 84,13 %.

ac) $x = 158\text{cm} \implies z = \dfrac{x - \mu}{\sigma} = \dfrac{158 - 178}{10} = -2.$

$x = 198\text{cm} \implies z = \dfrac{x - \mu}{\sigma} = \dfrac{198 - 178}{10} = 2.$

$P(158 < X \leq 198) = P(-2 < Z \leq 2) = 2 \cdot \Phi(2) - 1 = 2 \cdot 0,9772 - 1 = 0,9544$, d. h.: Die Wahrscheinlichkeit, bei zufälliger Auswahl eines Mannes eine Körpergröße mit $158 < x \leq 198\text{cm}$ zu ziehen, beträgt 95,44 %.

b) 1) $n = 100 \implies \sigma_{\overline{x}}^2 = \dfrac{\sigma^2}{n} = \dfrac{100}{100} = 1 \implies \sigma_{\overline{x}} = 1$

2) $n = 1\,000 \implies \sigma_{\overline{x}}^2 = \dfrac{\sigma^2}{n} = \dfrac{100}{1000} = 0,1 \implies$

$\sigma_{\overline{x}} = 0,31623$

ba) 1) $n = 100$ und $\overline{x} = 177\text{cm} \implies$

$z = \dfrac{\overline{x} - \mu}{\sigma_{\overline{x}}} = \dfrac{177 - 178}{1} = -1.$

$P(\overline{X} > 177) = 1 - P(\overline{X} \leq 177) = 1 - P(Z \leq -1) = 1 - \Phi(-1) = 1 - [1 - \Phi(1)] = \Phi(1) = 0,8413$, d. h.: Die Wahrscheinlichkeit, in einer Stichprobe mit 100 Männern eine durchschnittliche Körpergröße mit $\overline{x} > 177\text{cm}$ zu erhalten, beträgt 84,13 %.

2) $n = 1\,000$ und $\overline{x} = 177\text{cm} \implies$

$z = \dfrac{\overline{x} - \mu}{\sigma_{\overline{x}}} = \dfrac{177 - 178}{0,3162} = -3,162.$

$P(\overline{X} > 177) = 1 - P(\overline{X} \leq 177) = 1 - P(Z \leq -3,162) = 1 - \Phi(-3,162) = 1 - [1 - \Phi(3,162)] = \Phi(3,162) = 0,9992$, d. h.: Die Wahrscheinlichkeit, in einer Stichprobe mit 1 000

Männern eine durchschnittliche Körpergröße mit $\overline{x} >$ 177cm zu erhalten, beträgt 99,92 %.

bb) 1) $n = 100$ und $\overline{x} = 180$cm $\Longrightarrow$

$$z = \frac{\overline{x} - \mu}{\sigma_{\overline{x}}} = \frac{180 - 178}{1} = 2.$$

$P(\overline{X} \leq 180) = P(Z \leq 2) = \Phi(2) = 0,9772$, d. h.: Die Wahrscheinlichkeit, in einer Stichprobe mit 100 Männern eine durchschnittliche Körpergröße mit $\overline{x} \leq 180$cm zu erhalten, beträgt 97,22 %.

2) $n = 1\,000$ und $\overline{x} = 180$cm $\Longrightarrow$

$$z = \frac{\overline{x} - \mu}{\sigma_{\overline{x}}} = \frac{180 - 178}{0,3162} = 6,325.$$

$P(\overline{X} \leq 180) = P(Z \leq 6,352) = \Phi(6,352) = 1$, d. h.: Die Wahrscheinlichkeit, in einer Stichprobe mit 1 000 Männern eine durchschnittliche Körpergröße mit $\overline{x} \leq 180$cm zu erhalten, beträgt 100 %.

bc) 1) $n = 100$ und

$$\overline{x} = 175\text{cm} \Longrightarrow z = \frac{\overline{x} - \mu}{\sigma_{\overline{x}}} = \frac{175 - 178}{1} = -3$$

$$\overline{x} = 181\text{cm} \Longrightarrow z = \frac{\overline{x} - \mu}{\sigma_{\overline{x}}} = \frac{181 - 178}{1} = 3.$$

$P(175 < \overline{X} \leq 181) = P(-3 < Z \leq 3) = 2 \cdot \Phi(3) - 1 = 2 \cdot 0,9987 - 1 = 0,9973$, d. h.: Die Wahrscheinlichkeit, in einer Stichprobe mit 100 Männern eine durchschnittliche Körpergröße mit 175cm $< \overline{x} \leq 181$cm zu erhalten, beträgt 99,73 %.

2) $n = 1\,000$ und

$$\overline{x} = 175cm \Longrightarrow z = \frac{\overline{x} - \mu}{\sigma_{\overline{x}}} = \frac{175 - 178}{0,3162} = -9,4868$$

$$\overline{x} = 181\text{cm} \Longrightarrow z = \frac{\overline{x} - \mu}{\sigma_{\overline{x}}} = \frac{181 - 178}{0,3162} = 9,4868.$$

$P(175 < \overline{X} \leq 181) = P(-9,4868 < Z \leq 9,4868) = 2 \cdot \Phi(9,4868) = 1$, d. h.: Die Wahrscheinlichkeit, in einer Stichprobe mit 1 000 Männern eine durchschnittliche Körpergröße mit 175cm $< \overline{x} \leq 181$cm zu erhalten, beträgt 100 %.

5 Induktive Statistik

Lernziel

Aus frequentistischer Sicht werden Schlüsse aus Stichproben über die unbekannte Grundgesamtheit mit Hilfe der Stichprobenverteilung gezogen. Zunächst wird – bei Annahme einer tatsächlich oder hypothetisch bekannten informativen Kenngröße der Grundgesamtheit – überlegt, welche Ergebnisse man für die Schätz- bzw. Testfunktion dieser Kenngröße erhalten könnte. Ist das Stichprobenergebnis – die Realisation – der Schätz- bzw. Testfunktion eingetreten, wird aus diesen Vorüberlegungen heraus

- beim Schätzen ein „Vertrauensintervall" berechnet, das die Zuverlässigkeit der Punktschätzung abbilden soll
- beim Testen überprüft, ob das Ergebnis als wahrscheinlich oder eher unwahrscheinlich angesehen werden muss.

5.1 Grundlagen des Schätzens und Testens

Die Stichprobenverteilung soll schon vor der Durchführung des Zufallsexperiments mit Wahrscheinlichkeiten quantifizierte Aussagen zu möglichen Realisationen t der betrachteten Schätz- bzw. Testfunktion T erlauben. Gibt man die Aussagewahrscheinlichkeit vor, z. B. 95 %, so kann man ein Intervall angeben, in das t bei dieser Wahrscheinlichkeit fallen wird.

- Einseitige Intervalle
  - t wird höchstens den Wert $t_{0,05}$ erreichen

$$P(T \leq t_{0,05}) = 0,95$$
$$= F(t_{0,05})$$

Abb. 34: Einseitige Intervalle

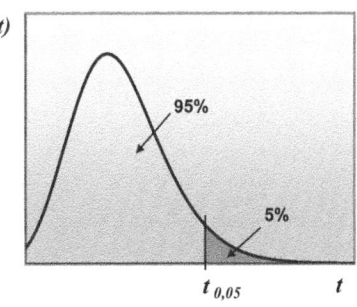

○ t wird mindestens den Wert $t_{0,05}$ erreichen

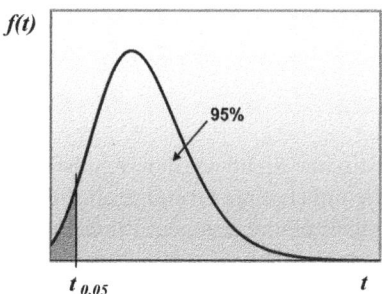

$$P(T \geq t_{0,05}) = 0,95$$
$$= 1 - F(t_{0,05}).$$

• **Zweiseitige Intervalle**

t wird mit einer Wahrscheinlichkeit von 95 % zwischen t_1 und t_2 liegen, $P(t_1 \leq T \leq t_2) = 0,05$.

○ asymmetrische Stichprobenverteilung

Abb. 35: Zweiseitige Intervalle

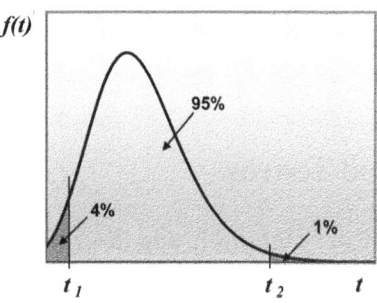 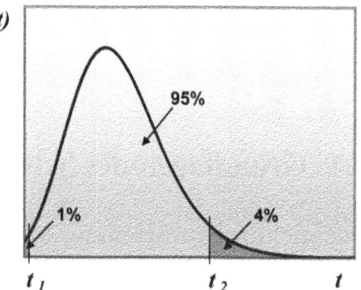

In diesem Fall wird man ein möglichst kurzes Intervall zu bestimmen versuchen (hier: rechte Grafik).

○ symmetrische Stichprobenverteilung

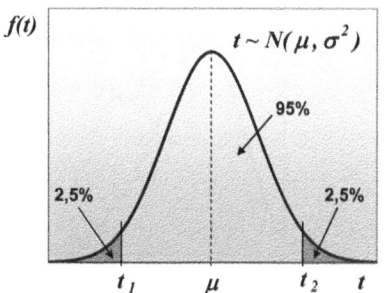

Bei der Normalverteilung ist das um den Mittelwert symmetrische Intervall das kürzeste.

Die Vorgehensweise wird am Beispiel eines zweiseitigen, symmetrischen Intervalls, nämlich der Normalverteilung als Stichprobenverteilung des arithmetischen Mittels bei bekannter Varianz der Grundgesamtheit, erläutert. Aus einem „Inklusionsschluss", d. h. einer Intervallbestimmung vor der Stichprobenziehung, wird beim „Schätzen" nach der Realisation ein „Repräsentationsschluss" und ein qualifizierendes „Konfidenzintervall", beim „Testen" eine „Testentscheidung" und die damit verbundene „Irrtumswahrscheinlichkeit".

Übersicht 9: Logik von Schätz- und Testverfahren

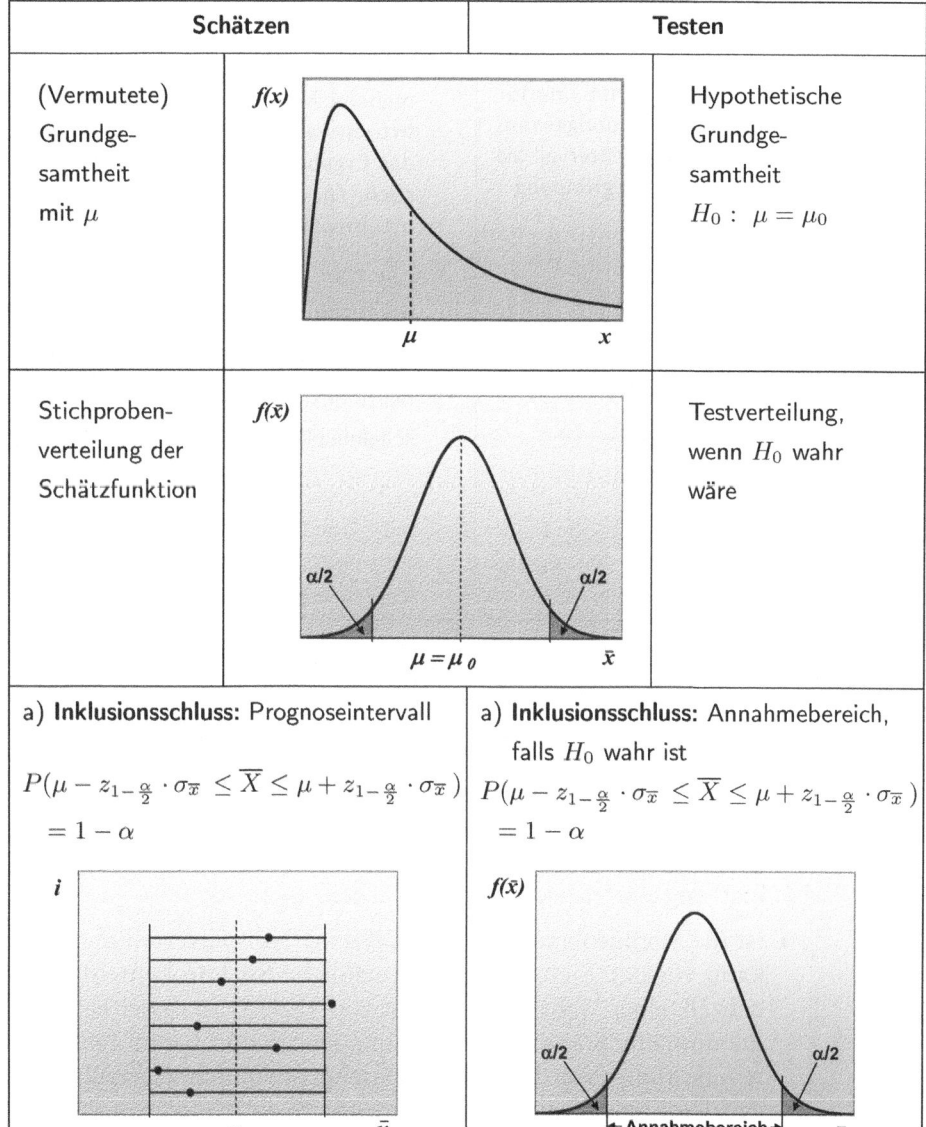

– 95 % der Ergebnisse fallen in den Bereich $\mu \pm z_{1-\frac{\alpha}{2}} \cdot \sigma_{\overline{x}}$ – der Stichprobenfehler ist $\|e\| = z_{1-\frac{\alpha}{2}} \cdot \sigma_{\overline{x}}$	– 95 % der Ergebnisse würden in den Bereich $\mu \pm z \cdot \sigma_{\overline{x}}$ fallen, wenn H_0 wahr wäre – die Irrtumswahrscheinlichkeit ist dann α
b) Repräsentationsschluss – Stichprobenziehung und Berechnung des Schätzwertes aus der Stichprobe – Hoch- und Fehlerrechnung, d. h. Stichprobenwert als Schätzung für den unbekannten Grundgesamtheitswert und Konfidenzintervall als Genauigkeitsmaß mit Begründung $P(\overline{X} - z_{1-\frac{\alpha}{2}} \cdot \sigma_{\overline{x}} \leq \mu \leq \overline{X} + z_{1-\frac{\alpha}{2}} \cdot \sigma_{\overline{x}})$ $= 1 - \alpha$ 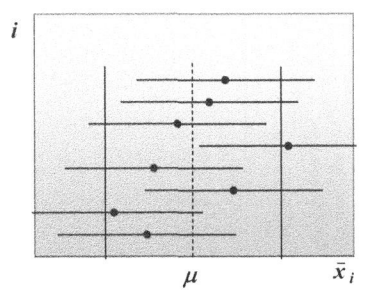	**b) Testentscheidung** – Stichprobenziehung und Berechnung der Testgröße aus der Stichprobe – Fällt das Ergebnis in den Annahmebereich: H_0 annehmen mit Irrtumswahrscheinlichkeit α; fällt das Ergebnis in den Ablehnungsbereich: H_0 ablehnen bei unbekannter Irrtumswahrscheinlichkeit $\overline{X} \in [\mu \pm z_{1-\frac{\alpha}{2}} \cdot \sigma_{\overline{x}}] \implies$ Annahme bei Irrtumswahrscheinlichkeit α $\overline{X} \notin [\mu \pm z_{1-\frac{\alpha}{2}} \cdot \sigma_{\overline{x}}] \implies$ Ablehnung bei unbekanter Irrtumswahrscheinlichkeit β

Summary

- Ist die Verteilung möglicher Stichprobenergebnisse bekannt – also z. B. eine bestimmte theoretische Verteilung (vgl. Tafeln im Anhang B) oder eine durch Simulationsstudien näherungsweise abgeleitete Verteilung – so können schon vor einer speziellen Stichprobenziehung Wahrscheinlichkeitsaussagen zu erwarteten Ergebnissen getroffen (Inklusionsschluss) oder ein notwendiger Stichprobenumfang, der eine „Mindestgenauigkeit" gewährleistet, bestimmt werden.

- Ist die Stichprobenverteilung z. B. eine Normalverteilung, so kann vor der Ziehung der mutmaßliche Stichprobenfehler – bei z. B. einer Wahrscheinlichkeit von 95,45 % ist dieser Fehler die doppelte Standardabweichung der Stichprobenmittelwerte – bestimmt werden bzw. ein Stichprobenumfang errechnet werden, der bei dieser Wahrscheinlichkeit die erforderliche Genauigkeit gewährleistet.

Summary

- Nach der Stichprobenziehung könnten von einem gegebenen Stichprobenergebnis aus quantifizierte Mutmaßungen über den „wahren" Wert in der Grundgesamtheit angestellt werden (Repräsentationsschluss).

- Beim Hypothesentest wird überprüft, ob ein bestimmtes Stichprobenergebnis zu den (nach dem Inklusionsschluss) wahrscheinlichen Ergebnissen gehört. Wenn nicht, gilt die Hypothese als widerlegt.

- Beim Rückschluss von einem bestimmten „repräsentativen" Stichprobenergebnis auf die unbekannte Grundgesamtheit – die übliche Anwendung in der Markt- und Meinungsforschung – wird die Güte des Ergebnisses durch die Angabe eines Vertrauensintervalls (Repräsentationsschluss), des Stichprobenfehlers oder wenigstens des Stichprobenumfangs dokumentiert.

Aufgabe (14)

a) Es wird behauptet, deutsche Männer seien im Durchschnitt 178cm groß bei einer Standardabweichung von 10cm. Wir überprüfen die Behauptung durch Zufallsstichproben vom Umfang $n = 100$ (1 000) und erhalten jeweils $\bar{x} = 179$. Ist die Behauptung bei einer Wahrscheinlichkeit von $(1 - \alpha) = 0,9545$ haltbar (also bei einer Irrtumswahrscheinlichkeit von $\alpha = 0,0455$ widerlegbar)?

b) Durch eine einfache Zufallsstichprobe von 900 Haushalten aus den ca. 39 Mio. Haushalten in Deutschland sollen die Durchschnittsausgaben für Nachrichtenübermittlung erfasst werden. Wir erhalten $\sum\limits_{i=1}^{900} x_i = 45\,000$ und $\sum\limits_{i=1}^{900} x_i^2 = 9\,531\,900$.

Wie „genau" ist das Ergebnis?

Lösung: a) 1) $n = 100, \sigma = 10\text{cm} \implies \sigma_{\bar{x}} = \dfrac{\sigma}{\sqrt{n}} = \dfrac{10}{10} = 1$

$$P(\mu - z \cdot \sigma_{\bar{x}} \leq \overline{X} \leq \mu + z \cdot \sigma_{\bar{x}}) = P\left(-z \leq \frac{\overline{X} - \mu}{\sigma_{\bar{x}}} \leq z\right)$$

$$= 2 \cdot \Phi(z) - 1 = 1 - \alpha = 0,9545$$

$$\implies \Phi(z) = \frac{0,9545 + 1}{2} = 0,97725 \implies z = 2$$

$$\implies \mu - z \cdot \sigma_{\overline{x}} = 178 - 2 \cdot 1 = 176$$

$$< \overline{x} = 179$$

$$< 180 = 178 + 2 \cdot 1$$

$$= \mu + z \cdot \sigma_{\overline{x}},$$

d. h.: Die Behauptung, deutsche Männer seien im Durchschnitt 178cm groß, ist haltbar. (Bei Ablehnung der Behauptung würde man mit einer Wahrscheinlichkeit, die größer als 4,55 % ist, einen Fehler begehen.)

2) $n = 1\,000$, $\sigma = 10$cm $\implies \sigma_{\overline{x}} = \dfrac{\sigma}{\sqrt{n}} = \dfrac{10}{31,623} = 0,31623$

$$\implies \quad \mu - z \cdot \sigma_{\overline{x}} = 178 - 2 \cdot 0,31623 = 177,37 < \overline{x} = 179$$

aber: $\mu + z \cdot \sigma_{\overline{x}} = 178 + 2 \cdot 0,31623 = 178,63 < \overline{x} = 179,$

d. h.: Die Behauptung ist *nicht* haltbar. (Bei Ablehnung der Behauptung begeht man mit einer maximalen Wahrscheinlichkeit von 4,55 % einen Fehler.)

b) $n = 900$, $\overline{x} = \dfrac{45\,000}{900} = 50,$

$$s^2 = \frac{1}{n-1} \sum_{i=1}^{n} (x_i - \overline{x})^2$$

$$= \frac{1}{n-1} \sum_{i=1}^{n} x_i^2 - 2 \cdot \frac{1}{n-1} \sum_{i=1}^{n} x_i \overline{x} + \frac{1}{n-1} \sum_{i=1}^{n} \overline{x}^2$$

$$= \frac{1}{n-1} \sum_{i=1}^{n} x_i^2 - 2 \cdot \frac{n}{n-1} \overline{x}^2 + \frac{n}{n-1} \overline{x}^2$$

$$= \frac{1}{n-1} \sum_{i=1}^{n} x_i^2 - \frac{n}{n-1} \overline{x}^2$$

$$\hat{\sigma}^2 = s^2 = \frac{9\,531\,900}{899} - \frac{900}{899} 50^2 = 8\,100 \implies \hat{\sigma} = 90$$

$$\implies \hat{\sigma}_{\overline{x}} = \frac{\hat{\sigma}}{\sqrt{n}} = \frac{90}{\sqrt{900}} = \frac{90}{30} = 3.$$

Für einen Sicherheitsgrad von $1 - \alpha = 0,9545$, d. h. für $z = 2$:

$$\overline{x} - z \cdot \hat{\sigma}_{\overline{x}} = 50 - 2 \cdot 3 = 44 \le \mu \le 56 = 50 + 2 \cdot 3 = \overline{x} + z \cdot \hat{\sigma}_{\overline{x}}.$$

$P(44 \le \mu \le 56) = 0,9545$, d. h.: Aufgrund der Stichprobe kann man mit einer Wahrscheinlichkeit von 95,45 % sagen, dass ein Haushalt in Deutschland im Durchschnitt für Nachrichtenübermittlung 44 € bis 56 € ausgibt.

5.2 Schätzverfahren

In der Praxis werden im Normalfall von einem bekannten Zufallsstichproben-ergebnis ausgehend Schätzungen für unbekannte Kenngrößen einer Grundgesamtheit, d. h. ein Repräsentationsschluss vorgenommen. Allerdings werden vor der Stichprobenziehung, bei der Stichprobenplanung, im Sinne eines Inklusionsschlusses Überlegungen zu möglichen Stichprobenergebnissen und ihrer Streuung, zu zulässigen bzw. gewünschten Zufallsfehlern, zu Strategien der Verringerung dieser Fehler (durch sog. „höhere" Stichprobenverfahren wie Schichtung und gebundene Hochrechnung), zur Reduktion von Kosten der Zufallsauswahl und der Erhebung (z. B. durch Klumpen- und mehrstufige Verfahren) und des dann davon abhängigen Mindeststichprobenumfangs, d. h. eines notwendigen Stichprobenumfangs bei einem höchstens tolerierbaren Zufallsfehler, angestellt. Bei der Publikation von Stichprobenergebnissen wird dann oft auch nur der Stichprobenumfang als ein Maßstab für die Genauigkeit genannt.

Beim Repräsentationsschluss werden zwei Arten von Schätzverfahren unterschieden:

- **die Punktschätzung:** Das Stichprobenergebnis wird als Schätzwert für die in der Grundgesamtheit interessierende Kenngröße verwendet.

- **die Intervallschätzung:** Stichprobenergebnisse werden zu einem Konfidenzintervall („Vertrauensintervall") verrechnet als Maßstab für die Genauigkeit der Punktschätzung (meist nur bei wissenschaftlichen Untersuchungen publiziert, oft nur als Streuungsgröße).

Beispielhaft für die Stichprobenplanung und -auswertung wird die Schätzung eines Durchschnitts bzw. einer Merkmalssumme im homograden und heterograden Fall ohne Kenntnis von Grundgesamtheitsparametern bei einfachen Zufallsstichproben mit Zurücklegen behandelt. Man nennt hierbei

- **die Punktschätzung:** Hochrechnung

- **die Intervallschätzung:** Fehlerrechnung.

Zu anderen Schätzfunktionen und ihren Konfidenzintervallen vgl. Seite 162.

Ein Beispiel ist die Stichprobeninventur (vgl. Kapitel 6.7). Sie soll Informationen zum Wert des Vermögens am Bilanzstichtag (heterograd) liefern, aber auch zu Fehlern in den Einzelbestandswerten (homograd) zur Bekämpfung der Ursachen für sog. Inventurdifferenzen (Diebstähle, falsche Zu- und Abgangsbuchungen etc.).

Die folgende Übersicht zeigt eine Zusammenstellung der zu lösenden Aufgaben bei der Stichprobenplanung und -auswertung für einfache Zufallsstichproben.

Übersicht 10: Stichprobenplanung und -auswertung

	Heterograd	Homograd
1.	Stichprobenplanung: Inklusionsschluss $$P(\mu - z_{1-\frac{\alpha}{2}} \cdot \sigma_{\overline{x}} \leq \overline{X} \leq \mu + z_{1-\frac{\alpha}{2}} \cdot \sigma_{\overline{x}}) = 1 - \alpha$$ zu erwartender Stichprobenfehler e $$|e| = z_{1-\frac{\alpha}{2}} \cdot \sigma_{\overline{x}} = z_{1-\frac{\alpha}{2}} \cdot \frac{\sigma}{\sqrt{n}}$$ notwendiger Stichprobenumfang bei vorgegebenem absoluten Fehler $|e|$ $$n \geq z_{1-\frac{\alpha}{2}}^2 \cdot \frac{\sigma^2}{e^2}$$	
2.	$\sigma^2 = \dfrac{1}{N} \displaystyle\sum_{i=1}^{N}(X_i - \mu)^2$ – vorgegebener Fehler: ohne Annahmen über die Grundgesamtheit nicht möglich, implizite Streuung σ'	$\sigma^2 = \pi(1 - \pi)$ – Vorstellungen zu π nötig
	– als „relativer Fehler" $e_r = \dfrac{|e|}{\mu}$ auch Informationen zur zu schätzenden Größe μ nötig	$\mu = \pi$ – keine zusätzlichen Informationen nötig
3.	– Für den notwendigen Stichprobenumfang $\sigma_{\overline{x}}$ je nach Verfahren abschätzen, hier Schätzung von $\sigma = \sigma'$ nötig	– Abschätzung wird oft „ungünstigst" vorgeschlagen: $\sigma_{\max} = 0,5$ für $\pi = 0,5$ – bei Vorgabe eines relativen Fehlers unsinnig
	meist $z = 2$ für $1 - \alpha = 0,9545$	
(4.)	Zufallsstichprobe und Erhebung	

	Heterograd	**Homograd**
5.	Stichprobenauswertung: Hochrechnung ||

$$\hat{\mu} = \overline{x} = \frac{1}{n}\sum x_i \qquad\qquad \hat{\pi} = p = \frac{1}{n}\sum x_i \quad (x_i: \text{Indikator-}$$
$$\hspace{7cm} \text{variable})$$
$$\hat{X} = N \cdot \hat{\mu} = N \cdot \overline{x} \qquad\qquad N \cdot \hat{\pi} = N \cdot p$$

| 6. | Stichprobenauswertung: Fehlerrechnung || |

$$P(\overline{X} - z_{1-\frac{\alpha}{2}} \cdot \sigma_{\overline{x}} \leq \mu \leq \overline{X} + z_{1-\frac{\alpha}{2}} \cdot \sigma_{\overline{x}}) = 1 - \alpha$$

mit $\overline{X} = \overline{x}$ (*ein* Ergebnis)

$$\hat{\sigma}_{\overline{x}} = \frac{s}{\sqrt{n}} \quad \text{mit}$$

$$s = \sqrt{\frac{1}{n-1}\sum(x_i - \overline{x})^2}$$

$$= \sqrt{\frac{n}{n-1}\left[\frac{1}{n}\sum x_i^2 - \overline{x}^2\right]}$$

mit $\overline{X} = P = p$ (*ein* Ergebnis)

$$\hat{\sigma}_p = \frac{s}{\sqrt{n}} = \sqrt{\frac{p(1-p)}{n-1}} \quad \text{mit}$$

$$s = \sqrt{\frac{n}{n-1}\,p(1-p)}$$

$$(\text{oder } \hat{\sigma}_p = \frac{1}{2\sqrt{n}} \text{ für } \sigma_{\max} = 0,5)$$

$Z \sim N(0,1)$, da (vgl. Seite 129)

$$Z = \frac{X - \mu}{s}\sqrt{n} \sim N(0,1)$$

bei großen n (≥ 30)

mit $Z \sim N(0,1)$

und $n \geq \dfrac{9}{p(1-p)}$ (vgl. Seite 128)

| 7. | Konfidenzintervalle (unter obigen Bedingungen) || |

$$\left[\overline{x} \pm z_{1-\frac{\alpha}{2}} \cdot \frac{s}{\sqrt{n}}\right] \qquad\qquad \left[p \pm z_{1-\frac{\alpha}{2}} \cdot \frac{s}{\sqrt{n}}\right]$$

$$\left[N\overline{x} \pm z_{1-\frac{\alpha}{2}} \cdot N \cdot \frac{s}{\sqrt{n}}\right] \qquad \left[Np \pm z_{1-\frac{\alpha}{2}} \cdot N \cdot \frac{s}{\sqrt{n}}\right]$$

Probleme:

– Intervallgrenze und -länge sind Zufallsvariablen

– Interpretation des Konfidenzniveaus nach der Ziehung

Probleme:

– verschiedene Intervalle berechenbar

– Interpretation des Konfidenzniveaus nach der Ziehung

Bei der Zufallsstichprobenplanung und -auswertung – hier Schätzung eines Durchschnitts – wird also allgemein wie folgt vorgegangen:

1. Genauigkeitsvorgabe
2. Abschätzung der Varianz
3. Bestimmung eines notwendigen Stichprobenumfangs
4. Stichprobenzufallsauswahl und Erhebung
5. Hochrechnung
6. Fehlerrechnung
7. Konfidenzintervall.

Hier wird nicht auf grundsätzliche Erhebungsprobleme (4.) (vgl. Kapitel 1.2) eingegangen, auch nicht auf die Schwierigkeiten, eine ordnungsgemäße Zufallsauswahl (vollständige Auswahlliste; Auswahlprozedur, die jeder Einheit berechenbare Auswahlwahrscheinlichkeiten zuordnet, etc.) zustande zu bringen. Die Genauigkeitsvorgabe wird sich nur auf ein Erhebungsmerkmal beziehen, auch wenn in der Praxis Erhebungen schon aus Kostengründen für einen Merkmalskatalog konzipiert sind und zusätzlich innerhalb eines Erhebungssystems – z. B. im Zeitvergleich – informativ sein sollen.

Bei einfachen Zufallsstichproben (simple random sampling) hat vor der ersten Auswahl jede Einheit der Auswahlgesamtheit dieselbe Auswahlwahrscheinlichkeit. Im Fall mit Zurücklegen (m. Z.) bleibt diese nach der Ziehung bestehen, eine Einheit kann allerdings mehrmals ausgewählt werden. Dies vergrößert den Stichprobenfehler. Ergänzend wird deshalb jeweils der

- „Endlichkeitskorrektur"-Faktor

$$\left(\sqrt{\frac{N-n}{N-1}} \approx \sqrt{1-\frac{n}{N}} \right) = \sqrt{1-f} \ \text{mit} \ f \ \text{als Auswahlsatz}$$

für den Fall ohne Zurücklegen (o. Z.) angegeben. Der

- **Zufallsfehler** ist

$$|e| = z_{1-\frac{\alpha}{2}} \cdot \frac{\sigma}{\sqrt{n}} \qquad \text{(m. Z.)}$$

$$|e| = z_{1-\frac{\alpha}{2}} \cdot \frac{\sigma}{\sqrt{n}} \sqrt{1-f} \qquad \text{(o. Z.)},$$

wenn die Grundgesamtheitsvarianz bekannt wäre, sonst wird eine Schätzung $\hat{\sigma}$ (s. u.) vorgenommen. Dieser Zufallsfehler kann nicht so interpretiert werden, dass das Ergebnis um diesen Betrag $|e|$ „falsch" ist – also man deshalb zur Vorsicht je nach sinnvoller Aussage die Unter- bzw. Obergrenze $(\overline{x} - e)$ bzw. $(\overline{x} + e)$ als Schätzung für μ nehmen sollte. Der „Fehler" drückt nur bei der Stichprobenplanung die zu erwartende, nach der Auswertung die hinzunehmende

Variabilität des Verfahrens aus. Die Ergebnisse an diesen „Rändern" sind viel unwahrscheinlicher als die Ergebnisse in der Nähe der Punktschätzung. Nur sie hat die gewünschte Eigenschaft der Repräsentativität. Möchte man allerdings (nicht repräsentative) Extremwerte für die Grundgesamtheit schätzen, dann benötigt man andere Verfahren.

Im homograden Fall wird als (1) gewünschte Genauigkeit (bei einer vorzugebenden Aussagewahrscheinlichkeit) ein Prozentpunktsatz vorgegeben, der bei kleinen zu vermutenden Anteilssätzen unbefriedigend sein kann. Wäre

$$\pi = 0,5 \quad \text{und} \quad |e| = 0,02,$$

würde also ein Schwankungsintervall [0,48;0,52] hingenommen, wäre der prozentuale Zufallsfehler

$$e_r \cdot 100 = \frac{0,02}{0,5} \cdot 100 = 4\,\%.$$

Für

$$\pi = 0,2 \quad \text{und} \quad |e| = 0,02$$

wäre

$$e_r \cdot 100 = \frac{0,02}{0,2} \cdot 100 = 10\,\%.$$

Geht es z. B. bei Wahlprognosen darum, ob eine kleine Partei die 5 %-Hürde überspringt, wäre ein Zufallsfehler von 0,02 sicher nicht tolerierbar.

Zur Abschätzung der Varianz (2) $\sigma^2 = \pi(1-\pi)$ müssten Informationen zum zu schätzenden Parameter π schon vorliegen. Basis für derartige Informationen könnten sein

- Pilotstudien (z. B. Test eines Fragebogens)
- alte Erhebungen (z. B. Ergebnisse aus vorangegangenen Wahlen)
- vergleichbare Erhebungen (Untersuchungen zu ähnlichen Sachverhalten)
- ungünstige Abschätzungen:

$$\max_{\pi} g(\pi) \text{ mit } g(\pi) = \sigma'^2 = \pi(1-\pi) = \pi - \pi^2 \implies$$

$$g'(\pi) = 1 - 2\pi = 0 \implies \sigma_{\max}'^2 \text{ für } \pi = 0,5.$$

Der notwendige Stichprobenumfang (3) wird aus der Formel für den Zufallsfehler e bzw. e_r abgeleitet (σ abgeschätzt durch σ')

$$|e'| = z_{1-\frac{\alpha}{2}} \cdot \frac{\sigma'}{\sqrt{n}} \quad \text{bzw.} \quad e_r' = z_{1-\frac{\alpha}{2}} \cdot \frac{\frac{\sigma'}{\mu'}}{\sqrt{n}} = z_{1-\frac{\alpha}{2}} \cdot \frac{V'}{\sqrt{n}}$$

$$\text{aus} \quad e'^2 = z_{1-\frac{\alpha}{2}}^2 \cdot \frac{\sigma'^2}{n} \quad \text{bzw.} \quad e_r'^2 = z_{1-\frac{\alpha}{2}}^2 \cdot \frac{V'^2}{n} \quad \text{wird}$$

$$n \geq z_{1-\frac{\alpha}{2}}^2 \cdot \frac{\sigma'^2}{e'^2} \quad \text{(m. Z.)} \quad \text{bzw.} \quad n \geq z_{1-\frac{\alpha}{2}}^2 \cdot \frac{V'^2}{e_r'^2} \quad \text{(m. Z.)}.$$

Der Zufallsfehler und der notwendige Stichprobenumfang sind also im Allgemeinen abhängig von der gewünschten Aussagewahrscheinlichkeit. Um eine „Manipulation" des Zufallsfehlers über die schwer vorstellbare Aussagewahrscheinlichkeit (was bedeutet eine Reduktion von 95 % auf 90 %?) auszuschließen, ist in der Markt- und Meinungsforschung als Standard etwa 95 % üblich.

Wird aus Kostengründen eine Obergrenze für den Stichprobenumfang vorgegeben, muss man eben den damit verbundenen Zufallsfehler akzeptieren und sollte ihn bei der Präsentation der Ergebnisse angeben. Sonst wird der tolerierbare Fehler aus sachlichen Erwägungen heraus bestimmt und danach der für die gewünschte Genauigkeit notwendige Stichprobenumfang berechnet, im homograden Fall

$$n \geq z_{1-\frac{\alpha}{2}}^2 \cdot \frac{\pi'(1-\pi')}{e'^2} \quad \text{(m. Z.)} \quad n \geq N \left(1 + \frac{Ne'^2}{z_{1-\frac{\alpha}{2}}^2 \pi'(1-\pi')} \right)^{-1} \quad \text{(o. Z.)}$$

$$n \geq z_{1-\frac{\alpha}{2}}^2 \cdot \frac{\frac{1}{\pi'}-1}{e'^2} \quad \text{(m. Z.)} \quad n \geq N \left(1 + \frac{Ne_r'^2}{z_{1-\frac{\alpha}{2}}^2 \left(\frac{1}{\pi'}-1\right)} \right)^{-1} \quad \text{(o. Z.)}.$$

Würde man $\sigma'_{\max}$ nehmen, ergäbe sich (m. Z.) bei $z = 2$ und $|e| = 0,02$

$$n \geq 4 \cdot \frac{0,25}{0,0004} = 2\,500.$$

Unabhängig vom Umfang der Grundgesamtheit sind 2 500 ausreichend!

Bei $z = 2$ und $\pi' = 0,5$ (d. h. für $\sigma'_{\max}$) und $e_r = 0,02$ ($\widehat{=} |e| = 0,01$):

$$n \geq 4 \cdot \frac{\frac{1}{\pi'}-1}{0,0004} = 10\,000,$$

d. h. die Halbierung des gewünschten Zufallsfehlers (von $|e| = 0,02$ auf $|e| = 0,01$) bedeutet eine Vervierfachung des notwendigen Umfangs.

Bei $z = 2$ und $\pi' = 0,2$ und $e_r = 0,02$ ($\widehat{=} |e| = 0,004$):

$$n \geq 4 \cdot \frac{\frac{1}{\pi'}-1}{0,0004} = 40\,000.$$

Bei $z = 2$ und $\pi' = 0,2$ und $e_r = 0,1$ $(\widehat{=} |e| = 0,02)$:

$$n \geq 4 \cdot \frac{5-1}{0,01} = 4 \cdot \frac{0,2 \cdot 0,8}{0,0004} = 1\,600.$$

Will man Stecknadeln im Heuhaufen finden (d. h. zuverlässig kleine Anteilswerte π schätzen), muss man große Stichprobenumfänge hinnehmen. Bei einer (beliebten) Verfahrensweise ist Vorsicht geboten: Wird z. B. als notwendiger Stichprobenumfang $n = 2\,000$ errechnet und bei einer z. B. postalischen Befragung erwartet, dass nur 25 % der zufällig Ausgewählten antworten, so darf man nicht 8\,000 auswählen, um $n = 2\,000$ zu realisieren. Die 2\,000 sind dann eine verzerrte Auswahl. Ohne eine Prüfung der Repräsentativität der in die Auswahl gelangten Erhebungseinheiten – z. B. durch eine Nachstichprobe bei den Nichtantwortern – darf nicht weiter im Sinne einer Zufallsstichprobe argumentiert werden.

Nach der Zufallsauswahl und Erhebung (4) muss nur (5) der Anteil

$$p = \frac{1}{n} \sum_{i=1}^{n} x_i$$

berechnet werden. Die Bestimmung des Stichprobenfehlers (6) könnte im einfachsten (am häufigsten angewandten) Fall durch Verwertung des Stichprobenergebnisses erfolgen:

a) $|\hat{e}| = z_{1-\frac{\alpha}{2}} \cdot \dfrac{s}{\sqrt{n}}$ mit $s = \sqrt{\dfrac{n}{n-1} p(1-p)}$

$\qquad = z_{1-\frac{\alpha}{2}} \cdot \sqrt{\dfrac{p(1-p)}{n-1}}.$

Würde man – bezüglich des Fehlers in Prozentpunkten – ungünstigst abschätzen, hätte man (für $\pi = 0,5$)

b) $|\hat{e}| = z_{1-\frac{\alpha}{2}} \cdot \sqrt{\dfrac{\pi(1-\pi)}{n}} = z_{1-\frac{\alpha}{2}} \cdot \dfrac{0,5}{\sqrt{n}} = z \cdot \dfrac{1}{2\sqrt{n}}.$

Würde man im Fall a) beachten, dass p nur *eine* mögliche Realisation ist, folglich die Intervallgrenzen des Intervalls

c) $\left[P - z_{1-\frac{\alpha}{2}} \cdot \sigma_p ; P + z_{1-\frac{\alpha}{2}} \cdot \sigma_p \right]$

auch zufällig sind, hätte man u. U. kein symmetrisches Intervall und der Zufallsfehler könnte nicht in dieser Form

$$|\hat{e}| = z_{1-\frac{\alpha}{2}} \cdot \frac{s}{\sqrt{n}} \quad \text{bzw.} \quad \hat{e} = \pm z_{1-\frac{\alpha}{2}} \cdot \frac{s}{\sqrt{n}}$$

berechnet werden. Dazu wird das Konfidenzintervall (7) betrachtet

$$P(P - z_{1-\frac{\alpha}{2}} \cdot \sigma_p \leq \pi \leq P + z_{1-\frac{\alpha}{2}} \cdot \sigma_p) = 1 - \alpha$$

bzw. die Ungleichung

$$\left| \frac{P - \pi}{\sqrt{\pi(1 - \pi)}} \sqrt{n} \right| \leq z_{1-\frac{\alpha}{2}}.$$

Durch Quadrieren, quadratische Ergänzung und Umformungen ergibt sich schließlich

$$\left| \pi - \frac{nP + \dfrac{z_{1-\frac{\alpha}{2}}^2}{2}}{n + z_{1-\frac{\alpha}{2}}^2} \right| \leq \frac{z_{1-\frac{\alpha}{2}} \sqrt{nP(1 - P) + \dfrac{z_{1-\frac{\alpha}{2}}^2}{4}}}{n + z_{1-\frac{\alpha}{2}}^2}$$

also $P(P_u \leq \pi \leq P_o) = 1 - \alpha$ mit

$$P_{o,u} = \frac{1}{n + z_{1-\frac{\alpha}{2}}^2} \left(nP + \frac{z_{1-\frac{\alpha}{2}}^2}{2} \pm z_{1-\frac{\alpha}{2}} \cdot \sqrt{nP(1 - P) + \frac{z_{1-\frac{\alpha}{2}}^2}{4}} \right).$$

Abb. 36: Konfidenzintervall $[P_u, P_o]$
bei gegebenem Stichprobenergebnis p

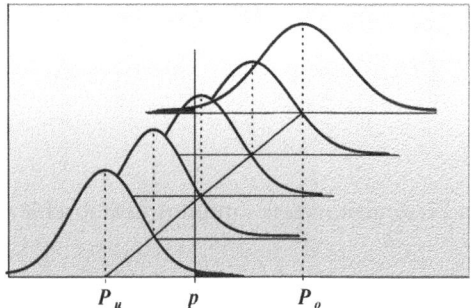

Das Intervall (P_u, P_o) stellt die Menge aller möglichen Werte des Parameters P dar, in die das Stichprobenergebnis p mit der vorgegebenen Wahrscheinlichkeit fallen kann.

Die für die Fälle a) bis c) zu betrachtenden Intervalle $\left[p - z_{1-\frac{\alpha}{2}} \cdot \sigma_p; p + z_{1-\frac{\alpha}{2}} \cdot \sigma_p\right]$ überdecken den unbekannten (aber festen) wahren Wert π der Grundgesamtheit mit einer Wahrscheinlichkeit, die mit wachsendem Stichprobenumfang n gegen 0,9545 konvergiert oder (etwas weniger präzise) die Intervallaussage ist näherungsweise mit einer Wahrscheinlichkeit von 95,45 % richtig oder (noch unpräziser) der unbekannte Wet π wird mit einer hohen Sicherheit von diesem Intervall überdeckt oder (falsch, weil π fest) der unbekannte Wert π liegt mit einer Wahrscheinlichkeit von 95,45 % in diesem Intervall. Streng genommen ist nach der Stichprobenziehung keine Wahrscheinlichkeitsaussage mehr möglich: Wir haben zwei feste Werte p und π. Das Intervall überdeckt oder eben nicht – wir wissen es nicht, können aber unsere Unsicherheit wenigstens als „Konfidenzaussage" bezüglich eines „Vertrauensintervalls" ausdrücken.

Diese aus der Stichprobenrealisation berechneten Konfidenzintervalle sind im Fall

a) $\left[p - z_{1-\frac{\alpha}{2}} \cdot \sqrt{\dfrac{p(1-p)}{n-1}}; p + z_{1-\frac{\alpha}{2}} \cdot \sqrt{\dfrac{p(1-p)}{n-1}}\right]$

b) $\left[p - z_{1-\frac{\alpha}{2}} \cdot \dfrac{1}{2\sqrt{n}}; p + z_{1-\frac{\alpha}{2}} \cdot \dfrac{1}{2\sqrt{n}}\right]$

c) $[p_u; p_o]$ mit

$$p_u = \frac{1}{n + z_{1-\frac{\alpha}{2}}^2}\left(np + \frac{z_{1-\frac{\alpha}{2}}^2}{2} - z_{1-\frac{\alpha}{2}} \cdot \sqrt{np(1-p) + \frac{z_{1-\frac{\alpha}{2}}^2}{4}}\right)$$

$$p_o = \frac{1}{n + z_{1-\frac{\alpha}{2}}^2}\left(np + \frac{z_{1-\frac{\alpha}{2}}^2}{2} + z_{1-\frac{\alpha}{2}} \cdot \sqrt{np(1-p) + \frac{z_{1-\frac{\alpha}{2}}^2}{4}}\right).$$

Für $n > 100$ wird üblicherweise das Intervall von a) gewählt.

Beispiel für die Stichprobenplanung und -auswertung, homograder Fall

In einem Land soll der Anteil der Männer, die sich regelmäßig nass rasieren, geschätzt werden ($N = 10$ Mio.)

1.   Zulässiger Fehler $|e'| = 0,05$ (bei $z = 2$)

2.   „Ungünstige" Schätzung: $\pi' = 0,5 \quad \sigma'^2 = 0,25$

3.   Notwendiger Stichprobenumfang $n \geq 4 \cdot \dfrac{0,25}{0,0025} = 400$

4.+5.   160 Nassrasierer: $p = \dfrac{160}{400} = 0,4$

6.   a) $|\hat{e}| = 2 \cdot \sqrt{\dfrac{0,4 \cdot 0,6}{399}} = 0,049$

         $\left[(\text{o. Z.}), \text{ aber } \sqrt{1-f} = \sqrt{1 - \dfrac{n}{N}} = \sqrt{1 - \dfrac{400}{10^7}} \approx 1\right]$

         b) $|\hat{e}| = 2 \cdot \dfrac{1}{2 \cdot \sqrt{400}} = 0,05$

c) $p_u = \dfrac{1}{400 + 4} \left(160 + \dfrac{4}{2} - 2 \cdot \sqrt{400 \cdot 0,4 \cdot 0,6 + \dfrac{4}{4}} \right) = 0,352$

$\;\; p_o = \dfrac{1}{400 + 4} \left(160 + \dfrac{4}{2} + 2 \cdot \sqrt{400 \cdot 0,4 \cdot 0,6 + \dfrac{4}{4}} \right) = 0,450$

7. Konfidenzintervalle

   a) $[0,351; 0,449]$

   b) $[0,350; 0,450]$

   c) $[0,352; 0,450]$.

Die unterschiedlichen Intervallgrenzen sollen nochmals auf die Interpretationsprobleme beim Stichprobenfehler nach Eintreffen des Ergebnisses und bei Nutzung der Stichprobeninformationen zur Fehlerbestimmung hinweisen:

1. Die Intervallgrenzen sind selbst Zufallsvariablen, die Konfidenzaussage bzw. das Vertrauensintervall ist selbst unsicher, ohne dass dies quantifiziert würde.

2. Eine Interpretation im Sinne einer Aussagewahrscheinlichkeit ist nach der Realisation nur subjektiv möglich: Die Stichprobenverteilung (was vor der Stichprobenziehung alles hätte herauskommen können) ist Basis der subjektiven Einschätzung.

3. Das Intervall bzw. der Stichprobenfehler kann nicht zu einer „Fehlerkorrektur" des Schätzwertes verwendet werden.

Im heterograden Fall wird aus sachlichen Erwägungen im Zusammenhang mit dem Untersuchungsziel, aber auch bezüglich des geplanten Verfahrens (z. B. Streuungsreduktion durch ein cut-off-Verfahren, vgl. Kapitel 1.2) und der beabsichtigten Untergruppenanalysen (z. B. Regionalisierung) ein Genauigkeitsziel (1) unter Berücksichtigung der Abschätzung der Varianz (2) formuliert. Die Varianz des (wichtigsten) Untersuchungsmerkmals kann wieder näherungsweise bestimmt werden durch

- Pilotstudien
- alte Erhebungen
- vergleichbare Erhebungen
- theoretische Verteilungsannahmen, die z. B. zu „ungünstigen" oder „plausiblen" Ergebnissen führen.

Übersicht 11: Mögliche Verteilungen und ihre Streuung

Verteilung	Grafik	σ^2	V^2
Extreme Zweipunkt-Verteilung	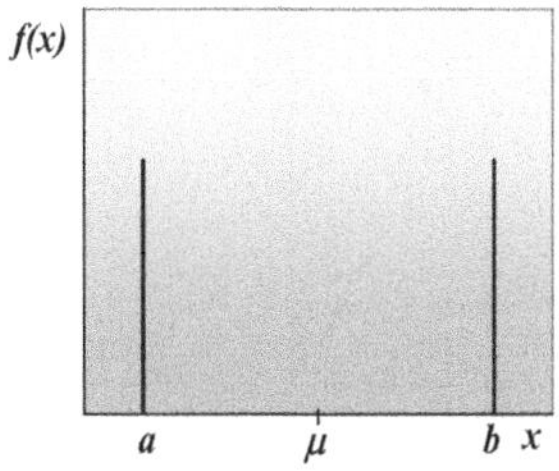	$\dfrac{(b-a)^2}{4}$	$\dfrac{(b-a)^2}{(a+b)^2}$
Rechteck-verteilung	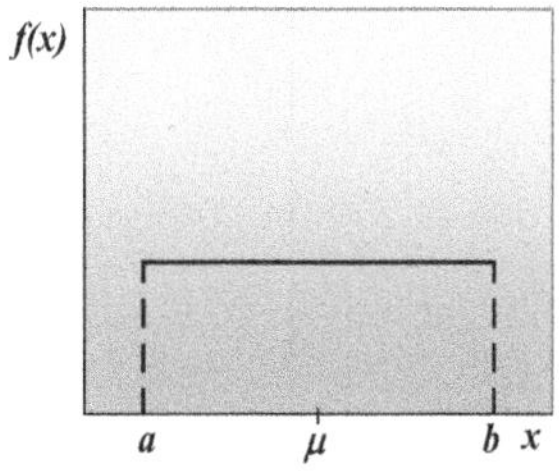	$\dfrac{(b-a)^2}{12}$ (vgl. Seite 108)	$\dfrac{1}{3}\cdot\dfrac{(b-a)^2}{(a+b)^2}$
Rechtssteile Dreieckver-teilung	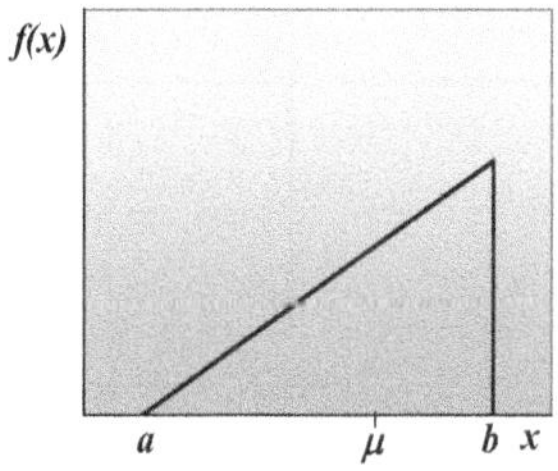	$\dfrac{(b-a)^2}{18}$	$\dfrac{1}{2}\cdot\dfrac{(b-a)^2}{(a+2b)^2}$
Linkssteile Dreieckver-teilung	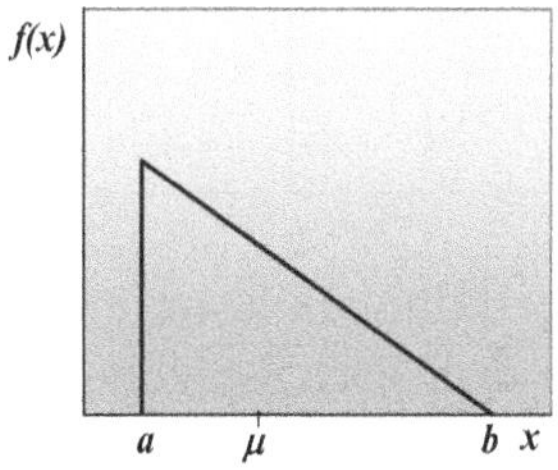	$\dfrac{(b-a)^2}{18}$	$\dfrac{1}{2}\cdot\dfrac{(b-a)^2}{(2a+b)^2}$
Unimodal, symmetrische Dreieckvertei-lung	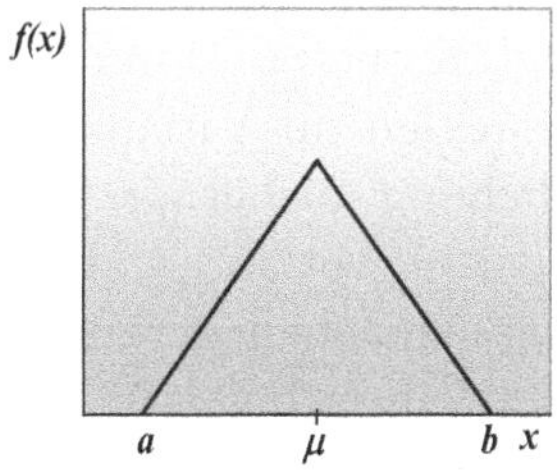	$\dfrac{(b-a)^2}{24}$	$\dfrac{1}{6}\cdot\dfrac{(b-a)^2}{(a+b)^2}$

Verteilung	Grafik	σ^2	V^2
Logistische Verteilung	$f(x)$ $a \qquad x$ Parameter a, b (>0)	$\dfrac{b^2\pi^2}{3}$	$\dfrac{b^2\pi^2}{3a^2}$
Lognormal-Verteilung	$f(x)$ $\mu \qquad x$ Parameter μ, σ (>0)	$e^{2\mu+\sigma^2}\cdot(e^{\sigma^2}-1)$	$e^{\sigma^2}-1$
Gamma-Verteilung	$f(x)$ $ab \qquad x$ Parameter a, b (>0)	$b^2\cdot a$	$\dfrac{1}{a}$

Die Zweipunkt- und die linearen Verteilungen könnten als Näherung für die Intraklassenverteilungen, die letzten drei Verteilungen – je nach empirischem Sachverhalt (vgl. Kapitel (4.2) – als Näherungen für gesamte denkbare Grundgesamtheitsverteilungen verwendet werden.

Gerade bei Werteverteilungen (vgl. Kapitel 6.1) in der Wirtschaftsstatistik kann es sinnvoll sein, Stichprobenstrategien zur Varianzverringerung einzusetzen. Im einfachsten Fall durch Vollerhebung solcher (großer) Einheiten, die den stärksten Beitrag zur Varianz leisten (cut-off-Verfahren). Der um diese Einheiten verringerte Stichprobenumfang erzeugt dann einen geringeren Zufallsfehler (vgl. Kapitel 6.7) als vor der Selektion. Eine weitergehende Variante – die Schichtung – wird abschließend behandelt. Danach wird der benötigte Stichprobenumfang (3) berechnet aus $\quad |e'| = z_{1-\frac{\alpha}{2}} \cdot \dfrac{\sigma'}{\sqrt{n}} \quad$ bzw. $\quad e'_r = z_{1-\frac{\alpha}{2}} \cdot \dfrac{\frac{\sigma'}{\mu'}}{\sqrt{n}} = z_{1-\frac{\alpha}{2}} \cdot \dfrac{V'}{\sqrt{n}} \qquad$ (m. Z.)

$$|e'| = z_{1-\frac{\alpha}{2}} \cdot \frac{\sigma'}{\sqrt{n}} \sqrt{1 - \frac{n}{N}} \quad \text{bzw.} \quad e'_r = z_{1-\frac{\alpha}{2}} \cdot \frac{V'}{\sqrt{n}} \sqrt{1 - \frac{n}{N}} \qquad \text{(o. Z.)}$$

wird $\quad n \geq z^2_{1-\frac{\alpha}{2}} \cdot \dfrac{\sigma'^2}{e'^2} \quad$ bzw. $\quad n \geq z^2_{1-\frac{\alpha}{2}} \cdot \dfrac{V'^2}{e_r'^2} \qquad$ (m. Z.)

$$n \geq N\left(1 + \frac{Ne'^2}{z^2_{1-\frac{\alpha}{2}}\sigma'^2}\right)^{-1} \quad \text{bzw.} \quad n \geq N\left(1 + \frac{Ne_r'^2}{z^2_{1-\frac{\alpha}{2}}V'^2}\right) \qquad \text{(o. Z.)}$$

Es gelten dieselben Ausführungen wie im homograden Fall (meist z. B. $z=2$).

Nach der Zufallsauswahl und Datenerfassung (4) wird hochgerechnet (5)

$$\hat{\mu} = \overline{x} = \frac{1}{n} \sum_{i=1}^{n} x_i \quad \text{bzw.} \quad \hat{X} = N\hat{\mu} = N\overline{x}.$$

Die Fehlerrechnung (6) wird mit den Stichprobenergebnissen vorgenommen

$$|\hat{e}| = z_{1-\frac{\alpha}{2}} \cdot \frac{s}{\sqrt{n}} \quad \text{(m. Z.)}$$

$$|\hat{e}| = z_{1-\frac{\alpha}{2}} \cdot \frac{s}{\sqrt{n}} \sqrt{1 - \frac{n}{N}} \quad \text{(o. Z.)}$$

mit $\quad s = \sqrt{\dfrac{1}{n-1} \sum\limits_{i=1}^{n}(x_i - \overline{x})^2}$

$$= \sqrt{\frac{n}{n-1}\left[\frac{1}{n}\sum_{i=1}^{n} x_i^2 - \overline{x}^2\right]}$$

und daraus werden die Vertrauensintervalle (7) bestimmt

$$[\overline{x} - \hat{e} \leq \mu \leq \overline{x} + \hat{e}] \quad \text{bzw.} \quad [N\overline{x} - N\hat{e} \leq N\mu \leq N\overline{x} + N\hat{e}].$$

Dieses Vertrauensintervall ist näherungsweise bei einem Konfidenzniveau von (meist $z = 2$) 95,45 % richtig als Maßstab für den Zufallsfehler der Punktschätzung. Es ergeben sich dieselben Interpretationsschwierigkeiten wie im homograden Fall.

Beispiel für die Stichprobenplanung und -auswertung, heterograder Fall

Nach Unterlagen des Kraftfahrtbundesamtes müssten in A-Stadt mit 200 000 Haushalten 240 000 Autos ($\mu' = 12$ bei $\sigma' = 1$) fahren. Wir prüfen durch eine Stichprobe unseren Verdacht, dass mehr Autos, die nicht in A gemeldet sind, unterwegs sind.

1.   Gewünschter Zufallsfehler $|e'| = 0,05$ (bei $z = 2$)

2.   Varianz (Unterlagen aus Flensburg) $\sigma' = 1$

3.   Notwendiger Stichprobenumfang

$$n \geq 4 \cdot \frac{1}{0,0025} = 1\,600 \quad \text{(m. Z.)}$$

$$n \geq 200\,000 \left(1 + \frac{500}{4 \cdot 1}\right)^{-1} = 1\,588 \quad \text{(o. Z.)}$$

4.+5.   Wir wählen 1 600 Haushalte zufällig aus. Ergebnis:

PKW x_i	Haushalte h_i	$x_i h_i$	$x_i - \overline{x}$	$(x_i - \overline{x})^2$	$(x_i - \overline{x})^2 h_i$
0	160	0	-1,3	1,69	270,4
1	1 040	1 040	-0,3	0,09	93,6
2	240	480	0,7	0,49	117,6
3	80	240	1,7	2,89	231,2
4	80	320	2,7	7,29	583,2
$\sum$	1 600	2 080	–	–	1 296

$$\overline{x} = \frac{2\,080}{1\,600} = 1,3 \text{ PKW/HH} \qquad s^2 = \frac{1\,296}{1\,599} = 0,81$$

$$N\overline{x} = 260\,000 \text{ PKW in A}$$

6. $|\hat{e}| = 2 \cdot \dfrac{0,9}{40} = 0,045$ (die Streuung in der Stichprobe war kleiner)

$$\left[\text{(o. Z.), aber } \sqrt{1 - \frac{n}{N}} = \sqrt{1 - \frac{1\,600}{200\,000}} \approx 1\right]$$

7.   Konfidenzintervalle

für μ: $[1,255; 1,345]$ für $N\mu$: $[251\,000; 269\,000]$.

Beispiel für die Stichprobenplanung und -auswertung bei verschiedenen Verteilungsannahmen für die Grundgesamtheit

Taschengelderhebung. Aus einer Pilotstudie ergab sich für die befragten Kinder (14 Jahre und jünger) eine Spannweite von 10,- € bis 90,- € monatlich je Kind. Wir planen o. Z. bei $z = 2$.

1. Gewünschte Genauigkeit $e'_r = 0,05$

2. Schätzung des Variationskoeffizienten

   a) Rechteckverteilung: $V'^2 = \dfrac{1}{3} \cdot \dfrac{80^2}{100^2} = \dfrac{16}{75}$

   b) rechtssteile Dreieckverteilung: $V'^2 = \dfrac{1}{2} \cdot \dfrac{80^2}{190^2} = \dfrac{32}{361}$

   c) linkssteile Dreieckverteilung: $V'^2 = \dfrac{1}{2} \cdot \dfrac{80^2}{110^2} = \dfrac{32}{121}$

3. Notwendiger Stichprobenumfang

   a) Rechteckverteilung: $n \geq 4 \cdot \dfrac{\frac{16}{75}}{0,0025} = 342$

   b) rechtssteile Dreieckverteilung: $n \geq 4 \cdot \dfrac{\frac{32}{361}}{0,0025} = 142$

   c) linkssteile Dreieckverteilung: $n \geq 4 \cdot \dfrac{\frac{32}{121}}{0,0025} = 424$

Wir nehmen (konservativ) $n = 424$ und ziehen eine

4. Zufallsstichprobe mit Ergebnis

$$\sum x_i = 16\,960 \qquad \sum x_i^2 = 857\,752$$

5. Hochrechnung

$$\overline{x} = \frac{1}{n} \sum x_i = \frac{16\,960}{424} = 40$$

6. Fehlerrechnung

$$s^2 = \frac{1}{423} \left[857\,752 - 424 \cdot 1\,600 \right] = 424$$

$$|\hat{e}| = 2 \cdot \frac{424}{424} = 2$$

7. Konfidenzintervall

   $[38; 42]$.

Das am häufigsten zur Verringerung der Stichprobenvarianz eingesetzte Verfahren ist die **Schichtung**. Die Auswahlgesamtheit wird in bezüglich des Schätzwertes möglichst homogene (unabhängige) Untergesamtheiten aufgeteilt. Bei der Erläuterung der Grundzüge des Verfahrens wird davon ausgegangen, dass die Zahl der Schichten, ihre Umfänge und die Schichtgrenzen (wie in der Praxis oft der Fall) vorgegeben sind.

Abb. 37: Schichtung

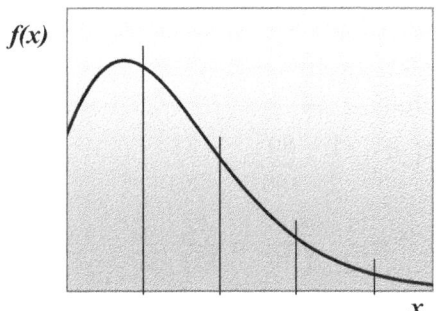

– Unterteilung in L Schichten
– für die h-te Schicht gilt:

$$N_h, n_h, \mu_h, \sigma_h^2$$

$$\sum_{h=1}^{L} N_h = N, \quad \sum_{h=1}^{L} n_h = n$$

(Abb. 37: Erhebungsmerkmal gleich Schichtungsmerkmal, keine Schichtspringer.)

- **Gesamtmittel**

$$\mu = \frac{1}{N} \sum_{h=1}^{L} N_h \mu_h$$

- **Erwartungswert**

$$E(\overline{X}) = E\left(\frac{1}{N} \sum_{h=1}^{L} N_h \overline{X}_h\right) = \frac{1}{N} \sum_{h=1}^{L} N_h E(\overline{X}_h) = \frac{1}{N} \sum_{h=1}^{L} N_h \mu_h = \mu$$

- **Varianz**

$$Var(\overline{X}) = Var\left(\frac{1}{N} \sum_{h=1}^{L} N_h \overline{X}_h\right) = \frac{1}{N^2} \sum_{h=1}^{L} N_h^2 Var(\overline{X}_h) = \frac{1}{N^2} \sum_{h=1}^{L} N_h^2 \frac{\sigma_h^2}{n_h}$$
$$= \sigma_{\overline{x}}^2$$

Diese Varianz ist normalerweise kleiner als die bei uneingeschränkter Zufallsauswahl, außer wenn z. B. aus Schichten mit großer Streuung σ_h^2 wenig Stichproben ausgewählt würden. Das Verfahren kann also zu ungleichen Auswahlwahrscheinlichkeiten für die Einheiten der Grundgesamtheit führen je nach Aufteilung des Stichprobenumfangs auf die Schichten (Allokation). Aufteilungsmöglichkeiten sind

- **gleichmäßig:** $n_h = \dfrac{n}{L}$

- **optimal:** $n_h = \dfrac{N_h \sigma_h}{\sum N_h \sigma_h} \cdot n$ (Anwendung im Kapitel 6.7, Seite 259) aus Schichten mit höherer Streuung und höherem Umfang werden größere Stichproben gezogen

- **proportional:** $n_h = \dfrac{N_h}{N} \cdot n.$

Beispielhaft wird nur auf die proportionale Aufteilung eingegangen. In diesem Fall ist

$$\sigma_{\overline{x}}^2 = \frac{1}{N^2} \sum_{h=1}^{L} N_h^2 \frac{\sigma_h^2}{n_h} = \frac{1}{n} \sum_{h=1}^{L} \frac{N_h}{N} \sigma_h^2 = \frac{1}{n^2} \sum_{h} n_h \sigma_h^2$$

$$= \frac{1}{n} \cdot \sigma_{\text{int}}^2 \quad \text{(vgl. Varianzzerlegung Kapitel 2.3)}$$

Nach der Genauigkeitsvorgabe **(1)** müssen die Schichtvarianzen **(2)** geschätzt werden. Selbst wenn hier „ungünstige" Verteilungen wie z. B. die Zweipunkt-verteilung angenommen würden, könnte die Variabilität dann unterschätzt werden, wenn eine große Fluktuation der Einheiten zwischen Schichten (zwischen Planung und Erhebung) erwartet werden müsste (für jede Extrapolation gilt die Stabilitätshypothese). Der notwendige Stichprobenumfang **(3)** wäre bei proportionaler Aufteilung (N_h stabil) und im Fall kleiner $f_h = \dfrac{n_h}{N_h}$

$$\text{aus} \quad |e'| = z_{1-\frac{\alpha}{2}} \cdot \sqrt{\frac{1}{n} \sum_{h} \frac{N_h}{N} \sigma_h'^2} = z_{1-\frac{\alpha}{2}} \cdot \sqrt{\frac{1}{n} \cdot \sigma_{\text{int}}'^2}$$

$$\text{wird} \quad n \geq z_{1-\frac{\alpha}{2}}^2 \cdot \frac{\sum N_h \sigma_h'^2}{N e'^2} = z_{1-\frac{\alpha}{2}}^2 \cdot \frac{\sigma_{\text{int}}'^2}{e'^2}.$$

Nach der Zufallsauswahl **(4)** wird je Schicht $\overline{x}_h$ und s_h berechnet, aber *nicht* je Schicht die Genauigkeit berechnet, denn sonst hätte je Schicht ein notwendiger Stichprobenumfang berechnet werden müssen. Die Hochrechnung **(5)** ergibt

$$\hat{\mu} = \overline{x} = \frac{1}{N} \sum N_h \overline{x}_h$$

mit dem Zufallsfehler **(6)**

$$\hat{e} = z_{1-\frac{\alpha}{2}} \cdot \frac{1}{N} \sqrt{\sum N_h^2 \frac{s_h^2}{n_h}} = z_{1-\frac{\alpha}{2}} \cdot \sqrt{\frac{1}{n} \sum \frac{N_h}{N} s_h^2} \quad \text{(m. Z.)}$$

$$\text{mit} \quad s_h^2 = \frac{1}{n_h - 1} \sum_{i=1}^{n_h} (x_{ih} - \overline{x}_h)^2$$

$$\hat{e} = z_{1-\frac{\alpha}{2}} \cdot \frac{1}{N} \sqrt{\sum N_h^2 \frac{s_h^2}{n_h} \left(1 - \frac{n_h}{N_h}\right)}$$

$$= z_{1-\frac{\alpha}{2}} \cdot \sqrt{\left(1 - \frac{n_h}{N_h}\right) \frac{1}{n} \sum \frac{N_h}{N} s_h^2} \quad \text{(o. Z.)}$$

falls die N_h stabil bleiben. Die Konfidenzintervalle (7) sind dann

$$[\overline{x} - \hat{e}; \overline{x} + \hat{e}] \quad \text{für} \quad \mu \quad \text{und} \quad [N\overline{x} - N\hat{e}; N\overline{x} + N\hat{e}] \quad \text{für} \quad N\mu.$$

Beispiel für die Stichprobenplanung bei Schichtung

Gegeben sind folgende Informationen für eine Auswahlgrundlage (z. B. geschätzte klassierte Verteilung für ein Konkurslager, N_h stabil, keine „Wanderung"):

h	$[a_j, b_j) \in$	N_h	$\sigma_h'^2$	$\frac{N_h}{N}\sigma_h'^2$	n_h	Verteilung
1	0 – 20	20 000	400/18	80/18	23	rechtssteiles Dreieck
2	20 – 30	20 000	100/12	20/12	23	Rechteck
3	30 – 50	30 000	400/12	120/12	34	Rechteck
4	50 – 70	20 000	400/12	80/12	23	Rechteck
5	70 – 100	10 000	900/18	90/18	12	linkssteiles Dreieck
$\sum$	–	100 000	–	500/18	115	

Der Zufallsfehler sollte 1 € nicht übersteigen. Dann ist (2)

$$\sigma_{\text{int}}'^2 = \frac{500}{18}$$

und der notwendige Stichprobenumfang

$$n \geq 4 \cdot \frac{500}{18 \cdot 1} = 112$$

n_h vgl. Tabelle (jeweils aufgerundet).

Ohne Schichtung wäre die geschätzte Varianz

$$\sigma'^2 = \sigma_{\text{int}}'^2 + \sigma_{\text{ext}}'^2 \approx 455 \quad \text{(vgl. Kapitel 2.3), also}$$

$$n \geq 4 \cdot \frac{455}{1} = 1\,820.$$

(Unter der Annahme einer symmetrischen Dreieckverteilung im Intervall $[0, 100]$ wäre $\sigma'^2 = \frac{100^2}{24} \approx 417$ und damit $n \geq 1\,668$.)

Beispiel für die Stichprobenauswertung bei Schichtung

Für vier sozioökonomisch abgegrenzte Haushalts-Schichten erhält man als Stichprobenergebnis für die Ausgaben (€) für öffentlichen Verkehr im Vormonat der Erhebung:

h	N_h (Mio.)	$\sum_{i=1}^{n_h} x_{ih}$	$\sum_{i=1}^{n_h} x_{ih}^2$	n_h	$\bar{x}_h$	$N_h \bar{x}_h$ (Mio.)	s_h^2	$\frac{N_h}{N} s_h^2$
1	10	8 000	92 800	800	10	100	16,0	8,0
2	5	8 000	166 400	400	20	100	16,0	4,0
3	4	16 000	846 080	320	50	200	144,5	28,9
4	1	8 000	832 000	80	100	100	405,1	20,3
$\sum$	20	40 000	1 937 280	1 600	–	500	–	61,2

$$\hat{\mu} = \bar{x} = \frac{500}{20} = 25$$

Stichprobenvarianzen, Zufallsfehler $|\hat{e}|$ und Konfidenzintervalle bei

- uneingeschränkter Zufallsauswahl

$$\hat{\sigma}^2 = \frac{1\,937\,280}{1\,599} - \frac{1600}{1\,599} \cdot 625 \approx 587, \quad |\hat{e}| = 2 \cdot \sqrt{\frac{587}{1\,600}} = 1,21 \ (\hat{\approx} 5\,\%)$$

  für μ: $[23,79; 26,21]$, für $N\mu$ (Mio. €): $[475,8; 524,2]$.

- Schichtung mit proportionaler Aufteilung

$$\hat{\sigma}_{\text{int}}^2 = 61,2 \quad |\hat{e}| = 2 \cdot \sqrt{\frac{61,2}{1\,600}} = 0,391 \ (\hat{\approx} 1,6\,\%)$$

  für μ: $[24,61; 25,39]$, für $N\mu$ (Mio. €): $[492,2; 507,8]$.

Durch eine bessere („a-posteriori") Aufteilung der Gesamtstichprobe hätte der „Allokationseffekt" (Schichten mit höherer Varianz bekommen mehr Auswahleinheiten) zu einer höheren Genauigkeit geführt.

- Wollte man je Schicht auswerten, dann wären die relativen Stichprobenfehler je Schicht $e_{rh} \cdot 100$

$$e_{r1} \cdot 100 = 2,8\,\%; \quad e_{r2} \cdot 100 = 2\,\%; \quad e_{r3} \cdot 100 = 2,7\,\%;$$

$$e_{r4} \cdot 100 = 4,5\,\%, \quad \text{wie man selbst leicht nachrechnet.}$$

Übersicht 12: Häufig angewandte Konfidenzintervalle

Parameter	Konfidenzintervall	Verteilung
μ bei bekanntem σ	$\bar{x} - z \cdot \sigma_{\bar{x}} \leq \mu \leq \bar{x} + z \cdot \sigma_{\bar{x}}$ mit $\sigma_{\bar{x}} = \dfrac{\sigma}{\sqrt{n}}$ (m.Z.) $\sigma_{\bar{x}} = \dfrac{\sigma}{\sqrt{n}} \sqrt{\dfrac{N-n}{N-1}}$ (o.Z.)*	$N(\mu,\sigma^2)$ für $X \sim N(\mu,\sigma^2)$ oder $n > 30$: X bel. verteilt
μ bei unbekanntem σ	$\bar{x} - t \cdot \hat{\sigma}_{\bar{x}} \leq \mu \leq \bar{x} + t \cdot \hat{\sigma}_{\bar{x}}$ $\bar{x} - z \cdot \hat{\sigma}_{\bar{x}} \leq \mu \leq \bar{x} + z \cdot \hat{\sigma}_{\bar{x}}$ mit $\hat{\sigma}_{\bar{x}} = \dfrac{s}{\sqrt{n}}$ (m.Z.) $\hat{\sigma}_{\bar{x}} = \dfrac{s}{\sqrt{n}} \sqrt{\dfrac{N-n}{N-1}}$ (o.Z.)*	$t(n-1)$ für $X \sim N(\mu,\sigma^2)$ $N(\mu,\sigma^2)$ für $n > 30$: X bel. verteilt * für $\dfrac{n}{N} < 0,05$ kann $\sqrt{\dfrac{N-n}{N-1}}$ vernachlässigt werden.
σ^2	$\dfrac{(n-1)s^2}{\chi^2_{1-\frac{\alpha}{2}}(n-1)} \leq \sigma^2 \leq \dfrac{(n-1)s^2}{\chi^2_{\frac{\alpha}{2}}(n-1)}$	$\chi^2(n-1)$ für $X \sim N(\mu,\sigma^2)$ normalverteilt für $n > 30$ und $X \sim N(\mu,\sigma^2)$
π	$p - z \cdot \hat{\sigma}_p \leq \pi \leq p + z \cdot \hat{\sigma}_p$ mit $\hat{\sigma}_p = \sqrt{\dfrac{p(1-p)}{n-1}}$ (m.Z.) $\hat{\sigma}_p = \sqrt{\dfrac{p(1-p)}{n-1}} \sqrt{\dfrac{N-n}{N-1}}$ (o.Z.)*	$N(n\pi, n\pi(1-\pi))$ für $np(1-p) \geq 9$
$\mu_1 - \mu_2$	$(x_1 - x_2) - t\hat{\sigma}_D \leq \mu_1 - \mu_2 \leq (x_1 - x_2) + t\hat{\sigma}_D$ mit $\hat{\sigma}_D = \sqrt{\dfrac{s_1^2}{n_1} + \dfrac{s_2^2}{n_2}}$ (m.Z. bzw. o.Z. für $\dfrac{n_g}{N_g} < 0,05$, $g = 1,2$)	$t(\nu)$ mit $\nu = \dfrac{\left(\dfrac{s_1^2}{n_1} + \dfrac{s_2^2}{n_2}\right)^2}{\dfrac{\left(\dfrac{s_1^2}{n_1}\right)^2}{n_1-1} + \dfrac{\left(\dfrac{s_2^2}{n_2}\right)^2}{n_2-1}}$ für $X_g \sim N(\mu_g,\sigma_g^2)$ $N(\mu_1 - \mu_2, \sigma^2_{\bar{x}_1 - \bar{x}_2})$ für $n > 30$: X_g bel. verteilt, $g = 1,2$
$\pi_1 - \pi_2$	$(p_1 - p_2) - z\hat{\sigma}_D \leq \pi_1 - \pi_2 \leq (p_1 - p_2) + z\hat{\sigma}_D$ mit $\hat{\sigma}_D = \sqrt{\dfrac{p_1(1-p_1)}{n_1-1} + \dfrac{p_2(1-p_2)}{n_2-1}}$ (m.Z. bzw. o.Z. für $\dfrac{n_g}{N_g} < 0,05$, $g = 1,2$)	$N(\mu,\sigma^2)$ mit $\mu = n_1\pi_1 - n_2\pi_2$, $\sigma^2 = n_1\pi_1(1-\pi_1) + n_2\pi_2(1-\pi_2))$ für $n_g p_g(1-p_g) \geq 9$, $g = 1,2$

Summary

- Der Repräsentationsschluss ist ein Rückschluss vom eingetroffenen Stichprobenergebnis auf den unbekannten, aber festen Parameter in der Grundgesamtheit. Da nach der Realisation keine Wahrscheinlichkeitsaussagen mehr möglich sind, spricht man in frequentistischer Betrachtungsweise von einer Konfidenzaussage: Die bzgl. des Stichprobenfehlers getroffene Aussage (das Intervall) wäre bei einer großen Zahl unabhängiger Stichprobenziehungen in z. B. 95,45 % (Konfidenzniveau) der Fälle richtig. Als interessierende Ergebnisse aus Zufallsstichproben werden hier arithmetische Mittel bzw. Merkmalssummen betrachtet. Bei gegebenem Konfidenzniveau – also gegebenem z, sofern die Gauß'sche Normalverteilung als Stichprobenverteilung verwendet werden darf, – hängt der Stichprobenfehler von der Streuung der möglichen Stichprobenergebnisse, also hier von der Standardabweichung $\sigma_{\overline{x}}$ ab, die in der Praxis geschätzt werden muss (aus alten Erhebungen, Pilotstudien, „Annahmen" bzw. der Stichprobenrealisation selbst).

- Bei einfachen Zufallsstichproben (simple random sampling) hat vor der ersten zufälligen Auswahl jede Einheit in der Grundgesamtheit dieselbe Auswahlwahrscheinlichkeit. Es kann mit (m. Z.) oder ohne (o. Z.) Zurücklegen gezogen werden.

- Der Stichprobenfehler hängt im Fall m. Z. nur vom Stichprobenumfang, der Aussagewahrscheinlichkeit und der Standardabweichung der (Haupt-) Variablen in der Grundgesamtheit ab.

- Um die Streuung der möglichen Ergebnisse zu verringern, versucht man in der Praxis durch Nutzung von Zusatzinformationen die Gesamtheit in – bezüglich der Varianz des zu erhebenden (bzw. eines mit ihm hoch korrelierten) (Haupt-) Merkmals – homogene Untergruppen zu schichten (stratified sampling).

- Der Effekt der Schichtung kann im günstigsten Fall der Reduktion der Gesamtvarianz um die externe Varianz (vgl. Varianzzerlegung) entsprechen.

Aus einer früheren Erhebung zu den monatlichen Ausgaben für ein Kind hat man für eine Grundgesamtheit von Haushalten mit Kindergeldansprüchen folgende Daten:

Auf-
gabe

(15)

Schicht Nr.	Anzahl der Haushalte (Mio.)	Gesamtausgaben je Schicht (Mio. €)	Summe der quadrierten Einzelausgaben je Schicht (Mio. €²)
1	5	750	125 000
2	3	900	280 800
3	2	1 000	512 800

Man berechne für eine geplante neue Erhebung der Durchschnittsausgaben den notwendigen Stichprobenumfang bei uneingeschränkter und bei geschichteter Zufallsauswahl (Aussagewahrscheinlichkeit 95,45 %, zulässiger absoluter Zufallsfehler 5,- €).

Lösung:

h	N_h	$\sum_{i=1}^{N_h} x_{ih}$	$\sum_{i=1}^{N_h} x_{ih}^2$	μ'_h	σ'^2_h	$N_h \sigma'^2_h$
1	5	750	125 000	150	2 500	12 500
2	3	900	280 800	300	3 600	10 800
3	2	1 000	512 800	500	6 400	12 800
$\sum$	10	2 650	918 600	950	12 500	36 100

$$\sigma'^2 = \frac{918\,600}{10} - \left(\frac{2\,650}{10}\right)^2 = 21\,635, \quad \sigma'^2_{\text{int}} = \frac{36\,100}{10} = 3\,610.$$

Stichprobenumfang ohne Schichtung: $n \geq 4 \cdot \dfrac{21\,635}{25} \approx 3\,462$,

Stichprobenumfang mit Schichtung: $\quad n \geq 4 \cdot \dfrac{3\,610}{25} \approx 578$.

bei proportionaler Schichtung:

Schicht 1: $\quad n_1 = \dfrac{5}{10} \cdot 578 \approx 289$

Schicht 2: $\quad n_2 = \dfrac{3}{10} \cdot 578 \approx 174$

Schicht 3: $\quad n_3 = \dfrac{2}{10} \cdot 578 \approx 116$.

5.3 Testverfahren

„Testen" ist im klassischen Fall ein Verfahren, das es mit Hilfe der Verteilung einer Testgröße erlaubt, das Ergebnis einer Zufallsstichprobe als vereinbar oder nicht vereinbar mit einer Hypothese einzuordnen. Unwahrscheinliche Ergebnisse der Testverteilung am Rand, die sich ergäben, wenn die Hypothese „wahr" wäre, werden als Widerlegung der Hypothese angesehen. Sie unterscheiden sich „signifikant" von der sog. „Nullhypothese" – die Behauptung ist nämlich zunächst, es gäbe keinen Unterschied – dann, wenn der Unterschied nicht nur zufällig (festgestellt durch die Testverteilung und eine Irrtumswahrscheinlichkeit) sein kann. Signifikant bedeutet also nicht wesentlich in einem Sachzusammenhang, sondern nur, dass der Unterschied nicht zufällig ist.

Für einen statistischen Test müssen Hypothesen so formuliert sein, dass

- sie in der Wirklichkeit überprüfbar („falsifizierbar") sind (vgl. empirische Wirtschafts- und Sozialforschung)
- man eine Testverteilung (bei Gültigkeit der Hypothese) bestimmen kann.

Hier werden – wie schon in der Einführung dargestellt – ausführlich Parametertests behandelt, d. h. die Hypothese bezieht sich auf die numerischen Werte einer oder mehrerer Parameter (z. B. π, μ, σ^2) der Grundgesamtheit. Dabei kann sich der Test auf eine Stichprobe

„Kann eine Stichprobe bezüglich des betrachteten Parameters aus einer vorgegebenen Grundgesamtheit stammen?" (z. B. H_0: $\mu = \mu_0$)

oder auf zwei oder mehrere unabhängige Stichproben

„Können zwei Stichproben bezüglich des betrachteten Parameters aus derselben Grundgesamtheit stammen?" (z. B. H_0: $\mu_1 = \mu_2$)

beziehen.

Statistische Hypothesen können aber auch die Verteilungsform (Anpassungstest) oder die Abhängigkeit von Variablen (Unabhängigkeitstest) zum Gegenstand haben. Auch in diesen Fällen ist die Testverteilung Basis einer Testentscheidung. Die Unterscheidung in verteilungsgebundene und verteilungsfreie Testverfahren bezieht sich auf die Grundgesamtheitsverteilung: Manche Testverteilungen insbesondere bei kleinen Stichproben sind nur ableitbar, wenn die Grundgesamtheit normalverteilt ist, sind insofern also verteilungsgebunden.

Vor Anwendung eines derartigen Verfahrens müsste zunächst geprüft werden, ob diese Voraussetzung gegeben ist. Ist das Verfahren „robust" gegen Verletzungen der Anwendungsvoraussetzung, d. h. werden die tatsächlichen Irrtumswahrscheinlichkeiten nicht unterschätzt, wird das Verfahren trotzdem empfohlen, weil es oft „trennschärfer" als ein möglicher konkurrierender verteilungsfreier Test ist, also falsche Hypothesen eher entdeckt oder Hypothesen im Sachzusammenhang besser konkretisiert.

Um eine **Testverteilung** $f(t \mid \Theta = \Theta_0)$ angeben zu können, muss bei Parametertests der zu untersuchende Parameter Θ als *ein* Wert festgelegt werden ($\Theta = \Theta_0$). Würde man $\Theta < \Theta_0$ annehmen, hätte man eine unendliche Anzahl möglicher Testverteilungen. Diese Konkretisierung kann entweder erfolgen als

- **Punkthypothese:** $H_0 \colon \Theta = \Theta_0$

Abb. 38: Zweiseitiger Hypothesentest

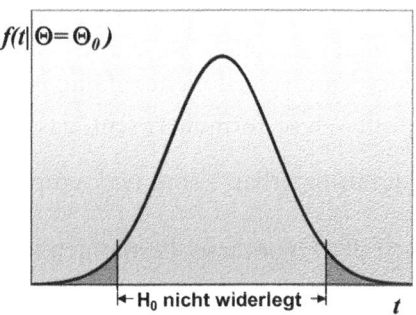

dann würden alle zu großen und zu kleinen Realisationen t widersprechen

- Bereichshypothese:

Abb. 39: Einseitiger Hypothesentest

$H_0 \colon \Theta \geq \Theta_0$ $H_0 \colon \Theta \leq \Theta_0$

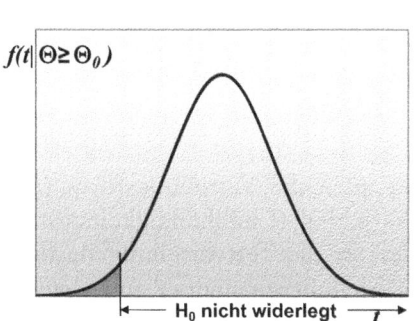   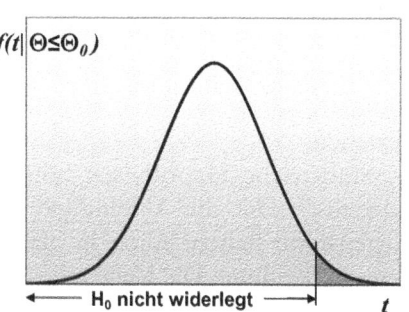

dann würden alle zu kleinen bzw. zu großen Realisationen t widersprechen.

Die Logik der Bereichshypothesen besagt, dass die Testverteilung für $\Theta = \Theta_0$ abgeleitet wird und für alle $\Theta < \Theta_0$ bzw. $\Theta > \Theta_0$ dann gilt, dass die Irrtumswahrscheinlichkeiten kleiner sind als bei $H_0 \colon \Theta = \Theta_0$:

Abb. 40: Irrtumswahrscheinlichkeiten für H_0: $\Theta \leq \Theta_0$

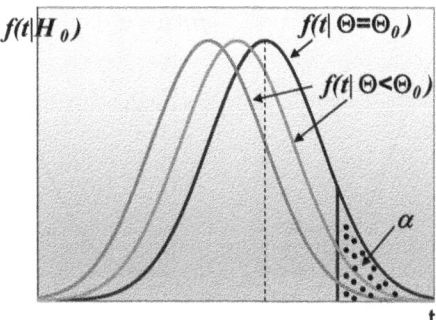

Die Nullhypothese wird also mit einer Irrtumswahrscheinlichkeit von höchstens α abgelehnt.

Diese Argumentation gilt genauso für eventuelle Gegenhypothesen H_1. Ohne eine – sachlich sinnvolle – Konkretisierung H_1: $\Theta = \Theta_1$ hat man allerdings keine Testverteilung, aus der Irrtumswahrscheinlichkeiten berechenbar sind.

Um also eine Testverteilung zu erhalten, muss die Hypothese als ein numerischer Wert formuliert werden und heißt dann (zunächst ohne Betrachtung einer spezifizierbaren Gegenhypothese) Nullhypothese H_0, z. B. H_0: $\mu \leq \mu_0$ oder H_0: $\mu = \mu_0$. Danach wird je nach Testfunktion eine Testverteilung abgeleitet, mit der Vorgabe einer tolerierbaren Irtumswahrscheinlichkeit ein Ablehnungsbereich berechnet, die Stichprobe gezogen und der realisierte Wert für die Testfunktion berechnet. Fällt dieser Wert in den vorgegebenen „Annahmebereich", so darf die Hypothese vorläufig aufrechterhalten werden – sie ist aber nicht bestätigt! –, fällt sie als „unwahrscheinliches" Ergebnis in den Ablehnungsbereich, so ist die Hypothese widerlegt. Je unwahrscheinlicher das Ergebnis (bei diesem Verfahren) wäre, desto stärker ist die Widerlegung bzw. desto höher ist die Signifikanz. Da diese Information aber bei vorgegebenem α und der einfachen Entscheidung für und wider H_0 nicht mehr zur Verfügung steht, wird manchmal vorgeschlagen („purer Signifikanztest"), nach der Stichprobenziehung das α^* anzugeben, bei dem H_0 gerade noch nicht verworfen wird. Je kleiner α^* ausfällt, desto stärker sei dann die Widerlegung bzw. desto höher die Signifikanz. Dies hat den Vorteil – anders als in den üblichen von Referees präferierten zur Publikation eingereichten wissenschaftlichen Abhandlungen –, dass auch interessante Ergebnisse publiziert werden könnten, die nicht signifikant sind, aber den Lernprozess vielleicht unterstützen.

Abb. 41: Klassischer und purer Signifikanztest (H_0: $\mu \leq \mu_0$)

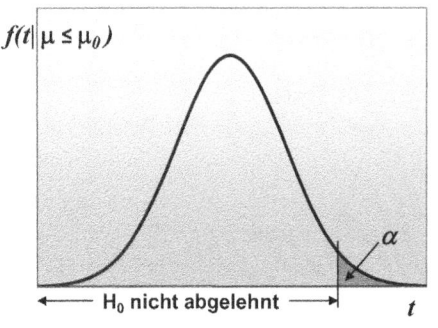

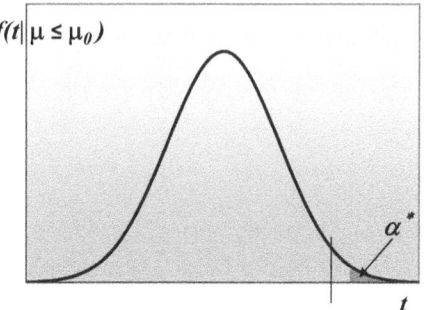

H_0 abgelehnt bei $\alpha = 0,05$ H_0 abgelehnt bei $\alpha^* < \alpha = 0,05$

Zuweilen wird dieses Verfahren auch dazu verwendet, das Risiko einer Fehlentscheidung dem Statistikverwender zu überlassen, insbesondere dann, wenn α^* größer ist als die üblicherweise verwendeten Irrtumswahrscheinlichkeiten, etwa in der Form „Signifikant auf dem 88 %-Niveau".

Übersicht 13: Vorgehensweise beim klassischen Signifikanztest (zu verschiedenen Tests vgl. Seite 184)

1. Formulierung der Nullhypothese H_0, d. h. hypothetische Grundgesamtheit mit $\Theta = \Theta_0$	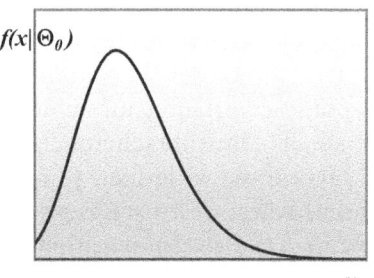
2. Wahl der sachgemäßen Testfunktion und Bestimmung der Testverteilung bei Gültigkeit von H_0	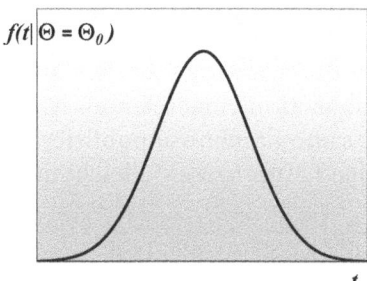

3. Wahl der Irrtumswahrscheinlichkeit α und Bestimmung des Ablehnungsbereichs

$H_0: \Theta \leq \Theta_0$ $H_0: \Theta = \Theta_0$ $H_0: \Theta \geq \Theta_0$

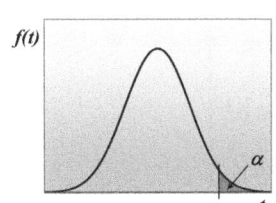 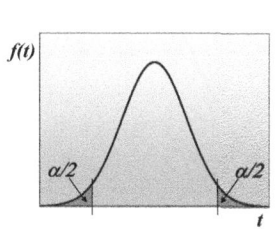 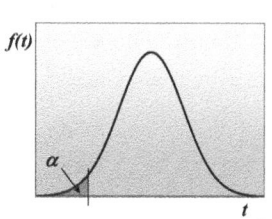

4. Stichprobenziehung und Berechnung des realisierten Testfunktionswertes

5. Testentscheidung: Ablehnung von H_0, falls (bei Normalverteilung):

$t > z_{1-\alpha}$ $|t| > z_{1-\frac{\alpha}{2}}$ $t < -z_{1-\alpha}$

Beispiel für einen Einstichprobentest (vgl. Test 1, Seite 184) für das arithmetische Mittel

Hypothese: Männer aus den Niederlanden sind größer als der „Durchschnitts"-Europäer (das arithmetische Mittel der Körpergrößen von Männern in Europa ist 174 cm bei $\sigma = 10$ cm).

1. Nullhypothese: Niederländer sind gleich groß oder kleiner

$$H_0: \mu \leq \mu_0 = 174.$$

2. Testfunktion:

$$T = \frac{\overline{X} - \mu_0}{\sigma} \sqrt{n} \sim N(0,1)$$

3. Irrtumswahrscheinlichkeit: 5%, $z = 1,645$

$n = 36$ $n = 100$ $n = 400$

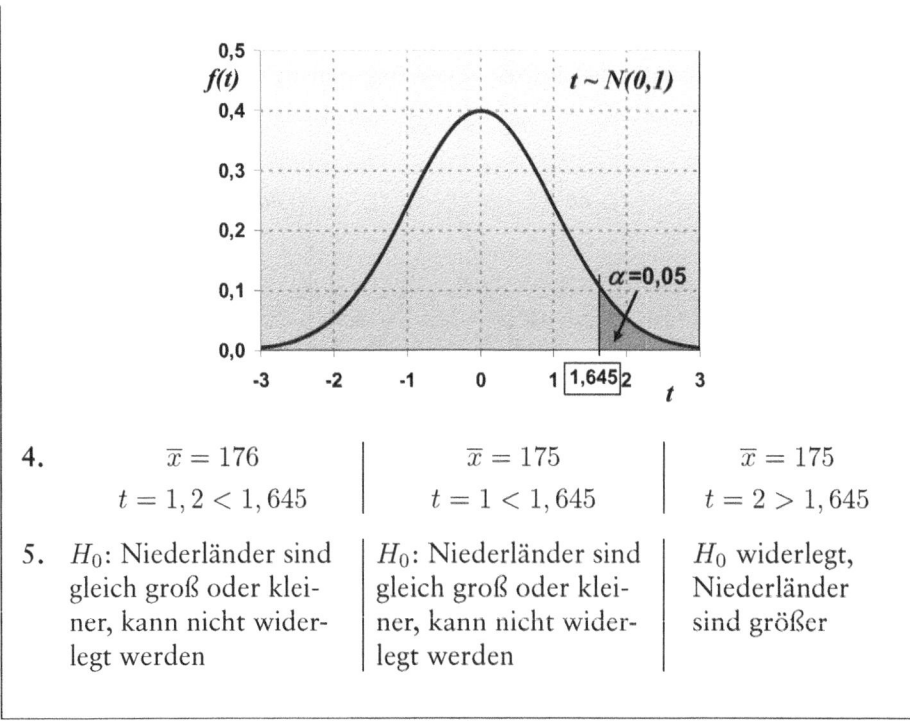

4.	$\overline{x} = 176$	$\overline{x} = 175$	$\overline{x} = 175$
	$t = 1,2 < 1,645$	$t = 1 < 1,645$	$t = 2 > 1,645$
5.	H_0: Niederländer sind gleich groß oder kleiner, kann nicht widerlegt werden	H_0: Niederländer sind gleich groß oder kleiner, kann nicht widerlegt werden	H_0 widerlegt, Niederländer sind größer

An diesem Beispiel kann man die mit einem Signifikanztest verbundenen Probleme zeigen:

- Die zu überprüfende Hypothese soll als „Gegenhypothese" formuliert werden (also im Beispiel nicht H_0: $\mu > \mu_0$), denn
  - für H_0 „größer als ..." ist keine Testfunktion angebbar
  - eine Nicht-Widerlegung ist logisch schwächer als eine Widerlegung, die somit eine Bestätigung der Gegenhypothese impliziert
  - Wenn H_0 widerlegt wird, ist auch die Testverteilung $f(t \mid H_0)$ und die daraus berechnete Irrtumswahrscheinlichkeit falsch. Sie erreicht so allerdings höchstens den Wert von α (vgl. oben).

- Große Differenzen müssen nicht, kleine Differenzen können signifikant sein, d. h.
  - sehr kleine Irrtumswahrscheinlichkeiten verhindern eine Widerlegung („ohne Risiko kein Lernfortschritt"), mit großen Irrtumswahrscheinlichkeiten kann man leichter widerlegen (Signifikantes lässt sich leichter publizieren)
  - will man nicht widerlegen, wählt man kleine Stichproben, bei genügend großen Stichproben erreicht man praktisch immer Signifikanz.

- Signifikant bedeutet nicht „wesentlich" in einem Sachzusammenhang, sondern nur, dass der Unterschied nicht zufällig ist. Diese Aussage ist abhängig vom
  - gewählten Testverfahren
  - Stichprobenumfang
  - Signifikanzniveau
- Die Irrtumswahrscheinlichkeit bildet nur das Risiko ab, eine richtige Hypothese mit dem gewählten Verfahren fälschlicherweise zu widerlegen. Dies ist dann problematisch, wenn
  - in diesem Fall Anstrengungen unternommen würden, die Widerlegung zu erhöhen (α würde dadurch noch kleiner), aber
  - keine Anstrengungen unternommen würden, wenn H_0 fälschlicherweise nicht widerlegt würde, aber dieser Fehler, der unbekannt ist, schlimmer wäre.

In der Qualitätskontrolle von Prozessen würde beispielsweise eine irrtümliche Widerlegung der Annahme, der Prozess sei in Ordnung (z. B. die Buchführung sei ordnungsgemäß), dazu führen, dass man den Prozess noch genauer prüft und dann meist feststellt (weil α hierdurch verkleinert wird), dass er in Ordnung ist. Eine irrtümliche Einschätzung des Prozesses als ordnungsgemäß aufgrund des Stichprobenergebnisses würde nicht bemerkt, d. h. dieses Risiko bleibt unkontrolliert.

Aus dieser Argumentation heraus könnte man natürlich auch eine Rechtfertigung für den Signifikanztest ohne Gegenhypothese finden. Würde die Widerlegung von H_0 nicht zu einer Weiterprüfung, sondern zu einem sofortigen Anhalten des Prozesses mit hohen Folgekosten (z. B. Umsatzausfällen als Opportunitätskosten) führen, während ein nicht bemerkter fehlerhafter Prozess als weniger schädlich eingestuft würde, könnte man die Strategie des Signifikanztests akzeptieren. Ohne hier andere Testprozeduren, die weitere Entscheidungskriterien nutzen, behandeln zu wollen, sollen die folgenden Beispiele begründen, warum man sich beim Einsatz eines Signifikanztests als Entscheidungshilfe in der Wissenschaft oder Praxis der Fehlermöglichkeiten bewusst sein sollte.

Übersicht 14: Fehlermöglichkeiten bei Tests

Testentscheidung	tatsächlicher Zustand	
	H_0 richtig	H_0 falsch
H_0 nicht abgelehnt	richtige Entscheidung (Wahrscheinlichkeit $1 - \alpha$)	Fehler 2. Art (Wahrscheinlichkeit β)
H_0 abgelehnt	Fehler 1. Art (Wahrscheinlichkeit α)	richtige Entscheidung (Wahrscheinlichkeit $1 - \beta$)

Der Fehler 1. Art wird aus der Testverteilung bei Gültigkeit von H_0, der Fehler 2. Art aus der Testverteilung bei Gültigkeit einer Alternativhypothese H_1 abgeleitet. Bei einem einseitigen Test mit z. B. H_0: $\mu \le \mu_0$ und H_1: $\mu \ge \mu_1$ ergäben sich dann folgende Verteilungen

Abb. 42: Fehler 1. und 2. Art

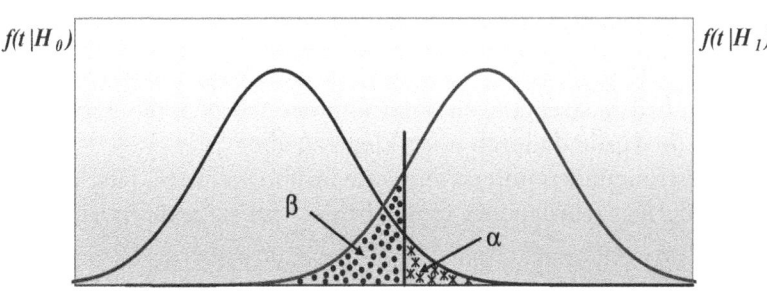

Bei Vorgabe von α liegt β fest und auch der kritische Wert c, der das Ergebnis H_0 bzw. H_1 zuordnet. Würde c vorgegeben, wären beide Irrtumswahrscheinlichkeiten α und β vorbestimmt, wie z. B. in der Qualitätskontrolle. β kann in Abhängigkeit [ceteris paribus (c.p.), d. h. wenn die anderen beiden Variablen konstant wären]

- von α: je kleiner α, desto größer ist β (c.p.)
- von $\mu_1 - \mu_0$:   je größer die Differenz, desto kleiner ist β (c.p.)
- von n: je größer n, desto geringer ist $\sigma_{\overline{x}}$, desto geringer wird also β (c.p.)

gesehen werden.

Diese Abhängigkeit $\beta(\alpha, \mu_1 - \mu_0, n)$ wird Operationscharakteristik bzw. die Ergänzung zu 1, d. h. $1 - \beta(\alpha, \mu_1 - \mu_0, n)$, Güte- oder Machtfunktion genannt. Ist z. B. α vorgegeben, so wird man, sofern man die Wahl hat, aus den möglichen Testverfahren dasjenige mit dem kleinsten β, d. h. der größten Macht wählen („Mächtigster Test").

Beispiel für Gütefunktionen (einseitiger Test)

Operationscharakteristik und Gütefunktionen bei H_0: $\mu \leq \mu_0 = 500\text{ml}$ (Füllmenge bei Bierflaschen bei $\sigma = 10\text{ml}$) für $\alpha = 0,05$ und $\alpha = 0,01$ sowie $n = 10$ und $n = 20$.

μ	$\alpha = 0,05$ $n = 10$ β	$\alpha = 0,01$ $n = 10$ β	$\alpha = 0,05$ $n = 10$ $1 - \beta(\mu)$	$\alpha = 0,01$ $n = 10$ $1 - \beta(\mu)$	$\alpha = 0,05$ $n = 20$ $1 - \beta(\mu)$	$\alpha = 0,01$ $n = 20$ $1 - \beta(\mu)$
495	0,9994	1,0000	0,0006	0,0000	0,0001	0,0000
500	0,9500	0,9900	0,0500	0,0100	0,0500	0,0010
505	0,5254	0,7719	0,4746	0,2281	0,7228	0,4640
510	0,0646	0,2016	0,9354	0,7984	0,9977	0,9841
515	0,0010	0,0078	0,9990	0,9922	1,0000	1,0000
520	0,0000	0,0000	1,0000	1,0000	1,0000	1,0000

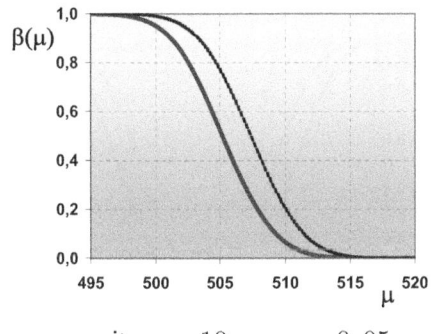

mit $n = 10$, — $\alpha = 0,05$, --- $\alpha = 0,01$

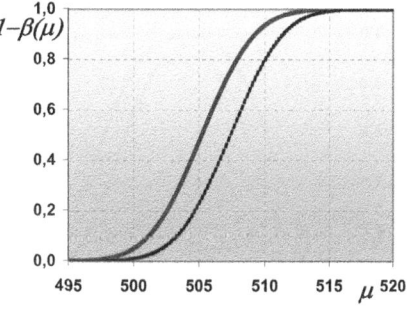

mit $n = 10$, — $\alpha = 0,05$, --- $\alpha = 0,01$

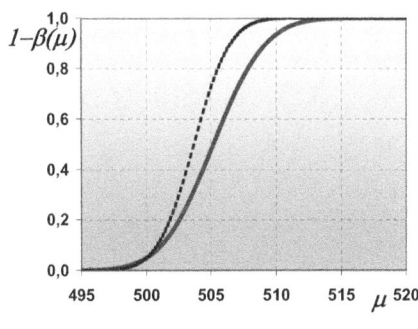

mit $\alpha = 0,05$, — $n = 10$, --- $n = 20$

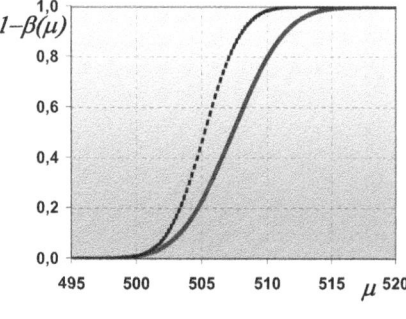

mit $\alpha = 0,01$, — $n = 10$, --- $n = 20$

Beispiel für Gütefunktionen (zweiseitiger Test)

Operationscharakteristik und Gütefunktionen bei H_0: $\mu = \mu_0 = 500$ml
(Füllmenge bei Bierflaschen bei $\sigma = 10$ml) für $\alpha = 0,05$ und $\alpha = 0,01$
sowie $n = 10$ und $n = 20$.

μ	$\alpha = 0,05$ $n = 10$ β	$\alpha = 0,01$ $n = 10$ β	$\alpha = 0,05$ $n = 10$ $1 - \beta(\mu)$	$\alpha = 0,01$ $n = 10$ $1 - \beta(\mu)$	$\alpha = 0,05$ $n = 20$ $1 - \beta(\mu)$	$\alpha = 0,01$ $n = 20$ $1 - \beta(\mu)$
485	0,0027	0,0151	0,9973	0,9849	1,0000	1,0000
490	0,1146	0,2788	0,8854	0,7212	0,9940	0,9710
495	0,6474	0,8400	0,3526	0,1600	0,6088	0,3670
500	0,9500	0,9900	0,0500	0,0100	0,0500	0,0100
505	0,6474	0,8400	0,3526	0,1600	0,6088	0,3670
510	0,1146	0,2788	0,8854	0,7212	0,9940	0,9710
515	0,0027	0,0151	0,9973	0,9849	1,0000	1,0000

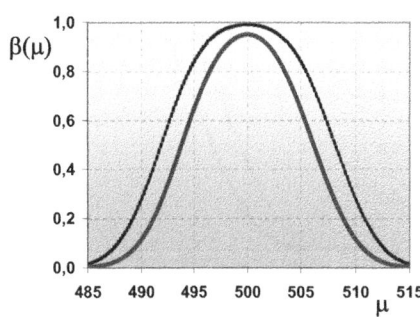

mit $n = 10$, — $\alpha = 0,05$,
--- $\alpha = 0,01$

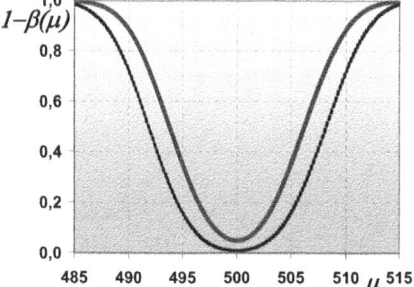

mit $n = 10$, — $\alpha = 0,05$,
--- $\alpha = 0,01$

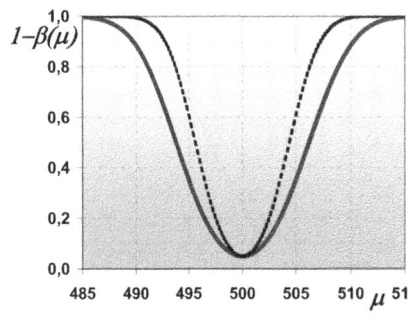

mit $\alpha = 0,05$, — $n = 10$,
--- $n = 20$

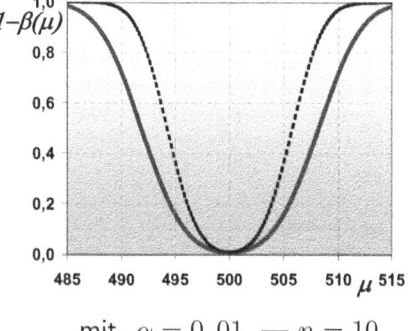

mit $\alpha = 0,01$, — $n = 10$,
--- $n = 20$

Bei wissenschaftlicher Anwendung ist die Formulierung einer Gegenhypothese oft nicht sachgemäß. Es wären dann zwar alle anderen denkbaren numerischen Werte Gegenhypothesen, d. h. $\beta = 1 - \alpha$. Gegenhypothesen in der Nähe von H_0 sind allerdings sachlich nicht sinnvoll, z. B. wenn getestet werden soll, ob überhaupt eine Korrelation vorliegt (H_0: $\varrho = \varrho_0 = 0$) oder ob das Bestimmtheitsmaß bei Hinzunahme einer weiteren erklärenden Variablen von bisher 0,8 steigt (H_0: $\varrho^2 \leq \varrho_0^2 = 0,8$).

Beispiel für einen Zweistichprobentest (vgl. Test 2, Seite 184) für die Differenz zweier arithmetischer Mittel

Hypothese: Hochschulabsolventinnen erhalten niedrigere Anfangsgehälter (μ_1) als Hochschulabsolventen (μ_2) bei gleicher Varianz. Die Überprüfung erfolgt durch zwei Zufallsstichproben mit jeweils $n_1 = n_2 = 200$.

1. Nullhypothese: Die Gehälter der Absolventinnen sind gleich oder sogar höher

$$H_0\colon \mu_1 \geq \mu_2$$

2. Testfunktion

$$T = \frac{\overline{X}_1 - \overline{X}_2}{\hat{\sigma}\sqrt{\dfrac{1}{n_1} + \dfrac{1}{n_2}}} \sim N(0,1)$$

3. Irrtumswahrscheinlichkeit 4,46 %

excel: „=STANDNORMINV(0,9554)" $z_{1-0,0446} = 1,7$

4. Stichprobenergebnisse (Monatswerte)

$$\overline{x}_1 = 2\,200 \qquad \overline{x}_2 = 2\,300$$

$$s_1^2 = 700\,000 \qquad s_2^2 = 920\,000$$

$$\hat{\sigma}^2 = \frac{199 \cdot 700\,000 + 199 \cdot 920\,000}{398} = 810\,000$$

$$t = \frac{2\,200 - 2\,300}{900 \cdot \sqrt{\dfrac{1}{100}}} = -\frac{100}{90} = -1,11$$

[$\Longrightarrow \alpha^* = 0,136$ excel: „=(1-STANDNORMVERT(1,11))"]

5. Testentscheidung

$$t = -1,11 > -1,7 = -z_{1-0,0446} \qquad [\alpha^* = 0,136 > 0,0446 = \alpha].$$

Die Nullhypothese – Hochschulabsolventinnen verdienen mindestens gleich viel wie Absolventen – kann bei diesem Stichprobenumfang *nicht* widerlegt werden.

Man sieht an diesem Beispiel, dass eine Gegenhypothese im Sachzusammenhang nicht informativ gewesen wäre.

Möchte man mehr als zwei Gruppen bezüglich ihres arithmetischen Mittels vergleichen, wird die Varianzzerlegung genutzt. Würden sich die Gruppen unterscheiden, dann müssten die Unterschiede zwischen den Gruppen (die externe Varianz) im Vergleich zur Streuung innerhalb der Gruppen (interne Varianz) groß sein. Der Vergleich von zwei Gruppen ist dann ein Spezialfall (einfaktorielle Varianzanalyse mit 2 Faktorstufen).

Beispiel für eine Varianzanalyse/F-Test (vgl. Test 3, Seite 184)

In einer Untersuchung zur Verkehrssituation in der Innenstadt (Ampelregelung, Parkplätze, Einbahnstraßen, City-Ring, Maut, etc.) geben durch Zufallsstichproben ausgewählte Befragte ein Punkturteil (je höher, desto positiver ist das Urteil) ab.

Fall 1 ($r = 2$): Innenstadtbewohner ($\mu_1, n_1 = 36$)

Pendler ($\mu_2, n_2 = 41$)

werden befragt.

1. Hypothese (H_1): Die Beurteilung ist unterschiedlich, also (zu widerlegende) Nullhypothese

$$H_0: \mu_1 = \mu_2$$

2. Testfunktion(en)

a) $T = \dfrac{\dfrac{S^2_{\text{ext}}}{r-1}}{\dfrac{S^2_{\text{int}}}{n-r}} = \dfrac{\dfrac{\sum\limits_{g=1}^{r} n_g(\overline{X}_g - \overline{X})^2}{r-1}}{\dfrac{\sum\limits_{g=1}^{r}\sum\limits_{i=1}^{n_g}(X_{gi} - \overline{X}_g)^2}{n-r}} \sim f_{1-\alpha}(r-1, n-r)$

b) $T = \dfrac{\overline{X}_1 - \overline{X}_2}{\hat{\sigma}\sqrt{\dfrac{1}{n_1} + \dfrac{1}{n_2}}} \sim N(0,1)$

3. Irrtumswahrscheinlichkeit 5 %

   excel: a) „=FINV(0,05;1;75)"   b) „=STANDNORMINV(0,975)"

   $f_{0,95}(1,75) = 3,968$ $z_{1-0,025} = 1,96$

4. Stichprobenergebnisse

$$\overline{x}_1 = 50 \qquad \overline{x}_2 = 48,4 \qquad \overline{x} = 49,15$$

$$s_1^2 = 8,4 \qquad s_2^2 = 7,5$$

a) $\displaystyle\sum_g n_g(\overline{x}_g - \overline{x})^2 = 36(50 - 49,15)^2 + 41(48,4 - 49,15)^2 = 49,0725$

$$\sum_g \sum_i (x_{gi} - \overline{x}_g)^2 = \sum_g (n_g - 1)s_g^2 = 35 \cdot 8,4 + 40 \cdot 7,5 = 594$$

$t = \dfrac{49,0725}{\dfrac{594}{75}} = 6,196$ $[\Longrightarrow \alpha^* = 0,015$

                          excel: „=FVERT(6,196;1;75)"]

b) $\hat{\sigma}^2 = \dfrac{35 \cdot 8,4 + 40 \cdot 7,5}{75} = 7,92$

$t = \dfrac{50 - 48,4}{\sqrt{7,92} \cdot \sqrt{\dfrac{1}{36} + \dfrac{1}{41}}} = 2,489$

$[\Longrightarrow \alpha^* = 0,013$ excel: „=(1-STANDNORMVERT(2,489))*2"]

5. Testentscheidung

   a) $t = 6,196 > 3,968 = f_{0,95}(1,75)$ b) $t = 2,489 > 1,96 = z_{1-0,025}$
   $[\alpha^* = 0,015 < 0,05 = \alpha]$ $[\alpha^* = 0,013 < 0,05 = \alpha]$

   H_0 ist widerlegt, die Verkehrssituation wird unterschiedlich beurteilt.

Fall 2 ($r = 3$):   Innenstadtbewohner   (μ_1, $n_1 = 50$)

                    Einfallstraßenbewohner   (μ_2, $n_2 = 60$)

                    Pendler   (μ_3, $n_3 = 40$)

1. Hypothese (H_1): In der Beurteilung unterscheiden sich mindestens zwei Gruppen, Nullhypothese

   $$H_0\colon \mu_1 = \mu_2 = \mu_3$$

2. Testfunktion

   $$T = \frac{\dfrac{S^2_{\text{ext}}}{r-1}}{\dfrac{S^2_{\text{int}}}{n-r}} = \frac{\dfrac{\displaystyle\sum_{g=1}^{r} n_g(\overline{X}_g - \overline{X})^2}{r-1}}{\dfrac{\displaystyle\sum_{g=1}^{r}\sum_{i=1}^{n_g}(X_{gi} - \overline{X}_g)^2}{n-r}} \sim f_{1-\alpha}(r-1, n-r)$$

3. Irrtumswahrscheinlichkeit 5 %

   excel: „=FINV(0,05;2;147)" $f_{0,95}(2, 147) = 3,058$

4. Stichprobenergebnisse

   $$\overline{x}_1 = 50 \qquad \overline{x}_2 = 46 \qquad \overline{x}_3 = 48,5 \qquad \overline{x} = 48$$

   $$s_1^2 = 80 \qquad s_2^2 = 85 \qquad s_3^2 = 75$$

   $$\sum n_g(\overline{x}_g - \overline{x})^2 = 50(50-48)^2 + 60(46-48)^2 + 40(48,5-48)^2 = 450$$

   $$\sum\sum (x_{gi} - \overline{x}_g)^2 = \sum (n_g - 1)s_g^2 = 49\cdot 80 + 59\cdot 85 + 39\cdot 75 = 11\,860$$

   $$t = \frac{\dfrac{450}{2}}{\dfrac{11\,860}{147}} = 2,79 \qquad [\implies \alpha^* = 0,10$$

   $$\text{excel: „=FVERT(2,79;2;147)"}]$$

5. Testentscheidung

   $$t = 2,79 < 3,058 = f_{0,95}(2, 147) \qquad [\alpha^* = 0,10 > 0,05 = \alpha]$$

   H_0 kann nicht widerlegt werden.

   (Im Gegensatz zu Fall 1 sind innerhalb der Gruppen die Urteile sehr unterschiedlich ausgefallen – deshalb keine Signifikanz.)

Auch bei einem Verteilungstest, hier z. B. einem Test auf Unabhängigkeit, kann es zunächst sinnvoll sein, ohne spezifizierte Gegenhypothese – diese müsste sich dann auf eine bestimmte Höhe des Abhängigkeitsmaßes beziehen – zu arbeiten, weil man nämlich bei Abhängigkeit z. B. weitere Forschungen anstellen würde.

Beispiel für einen Test auf Unabhängigkeit (vgl. Test 6, Seite 184)

Bei einer Umfrage (Zufallsstichprobe) zur Rentenreform soll in Abhängigkeit vom Alter die Zustimmung (-1 ablehnend, 0 neutral, +1 zustimmend) erfasst werden. Man vermutet, dass das Alter einen Einfluss auf die Zustimmung hat. (Die Hypothese lautet nicht, dass Ältere eher ablehnen.)

1. Nullhypothese: Die Häufigkeiten in der Kontingenztabelle der Grundgesamtheit unterscheiden sich nicht von der bei statistischer Unabhängigkeit geltenden Häufigkeit.

$$H_0: \pi_{ij} = \pi_{ij}^e$$

2. Testfunktion

$$T = \sum_{i=1}^{m} \sum_{j=1}^{k} \frac{(h_{ij} - h_{ij}^e)^2}{h_{ij}^e} \sim \chi_{1-\alpha}^2([m-1]\cdot[k-1])$$

3. Irrtumswahrscheinlichkeit 5 %

   excel: „=CHIINV(0,05;6)" $\chi_{0,95}^2([3-1]\cdot[4-1]) = \chi_{0,95}^2(6) = 12,6$

4. Stichprobenergebnis und -auswertung

Einstellung	Alter			
	- 20	21-40	41-65	66 und älter
-1	5	30	60	30
0	6	24	30	15
+1	9	26	10	5

Einstellung	Alter							
	-20		21-40		41-65		66 und älter	
-1	5	10	30	40	60	50	30	25
	25	2,5	100	2,5	100	2	25	1
0	6	6	24	24	30	30	15	15
	0	0	0	0	0	0	0	0
+1	9	4	26	16	10	20	5	10
	25	6,25	100	6,25	100	5	25	2,5

$\chi^2 = 28$ [$\Longrightarrow \alpha^* = 0,00$ (gerundet!) excel: „=CHIVERT(28;6)"]

5. Testentscheidung

$$t = \chi^2 = 28 > 12, 6 = \chi^2_{0,95}(6) \qquad [\alpha^* = 0,00 < 0,05 = \alpha]$$

H_0 wird abgelehnt. Dies ist ein Auftrag, weiter zu forschen, z. B. die Zusammenhänge durch ein ordinales Maß zu quantifizieren.

Tests auf Anteilssätze sind ein Spezialfall der Mittelwert-Tests, allerdings ist bei kleinen Stichproben die Testverteilung (m. Z., Binomialverteilung) bekannt.

Beispiel für einen Einstichprobentest für den Anteilssatz ($n\pi(1 - \pi) \geq 9$, vgl. Test 1, Seite 184)

Es soll bei der „Sonntagsfrage" ("Wen würden Sie wählen, wenn am Sonntag Wahlen wären?") die These getestet werden, dass die Regierungspartei mehr als 40 % der Stimmen erhält. Der Stichprobenumfang ist $n = 800$.

1. Nullhypothese

$$H_0\colon \pi \leq \pi_0 = 0, 4$$

2. Testfunktion

$$T = \frac{P - \pi_0}{\sqrt{\pi_0(1 - \pi_0)}}\sqrt{n} \ \sim \ N(0,1)$$

3. Irrtumswahrscheinlichkeit 2,28 %

excel: „=STANDNORMINV(0,9772)" $z_{1-0,0228} = 2$

4. Stichprobenziehung, $p = 0, 42$

$$t = \frac{0, 42 - 0, 4}{\sqrt{0, 4 \cdot 0, 6}}\sqrt{800} = 1, 155$$

$$[\Longrightarrow \ \alpha^* = 0, 124 \quad \text{excel: „=(1-STANDNORMVERT(1,155))"}]$$

5. Testentscheidung

$$t = 1, 155 < 2 = z_{1-0,0228} \qquad [\alpha^* = 0, 124 > 0, 05 = \alpha].$$

Bei diesem Stichprobenumfang und Signifikanzniveau kann trotz des Ergebnisses von 42 % die Hypothese, die Regierungspartei erhielte nur 40 % der Stimmen oder weniger, *nicht* widerlegt werden. (Man könn-te den Auftraggebern der Regierungspartei vielleicht einen Gefallen erweisen, wenn man das Ergebnis als „signifikant auf dem 87,5 %-Niveau" qualifizieren würde, vgl. Tafel zur Normalverteilung bzw. excel $\alpha = 0,125 \implies z_{1-0,125} = 1,150 < 1,155 = t$).

In der betrieblichen Praxis werden Testverfahren vornehmlich bei der Qualitätskontrolle – sofern dort eine Vollerhebung nicht möglich oder zu teuer ist – als Parametertests eingesetzt. Testgrößen sind arithmetische Mittel, Zentralwerte, Anteilssätze, Standardabweichungen und Spannweiten.

Man kann zwei Arten der statistischen Qualitätskontrolle unterscheiden:

- Die **statistische Prozesskontrolle**: Hier werden in (kurzen) zeitlichen Abständen kleine Stichproben dem Prozess (Fertigungsprozess, Ein- und Auslagerungsprozesse, Rechnungsstellungsprozess, Buchungsprozesse etc.) entnommen und die Einhaltung der über statistische Parameter festgelegten Normen überprüft.

- Die **Endkontrolle** oder **Abnahmeprüfung**: Hier wird das Prozessergebnis auf die Einhaltung von Normen meist durch größere Stichproben geprüft (Prüfung angelieferter oder zu versendender Ware, Ordnungsmäßigkeitsprüfungen durch den Wirtschaftsprüfer etc.).

Die Prozesskontrolle ist üblicherweise ein zweiseitiger Hypothesentest (Punkthypothese) ohne Berücksichtigung des β-Fehlers. Die Stichprobenergebnisse werden in Kontrollkarten, wie z. B. bei der $\bar{x}$-Kontrollkarte, als grafische Veranschaulichung eines Signifikanztests eingetragen.

Abb. 43: $\bar{x}$-Kontrollkarte

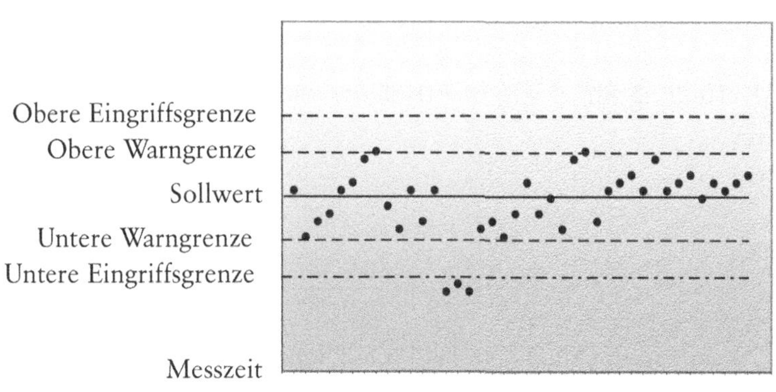

Obere und untere Eingriffs- (Kontroll-, Regel-) Grenzen sind die Grenzen des Zufallsintervalls für $\bar{x}$ bei vorgegebener Irrtumswahrscheinlichkeit α (z. B. 5 %, also die kritischen Werte c_1 und c_2). Überschreitet $\bar{x}$ die Grenzen, muss der Prozess nachgeregelt oder unterbrochen werden. Die Warngrenzen liegen innerhalb der kritischen Grenzen c_1 und c_2, z. B. für $\alpha^* = 0,1$ und sollen bei einer Überschreitung eine Verstärkung der Überwachung auslösen. Vorteil der Kontrollkarte ist, dass instabile Prozesse sogar schon vor Überschreiten der Warngrenzen am „Trend" der Messgrößen sichtbar werden und so frühzeitig eingegriffen werden kann. Statt $\bar{x}$-Karten (die Abweichungen können durch quantitative Merkmale gemessen werden) sind auch p-Karten (Anteile fehlerhafter Elemente) und Karten anderer statistischer Kenngrößen denkbar.

Bei Abnahmeprüfungen ist es sinnvoll, den Fehler 2. Art zu beachten. Bei der Wareneingangskontrolle ist nämlich der Lieferant daran interessiert, dass seine Lieferung nicht fälschlicherweise zurückgewiesen wird (Fehler 1. Art, deshalb dort auch „Produzentenrisiko" genannt), während der Käufer daran interessiert ist, nicht versehentlich eine fehlerhafte Lieferung zu erhalten (Fehler 2. Art, auch „Kundenrisiko" genannt). Man wird sich also auf eine kritische Grenze einigen müssen, mit der ein von jeder Seite akzeptierter β-Wert realisiert wird. Unter Umständen ist dies nur bei einem hohen Stichprobenumfang möglich, also teuer. Strategien bei der Endkontrolle bzw. Abnahmeprüfung sind deshalb darauf ausgerichtet, befriedigende Ergebnisse bei möglichst niedrigen Stichprobenumfängen zu erhalten. Das Problem ist aber zusätzlich, dass bei üblicherweise sehr kleinen Fehleranteilen bei Gut-Schlecht-Prüfungen große Stichproben nötig wären, um Fehler zu entdecken. Ist der Fehleranteil in der Grundgesamtheit zu groß, möchte man die Gesamtheit nicht fälschlicherweise annehmen – man will den Fehler entdecken. Ist der Fehleranteil akzeptabel klein, möchte man die Gesamtheit nicht irrtümlich zurückweisen.

Im einfachsten Fall könnte man bei kleinen Fehleranteilen und gegebenem β so vorgehen, dass man berechnet, wie viel Stichproben man ziehen müsste, ohne dass eine fehlerhafte Einheit auftritt, bis β erreicht wäre bei vorgegebenem höchst tolerierbarem Fehleranteil π_1 (H_1: $\pi \geq \pi_1$).

Beispiel für eine „Entdeckungsstichprobe"

Binomialverteilung für $x = 0$, $\beta = 0,05$, $\pi_1 = 0,04$.

$$\binom{n}{0} \pi^0 (1 - \pi)^n = \beta \implies$$

$$(1 - \pi)^n = \beta \implies$$

$$n = \frac{\ln \beta}{\ln(1 - \pi)} = \frac{\ln 0,05}{\ln 0,96} = 73.$$

Tritt bei 73 geprüften Fällen kein Fehler auf, kann man mit großer Sicherheit (95 %) davon ausgehen, dass weniger als 4 % fehlerhafte Einheiten in der Gesamtheit sind (präziser: Es wird widerlegt, dass 4 % oder mehr fehlerhaft sind).

Tritt allerdings nur ein Fehler auf, muss man ein anderes Verfahren anwenden, d. h. man wird nur dann so vorgehen, wenn man sich durch Berücksichtigung anderer Informationsquellen – die Wirtschaftsprüfer beispielsweise durch eine „Systemprüfung" – ziemlich sicher sein kann, dass der Fehleranteil sehr klein ist.

Eine Weiterentwicklung dieses Verfahrens der sukzessiven Prüfung – der Stichprobenumfang ist nicht von vornherein festgelegt – ist der sog. Sequential-test. Hier werden bei vorgegebenen α- und β-Werten Mindeststichprobenum-fänge berechnet, die je nach Zahl der fehlerhaften Einheiten in der Stichprobe schon bei relativ geringem Stichprobenumfang eine Entscheidung für H_0 oder H_1 erlauben – zumindest dann, wenn der Fehleranteil in der Grundgesamtheit entweder unter π_0 (H_0: $\pi \leq \pi_0$) (Idealfall sehr klein) oder über π_1 (H_1: $\pi \geq \pi_1$) (nicht mehr tolerierbar) liegt. Liegt er tatsächlich zwischen den Grenzen π_0 und π_1, führt das Verfahren zu keiner schnellen Entscheidung, d. h. sind hö-here Stichprobenumfänge (u. U. bis zur Höhe des klassischen Tests bei den geforderten Irrtumswahrscheinlichkeiten) zu erwarten.

Übersicht 15: Häufig angewandte Testverfahren

(Hypothetische) Frage, die durch das Verfahren beantwortet werden soll	Zu vergleichende statistische Kenngrößen (Verteilungsvoraussetzung)	Nullhypothese H_0	Testfunktion T	Testverteilung T/H_0	Entscheidungsregel zur Ablehnung von H_0 bei gegebenem α, z.B. $\alpha = 0{,}05$
Kann eine Stichprobe gemessen am arithmetischen Mittel aus einer bestimmten Grundgesamtheit stammen? ①	$\overline{X}$ und μ_0 bei bekanntem σ $(X \sim N(\mu, \sigma^2))$	$H_0: \mu = \mu_0$ $(H_0: \mu \le \mu_0)$ $(H_0: \mu \ge \mu_0)$	$\dfrac{\overline{X} - \mu_0}{\sigma}\sqrt{n}$	$N(0,1)$	$\lvert t \rvert > z_{1-\alpha/2}$ $(t > z_{1-\alpha})$ $(t < -z_{1-\alpha})$
	$\overline{X}$ und μ_0 bei unbekanntem σ $(n > 30: X$ bel. vert.$)$	$H_0: \mu = \mu_0$ $(H_0: \mu \le \mu_0)$ $(H_0: \mu \ge \mu_0)$	$\dfrac{\overline{X} - \mu_0}{S}\sqrt{n}$	$t(n-1)$ bei $n > 30$ $N(0,1)$	$\lvert t \rvert > t_{1-\alpha/2}$ $\lvert t \rvert > z_{1-\alpha/2}$ $(t > t_{1-\alpha},\ t > z_{1-\alpha})$ $(t < -t_{1-\alpha},\ t < -z_{1-\alpha})$
Unterscheiden sich zwei Stichproben oder stammen sie aus derselben Grundgesamtheit? $(g = 1,2)$ ②	$\overline{X}_1$ und $\overline{X}_2$ mit $\sigma_1^2 = \sigma_2^2 =: \sigma^2$, aber unbekannt $(n_g > 30: X_g$ bel. vert.$)$	$H_0: \mu_1 = \mu_2$ $(H_0: \mu_1 \le \mu_2)$ $(H_0: \mu_1 \ge \mu_2)$	$\dfrac{\overline{X}_1 - \overline{X}_2}{\hat{\sigma}\sqrt{\frac{1}{n_1} + \frac{1}{n_2}}}$ $\hat{\sigma}^2 = \dfrac{(n_1-1)S_1^2 + (n_2-1)S_2^2}{n_1 + n_2 - 2}$	$t(n_1 + n_2 - 2)$ bei $n_1, n_2 > 30$ $N(0,1)$	$\lvert t \rvert > t_{1-\alpha/2}$ $\lvert t \rvert > z_{1-\alpha/2}$ $(t > t_{1-\alpha},\ t > z_{1-\alpha})$ $(t < -t_{1-\alpha},\ t < -z_{1-\alpha})$
Unterscheiden sich mindestens zwei Stichproben beim Vergleich von r Stichproben? $(g = 1, \ldots, r)$ ③	$\overline{X}_1, \overline{X}_2, \ldots, \overline{X}_r$ mit $\sigma_1^2 = \sigma_2^2 = \ldots = \sigma_r^2$, aber unbekannt $(X_g \sim N(\mu_g, \sigma_g^2))$	$H_0: \mu_1 = \mu_2 = \ldots = \mu_r$	$\dfrac{\frac{S_{ext}^2}{r-1}}{\frac{S_{int}^2}{n-r}} = \dfrac{\frac{\sum_{g=1}^{r} n_g(\overline{X}_g - \overline{X})^2}{r-1}}{\frac{\sum_{g=1}^{r}\sum_{i=1}^{n_g}(X_{gi} - \overline{X}_g)^2}{n-r}}$	$f(r-1, n-r)$ mit $n = \sum_{g=1}^{r} n_g$	$t > f_{1-\alpha}$
Kann eine Stichprobe gemessen an der Varianz aus einer beliebigen Grundgesamtheit stammen? ④	S^2 und σ_0^2 mit μ unbekannt $(X \sim N(\mu, \sigma^2))$	$H_0: \sigma^2 = \sigma_0^2$	$\dfrac{(n-1)S^2}{\sigma_0^2}$	$\chi^2(n-1)$	$t > \chi^2_{1-\alpha}$
Unterscheiden sich zwei Stichproben bezüglich der Varianz? ⑤	S_1^2 und S_2^2 $(X_1 \sim N(\mu_1, \sigma_1^2)$, $X_2 \sim N(\mu_2, \sigma_2^2))$	$H_0: \sigma_1^2 = \sigma_2^2$	$\dfrac{S_1^2}{S_2^2}$	$f(n_1 - 1, n_2 - 1)$	$t > f_{1-\alpha}$
Sind zwei Merkmale statistisch verbunden? ⑥	h_{ij} und h_{ij}^e in einer Kreuztabelle mit m Zeilen und k Spalten	$H_0: \pi_{ij} = \pi_{ij}^e$	$\sum_{i=1}^{m}\sum_{j=1}^{k}\dfrac{(h_{ij} - h_{ij}^e)^2}{h_{ij}^e}$	$\chi^2([m-1][k-1])$	$t > \chi^2_{1-\alpha}$ (h_{ij}^e sollte größer als 5 sein)

Sum-
mary

- Die sog. Nullhypothese (H_0) ist die mathematische Formulierung einer aus der Theorie oder Erfahrung oder Güteforderung etc. sich ergebenden Hypothese so, dass eine Überprüfung durch einen statistischen Test möglich ist. Dazu gehören eine adäquate empirische Messung und deren Umsetzung in eine statistische Kenngröße (Testfunktion T als Zufallsvariable) so, dass bei bekanntem Zufallsprozess eine Verteilung möglicher Ergebnisse angegeben werden kann. So lassen sich Regeln ableiten, die mögliche Stichprobenergebnisse als mit einer Hypothese verträglich oder nicht verträglich einzuordnen erlauben.

- Ein Ergebnis, das „signifikant" oder gar „hochsignifikant" ist (vgl. „purer" Signifikanztest), bedeutet nun nicht, dass es in der Sache wesentlich sei, sondern nur, dass der Verfahrenseinfluss vermutlich gering ist. Dies kann einfach z. B. durch einen großen Stichprobenumfang erreicht werden. Nichtsignifikanz, also kein Widerspruch zur Hypothese, bedeutet ebensowenig, dass die Hypothese sachlich gerechtfertigt oder gar bestätigt wurde – sie wurde nur nicht mit der gewählten Verfahrensweise widerlegt.

- Bei der geschilderten Vorgehensweise der Hypothesenprüfung – nämlich sehr unwahrscheinliche Ergebnisse (am Rand der Testverteilung) als Widerlegung aufzufassen –, geht man natürlich das Risiko ein, fälschlicherweise zu widerlegen. Das Risikomaß hierfür ist die Irrtumswahrscheinlichkeit α, d. h. der Anteil all derjeniger Ergebnisse für t, die man als unwahrscheinlich bezeichnen würde.

- α wird beim klassischen Signifikanztest vorgegeben. Bei gegebener Testfunktion und ihrer Verteilung ist damit der Ablehnungsbereich für H_0 festgelegt. Manchmal wird erst nach der Stichprobenauswertung ein α berechnet, zu dem H_0 gerade noch nicht verworfen wird („purer" Signifikanztest). Je geringer dann α ausfällt, desto stärker ist die Widerlegung von H_0, d. h. desto höher ist die Signifikanz.

- β hängt von einer Alternativhypothese H_1 ab, die in wissenschaftlichen Anwendungen selten als Punkthypothese (klassischer Alternativtest) formulierbar ist. $(1 - \beta)$ wird als „Macht" – β als „Operationscharakteristik" – eines Tests bezeichnet und gilt als Auswahlkriterium: Hat man bei vorgegebenem α die Wahl zwischen verschiedenen Testverfahren, so wird man jenes mit der größten Macht wählen.

Summary

- Eine Testentscheidung bzw. die Angabe eines Signifikanzniveaus wird getroffen auf der Grundlage einer Testverteilung bei Gültigkeit der Nullhypothese. Widerlegt man H_0, dann wäre auch die Testverteilung und damit die so berechnete Irrtumswahrscheinlichkeit α falsch. Man wird deshalb die zu prüfende Hypothese bei einer Bereichshypothese als Bereichsgegenhypothese H_1 bzw. bei einer Punkthypothese als Bereichsgegenhypothesen H_1 und H_2 formulieren. Die Irrtumswahrscheinlichkeit erreicht dann höchstens α, auch wenn H_0 nicht zutrifft.

Aufgabe 16

Deutsche Männer sind im Durchschnitt 178cm groß bei einer Streuung von $\sigma = 10$cm. 10 % sind blond. Eine Stichprobe von 100 Managern in höheren Positionen ergab eine durchschnittliche Körpergröße von $\overline{x} = 175$cm. 13 Manager waren blond. Prüfen Sie bei einer Irrtumswahrscheinlichkeit von $\alpha = 0,0446$

a) die „Napoleon"-Hypothese: Im Beruf erfolgreiche Männer sind im Durchschnitt kleiner als andere,

b) die „Teutonen"-Hypothese: Unter den im Beruf erfolgreichen Männern gibt es mehr Blonde.

Lösung: a) Vgl. Test 1, Seite 184

1. H_0: $\mu \geq \mu_0 = 178$,

2. Testfunktion: $T = \dfrac{\overline{X} - \mu_0}{\sigma} \sqrt{n} \sim N(0,1)$

3. Irrtumswahrscheinlichkeit $\alpha = 0,0446 \implies z = 1,7$

4. $\overline{x} = 175 \implies t = \dfrac{175 - 178}{10} \cdot \sqrt{100} = -3$

5. $t = -3 < -1,7 \implies H_0$ widerlegt, d.h.: Man kann mit diesem Stichprobenergebnis die „Napoleon"-Hypothese (H_1), im Beruf erfolgreiche Männer seien im Durchschnitt kleiner als andere, nicht widerlegen.

b) Vgl. Test 1, Seite 184

1. $H_0 : \pi \leq \pi_0 = 0,1$

2. Testfunktion: $T = \dfrac{P - \pi_0}{\sqrt{\pi_0(1 - \pi_0)}} \sqrt{n} \sim N(0,1)$

3. Irrtumswahrscheinlichkeit $\alpha = 0,0446 \implies z = 1,7$

4. $p = 0,13 \implies t = \dfrac{0,13 - 0,1}{\sqrt{0,1 \cdot 0,9}} \sqrt{100} = 1$

5. $t = 1 < 1,7$, d. h.: Bei diesem Stichprobenumfang und Signifikanzniveau kann die Hypothese (H_0), dass es unter den im Beruf erfolgreichen Männern gleich viel oder weniger Blonde gibt, nicht widerlegt werden.

6 Wirtschaftsstatistische Anwendungen

Lernziele

Die bisher behandelten grundlegenden statistischen Konzepte werden in diesem Kapitel in typischen Anwendungen nochmals aufgegriffen. Es wird davon ausgegangen, dass diese Verfahren in nachfolgenden betriebs- und volkswirtschaftlichen Fächern weiter vertieft werden. Zunächst werden Beispiele für die Nutzung kumulierter Häufigkeiten bei volkswirtschaftlichen Verteilungsfragen bzw. bei Kunden-/Produktanalysen im Marketing oder Strukturanalysen im Rechnungswesen behandelt.

Das nächste Kapitel erläutert den Einsatz des arithmetischen Mittels z. B. bei der Arbeitsmarkt- und Bevölkerungsanalyse sowie der Lagerwirtschaft.

Spezielle Mittelwerte von Verhältniszahlen – sie spielen allgemein im Controlling eine große Rolle – sind gewogene Mittel von Messzahlen, die Indexzahlen, die z. B. ein Bündel von Preisentwicklungen – Preisindizes zur Inflationsmessung, Aktienindizes zur Performance Messung auf Kapitalmärkten – abbilden sollen.

Das wichtigste Hilfsmittel bei der Analyse von gesamtwirtschaftlichen, makroökonomischen Gesetzmäßigkeiten ist die Regressionsrechnung. Sie findet auch Anwendung bei der Wirkungsmessung im Marketing. Weitere multivariate Methoden werden – sofern Statistik nicht vertieft wird – im Fach Marketingforschung behandelt (vgl. auch www.prof-roessler.de/Dateien/Statistik/multivariat.pdf).

Die Analyse zeitlicher Entwicklungen – das Lernen aus Regelmäßigkeiten der Vergangenheit – ist sowohl bei gesamtwirtschaftlichen Analysen als Grundlage wirtschaftspolitischer Entscheidungen als auch als Basis betriebswirtschaftlicher Entscheidungen Standard, sofern nicht Diskontinuitäten zu erwarten sind.

Letztlich sollen natürlich alle statistischen Ergebnisse bei Entscheidungen helfen, also z. B. nützlich sein bei der Gestaltung der Zukunft. Welche Unwägbarkeiten sind damit verbunden? Häufig wird versucht, diese Unsicherheiten (vgl. auch Kapitel 1.2) mit Hilfe der Wahrscheinlichkeitsrechnung zu quantifizieren. Dazu müssen die Zufallsprozesse, die diese Unsicherheiten erzeugen, identifiziert bzw. modelliert werden. Zwei Beispiele werden behandelt, die den Einsatz der Gauß'schen Normalverteilung erlauben: die Berechnung von Risiken bei Anlageentscheidungen am Kapitalmarkt und die Berechnung des Stichprobenfehlers bzw. eines Ablehnungsbereichs für die Richtigkeit der Buchführung bei Zufallsstichprobeninventuren.

© Springer-Verlag GmbH Deutschland, ein Teil von Springer Nature 2019
I. Rößler und A. Ungerer, *Statistik für Wirtschaftswissenschaftler*,
BA KOMPAKT, https://doi.org/10.1007/978-3-662-60342-0_6

6.1 Disparitätsmessungen

Konzentrationsuntersuchungen spielen insbesondere bei Wettbewerbsanalysen auf Märkten eine große Rolle. (Absolute) „Konzentration" bedeutet, dass auf wenige Merkmalsträger ein großer Teil der Merkmalssumme entfällt.

„Disparität" bedeutet, dass auf einen kleinen *Anteil* der Merkmalsträger ein großer Teil der Merkmalssumme entfällt. Dies wird auch „relative Konzentration" im Gegensatz zur „absoluten Konzentration" genannt. Disparitätsmessungen betreffen also eher Massendaten, aus denen heraus nicht einzelne (Unternehmen, Kunden, Produkte etc.) Einheiten, identifiziert werden sollen, sondern für die Strukturanalysen – auch zu einer Untergruppenabgrenzung – bezüglich Merkmalssummen angestellt werden. Hierbei werden letztlich Mengen- und Merkmalssummenanteile verglichen. Bei hoher Disparität gilt für die Untergruppen der „Kleinen" und „Großen":

„Klein":   hoher Mengen-, geringer Merkmalssummenanteil
„Groß":   geringer Mengen-, aber hoher Merkmalssummenanteil

Was unter „Menge" und „Merkmalssumme" zu verstehen ist, muss aus dem Sachzusammenhang (z. B. bei Wettbewerbs-, Kunden-, Produktanalysen) geklärt werden.

> Ein Zeitungsverlag mit zehn Titeln mit jeweils unterschiedlicher jährlicher Auflage könnte als „Menge" die zehn Titel, aber auch die produzierte Auflage (als Maß für die Kapazitätsbeanspruchung) definieren. Merkmalssumme könnte die Gesamtauflage, der Umsatz oder der Gesamtdeckungsbeitrag sein. Als Ergebnis der Konzentrationsanalyse könnte sich ergeben:
>
> - Titel 1   hat die höchste Auflage
> - Titel 3   liefert den höchsten Umsatzanteil
> - Titel 7   bringt den größten Deckungsbeitragsanteil
> - Titel 4 und 5   haben zusammen den geringsten Auflagenanteil bei einem weit höheren Anteil am Gesamtumsatz
> - Titel 2   hat verglichen mit seinem Anteil an der Gesamtauflage einen weit höheren Deckungsbeitragsanteil.
>
> Welcher Titel ist also der wichtigste?

Der Hinweis „ABC-Analysen können ein Unternehmen in den Ruin führen" bedeutet nicht, dass das statistische Verfahren fehlerhaft ist, sondern, dass die „Mengen-" bzw. „Merkmalssummen-" Definition sachgerecht erfolgen muss. Wird der Umsatz (des letzten Jahres oder prognostiziert) als Maßstab für „Wichtigkeit" genommen, so kann es natürlich sein, dass die mächtigen Großkunden die Preise so drücken, dass ihr Deckungsbeitragsanteil sie bezüglich dieses Maßstabs zu C-Kunden (geringerer Anteil an der Merkmalssumme) macht. Der Umsatzanteil als Maßstab wäre sinnvoll bei Auslastungs-/Beschäftigungsanalysen, der Deckungsbeitragsanteil bei kurzfristigen Gewinnanalysen. Wollte man die

„Wichtigkeit" der Kunden an ihrem Beitrag zur langfristigen Wettbewerbsfähigkeit, also zum Unternehmenswert messen, so sollten eher die auf heute diskontierten erwarteten Einzahlungsüberschüsse der Kunden (der Customer Lifetime Value) als Gradmesser dienen.

Wollte man den Vergleich von Mengen- und Merkmalssummenanteilen an Histogrammen vornehmen, so müsste man Flächenanteile vergleichen (bei wenigen Anteilen u. U. sinnvoll).

Hier bedeutet wiederum das Konzept der Kumulation und eine darauf beruhende Grafik, die Lorenzkurve, eine Vereinfachung.

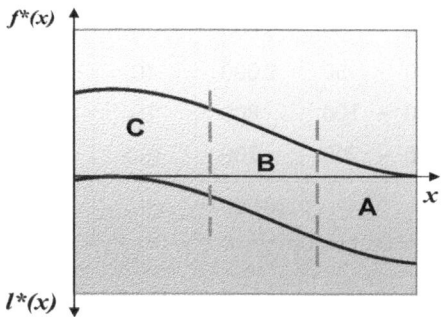

Abb. 44: Mengen- und Merkmalssummenanteile an Histogrammen

Grundsätzlich könnte auch bei Disparitätsanalysen von den geordneten Beobachtungswerten $x_{(i)}$ ausgegangen werden, z. B. bei Lageranalysen, und nicht der Zwischenschritt einer Gruppierung oder Klassierung (hier zur Präsentation sinnvoller Beispiele nötig) durchgeführt werden, um eine **Lorenzkurve** – Verbindungslinie der Punkte (F_i, L_i) bzw. (F_j, L_j) – zu erhalten.

Übersicht 16: Erstellung von Lorenzkurven

	Beob.-werte	Gruppierung	Klassierung
Bezugs-größe	x_i $i = (1), \ldots, (n)$	x_i $i = 1, \ldots, m$	$[a_j, b_j)$ $j = 1, \ldots, m$
relative Häufgk.	$\dfrac{1}{n}$	f_i	f_j
kumul. rel. H.	$F_i = \dfrac{(i)}{n}$	$F_i = \displaystyle\sum_{k=1}^{i} f_k$	$F_j = \displaystyle\sum_{k=1}^{j} f_k$
relative Merk-mals-summe	$l_i = \dfrac{x_{(i)}}{\displaystyle\sum_{i=1}^{n} x_i}$	$l_i = \dfrac{h_i x_i}{\displaystyle\sum_{i=1}^{m} h_i x_i} = \dfrac{x_i}{x}$	$l_j = \dfrac{h_j \overline{x}_j}{\displaystyle\sum_{j=1}^{m} h_j \overline{x}_j} = \dfrac{x_j}{x}$ u. U. $\hat{\overline{x}}_j = \tilde{x}_j$
kumul. rel. MS	$L_i = \displaystyle\sum_{k=1}^{i} l_k$	$L_i = \displaystyle\sum_{k=1}^{i} l_k$	$L_j = \displaystyle\sum_{k=1}^{j} l_k$

Beispiel für die Strukturanalyse eines Konkurs-Lagers (die Einzelwerte sind durch Klassenzuordnung geschätzt)

$[a_j, b_j)$	h_j	$\tilde{x}_j$	$h_j\tilde{x}_j$	f_j	l_j	F_j	L_j
0 – 10	4 000	5	20 000	0,4	0,08	0,4	0,08
10 – 30	3 000	20	60 000	0,3	0,24	0,7	0,32
30 – 50	2 000	40	80 000	0,2	0,32	0,9	0,64
50 – 100	800	75	60 000	0,08	0,24	0,98	0,88
100 – 200	200	150	30 000	0,02	0,12	1	1
$\sum$	10 000	–	250 000	1	1	–	–

Wären die Einzelwerte der Positionen bekannt, so hätte man 10 000 Wertepaare (F_i, L_i). Wegen der Klassierung hat man nur 5 Wertepaare (F_j, L_j) für die Klassenobergrenzen und muss daraus die Lorenzkurve zeichnen. Die Punkte durch Geraden zu verbinden wäre nur richtig, wenn innerhalb einer Klasse alle Einheiten den Wert $\overline{x}_j$, hier $\tilde{x}_j$ hätten (Einpunktverteilung) – konstanter Wertzuwachs. Hätte man eine Rechteckverteilung, dann wären die Verbindungslinien Parabelstücke [vgl. Piesch (2000)].

Einpunktverteilung: Rechteckverteilung:

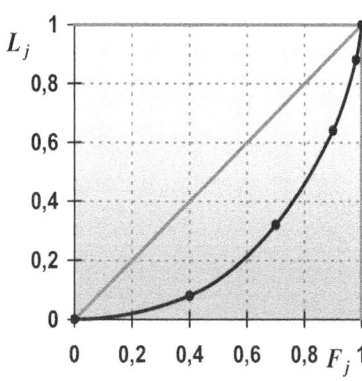

Hätte man die Einzelwerte, so erhielte man eine durch die Punkte (F_i, L_i) laufende „Kurve" geplottet aus 10 000 Einzelpunkten. (Bei der rechten Grafik wurden die Punkte der Kurve einer Rechteckverteilung berechnet und dargestellt, sonst wird eine „Freihandkurve" empfohlen, natürlich konvex.)

Lorenzkurven werden bei volkswirtschaftlichen Fragestellungen zur Darstellung von Einkommens- und Vermögensverteilungen verwendet, ihr Verlauf im Zeit- (z. B. Nettoeinkommensverteilung vor und nach einer Einkommensteuerreform) und Regionalvergleich (z. B. Vergleiche innerhalb der EU) interpretiert.

Je näher die Kurve an der Diagonalen verläuft, desto gleichmäßiger sind die Einkommen verteilt und je weiter die Kurve entfernt ist, desto ungleichmäßiger sind sie verteilt. Die Fläche zwischen der Winkelhalbierenden und der Kurve, normiert auf das Dreieck unterhalb der Diagonalen ("Gini-Koeffizient") oder die längste Sehne ("Schutz-Koeffizient" S), werden als Abstandsmaß der Kurve zur Diagonalen, also als Ungleichheitsmaß verwendet.

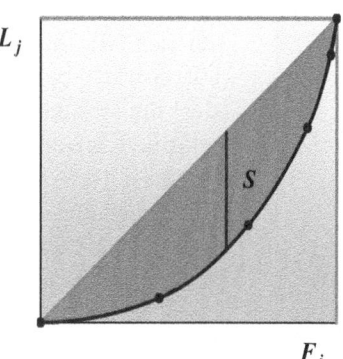

Abb. 45: Grafische Interpretation bekannter Disparitätsmaße

Schneiden sich Lorenzkurven im Vergleich, dann werden sie vor und nach dem Schnittpunkt getrennt interpretiert. Sie sagen im Zeitverlauf nichts über Verschiebungen einzelner Merkmalsträger (Haushalte z. B.) auf der Einkommensskala aus.

In betriebswirtschaftlichen Anwendungen kann die Betrachtung der Steigung der Lorenzkurve hilfreich sein, z. B. zur Abgrenzung von Untergruppen (ABC-Analyse). Der flache Verlauf bildet die "geringwertigen", der steile Verlauf die "hochwertigen" Einheiten ab.

Abb. 46: Grafische Interpretation der Steigung der Lorenzkurve

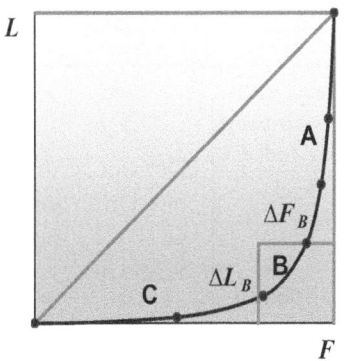

A: $\dfrac{\triangle L_A}{\triangle F_A} \gg 1$

B: $\dfrac{\triangle L_B}{\triangle F_B} \approx 1$

C: $\dfrac{\triangle L_C}{\triangle F_C} \ll 1$

Eindeutig sind nur zwei Gruppen abgrenzbar am Punkt der Lorenzkurve mit der Steigung 1, pragmatisch kann dieser Punkt zum "Knie" erweitert werden. Beispielsweise hilft diese Analyse bei der Inventurplanung oder bei der Prüfungsplanung eines Wirtschaftsprüfers.

Sum-

mary

• Die Verteilung der Merkmalssumme (nicht-negativer metrischer Merkmale) auf die Merkmalsträger ist Gegenstand der Konzentrations- und Disparitätsmessung. „Konzentration" bedeutet, dass auf wenige (große) Merkmalsträger ein großer Teil der Merkmalssumme entfällt (absolute Konzentration), „Disparität" bedeutet, dass auf einen kleinen Anteil der Merkmalsträger ein großer Teil der Merkmalssumme entfällt (relative Konzentration). Volkswirtschaftliche Disparitätsmessungen betreffen Merkmale wie Einkommen und Vermögen von Haushalten. Betriebswirtschaftliche Disparitätsmessungen („ABC-Analysen") werden bei Auftragswerten, Umsätzen, Deckungsbeiträgen von Produkten etc. vorgenommen.

• Bei großen n erlauben Lorenzkurven übersichtliche Darstellungen. Die Lorenzkurve wird über die Wertepaare der kumulierten relativen Häufigkeiten und der kumulierten relativen Merkmalssummen gebildet.

• Je näher die Lorenzkurve an der Winkelhalbierenden verläuft, desto geringer ist die Disparität. Die Fläche zwischen der Kurve und der Winkelhalbierenden bezogen auf die gesamte Dreiecksfläche unter der Winkelhalbierenden ist das bekannte Disparitätsmaß Gini-Koeffizient.

• Eine Steigungsanalyse der Lorenzkurve kann bei Bildung von Untergruppengrenzen (ABC-Analysen, Schichtung) hilfreich sein.

Aufgabe

€ von ... bis unter ...	Ford.- zahl	Gesamtwert in Tsd. €
0 – 20	1 200	20
20 – 40	800	20
40 – 100	1 000	60
100 – 800	600	200
800 – 1 500	200	200
1 500 – 4 000	80	200
4 000 – 6 000	80	400
6 000 und mehr	40	900

Der Forderungsbestand eines Unternehmens zeigte am 31.12. nebenstehende Struktur.

Führen Sie mit Hilfe der Lorenzkurve eine ABC-Analyse durch.

Lösung:

$[a_j, b_j)$	h_j	$h_j \overline{x}_j$	f_j	l_j	F_j	L_j
0 – 20	1 200	20	0,3	0,01	0,3	0,01
20 – 40	800	20	0,2	0,01	0,5	0,02
40 – 100	1 000	60	0,25	0,03	0,75	0,05
100 – 800	600	200	0,15	0,1	0,9	0,15
800 – 1 500	200	200	0,05	0,1	0,95	0,25
1 500 – 4 000	80	200	0,02	0,1	0,97	0,35
4 000 – 6 000	80	400	0,02	0,2	0,99	0,55
6 000 und mehr	40	900	0,01	0,45	1	1
$\sum$	4 000	2 000	1	1	–	–

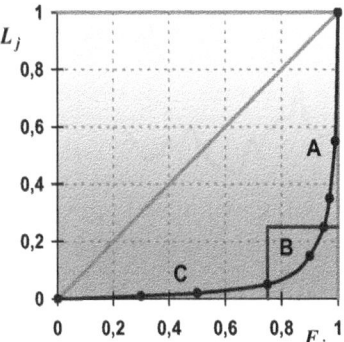

C/B: 100 €, B/A: 1 500 €, d. h.

Kategorie	$\triangle F$	$\triangle L$
C: 0 – 100 €	0,75	0,05
B: 100 – 1 500 €	0,2	0,2
A: 1 500 € und mehr	0,05	0,75

6.2 Bestands- und Bewegungsmassen

Verlaufsstatistische Methoden dienen der Beschreibung, Analyse und daraus der Prognose von Beständen und deren Veränderung im Zeitablauf. Bestandsmassen sind zeitpunktbezogen, Bewegungsmassen beziehen sich auf Zeiträume.

Ist ein Anfangsbestand n_a in einem betrachteten Zeitraum $[a, b]$ bekannt, so kann zu jedem Zeitpunkt dieses Zeitraums, speziell zum Ende, ein Endbestand n_b durch Fortschreibung über die Zugänge n_{ab}^+ im Intervall $[a, b)$ und die Abgänge n_{ab}^- in $(a, b]$ berechnet werden.

- Fortschreibung

$$n_b = n_a + n_{ab}^+ - n_{ab}^-$$

So müssen beim Verfahren der „Permanenten Inventur" die Vermögenswerte nicht zum Bilanzstichtag aufgenommen werden. Vermögensteile, z. B. das Lager für Roh-, Hilfs- und Betriebsstoffe, können schon zu irgendeinem Zeitpunkt während des Jahres – natürlich bei möglichst niedrigen Beständen – aufgenommen und dann bis zum Bilanzstichtag fortgeschrieben werden, weil dann die

Aufnahmekosten gering sind. Das Fortschreibungsverfahren muss allerdings eine lückenlose Erfassung der Zu- und Abgänge gewährleisten. Diese Erfassung wird z. B. bei der Bevölkerungsfortschreibung durch die Standesämter (Geburten und Sterbefälle) und Einwohnermeldeämter (Zu- und Wegzüge) vorgenommen. Insbesondere letztere Daten dürften dabei mit gewissen Mängeln behaftet sein.

In den üblichen wirtschaftsstatistischen Anwendungen finden die Zu- und Abgänge (z. B. Geburten- und Sterbefälle, Lagerzugänge und -entnahmen) nicht stetig, sondern zu diskreten Zeitpunkten im betrachteten Zeitintervall statt.

Die Bestandsfunktion $n(t)$, die den Bestand zu jedem Zeitpunkt t abbildet, ist deshalb streng genommen nicht, wie in der folgenden Abbildung unterstellt, stetig.

• **Bestandsfunktion**   **Abb. 47: Bestandsfunktion**

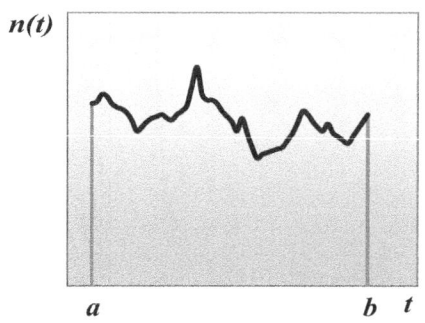

Die Grafik zeigt jedoch die Probleme bei verlaufsstatistischen Analysen in der Praxis:

○ Die Berechnung eines Durchschnittsbestandes aus einzelnen Bestandsmessungen (Kontostände am Abend, Arbeitslosenzahlen am Monatsende) kann zu einem „ungenauen" Ergebnis bei Bewegungen in den Messintervallen führen (vgl. Unterschied zwischen Bewegungsbilanz – Endbestandsvergleiche – und Kapitalflussrechnung – Bestandsänderungen generierende Stromgrößen).

○ Die Analyse von Verweildauern ist streng genommen nur bei sog. „geschlossenen" Massen ($n_a = n_b = 0$) möglich, also z. B. die Aufenthaltsdauer von Kunden in einem Einzelhandelsgeschäft während eines Tages, aber nicht die Dauer der individuellen Arbeitslosigkeit „der Arbeitslosen" (aber der Vermittelten eines Jahres) oder die Lebensdauer von Männern (aber der Gestorbenen des letzten Jahres) während eines Jahres („offene" Massen).

Die Einheiten der statistischen Massen können einzeln identifizierbare (Mengen-) Einheiten wie PKW's, Arbeitslose, Kunden etc. oder nicht einzeln identifizierbare in Dimensionen wie „Wert", „Liter" etc. erfasste Masseneinheiten sein. Individuelle Verweilzeiten und Abgangsfolgen wie FIFO (First In, First Out: Kunden an der Kasse z. B.) oder LIFO (Last In, First Out: Personalabbau

z. B.) können nur bei einzeln identifizierbaren Einheiten (Individualdaten) oder
bei Lagersystemen, die informative Teilmassen separieren lassen, festgestellt
werden. Trotzdem können auch für Massendaten Verweil- und Lagerdauer aus
dem während eines Zeitraumes „gebundenen" Bestand, dem Zeitmengenbestand D_{ab}, berechnet werden. Die Streuung der individuellen Verweildauern ist
dann allerdings unbekannt. Bei Lebensdaueranalysen für Menschen, Arbeitslose
oder Produkte ist diese Streuung als Basis für weitere Analysen natürlich von
großem Interesse.

- **Zeitmengenbestand in $[a, b]$**

$$D_{ab} = \int_a^b n(t)dt \quad \left(= \sum_{i=1}^n d_i \ \text{ bei geschlossenen Massen} \right)$$

Abb. 48: Zeitmengenbestand

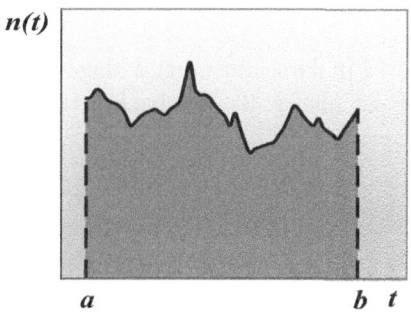

Für geschlossene Massen würde gelten („Menge" als Ausdruck von Dimensionen
wie Stück, €, Liter)

- **Zeitmengenbestand**

    D_{ab} [Menge · Zeit]

- **Durchschnittsbestand**

$$B_{ab} = \frac{D_{ab}}{b - a} \frac{[\text{Zeit}] \cdot [\text{Menge}]}{[\text{Zeit}]}$$

- **Mittlere Verweildauer**

$$d_{ab} = \frac{D_{ab}}{n} = \frac{1}{n} \sum_{i=1}^n d_i \frac{[\text{Zeit}] \cdot [\text{Menge}]}{[\text{Menge}]}$$

Bei offenen statistischen Massen müsste dann immer hinzugefügt werden „In
dem betrachteten Zeitraum $[a, b]$".

In der betriebswirtschaftlichen Praxis werden Lagerkennzahlen aus dem geschätzten Durchschnittsbestand bestimmt z. B.

- Durchschnittsbestand

$$B_{ab} = \frac{n_a + n_1 + \cdots + n_{12}}{13}$$

$$B_{ab} = \frac{n_a + n_b}{2} \quad \text{(bei stetiger Entwicklung im Messzeitraum)}$$

- Umschlagshäufigkeit

$$u_{ab} = \frac{b - a}{d_{ab}} = \frac{n}{B_{ab}} \approx \frac{n_{ab}^-}{B_{ab}}$$

- Mittlere Lagerdauer

$$d_{ab} = \frac{b - a}{u_{ab}}$$

Wird also ein Lagerbestand 12 mal im Jahr umgeschlagen, so beträgt die mittlere Lagerdauer 1 Monat, 1 € ist also z. B. durchschnittlich 1 Monat im Lager gebunden.

Beispiel für Lagerkennzahlen

Lagermonatsendbestände in Mio. €

Monat	1	2	3	4	5	6	7	8	9	10	11	12
Mio. €	4,2	4,7	4,8	4,3	4,2	3,9	3,7	3,4	3,5	3,8	3,9	4,0

$n_a = 3,6 \qquad n_{ab}^+ = 40,4.$

$$B_{ab} = \frac{3,6+4,2+4,7+4,8+4,3+4,2+3,9+3,7+3,4+3,5+3,8+3,9+4,0}{13} = 4.$$

D. h. im Durchschnitt liegt pro Monat ein Bestand im Wert von 4 Mio. € vor.

$n_{ab}^- = n_a - n_b + n_{ab}^+ = 3,6 - 4,0 + 40,4 = 40$ (Mio. €)

$$u_{ab} = \frac{n_{ab}^-}{B_{ab}} = \frac{40}{4} = 10.$$

D. h. 10 mal wird im Jahr ein Durchschnittsbestand von 4 Mio. € umgeschlagen (womit im Jahr 10 mal 4 Mio., also 40 Mio. € abgewickelt werden).

$$d_{ab} = \frac{b-a}{u_{ab}} = \frac{12-0}{10} = 1,2 \text{ Monate} \,\hat{=}\, 36 \text{ Tage}.$$

D. h. im Durchschnitt wird alle 36 Tage der Bestand erneuert.

Auch bei Massendaten sollten bezüglich der Verweildauer möglichst homogene Untergruppen identifiziert werden können. Eine Analyse der Umschlagshäufigkeiten („Renner-Penner-Analysen" im Einzelhandel) z. B. zur Identifikation von Ladenhütern oder der Wirkungsmessung von Marketingmaßnahmen oder neuer Logistikkonzepte ist nur bei differenzierter Analyse – hier Streuungszerlegung – möglich.

Streuungsanalysen sind selbstverständlich bei allen verlaufsstatistischen Analysen sinnvoll: Die Struktur der Bestände und der sie beeinflussenden Bewegungsmassen muss offengelegt werden.

Übersicht 17: Beispiele für Bewegungsgrößen und ihre Strukturierung

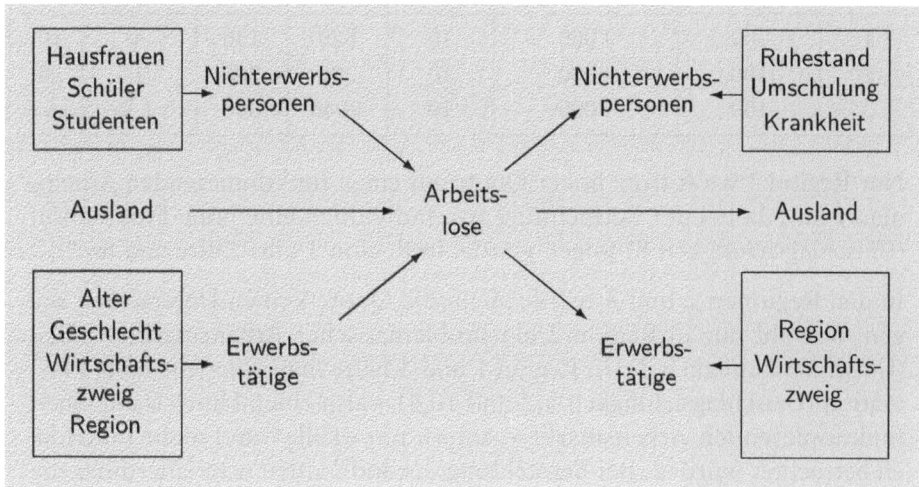

Für prognostische Zwecke müssen Änderungen dieser Größen, z. B. Altersstruktur der Bevölkerung, alters- und geschlechtsspezifische Erwerbsquoten, Wanderungen, Wirtschaftsstrukturverschiebungen, Ruhestandsregelungen etc., einkalkuliert werden.

Auch können etwa im Regionalvergleich gleich hohe Jahresarbeitslosenquoten (durchschnittliche Arbeitslosenzahl bezogen auf die durchschnittliche Erwerbspersonenzahl) unterschiedliche Sachverhalte abbilden:

o wenige, immer wieder Betroffene bei insgesamt langer individueller Dauer (z. B. gering Qualifizierte oder „hire and fire")

○ viele, nur einmal Betroffene bei langer Dauer am Stück (Langzeitarbeitslose)
○ sehr viele, nur ca. einmal Betroffene bei individuell kurzer Dauer.

Beispiel für die Interpretation von Arbeitslosenquoten

Zerlegung von Jahresarbeitslosenquoten:

$$B_{ab} = \frac{D_{ab}}{52} = \frac{\sum d_i}{52} = \frac{n \cdot \bar{d}}{52} = \frac{k \cdot \left(\frac{n}{k}\right) \cdot \bar{d}}{52}$$

n: Fälle, k: Betroffene

Region	Jahresdurchschnitte (Tsd.)		Quote	n_j	k_j	$\left(\frac{n}{k}\right)_j$	$\bar{d}_j$
j	Arbeitslose B_j	Erwerbs-personen		(Tsd.)	(Tsd.)		
1	100	1 000	10	520	130	4	10
2	100	1 000	10	200	200	1	26
3	100	1 000	10	1 040	800	1,3	5

Nur Region 3 weist trotz hoher Quote auf einen funktionierenden Arbeitsmarkt hin, da bei der Betrachtung von Individuen eine hohe Fluktuation (Umschlagshäufigkeit 8) folgen würde. In Region 1 gilt: „Hire and fire".

In den Regionen 2 und 3 würde allein die Quote keinen Unterschied zeigen, obwohl nur in Region 2 ein problematischer Arbeitsmarkt vorläge (Umschlagshäufigkeit 2). In Region 1 und 3 hätte man eine sehr hohe Fluktuation (Umschlagshäufigkeit 5,2 und 10,4) – also einen Hinweis auf einen funktionierenden Arbeitsmarkt –, sofern nur „Fälle" und nicht Individuen betrachtet würden. Bei Betrachtung der Individuen wäre allerdings die durchschnittliche Arbeitslosendauer in der ersten Region 40 Wochen, in Region 3 nur 6,5 Wochen.

Summary

• Bestandsmassen sind zeitpunktbezogen, Bewegungsmassen beziehen sich auf Zeiträume. Strukturbeschreibungen des Bestands sollten zur Erhöhung des Informationsgehalts durch eine Analyse der die Struktur beeinflussenden Bewegungsgrößen ergänzt werden.

Summary

- Die zeitliche Entwicklung des Bestands in einem Zeitintervall, die Bestandsfunktion, wird durch die aus dem Zeitmengenbestand abgeleiteten Kenngrößen „Durchschnittsbestand", „Mittlere Verweildauer" und "Umschlagshäufigkeit" beschrieben. Bei der Interpretation sollte beachtet werden, auf welchen Zeitraum sich die untersuchte statistische Masse bezieht und welche Streuung sich hinter den Durchschnitten verbirgt.

- Kennzahlen der Lagerwirtschaft („Renner-Penner-Listen") oder der Personalwirtschaft („Fluktuation") sind bekannte betriebswirtschaftliche Anwendungen.

- Bevölkerungs- und arbeitsmarktstatistische Analysen stützen sich ebenfalls auf derartige Kennzahlen (Lebenserwartung, Verweildauer in Arbeitslosigkeit).

Aufgabe (18)

Für ein Lager werden folgende Monatsendbestände festgestellt:

Monat	1	2	3	4	5	6	7	8	9	10	11	12
Tsd. €	17	15	12	10	10	12	13	12	10	12	15	16

Anfangsbestand: 15 Tsd. €, Zugänge: 469 Tsd. €.

Berechnen Sie: Durchschnittsbestand, Umschlagshäufigkeit, durchschnittliche Lagerdauer.

Lösung:
$$B_{ab} = \frac{15+17+15+12+10+10+12+13+12+10+12+15+16}{13}$$
$$= 13,$$

d. h.: Im Durchschnitt existiert in einem Monat ein Bestand im Wert von 13 Tsd. €.

$$n_{ab}^- = n_a - n_b + n_{ab}^+ = 15 - 16 - 469 = 468 \text{ (Tsd. €)}$$

$$u_{ab} = \frac{n_{ab}^-}{B_{ab}} = \frac{468}{13} = 36,$$

d. h.: 36 mal wird der Durchschnittsbestand in einem Jahr umgeschlagen.

$$d_{ab} = \frac{b-a}{u_{ab}} = \frac{12}{36} = \frac{1}{3} \text{ Monate} \,\widehat{=}\, 10 \text{ Tage},$$

d. h.: Im Durchschnitt wird alle 10 Tage der Bestand erneuert.

6.3 Verhältniszahlen, Indexzahlen

Die in statistischen Ergebnissen enthaltenen Informationen erschließen sich häufig erst in einem angemessenen Vergleich, der fachwissenschaftlich begründet sein muss. Verhältniszahlen bieten derartige Vergleiche. Ist der Zähler Teil des Nenners handelt es sich um eine Gliederungszahl. Bei Messzahlen bilden Zähler- und Nennerwerte gleichartige Sachverhalte für sich ausschließende Teile einer statistischen Gesamtheit ab. Beziehungszahlen sind Verhältnisse von unterschiedlichen, in sinnvoller Beziehung stehenden Größen. Die bekannteste Beziehungszahl ist das arithmetische Mittel.

Übersicht 18: Arten von Verhältniszahlen

Zähler ist ... des Nenners	Zähler und Nenner sind	
	gleichartig	verschiedenartig
Teil	Gliederungszahl	–
nicht Teil	Messzahl	Beziehungszahl

Beispiele für Gliederungszahlen sind Marktanteile (Absatz- oder Umsatzanteile), Kostenartenanteile an den Gesamtkosten, die Umsatz„rentabilität" als Gewinnanteil im Umsatz, Anteile von Bilanzpositionen an der Bilanzsumme wie die Eigenkapitalquote, Stimmenverteilung bei Wahlen (Bezugsgröße sind nicht die Wahlberechtigten, sondern die Wähler), die Arbeitslosenquote (Arbeitslose zu Erwerbspersonen) etc.

Bekannteste Messzahlen sind Vergleiche ökonomischer Sachverhalte zu unterschiedlichen Zeitpunkten bzw. für unterschiedliche Zeiträume, also z. B. von Umsätzen, Preisen, Aktienkursen, des Bruttoinlandsprodukts. Zeitpunkte und -räume müssen natürlich vergleichbar (Zeitabstand, Zeitraumlänge) gewählt sein. Andere Beispiele sind Vergleiche von Kostenblöcken (Personal- zu Materialkosten), Vergleiche mit den „Besten" (Benchmark) oder regionale Vergleiche bezüglich desselben Indikators.

Zähler und Nenner können selbst Gliederungs- (z. B. Verhältnis von Arbeitslosenquote) oder Beziehungszahlen (Bruttoinlandsprodukt pro Kopf-Relationen) sein. (Gewogene) Mittelwerte von Messzahlen werden Indexzahlen genannt.

Zähler- und Nennergrößen sollten bei Beziehungszahlen sachlich sinnvoll miteinander verbunden sein oder wenigstens sinnvolle Vergleiche erlauben. So ist der Alkoholverbrauch der Bevölkerung pro Kopf (also inklusive Abstinenzler) als medizinische Kenngröße für sich sinnlos, im Raum- oder Zeitvergleich bei jeweils der gleichen falschen Bezugsgröße trotzdem informativ.

Bekannte Beziehungszahlen sind volks- und betriebswirtschaftliche „Pro-Kopf-Quoten" wie Bruttoinlandsprodukt pro Kopf der Wohnbevölkerung, durchschnittliches Einkommen, hier oft je Verbrauchseinheit, also Haushalt, Umsatz je Mitarbeiter/Verkäufer. Auch andere Produktivitätskenngrößen wie Umsatz oder Deckungsbeitrag je qm als Raumleistung oder der Umsatz je Energieeinheit sind üblich. Bei Bilanzanalysen werden zusätzlich zu den Gliederungs- und Messzahlen je Bilanzseite Vergleiche von Aktiva- und Passivapositionen wie Liquiditätsgrade oder Anlagendeckungsgrade vorgenommen.

Verhältniszahlen kommen oft durch eine Aggregation von (Teil-) Verhältniszahlen zustande bzw. lassen sich entsprechend disaggregieren: Der Anteil der Mitarbeiter mit Migrationshintergrund im Unternehmen aus den Anteilen in den Abteilungen, die Entwicklung des Preises für ein Produkt in einer Volkswirtschaft aus den Preisentwicklungen auf Regionalmärkten (bei nicht vollkommenem Markt), das Pro-Kopf-Einkommen in der EU aus dem Pro-Kopf-Einkommen der Mitgliedstaaten.

Eine Interpretation der Gesamtgröße im Sachzusammenhang, z. B. als Basis einer Entscheidung, muss die Variabilität der Teilgrößen und das Aggregationsverfahren – hier die Gewichtungsbegründung beim arithmetischen Mittel – beachten.

> So werden z. B. für die Aktienkurse regelmäßig Volatilitätsmaße in den Börsennachrichten publiziert, die die Schwankungen der Kurse untereinander und im Vergleich zum Gesamtindex abbilden. Durch Offenlegung eines sachlich nachvollziehbaren Gewichtungsschemas wird dann der Index sogar interessant für die Begebung von Finanzprodukten, z. B. Indexzertifikaten. Für den DAX (Deutscher Aktienindex der 30 wichtigsten – gemessen an der Marktkapitalisierung und dem täglichen Handelsvolumen – deutschen Aktiengesellschaften) ist diese Nachvollziehbarkeit durch seine komplexe Gewichtsstruktur jedoch eingeschränkt. Ungewogene Mittel wie der Dow Jones Index sind transparenter.

Viele Missverständnisse entstehen beim Vergleich von Verhältniszahlen für statistische Gesamtmassen, die durch unterschiedliche Gewichtungsschemata zustandegekommen sind, z. B.

o kann an einer Universität der Anteil der Studentinnen an der Gesamtzahl der Studierenden niedriger sein als an der Vergleichsuniversität, obwohl in jedem Studienfach der Frauenanteil größer als dort ist (vgl. Beispiel, Seite 204).

o ist die Inflationsrate im Land A höher als im Land B, obwohl in B jeder einzelne Preis stärker gestiegen ist.

o widerspricht die amtliche bei einem bestimmten Wägungsschema festgestellte Inflationsrate nicht nur der „gefühlten" (man vergleicht nur wenige Ankerpreise), sondern auch der objektiv festgestellten individuellen Inflationsrate, d. h. der mit dem persönlichen, aktuellen Wägungsschema („das Haushaltsgeld reicht nicht mehr") berechneten Betroffenheit.

o können die nach Berufsgruppen ermittelten Durchschnittseinkommen der Region A jeweils höher sein als die Durchschnittseinkommen der Berufsgruppen in der Vergleichsregion B und trotzdem das gesamte Pro-Kopf-Einkommen in B dasjenige der Region A übersteigen.

Dieser scheinbare Widerspruch („Simpsons Paradoxon") ist durch die unterschiedliche Gewichtung erklärbar.

Beispiel für den Einfluss des Gewichtungsschemas

Simpson Paradoxon beim Vergleich der Studierendenstruktur zweier Universitäten A und B

Studienfach	Universität A		Universität B	
	Frauenquote %	Studierende	Frauenquote %	Studierende
Wirtsch.-wiss.	16	5 000	14	6 000
Sozialwiss.	60	5 000	50	9 000
Naturwiss.	10	10 000	8	3 000
insgesamt	24	20 000	31	18 000

Wie man sieht, ist in jedem einzelnen Studienfach die Frauenquote an der Universität A höher, aber insgesamt – wegen des geringeren Anteils des Faches mit hohem und einem höheren Anteil der Fächer mit niedrigen Frauenquoten – ist die Frauenquote von A mit 24 % niedriger als die 31 % der Universität B.

Will man dann die Einzelverhältnisse ohne Einfluss der Gewichte in einem Gesamtverhältnis abbilden, muss man „standardisieren", d. h. ein – auch bezüglich der statistischen Erhebbarkeit – vernünftiges Gewichtungsschema wählen, das dann aber bei der Interpretation des Gesamtergebnisses berücksichtigt werden muss. Diese Standardisierung, das Wägungsschema, stellt insbesondere bei räumlichen und zeitlichen Preisniveauvergleichen eine Herausforderung dar. Will man z. B. wissen, ob die „Kosten der Lebenshaltung" in einer Region höher sind als in einer anderen (bei gleicher Währungseinheit, z. B. €), so könnte man von einer identischen Verbrauchsstruktur – einem einheitlichen Warenkorb – ausgehen und die Ausgaben für diesen Warenkorb vergleichen. Informativ wäre diese Rechnung für dienstliche Reisen, wenn der Warenkorb dafür typische Leistungen (Übernachtung, Taxifahrten, Mahlzeiten etc.) mit realistischen Anteilen enthält (als „Reisegeldparitäten", bei unterschiedlichen Währungen nach aktueller Wechselkursumrechnung „Kaufkraftparitäten"). Für einen Urlaubsreisenden wäre der Warenkorb, den er aus seiner Heimat gewohnt ist, interessant, wenn er im Urlaub nicht bereit wäre, sich den dortigen Verbrauchsgewohnheiten anzupassen. Für seine Reisekasse wäre es vermutlich günstiger, er würde sich den Verbrauchsgewohnheiten vor Ort anpassen.

Möchte man aus den Preisniveauänderungen von Teilregionen – z. B. Mitgliedern von Europa (EU) und der europäischen Währungsunion – die Gesamtpreisniveauänderung berechnen, so könnte man einen einheitlichen Standardwarenkorb für alle Regionen nehmen (der Verbraucherpreisindex – VPI – in Deutschland wird so über alle Bundesländer berechnet) oder regional unterschiedliche Warenkörbe zulassen, die dann zusammengefasst werden (tatsächlich wird der Harmonisierte Verbraucherpreisindex – HVPI – der EU und europäischen Währungsunion so berechnet). Die Preisentwicklung der im Warenkorb enthaltenen Waren wird jeweils regional getrennt erfasst, so dass regionale Preisniveauänderungen berechnet werden können. Im ersten Fall wäre der regionale Unterschied nur durch unterschiedliche regionale Preissteigerungen (sofern die Preise nicht mit den Verbrauchsgewichteinheiten korreliert sind), im zweiten Fall zusätzlich durch verschiedene Verbrauchsgewohnheiten zu erklären.

Für Zeitvergleiche gilt die Argumentation entsprechend. Entweder man rechnet mit aktuellen Verbrauchsstrukturen – die zeitnah und ständig erfasst werden müssten – zurück

> „Wie viel hätte man für einen Warenkorb von heute damals – meist der entsprechende Vorjahresmonat – weniger bezahlen müssen?"

(Zeitreihen von Preisniveauänderungen haben dann den Nachteil wechselnder Gewichtungsschemata) oder man nimmt einen festen Warenkorb eines Basisjahres – in Deutschland beim VPI ab 2019 das Jahr 2015 – und berechnet jeweils dessen aktuellen Wert. Dadurch ergeben sich Zeitreihen, die nur die Preisentwicklung abbilden und so Vergleiche beliebiger Reihenwerte (Indexstände zum Basisjahr) bezüglich der Preisniveauänderung erlauben.

> „Wie viel hätte man für einen Warenkorb des Basisjahres 2015 im September 2019 mehr ausgeben müssen als im September 2018 oder im August 2019?"

Diese schöne Vergleichbarkeit ist aber eine Fiktion: Wäre die Struktur konstant geblieben, dann hätten sich wohl durch geänderte Wettbewerbsverhältnisse auf den Märkten andere Preisveränderungen ergeben, als die tatsächlich (bei aktueller Struktur) festgestellten, z. B. dadurch, dass der Verbraucher seinen Warenkorb zugunsten der Waren, deren Preissteigerung geringer als die der anderen Waren ausfiel, verändert (vgl. destatis.de Januar 2019). Die Aktualisierung des Warenkorbs beim HVPI wird so vorgenommen, dass die Waren im Warenkorb mit aktuellen Preisen (Dezember des Vorjahres) bewertet werden. Könnten die Verbraucher auf Preisänderungen nicht mit Verhaltensänderungen reagieren, wäre die Betroffenheit so besser erfasst. Letztlich ist es wegen verfügbarer Daten – Preise werden ständig erhoben – eine pragmatische Lösung. Erhebungen zu den Warenkörben, d. h. zu den Verbrauchsausgaben der

Haushalte, sind aufwändig und benötigen eine längere Auswertungszeit. Das Statistische Bundesamt erfasst z. B. in einem Turnus von 5 Jahren bei ca. 55 000 Haushalten ein Jahr lang durch Aufzeichnungen die Verbrauchsausgaben. Diese Ergebnisse werden durch weitere Daten der amtlichen und nicht amtlichen Statistik ergänzt (laufende Wirtschaftsrechnungen, Volkswirtschaftliche Gesamtrechnungen, Steuerstatistiken etc.). Damit können die Ergebnisse noch nicht für aktuelle Warenkörbe zur Verfügung stehen.

Für Verbraucherpreisindizes werden Preis- (p) änderungen und Verbrauchsmengen (q) – indirekt durch Verbrauchsausgaben ($p \cdot q$) – also in getrennten Erhebungen erfasst, Preisänderungen laufend in Einzelhandelsgeschäften und bei Dienstleistern, Verbrauchsausgaben wie oben erwähnt seltener in größeren Zeitabständen. Rechentechnisch wird also ein Preisindex als mit Verbrauchsanteilen g_i ($i = 1, \ldots, n$) gewogenes Mittel berechnet ($n \approx 600$ Waren und Dienstleistungen beim VPI). Bei Verbrauchsanteilen aus einem Basiszeitraum ($t = 0$) wird der Indexstand im Berichtsjahr t berechnet als Preisindex (P) bzw. Mengenindex (Q) nach

- **Laspeyres** (arithmetisches Mittel)

$$P_{0t}^{La} = \sum_{i=1}^{n} g_{i0} \, \frac{p_{it}}{p_{i0}}$$

$$Q_{0t}^{La} = \sum_{i=1}^{n} g_{i0} \, \frac{q_{it}}{q_{i0}}$$

$$\text{mit} \quad g_{i0} = \frac{p_{i0} \, q_{i0}}{\sum\limits_{i=1}^{n} p_{i0} \, q_{i0}}, \quad \sum_{i=1}^{n} g_{i0} = 1.$$

Zu der oben angeführten „Warenkorb"interpretation wird die Indexformel umgeschrieben.

- **Laspeyres** (Warenkorbformel)

$$P_{0t}^{La} = \sum_{i} \frac{p_{i0} \, q_{i0}}{\sum\limits_{i} p_{i0} \, q_{i0}} \cdot \frac{p_{it}}{p_{i0}} = \frac{\sum\limits_{i} p_{it} \, q_{i0}}{\sum\limits_{i} p_{i0} \, q_{i0}}$$

$$Q_{0t}^{La} = \sum_{i} \frac{p_{i0} \, q_{i0}}{\sum\limits_{i} p_{i0} \, q_{i0}} \cdot \frac{q_{it}}{q_{i0}} = \frac{\sum\limits_{i} p_{i0} \, q_{it}}{\sum\limits_{i} p_{i0} \, q_{i0}}.$$

Streng genommen kann nicht gekürzt werden, weil in der Praxis die Preise des
Warenkorbs und die der Preismessziffern aus unterschiedlichen Erhebungen
stammen. Zum Beispiel sind beim VPI die Preise der Preismessziffern mit Be-
völkerungsanteilen gewogene arithmetische Mittel aus 40 000 Berichtsstellen
in 190 Berichtsgemeinden. Zudem werden „unechte" Preissteigerungen (z. B.
Qualitätsverbesserungen, Änderungen der Lieferbedingungen etc.) durch verschiedene Qualitätsbereinigungsverfahren herausgerechnet. Außerdem werden
Preise zu einem Zeitpunkt oder als Mittelwert unterschiedlicher Zeitpunkt-
messungen in einem Zeitraum erfasst. Verbrauchsausgaben beziehen sich auf
Zeiträume, die mit dem Warenkorb bezahlten Preise werden also nach einem
anderen Verfahren bestimmt.

Hat man Verbrauchsausgaben zum Berichtszeitraum t, so kann der Indexstand in t im Vergleich zum Vergleichszeitraum ($t = 0$) mit aktuellen Gewichten
gerechnet werden nach der Formel von

- **Paasche** (harmonisches Mittel)

$$P_{0t}^{Pa} = \left[\sum_{i=1}^{n} g_{it} \left(\frac{p_{it}}{p_{i0}} \right)^{-1} \right]^{-1}$$

$$Q_{0t}^{Pa} = \left[\sum_{i=1}^{n} g_{it} \left(\frac{q_{it}}{q_{i0}} \right)^{-1} \right]^{-1}$$

$$\text{mit} \quad g_{it} = \frac{p_{it}\, q_{it}}{\sum\limits_{i=1}^{n} p_{it}\, q_{it}}, \quad \sum_{i=1}^{n} g_{it} = 1.$$

Beim Preisindex nach Laspeyres ist das Bezugsjahr 0 auch das Basisjahr, aus dem
die Gewichte stammen, die folglich bei der Berechnung von Indexständen zu
verschiedenen Zeitpunkten t konstant bleiben. Beim Preisindex nach Paasche
wird bei jeder Neuberechnung des Indexstandes mit einem aktuellen Warenkorb
zurückgerechnet.

- **Paasche** (Warenkorbformel)

$$P_{0t}^{Pa} = \left[\sum_i \frac{p_{it}\, q_{it}}{\sum\limits_i p_{it}\, q_{it}} \left(\frac{p_{it}}{p_{i0}} \right)^{-1} \right]^{-1} = \left[\frac{\sum\limits_i p_{i0}\, q_{it}}{\sum\limits_i p_{it}\, q_{it}} \right]^{-1} = \frac{\sum\limits_i p_{it}\, q_{it}}{\sum\limits_i p_{i0}\, q_{it}}$$

$$Q_{0t}^{Pa} = \left[\sum_i \frac{p_{it}\, q_{it}}{\sum_i p_{it}\, q_{it}} \left(\frac{q_{it}}{q_{i0}} \right)^{-1} \right]^{-1} = \left[\frac{\sum_i p_{it}\, q_{i0}}{\sum_i p_{it}\, q_{it}} \right]^{-1} = \frac{\sum_i p_{it}\, q_{it}}{\sum_i p_{it}\, q_{i0}}.$$

Ein Kompromiss zwischen den Formeln von Laspeyres und Paasche ist der Index nach

- **Fisher** (geometrisches Mittel)

$$P_{0t}^{F} = \sqrt{P_{0t}^{La} \cdot P_{0t}^{Pa}}$$

$$Q_{0t}^{F} = \sqrt{Q_{0t}^{La} \cdot Q_{0t}^{Pa}}.$$

Eine Volumen- (Umsatz-, Wert-, Ausgaben-) Änderung – auch nominale Entwicklung einer Wertgröße genannt – lässt sich darstellen als

- **Umsatzindex**

$$U_{0t} = \frac{\sum_i p_{it} q_{it}}{\sum_i p_{i0} q_{i0}}.$$

Die Veränderung der „Lebenshaltungskosten" wird nur so richtig berechnet. Für den Privathaushalt sind nämlich Kosten und Ausgaben deckungsgleich.

> Ein Preisindex kann also nur eine fiktive individuelle Betroffenheit ausdrücken, wobei die Fiktion eines aktuellen Warenkorbes schlüssiger scheint. Streng genommen interessiert den Verbraucher nur, ob er für denselben Nutzen mehr aufwenden muss, die Vorstellung eines konstanten Warenkorbes im Zeitvergleich ist für ihn unrealistisch. Im Raumvergleich – in einer Zeitung wird regelmäßig veröffentlicht, bei welchen Einzelhandelsfilialisten ein aus überall erhältlichen Markenprodukten zusammengesetzter Warenkorb am wenigsten kostet – scheint dies zunächst sinnvoll, sofern genau dieser Korb gekauft würde. Aber der Verbraucher lässt sich eher über den Preisvergleich für Einzelprodukte in Einkaufsstätten locken, wobei der Handel natürlich annimmt, dass der Kunde dort dann doch einen „Warenkorb" kauft, der Handel also durch die Verbundkäufe einen „kalkulatorischen Ausgleich" erzielt.

Beispiel für die Berechnung von Indizes aus Einzelwerten

Preise und Mengen von drei Produkten:

i	p_{i0}	q_{i0}	p_{it}	q_{it}	$p_{i0}\,q_{i0}$	$p_{it}\,q_{it}$	$p_{it}\,q_{i0}$	$p_{i0}\,q_{it}$
1	4	25	6	20	100	120	150	80
2	10	9	12	10	90	120	108	100
3	12	5	15	6	60	90	75	72
$\sum$	–	–	–	–	250	330	333	252

1. Volumen („Umsatz") - Entwicklung

$$U_{0t} = \frac{330}{250} = 1,32,$$

d. h. die Umsatzerhöhung beträgt 32 %.

2. Laspeyres-Indizes $P_{0t}^{La} = \dfrac{333}{250} = 1,332,$

d. h. die durchschnittliche Preiserhöhung beträgt 33,2 %.

$$Q_{0t}^{La} = \frac{252}{250} = 1,008,$$

d. h. die durchschnittliche Mengenerhöhung beträgt 0,8 %.

3. Paasche-Indizes $P_{0t}^{Pa} = \dfrac{330}{252} = 1,310,$

d. h. die durchschnittliche Preiserhöhung beträgt 31 %.

$$Q_{0t}^{Pa} = \frac{330}{333} = 0,991,$$

d. h. die durchschnittliche Mengensenkung beträgt 0,9 %.

4. Fisher-Indizes

$$P_{0t}^{F} = \sqrt{1,332 \cdot 1,310} = 1,321 \qquad Q_{0t}^{F} = \sqrt{1,008 \cdot 0,991} = 1.$$

Beispiel für die Berechnung von Indizes aus Preismessziffern

Preismessziffern und Gewichte von drei Produkten:

i	$\dfrac{p_{it}}{p_{i0}}$	g_{i0}	g_{it}	$\dfrac{p_{it}}{p_{i0}}g_{i0}$	$\dfrac{p_{i0}}{p_{it}}g_{it}$
1	1,4	0,5	0,4	0,7	0,286
2	1,2	0,2	0,4	0,24	0,333
3	1,3	0,3	0,2	0,39	0,154
$\sum$	3,9	1	1	1,33	0,773

1. ungewogenes Mittel

   $$P = \frac{1}{3}(1,4 + 1,2 + 1,3) = 1,30$$

2. Laspeyres

   $$P_{0t}^{La} = 1,33$$

3. Paasche

   $$P_{0t}^{Pa} = (0,773)^{-1} = 1,294.$$

Durch die Umstrukturierung des Warenkorbes zugunsten des Produktes, das eine geringere Preissteigerung aufzuweisen hat, wäre die Betroffenheit bei aktuellem Warenkorb geringer.

Indexständevergleiche zwischen Gliedern der Zeitreihe der Indexstände (P_{0t} mit $t = 0, 1, 2, \ldots$) sind beim Index nach Laspeyres wie oben erwähnt einfacher interpretierbar:

$$\frac{P_{0t}^{La}}{P_{0t-1}^{La}} = \frac{\dfrac{\sum\limits_{i} p_{it}q_{i0}}{\sum\limits_{i} p_{i0}q_{i0}}}{\dfrac{\sum\limits_{i} p_{it-1}q_{i0}}{\sum\limits_{i} p_{i0}q_{i0}}} = \frac{\sum\limits_{i} p_{it}q_{i0}}{\sum\limits_{i} p_{it-1}q_{i0}}.$$

Üblich sind Vergleiche mit dem Indexstand des gleichen Monats im Vorjahr, um dadurch saisonale Effekte auszuschließen.

Bei einer Rückrechnung („Umbasierung", d. h. Verwendung anderer Bezugsgrößen), können die Reihenglieder einfach multipliziert werden.

$$\prod_{\tau=1}^{t} \frac{\sum_i p_{i\tau} q_{i0}}{\sum_i p_{i\tau-1} q_{i0}} = \frac{\sum_i p_{i1} q_{i0}}{\sum_i p_{i0} q_{i0}} \cdot \frac{\sum_i p_{i2} q_{i0}}{\sum_i p_{i1} q_{i0}} \cdots \frac{\sum_i p_{it-1} q_{i0}}{\sum_i p_{it-2} q_{i0}} \cdot \frac{\sum_i p_{it} q_{i0}}{\sum_i p_{it-1} q_{i0}}$$

$$= \frac{\sum_i p_{it} q_{i0}}{\sum_i p_{i0} q_{i0}}.$$

Dies gilt auch für Umsatzindizes

$$\prod_{\tau=1}^{t} \frac{\sum_i p_{i\tau} q_{i\tau}}{\sum_i p_{\tau-1} q_{i\tau-1}} = \frac{\sum p_{i1} q_{i1}}{\sum p_{i0} q_{i0}} \cdot \frac{\sum p_{i2} q_{i2}}{\sum p_{i1} q_{i1}} \cdots \frac{\sum p_{it-1} q_{it-1}}{\sum p_{it-2} q_{it-2}} \cdot \frac{\sum p_{it} q_{it}}{\sum p_{it-1} q_{it-1}}$$

$$= \frac{\sum_i p_{it} q_{it}}{\sum_i p_{i0} q_{i0}}.$$

Beispielsweise waren die realen BIP-Steigerungsraten bis 2010 Laspeyres'sche Mengenindizes durch Deflationierung der nominalen Steigerungsraten mit Paasche-Preisindizes:

$$\frac{\sum_i p_{it} q_{it}}{\sum_i p_{i0} q_{i0}} : \frac{\sum_i p_{it} q_{it}}{\sum_i p_{i0} q_{it}} = \frac{\sum_i p_{i0} q_{it}}{\sum_i p_{i0} q_{i0}}.$$

Beispiel für die Deflationierung

Mit den Zahlen des Beispiels Seite 209 erhält man folgende Ergebnisse:

$$\frac{330}{250} : \frac{330}{252} = \frac{1,32}{1,310} = 1,008.$$

Die Ergebnisse könnten als „Steigerungsraten zu Preisen des Basisjahres" (z. B. BIP zu Preisen des Jahres 2010) auch beim Vorperiodenbezug

$$\frac{\sum_i p_{i0}\ q_{it}}{\sum_i p_{i0}\ q_{io}} : \frac{\sum_i p_{i0}\ q_{it-1}}{\sum_i p_{i0}\ q_{io}} = \frac{\sum_i p_{i0}\ q_{it}}{\sum_i p_{i0}\ q_{it-1}}$$

interpretiert werden. Eine Umbasierung wäre interpretationsneutral.

Wird aber in der Reihe einmal die Basis gewechselt, d. h. ein neuer Warenkorb eingeführt (echte „Umbasierung"), so muss „verkettet" werden. Dies gilt auch für den Spezialfall bei jeder Messung wechselnder Warenkörbe (Paasche). Es kann bei der Multiplikation der Reihenglieder nicht mehr gekürzt werden. Die Verkettungstechnik wird auch bei der Auswechslung einzelner Waren des Warenkorbs angewandt.

Beim Austausch von Waren wird ein fiktiver Basisjahrpreis p_0^n für das neue Produkt aus der Preissteigerung des alten Produkts p^a berechnet

$$p_0^n = \frac{p_t^n}{p_t^a} \cdot p_0^a.$$

Bei der gesamten Reihe werden wie oben durch Multiplikation der vorperiodischen Steigerungsraten Indexstände bezüglich eines Bezugsjahres berechnet. So werden Reihen von Preissteigerungsraten (HVPI) oder reale Entwicklungen des BIP berechnet, sie sind aber wegen wechselnder Gewichtung nicht mehr im Sinne „bei einem bestimmten Warenkorb" oder „bei festen Preisen eines Basisjahres" interpretierbar.

Indizes (als sog. „Generalindizes" aufgefasst) können auch nach Teilaggregaten – Teilwarenkörbe, Komponenten des BIP – untergliedert werden. Zum Beispiel könnte aus dem VPI ein „Autofahrerindex" ausgegliedert werden, der nur für Autofahrer interessante Produkte enthält und so könnte deren Betroffenheit durch Preissteigerungen errechnet werden. Werden allerdings Waren ausgegliedert, um die allgemeinen Preissteigerungen ohne die Einflüsse dieser Waren – Mineralölprodukte, saisonale Lebensmittel (sog. Kerninflation) – zu berechnen, so ist bei der Interpretation des Ergebnisses Vorsicht geboten. Da bei interdependenten Märkten diese Preise (z. B. wenn sie Vorleistungen, also Kosten für andere Waren bedeuten oder wenn entsprechende Kreuzpreiselastizitäten zu erwarten sind) auch Auswirkungen auf die Preise der im Warenkorb verbliebenen Produkte haben dürften, kann z. B. nicht ohne weiteres aufgrund einer derartigen Ausgliederung behauptet werden, ohne z. B. Mineralölpreissteigerungen hätte die Inflationsrate den Stand des Rest-Preisindex.

Natürlich gibt es noch andere statistische Verfahren der Zusammenfassung von Teilgrößen zu einem Gesamtwert als die Bildung von Mittelwerten. Zur Steuerung von Unternehmen werden aus der Praxis Systeme entwickelt, die Einzelkennzahlen zu einer Spitzenkennzahl zusammenfassen. Welche Kennzahlen sinnvoll sind, aus welchen internen und externen Quellen Managementinformationssysteme gespeist werden und wie sie zu Entscheidungshilfen („Management Cockpits") verdichtet werden, wird im Fach Controlling bzw. Unternehmensführung behandelt.

Ein bekanntes „synthetisches" Zusammenfassungskonzept ist der ROI-Baum (Return on Investment), hier sein Gipfel

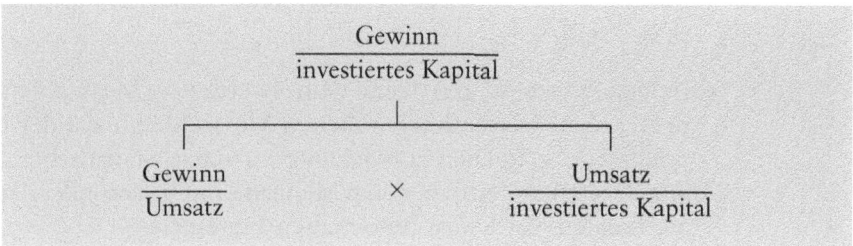

Welche dem internen Rechnungswesen entnommenen Größen den „Gewinn" und das „investierte Kapital" abbilden, muss eindeutig definiert werden. Von Unternehmen zu Unternehmen, aber auch im Zeitablauf dürften die Begriffsinhalte einem Wandel unterworfen sein.

„Synthetisch" heißt dieses System deshalb, weil z. B. wie bei Preisindizes die Einzelgrößen interdependent sein dürften. Eine Verringerung des investierten Kapitals, – hier des Umlaufvermögens z. B. durch Verkürzung der Zahlungsfristen oder der Käufe auf Kredit – dürfte Einfluss auf den Umsatz und die Kosten/den Gewinn haben. Die Disaggregation hilft zwar bei der Ursachensuche und zeigt Gestaltungsmöglichkeiten, die tatsächliche Auswirkung der Veränderung einer Teilgröße auf die Spitzenkennzahl ist aber so nicht berechenbar.

Teilinformationen zum betrieblichen Geschehen zu zentralen Steuerungsgrößen zusammenzufassen ist eine wichtige Managementaufgabe. Es geht dabei nicht um die Simplifizierung der Wirklichkeit, sondern um den Versuch, Komplexität beherrschbar zu machen durch ihre Reduktion auf die wesentlichen Steuerungsgrößen, die „Werttreiber", um daraus eine Spitzenkennzahl zur Unternehmenswertsteigerung abzuleiten.

Bekannte, von Unternehmensberatern vorgeschlagene Zusammenfassungssysteme sind z. B.
○ RAVE™ (Real Asset Value Enhancer) von Boston Consulting
○ EVA™ (Economic Value Added) von Stern/Stewart
○ BSC (Balanced Scorecard) von Kaplan/Norton verdichtet nicht zu einer Spitzenkennzahl, sondern stellt die Interdependenz in den Vordergrund.

Grundsätzlich sind dabei alle statistischen Methoden, insbesondere Verfahren der multivariaten Statistik hilfreich.

Sum-

mary

- Der Informationsgehalt statistischer Daten erschließt sich häufig erst im Vergleich, beispielsweise durch Bildung von Verhältniszahlen. Man spricht von Gliederungszahlen, wenn die Zählergröße Teil der Nennergröße ist, von Beziehungszahlen, wenn Zähler und Nenner sachlich unterschiedliche, jedoch in sinnvoller Beziehung stehende Größen sind und von Messzahlen, wenn Zähler und Nenner Teile derselben statistischen Masse sind.

- Indexzahlen sind gewogene Mittelwerte von Messzahlen. In praktischen Anwendungen dienen Messzahlen meist der Darstellung der zeitlichen Entwicklung wirtschaftsstatistischer Größen. Derartige Zeitreihen von Mengen- und insbesondere Preismesszahlen werden zu Indexreihen aggregiert.

- In Deutschland wird die Preisentwicklung durch Indizes nach Laspeyres (z. B. Preisindizes für die Lebenshaltung: Basisjahr z.Zt. 2015, d. h. Preise und Mengen des zur Gewichtung verwendeten Warenkorbs von 2015), in Europa durch den HVPI (Harmonisierter Verbraucherpreisindex: Mengen für Deutschland von 2015, Preise des Warenkorbs regelmäßig aktualisiert) gemessen.

- Damit misst ein so konstruierter Index nicht die Änderung von – insbesondere individuellen – Lebenshaltungskosten.

- Die Änderung der Teilindizes für Untergruppen – z. B. „Lebensmittel" – können nicht als ‚Ursache' für die Änderung des Gesamtindex interpretiert werden, sondern erklären nur den rechnerischen Beitrag.

- Auch bei den in der Betriebswirtschaft, z. B. im Controlling, verwendeten synthetischen, deglomerativen Kennzahlensystemen, z. B. dem RoI-Baum, kann nicht von der rechnerischen Änderung einer Teilgröße, z. B. Senkung der Personalkosten, auf eine entsprechende Änderung der Spitzenkennzahl geschlossen werden.

**Auf-
gabe**

Für drei Produkte hat man folgende Preise (p_i) und Ausgaben ($p_i q_i$) jeweils zum Basis- (0) und Berichtsjahr (t):

i	p_{i0}	$p_{i0}q_{i0}$	p_{it}	$p_{it}q_{it}$
1	20	100	24	192
2	4	100	8	160
3	10	200	13	273

Berechnen Sie gewogene Mittel der Preissteigerungsraten nach Laspeyres und Paasche sowie nominale und reale Ausgabensteigerungen.

Lösung: Bestimmung der Indizes mit der Warenkorbformel:

i	p_{i0}	$p_{i0}\,q_{i0}$	q_{i0}	p_{it}	$p_{it}\,q_{it}$	q_{it}	$p_{it}\,q_{i0}$	$p_{i0}\,q_{it}$
1	20	100	5	24	192	8	120	160
2	4	100	25	8	160	20	200	80
3	10	200	20	13	273	21	260	210
$\sum$	–	400	–	–	625	–	580	450

Preisindizes nach Laspeyres und Paasche:

$$P_{0t}^{La} = \frac{580}{400} = 1,45,$$

d. h. die durchschnittliche Preiserhöhung beträgt 45 %.

$$P_{0t}^{Pa} = \frac{625}{450} = 1,3889,$$

d. h. die durchschnittliche Preiserhöhung beträgt 38,89 %.

Volumen (Ausgaben-) Entwicklung:

$$A_{0t} = \frac{625}{400} = 1,5625,$$

d. h. die nominale Ausgabenerhöung beträgt 56,25 %.

Reale Ausgabenentwicklung:

$$Q_{0t}^{La} = \frac{450}{400} = 1,125,$$

d. h. die reale Ausgabenerhöhung bei konstanten Preisen des Basisjahres beträgt 12,5 %.

6.4 Regressionsrechnung

Die Regressionsrechnung ist immer noch das Standardverfahren der Ökonomen bei der Untersuchung rechnerischer Einflüsse von erklärenden Variablen $(X_1, X_2, \ldots, X_n)$ auf Ziel-, d. h. zu erklärende Variablen $(Y_1, Y_2, \ldots, Y_m)$. Wir behandeln hier in der deskriptiven Regressionsanalyse den einfachsten Fall einer erklärenden Variable (X) auf eine zu erklärende Variable (Y), z. B. die Schätzung von einfachen Konsumfunktionen (X: Einkommen, Y: Konsumausgaben). Die Bestimmung von Schätzfehlern mit Hilfe der Wahrscheinlichkeitsrechnung oder die Behandlung von Problemen z. B. interdependenter Variablen wird also ausgeklammert (weiterführend zu multivariaten Verfahren: www.profroessler.de/Dateien/Statistik/multivariat.pdf).

Aus statistisch erfassten Wertepaaren (x_i, y_i) soll eine

- **Regressionsfunktion**

$$\hat{y} = f(x)$$

bestimmt werden, die einen mittleren, über alle erfassten Wertepaare quantifizierten, Einfluss von X auf Y abbilden soll – etwa: „wie verändern sich die Ausgaben für Möbel bei steigendem Einkommen der Haushalte (Querschnitt)?" – wobei hier ein linearer Zusammenhang unterstellt wird, also eine

- **lineare Regressionsfunktion**

$$\hat{y} = a + b \cdot x.$$

Sollte der Zusammenhang nicht linear sein, kann durch entsprechende Transformation – z. B. Logarithmierung – trotzdem Linearität bei natürlich geänderter Interpretation des rechnerischen Zusammenhangs unterstellt werden.

Abb. 49: Streuungsdiagramm mit Regressionsgerade

Durch eine Punktwolke (x_i, y_i), $i = 1, \ldots, n$, soll eine Regressionsgerade gelegt werden, deren Verlauf die Verteilung der Punkte und damit den Einfluss einer Veränderung der unabhängigen (X) auf die abhängige (Y) Variable möglichst genau widergibt. Die Parameter (a, b) dieser Geraden sollen bestimmt werden.

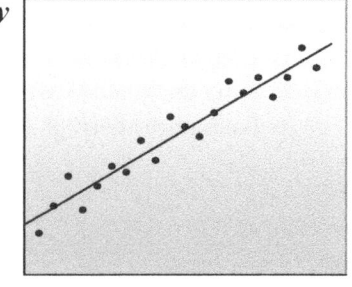

Zwar haben wir oben den Fall weiterer Einflussvariablen ausgeschlossen, aber schon die Grafik kann eine Variabilität zeigen, die eine differenziertere Analyse verlangt. So könnte sich für das Beispiel der Ausgaben für Möbel folgendes Streuungsdiagramm ergeben:

Abb. 50: Streuungsdiagramm bei Untergruppen

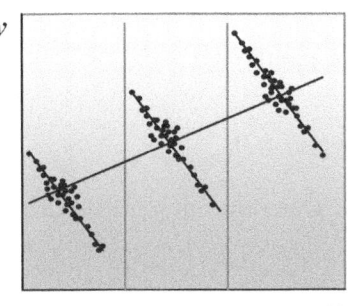

Insgesamt nehmen die Ausgaben für Möbel mit zunehmnendem Einkommen zu, für die Untergruppen – z. B. Haushalte in verschiedenen Lebensphasen, zu deren Beginn man sich neu einrichtet – gilt, dass mit zunehmendem Einkommen die Ausgaben für Möbel sinken.

Das am häufigsten angewandte Verfahren zur Bestimmung einer linearen Regressionsfunktion, die die Punktwolke „möglichst gut" repräsentiert, ist die Methode der kleinsten Quadrate, nicht weil sie an einem neutralen Maßstab gemessen die beste Methode wäre, sondern weil sie, wenn man aus dem Standardmodell der Wahrscheinlichkeitsrechnung, der Normalverteilung, den Maßstab ableitet, die beste Methode ist.

„Möglichst gut" heißt hier, dass die Abstände zwischen den Punkten und der Geraden über alle Punkte möglichst klein sein sollen. Da positive und negative Abstände sich bei der Addition aufheben – ihre Summe ergibt immer Null, wenn die Gerade durch den Punkt $(\overline{x}, \overline{y})$ verläuft – wird man entweder Unterschiedsbeträge oder bei der Methode der kleinsten Quadrate quadrierte Abstände als Maßstab nehmen. Der kürzeste Abstand zwischen einem Punkt und der Geraden wäre das Lot. Dieses Abstandsmaß ist für unsere Analyse nicht sinnvoll, da wir ja $\hat{y}_i$ schätzen wollen, so dass der

- **Schätzfehler**

$$e_i = y_i - \hat{y}_i$$

lautet.

Abb. 51: Schätzfehler

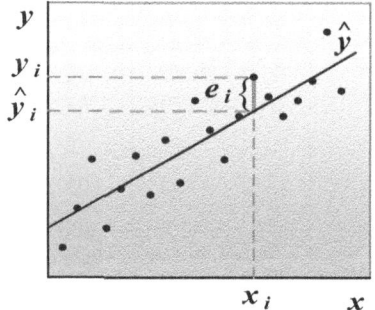

Die Aufgabe besteht also darin, diejenige Gerade zu finden, für die die Summe der quadrierten Fehler möglichst klein ist.

$$\sum e_i^2 = \sum (y_i - \hat{y}_i)^2 = \sum (y_i - a - bx_i)^2 = f(a,b) \longrightarrow \min_{a,b}.$$

Notwendige Bedingungen des Minimierungsproblems

$$\frac{\partial \sum (y_i - a - bx_i)^2}{\partial a} = -2 \sum (y_i - a - bx_i) = 0$$

$$\frac{\partial \sum (y_i - a - bx_i)^2}{\partial b} = -2 \sum (y_i - a - bx_i)x_i = 0.$$

Durch Umformung dieser Gleichungen folgt: Das minimierende Paar (a,b) erfüllt die **Normalgleichungen**

$$na + b \sum x_i = \sum y_i$$

$$a \sum x_i + b \sum x_i^2 = \sum x_i y_i.$$

Aus diesen Normalgleichungen ergeben sich die

- **Bestimmungsgleichungen**

$$b = \frac{\sum_{i=1}^{n} x_i y_i - n\,\overline{x}\,\overline{y}}{\sum_{i=1}^{n} x_i^2 - n\,\overline{x}^2} = \frac{s_{XY}}{s_X^2} \quad \text{und} \quad a = \overline{y} - b\,\overline{x}.$$

Beispiel für eine Regressionsanalyse (1)

Wir verwenden als erklärende Variable das „Einkommen" (X) und als zu erklärende Variable die „Ausgaben für Kopien" (Y) des Beispieldatensatzes, vgl. Seite 70 und 73:

i	x_i	y_i	x_i^2	y_i^2	$x_i y_i$
1	2 025	21	.	.	.
2	2 220	37	.	.	.
⋮	⋮	⋮	⋮	⋮	⋮
25	2 100	27	.	.	.
$\sum$	52 500	680	111 528 450	24 490	1 510 860

$$\overline{x} = \frac{52\,500}{25} = 2\,100, \quad \overline{y} = \frac{680}{25} = 27{,}2,$$

$$s_X^2 = \frac{111\,528\,450}{25} - 2\,100^2 = 51\,138, \quad s_Y^2 = \frac{24\,490}{25} - 27,2^2 = 239,76,$$

$$s_{XY} = \frac{1\,510\,860}{25} - 2\,100 \cdot 27,2 = 3\,314,4,$$

$$b = \frac{3\,314,4}{51\,138} = 0,0648, \quad a = 27,2 - 0,0648 \cdot 2\,100 = -108,907 \implies$$

$$\hat{y}_i = -108,907 + 0,0648\,x_i,$$

d. h. bei einem zusätzlichen Einkommen von 100 € pro Semester, erhöht ein Studierender seine Ausgaben für Kopien im Durchschnitt um 6,48 €. Bei einem Semestereinkommen von 2 000 € gibt ein Studierender im Durchschnitt $\hat{y}(2\,000) = -108,907 + 0,0648 \cdot 2\,000 = 20,70$ € für Kopien im Semester aus.

Das Streuungsdiagramm mit der Regressionsfunktion nach der Methode der kleinsten Quadrate ist auf Seite 62 dargestellt.

Die Parameter a und b müssen im Sachzusammenhang interpretiert werden, „Ordinatenabschnitt" und „Steigung" sind keine Interpretation. Wird z. B. eine lineare Kostenfunktion $\hat{K}(x)$ statistisch geschätzt, dann bildet der Ordinatenabschnitt a die Höhe der Fixkosten und die Steigung b die Grenzkosten bzw. die variablen Stückkosten ab.

Je höher b ausfällt, desto stärker ist der errechnete Einfluss von X auf Y. Trotzdem kann der statistische Zusammenhang gering sein.

Abb. 52: Interpretation von Schätzfehlern und Regressionskoeffizienten

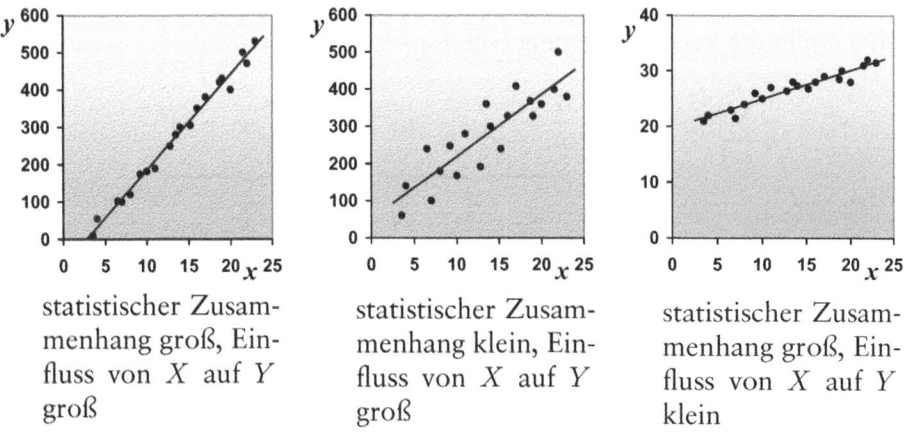

statistischer Zusammenhang groß, Einfluss von X auf Y groß

statistischer Zusammenhang klein, Einfluss von X auf Y groß

statistischer Zusammenhang groß, Einfluss von X auf Y klein

Umgekehrt kann der statistische Zusammenhang hoch, der errechnete Einfluss, die Wesentlichkeit, jedoch klein sein. Immer gilt, dass die Zuverlässigkeit des

errechneten Einflusses durch Angabe des statistischen Zusammenhangs offengelegt werden muss. Diese Zuverlässigkeit wird abgebildet durch die Fehler e_i bzw.
durch $\sum_i e_i^2$. Durch eine Varianzzerlegung erhält man ein Zuverlässigkeitsmaß,
das Bestimmtheitsmaß.

Abb. 53: Herleitung der
Varianzzerlegung

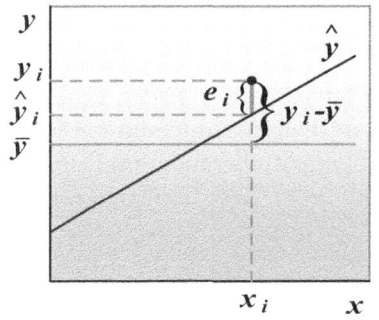

$$y_i - \overline{y} = (y_i - \hat{y}_i) + (\hat{y}_i - \overline{y})$$

Von der zu erklärenden Differenz

$y_i - \overline{y}$ wird durch die Regressions-

gerade der Anteil

$\hat{y}_i - \overline{y}$ „erklärt" und

$y_i - \hat{y}_i$ „nicht erklärt".

Für $\hat{y}_i = a + bx_i$ gilt:

○ $\sum e_i = \sum(y_i - \hat{y}_i) = \sum(y_i - a - bx_i) = \sum y_i - na - b\sum x_i = 0$

(vgl. erste Normalgleichung Seite 218)

○ $\sum e_i\hat{y}_i = \sum e_i(a + bx_i) = a\sum e_i + b\sum e_i x_i = b\sum(y_i - \hat{y}_i)x_i$

$= b\sum(y_i - a - bx_i)x_i = b\sum x_iy_i - ab\sum x_i - b^2\sum x_i^2$

$= b\left(\sum x_iy_i - a\sum x_i - b\sum x_i^2\right) = 0$

(vgl. zweite Normalgleichung Seite 218).

Daher ergibt die Varianzzerlegung (vgl. Kapitel 3.2, Seite 72)

$$s_Y^2 = \frac{1}{n}\sum_{i=1}^{n}(y_i - \overline{y})^2 = \underbrace{\frac{1}{n}\cdot\sum_{i=1}^{n}(y_i - \hat{y}_i)^2}_{s_e^2} + \underbrace{\frac{1}{n}\cdot\sum_{i=1}^{n}(\hat{y}_i - \overline{y})^2}_{s_{\hat{Y}}^2}$$

und für $\hat{y}_i = a + bx_i$

$$s_{\hat{Y}}^2 = \frac{1}{n}\cdot\sum_{i=1}^{n}(\hat{y}_i - \overline{y})^2 = \frac{1}{n}\sum(b\cdot x_i - b\cdot\overline{x})^2 = b^2\cdot s_X^2$$

mit $b^2 = \dfrac{s_{XY}^2}{s_X^4}$ also $s_{\hat{Y}}^2 = \dfrac{s_{XY}^2}{s_X^2}$.

Es war (vgl. Seite 70)

$$r = \frac{s_{XY}}{s_X \cdot s_Y} \text{ also } r^2 = \frac{s_{XY}^2}{s_X^2 s_Y^2} \implies$$

- **Bestimmtheitsmaß**

$$r^2 = \frac{s_{\hat{Y}}^2}{s_Y^2} = 1 - \frac{s_e^2}{s_Y^2}, \quad 0 \leq r^2 \leq 1.$$

Je höher das Bestimmtheitsmaß ausfällt, desto zuverlässiger ist der für den beobachteten Datensatz errechnete Zusammenhang.

Beispiel für die Berechnung des Bestimmtheitsmaßes

Wir verwenden als erklärende Variable das „Einkommen" (X) und als zu erklärende Variable die „Ausgaben für Kopien" (Y) des Beispieldatensatzes vgl. Seite 70 bzw. 218:

$$r^2 = \frac{3\,314,4^2}{51\,138 \cdot 239,76} = 0,896.$$

Würden wir aber nur fordern, dass das Bestimmtheitsmaß wesentlich größer als Null sein soll – z. B. 0,5 oder begründet durch ein Wahrscheinlichkeitskalkül, dann „signifikant" genannt [vgl. Kapitel 5.3 bzw. F-Test in der Formelsammlung im Internet .../Statistik/multivariat.pdf, Seite 6: $F_{\text{emp}} = \frac{0,896 \cdot 23}{1 - 0,896} \approx 198 > 4,279 = f_{0,95}(1;23)$ und Seite 74] –, so hätten wir damit noch keine Aussage über die „Wesentlichkeit" des rechnerischen Einflusses oder gar über eine Ursächlichkeit gewonnen.

Beispiel für eine Regressionsanalyse (2)

Für 10 vergleichbare Filialen eines Einzelhändlers hat man folgende Daten zum Umsatz (y_i, Tsd. €) und zur Passantenfrequenz (x_i, Pers. je Std.) im letzten Monat:

x_i	700	900	1 050	950	1 200	1 600	850	1 100	650	1 000
y_i	120	140	160	150	180	200	120	160	110	160

i	x_i	y_i	$x_i - \overline{x}$	$(x_i - \overline{x})^2$	$y_i - \overline{y}$	$(y_i - \overline{y})^2$	$(x_i - \overline{x})(y_i - \overline{y})$
1	700	120	-300	90 000	-30	900	9 000
2	900	140	-100	10 000	-10	100	1 000
3	1 050	160	50	2 500	10	100	500
4	950	150	-50	2 500	0	0	0
5	1 200	180	200	40 000	30	900	6 000
6	1 600	200	600	360 000	50	2 500	30 000
7	850	120	-150	22 500	-30	900	4 500
8	1 100	160	100	10 000	10	100	1 000
9	650	110	-350	122 500	-40	1 600	14 000
10	1 000	160	0	0	10	100	0
$\sum$	10 000	1 500	0	660 000	0	7 200	66 000

Da sich für X und Y ganzzahlige arithmetische Mittel ergeben, werden die
Varianzen und die Kovarianz ohne den Verschiebungssatz berechnet.

$$\overline{x} = \frac{10\,000}{10} = 1\,000, \quad \overline{y} = \frac{1\,500}{10} = 150, \quad s_X^2 = \frac{660\,000}{10} = 66\,000,$$

$$s_Y^2 = \frac{7\,200}{10} = 720, \quad s_{XY} = \frac{66\,000}{10} = 6\,600, \quad b = \frac{s_{XY}}{s_X^2} = \frac{6\,600}{66\,000} = 0,1,$$

$$a = \overline{y} - b\,\overline{x} = 150 - 0,1 \cdot 1\,000 = 50 \quad \Longrightarrow \quad \hat{y}_i = 50 + 0,1\,x_i,$$

d. h. bei einer Zunahme der Passantenfrequenz um 10 Personen je
Stunde steigt der Umsatz im Durchschnitt um 1 000 €. Bei einer
Passantenfrequenz von 1 000 Personen je Stunde wird im Durchschnitt ein Umsatz von 150 Tsd. €
erzielt [$\hat{y}(1\,000) = 50 + 0,1 \cdot 1\,000 = 150$].

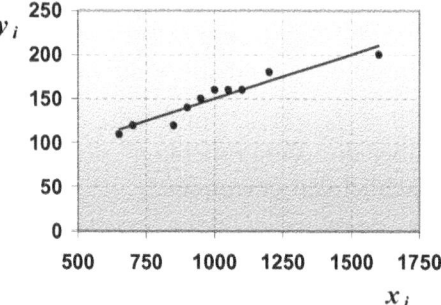

$$r^2 = \frac{s_{XY}^2}{s_X^2 s_Y^2} = \frac{6\,600^2}{66\,000 \cdot 720} = 0,9167,$$

d. h. 91,67 % der zu erklärenden Varianz des Umsatzes kann durch die
Regression erklärt werden.

Summary

- Durch die Regressionsrechnung wird der rechnerische Einfluss von erklärenden Variablen auf Zielvariablen untersucht. Der „durchschnittliche" Einfluss der quantitativen Änderung der erklärenden Variablen auf die erklärte(n) Größe(n) wird hier durch eine lineare Regressionsfunktion abgebildet.

- Zur Herleitung der Regressionsfunktion wird die Methode der Kleinsten Quadrate gewählt: Es werden die Parameter der vorgegebenen Funktion (Steigung und Ordinatenabschnitt der linearen Regressionsfunktion) so bestimmt, dass die Summe der quadrierten Fehler (Differenz des Beobachtungswertes der zu erklärenden Variablen zu dem durch die Regressionsfunktion geschätzten Wert) minimal wird. Die so geschätzten Werte der Regressionsfunktion stimmen im Durchschnitt mit den tatsächlichen Werten der abhängigen Variablen überein.

- Die „Steigung" der Regressionsgeraden ist – bei bivariaten Analysen – die Änderung der abhängigen Größe bei Zunahme der unabhängigen Größe um eine Einheit, bedeutet also z. B. bei einer betriebswirtschaftlichen Kostenfunktion die variablen Stückkosten.

- Der „Ordinatenabschnitt" (Wert der abhängigen Variablen beim Zahlenwert Null für die unabhängige Variable) könn- te bei der Kostenfunktion als Fixkosten interpretiert werden.

- Das Bestimmtheitsmaß misst den durch den Regressionsan- satz erklärten Anteil der Variabilität (gemessen als Varianz) der abhängigen Variablen. Es könnte erhöht werden durch Hin- zunahme weiterer erkärender Variablen und/oder durch ein anderes statistisches Modell wie z. B. eine nichtlineare Regres- sion.

Aufgabe (20)

Zwölf Studierende wurden nach ihren monatlichen Einkommen (x_i) und den Ausgaben für die Miete (y_i) befragt (jeweils in 100 €). Man erhielt folgendes Ergebnis:

x_i	8	16	10	12	18	10	12	14	12	8	12	12
y_i	2,0	4,4	3,6	3,6	6,0	3,6	3,2	3,6	4,0	2,4	4,0	2,8

Bestimmen Sie die Regressionsgerade $\hat{y} = a + bx$ nach der Me- thode der kleinsten Quadrate und berechnen Sie das Bestimmt- heitsmaß.

Lösung:

i	x_i	y_i	x_i^2	y_i^2	$x_i y_i$
1	8	2,0	64	4,00	16,0
2	16	4,4	256	19,36	70,4
3	10	3,6	100	12,96	36,0
4	12	3,6	144	12,96	43,2
5	18	6,0	324	36,00	108,0
6	10	3,6	100	12,96	36,0
7	12	3,2	144	10,24	38,4
8	14	3,6	196	12,96	50,4
9	12	4,0	144	16,00	48,0
10	8	2,4	64	5,76	19,2
11	12	4,0	144	16,00	48,0
12	12	2,8	144	7,84	33,6
$\sum$	144	43,2	1 824	167,04	547,2

$$\overline{x} = \frac{144}{12} = 12, \qquad \overline{y} = \frac{43,2}{12} = 3,6$$

$$s_X^2 = \frac{1\,824}{12} - 12^2 = 8, \quad s_Y^2 = \frac{167,04}{12} - 3,6^2 = 0,96,$$

$$s_{XY} = \frac{547,2}{12} - 12 \cdot 3,6 = 2,4,$$

$$b = \frac{2,4}{8} = 0,3, \qquad a = 3,6 - 0,3 \cdot 12 = 0 \implies$$

Regressionsgerade: $\hat{y}_i = 0,3\, x_i$

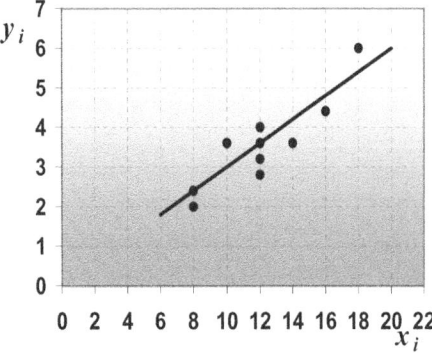

d.h.: Bei einem zusätzlichen monatlichen Einkommen von 100 € gibt ein Studierender im Durchschnitt 30 € mehr für die Miete aus.

Bestimmtheitsmaß: $r^2 = \dfrac{2,4^2}{8 \cdot 0,96} = 0,75,$

d. h. 75 % der zu erklärenden Varianz der Mietausgaben wird durch die Regression erklärt. Interpretation als PRE-Maß: Der Fehler, den man mit der Vorhersage, dass ein Studierender pro Semester Mietausgaben in Höhe von 360 € tätigt, begeht, wird um 75 % verringert, wenn man das Einkommen berücksichtigt.

6.5   Zeitreihenanalyse

Statistische Ergebnisse als Hilfsmittel bei Entscheidungen in Politik und Wirtschaft haben immer prognostischen Charakter. Werden z. B. bei der Qualitätskontrolle nicht mehr tolerierbare Mängel festgestellt, so wird der verursachende Prozess gestoppt – also angenommen, dass die Mängel auch in Zukunft bestehen bleiben. Die meisten Managemententscheidungen beruhen auf Einzelergebnissen. Artikel im Handel werden ausgelistet, weil die Umschlagshäufigkeit im letzten Quartal unbefriedigend war, Kostensenkungsprogramme werden aufgelegt, weil die Kostenstruktur im letzten Jahr aus Vergleichen abgeleiteter Standards nicht genügte, der „Free Cash Flow" (Resteinzahlungsüberschüsse, aus denen Zinsen für Eigen- und Fremdkapitalgeber bezahlt werden könnten) des letzten Jahres wird als „ewige Rente" in Zukunft angenommen, Budgets des nächsten Jahres werden nach den Vorjahreswerten festgelegt. Wären die Entscheidungen besser fundiert, wenn für alle diese Größen Zeitreihenwerte vorliegen würden?

Eine **Zeitreihe** ist eine Menge von Beobachtungswerten, die in gleichem zeitlichen Abstand aufeinander folgen

$$x_t \text{ mit } t = 1, \ldots, T.$$

x_t kann sich auf einen Zeitpunkt (Bestandsmasse: z. B. Preise) oder auf einen Zeitraum (Bewegungsmasse: z. B. Umsätze) beziehen. Die Zeiträume sollten dann gleich lang, also z. B. um Kalenderunregelmäßigkeiten (gleiche Zahl der Arbeitstage) bereinigt, sein.

Abb. 54: Polygonzug einer Zeitreihe

Basis jeder einer Prognose zugrunde-liegenden Zeitreihenanalyse ist die Hypothese stabiler Muster oder Gesetzmäßigkeiten, beispielsweise erkennbar an einer grafischen Darstellung der Zeitreihe durch einen Polygonzug.

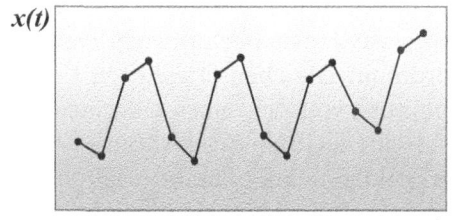

Bei Bestandsmassen wären die linearen Verbindungen interpretierbar, bei Bewegungsmassen nicht. Bei nur deskriptiven Darstellungen werden deshalb häufig Balkendiagramme gewählt. Es gibt unterschiedliche Möglichkeiten, diese Muster zu Prognosen zu formen, wobei für Langfristprognosen (hier nicht behandelt) fachwissenschaftlich begründete komplexere Stabilitätsannahmen getroffen werden müssen.

Übersicht 19: Verfahren der Mittel- und Kurzfristprognosen

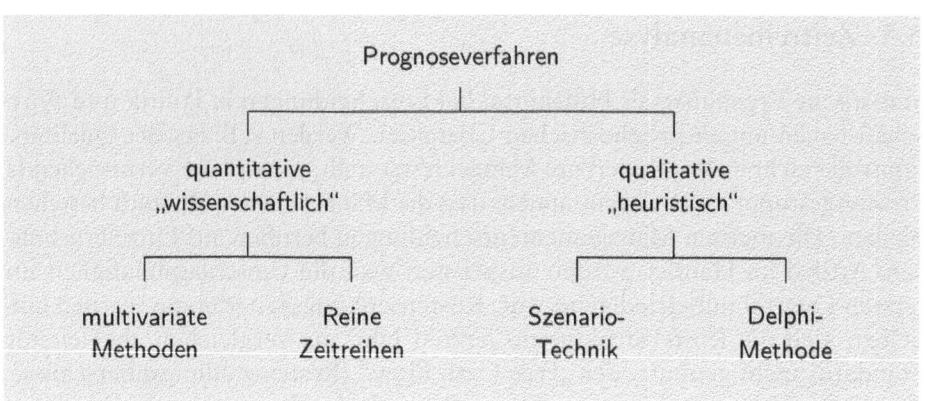

Durch qualitative Verfahren werden Muster durch „persönliche Erfahrung" von Experten zu Prognosen geformt, bei der Szenario-Technik unter Beachtung denkbarer Musteränderungen („Szenarien"), bei der Delphi-Methode objektiviert durch ein standardisiertes Verfahren der Verknüpfung verschiedener Expertenurteile. Werden die Muster mit Hilfe mathematischer Operationen abgebildet, so liegt ein quantitatives, objektives (bei gleichem Rechenverfahren ergibt sich dasselbe Ergebnis) Verfahren vor. Welches quantitative Verfahren gewählt wird, ist aber nicht „neutral" begründbar. „Wissenschaftlich" bedeutet also nicht „eindeutig".

> Das deutsche Bundeswirtschaftsministerium hat im Juli 2007 vier deutsche Wirtschaftsforschungsinstitute beauftragt, Konjunkturprognosen als „Gemeinschaftsgutachten" zu erstellen. Bei der Auswahl der Institute wurde auf ein ausgewogenes Spektrum wirtschaftstheoretischer Sichtweisen geachtet.

Bei multivariaten Verfahren wird die zu prognostizierende Größe durch eine Prognose der sie beeinflussenden Variablen mit Hilfe der Regressionsanalyse bestimmt. Die eben erwähnten Konjunkturprognosen werden so durch Verknüpfung von Zeitreihen verschiedener makroökonomischer Größen erstellt.

Reine Zeitreihenverfahren – die Prognose erfolgt univariat mit der Zeit als „erklärendem" Faktor – leiten die Prognose aus Mustern des bisherigen Verlaufs ab. In welchem zeitlichen Umfang Muster analysiert werden sollen – wie lange der Stützzeitraum für die Prognose gewählt wird – ist umstritten. Die Wahlmöglichkeit wird bisweilen so ausgeübt, dass „gewünschte" (etwa bei der Anlageberatung) Prognoseergebnisse erzeugt werden.

Abb. 55: Trendextrapolationen eines Aktienkurses bei unterschiedlichen Stützzeiträumen

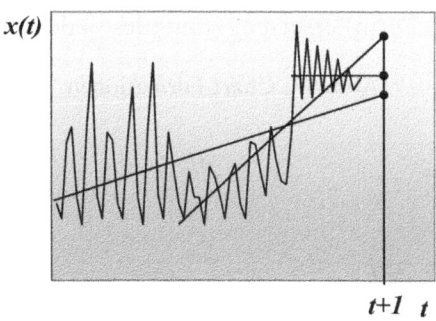

In der Praxis kann eine Kombination dieser Verfahren sinnvoll sein. So könnten in einer ersten Stufe bei Annahme eines konstanten Ursachenkomplexes mit einem reinen Zeitreihenverfahren Prognosen erstellt und damit „Soll-Wird"-Vergleiche vorgenommen werden. Auf der zweiten Stufe – parallel zum ersten Verfahren – werden denkbare Veränderungen des Ursachensystems durch interne (Filialleiter, Betriebsverkaufsleiter, Reisende, Produktmanager, Marktforscher, Marketingleiter) und externe (Berater, Marktforschungsinstitute) Experten durchgespielt, d. h. die Zeitreihenprognosen mit qualitativen Verfahren modifiziert. Im dritten Schritt könnten für die identifizierten Gestaltungsparameter durch eine Regressionsanalyse Wirkungsprognosen erstellt werden.

In betriebswirtschaftlichen Anwendungen sind reine Zeitreihenverfahren dann sinnvoll, wenn dadurch Gesetzmäßigkeiten erkannt werden können, die nicht beeinflussbar sind, aber bei der Planung beachtet werden müssen. In der zweidimensionalen Darstellung sind Muster in zwei „Richtungen" identifizierbar

Abb. 56: Zeitreihenzerlegung

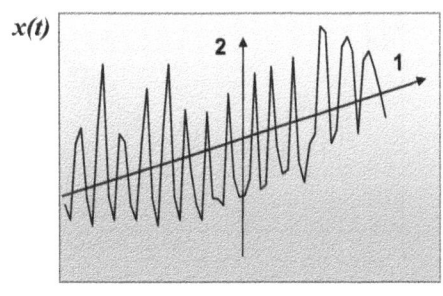

1: Entwicklungspfad, „Trend"

2: Zyklus, z. B. Saisonzyklus

Ein Elektrizitätserzeuger muss mit sich überlagernden Saison-, Wochen- und Tageszyklen rechnen, ebenso z. B. ein Lebensmitteleinzelhändler. Ob Muster, d. h. bestimmte grafische Verläufe, ein Abbild einer Kombination von Einflussfaktoren darstellen und dann daraus Verhaltensempfehlungen abgeleitet werden können, ist umstritten. So glauben Akteure am Kapitalmarkt, dass eine „technische Analyse" des „Charts" („Chartisten") eines Aktienkurses zumindest bei schnellen Entscheidungen eine „Fundamentalanalyse" („Fundamentalisten" in ihrer meist harmlosen Form) ersetzen, zumindest jedoch ergänzen kann.

Abb. 57: Chart-Formationen

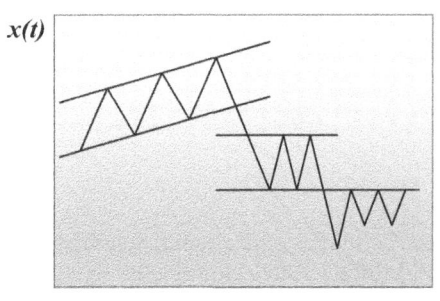

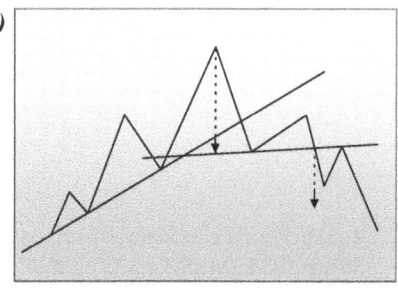

Trends und Linien
Anhand der Trendkanäle ist zunächst ein Aufwärts- und dann ein Seitwärtstrend erkennbar. Die obere Linie eines Trendkanals wird als Widerstandslinie, die untere als Unterstützungslinie bezeichnet. Verlässt der Aktienkurs einen Trendkanal, so werden dadurch Kauf- bzw. Verkaufssignale ausgelöst.

Schulter-Kopf-Schulter-Formation
Die drei oberen Gipfel werden als linke Schulter, Kopf und rechte Schulter bezeichnet, die flache Gerade beschreibt die Nackenlinie. Der dreimalige Anlauf eines steigenden Aktienkurses endet mit einer Talfahrt.

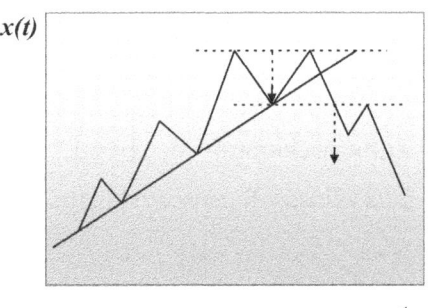

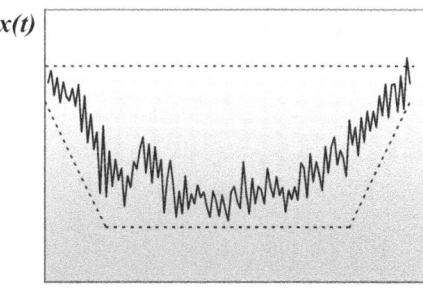

Die M-Formation (Doppeltop)
Das M beschreibt den zweimaligen Anlauf eines steigenden Aktienkurses mit anschließender Talfahrt.

Die Untertasse
Der Verlauf des Aktienkurses beschreibt ein Comeback der Aktie mit einem Kaufsignal nach Verlassen der Widerstandslinie.

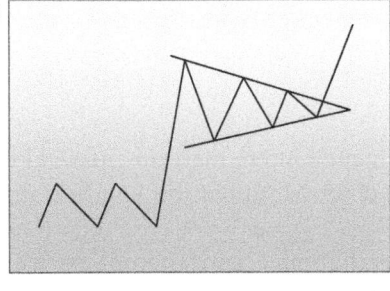

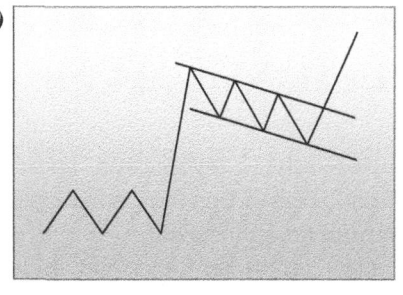

Der Wimpel

Stabilisierung eines Aktienkurses, Unterstützungs- und Widerstandslinie nähern sich. Ein Ausbruch aus dem Wimpel ist ein Kaufsignal.

Die Flagge

Ausbrechen eines Aktienkurses aus einem Abwärtstrendkanal bedeutet ein Kaufsignal.

Glauben alle daran („Herdentrieb"), dann funktioniert dieses Prognosesystem wohl auch. An diesem Beispiel wird ersichtlich, wie schwierig die Beurteilung der Prognosequalität sein kann. Prognosen könnten z. B. nur deshalb eintreten, weil sie gestellt wurden („selffullfilling prophecies"), also Verhaltensänderungen hervorrufen, die dann erst zum prognostizierten Ergebnis führen. Es könnte aber auch sein, dass Prognosen deshalb nicht eintreten, weil sie gestellt wurden. Wird z. B. ein Absatzeinbruch für ein Produkt eines Unternehmens vorausgesagt und werden deshalb (Marketing-) Maßnahmen ergriffen, die dies verhindern, so kann man nicht den Prognostiker wegen Unfähigkeit entlassen (auch wenn der Überbringer schlechter Nachrichten in finsteren Zeiten dafür büßen musste).

In der Öffentlichkeit wird die Qualität von Prognosen danach beurteilt, ob sie eintreten. Bei wissenschaftlichen Vergleichen wird ein Verfahren danach beurteilt, wie gut die prognostizierten Werte x_t^* mit den tatsächlich eingetroffenen Werten x_t über einen Zeitraum $t = 1, \ldots, T$ hinweg übereinstimmten (ex-post-Beurteilung). Der

- **Prognosefehler**

$$e_t = x_t - x_t^*, \ t = 1, \ldots, T$$

wird z. B. als

- **durchschnittliche Abweichung**

$$d = \frac{1}{T} \sum_{t=1}^{T} |x_t - x_t^*|$$

- **mittlere quadratische Abweichung**

$$s_e^2 = \frac{1}{T} \sum_{t=1}^{T} (x_t - x_t^*)^2$$

– auch relativiert – gemessen. Diese Fehlermaße könnte man zur Auswahl eines „besten" Verfahrens bzw. zur Begründung einer Modifikation von Verfahrenskomponenten einsetzen.

Zwei Techniken der Zeitreihenanalyse, die sich ergänzen können, werden hier behandelt:

- ○ **gleitende Durchschnitte** als Prognosetechnik bzw. als Glättungsverfahren bei regelmäßigen, gleich langen Zyklen (Saison)

- ○ die **Komponentenzerlegung** in einen Trend- und (Saison-) Zyklusteil mit schon erläuterten statistischen Verfahren.

Als einfachste Prognose könnte bei Zeitreihen ohne erkennbares Muster („weißes Rauschen") das ungewogene arithmetische Mittel aus den letzten n Werten einer Zeitreihe berechnet werden, wobei beim nächsten Prognoseschritt jeweils der älteste Zeitreihenwert durch den aktuellen ersetzt würde („gleitend")

$$x_{t+1}^* = \overline{x}_t^{(n)} = \frac{1}{n} \sum_{i=0}^{n-1} x_{t-i}.$$

Ein gewogenes arithmetisches Mittel ist das häufig in der Praxis eingesetzte Verfahren der

- **einfachen exponentiellen Glättung**

$$x_{t+1}^* = \overline{x}_t = \alpha x_t + (1 - \alpha)\overline{x}_{t-1} = \alpha x_t + (1 - \alpha)x_t^*$$

$$= \alpha x_t + (1 - \alpha)[\alpha x_{t-1} + (1 - \alpha)x_{t-1}^*]$$

$$= \alpha x_t + (1 - \alpha)[\alpha x_{t-1} + (1 - \alpha)\{\alpha x_{t-2} + (1 - \alpha)x_{t-2}^*\}]$$

$$= \alpha \sum_{i=0}^{\infty} (1 - \alpha)^i x_{t-i} \quad \text{mit} \quad \alpha \sum_{i=0}^{\infty} (1 - \alpha)^i = 1.$$

Der aktuellste Wert geht mit dem höchsten Gewicht in die Prognose ein, die Gewichte nehmen exponentiell für die zurückliegenden Werte ab. Je höher α gewählt wird, desto stärker reagiert die Prognose auf aktuelle Werte (Praxisvorschlag: $0,1 \leq \alpha \leq 0,5$), wobei ex-post-Prognosen (dasjenige α wird gewählt, das den aktuellen Wert prognostiziert hätte) zur Festlegung von α vorgeschlagen werden.

Weisen Zeitreihen Zyklen auf, so kann eine Glättung durch gleitende Durchschnitte erfolgen. Wird das arithmetische Mittel als geglätteter Wert dem aktuellsten Wert zugeordnet

$$\overline{x}_t^{(n)} = \frac{1}{n} \sum_{i=0}^{n-1} x_{t-i} \quad (\text{z. B. } n = 38),$$

so erhält man geglättete Verläufe der Zeitreihe, die gegenüber dem Verlauf der Ursprungsreihe verschobene Zyklen ergeben (vgl. www.deutsche-boerse.com, Performance-Werte zu Aktienkursen).

Abb. 58: Glättung einer Zeitreihe durch gleitende Durchschnitte

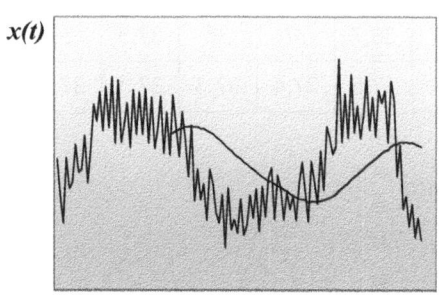

Durchstößt die ungeglättete Reihe die geglättete von oben, so könnte dies am Aktienmarkt als Verkaufssignal, ein Schneiden von unten als Kaufsignal interpretiert werden.

Zur Berechnung zyklusbereinigter Größen werden die arithmetischen Mittel jedoch meist dem mittleren Wert der in den Durchschnitt einbezogenen Zeitreihengrößen zugeordnet. Sollen saisonbereinigte Reihen bestimmt werden, so sollte die Zahl der einbezogenen Größen dem Zyklusumfang oder einem Vielfachen des Umfangs entsprechen.

- **Gleitende Durchschnitte, Mittenzuordnung**
  - für n ungerade

$$\overline{x}_t^{(n)} = \frac{1}{n}(x_{t-\frac{n-1}{2}} + \cdots + x_{t-1} + x_t + x_{t+1} + \cdots x_{t+\frac{n-1}{2}})$$

z. B.: $\overline{x}_t^{(3)} = \frac{1}{3}(x_{t-1} + x_t + x_{t+1})$

  - für n gerade

$$\overline{x}_t^{(n)} = \frac{1}{n}\left(\frac{1}{2}x_{t-\frac{n}{2}} + x_{t-\frac{n}{2}+1} + \cdots + x_{t-1} + x_t + x_{t+1} + \cdots x_{t+\frac{n}{2}-1} + \frac{1}{2}x_{t+\frac{n}{2}}\right)$$

z. B.: $\overline{x}_t^{(4)} = \frac{1}{4}\left(\frac{1}{2}x_{t-2} + x_{t-1} + x_t + x_{t+1} + \frac{1}{2}x_{t+2}\right).$

Durchschnitte für den aktuellen Rand der Zeitreihe können dann ohne Annahme über den weiteren zukünftigen Verlauf der Zeitreihe (es gibt verschiedene Vorschläge zur Reihenergänzung) nicht berechnet werden.

Beispiel für die Berechnung gleitender Durchschnitte

Mittenzuordnung, Wochenabschlusswerte eines Aktienkurses:

t	1	2	3	4	5	6	7	8	9	10
x_t	36	38	42	36	33	39	40	38	35	37
$x_t^{(3)}$	–	38,7	38,7	37	36	37,3	39	37,7	36,7	–
$x_t^{(4)}$	–	–	37,6	37,4	37,3	37,3	37,8	37,8	–	–

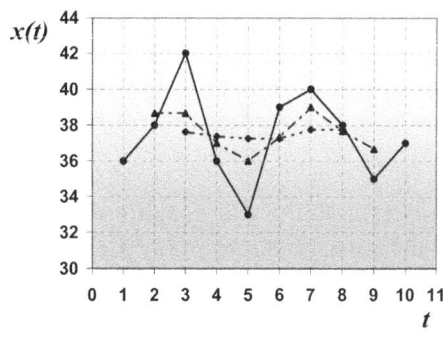

Die Glättung wird besser bei gleitenden Durchschnitten höherer Ordnung, sofern keine periodischen Zyklen vorliegen.

Bei der

- **Komponentenzerlegung, hier additive**

$$x_t = f(\hat{x}_t, s_t, u_t) = \hat{x}_t + s_t + u_t$$

wird angenommen, dass sich die Zeitreihe in eine „glatte Komponente" $\hat{x}_t$ – Pfad, Trend – und eine „zyklische Komponente" – hier saisonale s_t – zerlegen lässt, wobei normalerweise eine vollständige Zerlegung nicht zu erwarten ist, Erklärungsreste u_t also bestehen bleiben, die dann ein Maß für die Güte des Zerlegungsmodells sind. Wir wählen hier beispielhaft das Modell der additiven Zerlegung.

Zunächst wird die glatte Komponente und anschließend die zyklische herausge-filtert.

Der Stützzeitraum für die Zerlegung ist vorgegeben. Der erste Schritt ist die Wahl eines

- **Trendmodells, hier ein lineares**

$$\hat{x}_t = a + b \cdot t.$$

Je nach Zeitreihenpolygonzug könnte auch eine andere Funktion sinnvoll sein. Insbesondere bei Langfristprognosen wird man eine fachwissenschaftlich zu be-gründende Trendfunktion wählen, zur Prognose des Bevölkerungswachstums z. B. eine Exponentialfunktion (konstante Wachstumsrate), zur Absatzprognose eines Produktes eine logistische Funktion (Sättigungsfunktion) als Abbild eines Produktlebenszyklus.

Die Parameter werden nach der Methode der kleinsten Quadrate geschätzt. Hat man äquidistante Messungen und werden die Werte des Stützzeitraums durchnummeriert $t = 1, \ldots, T$ (T als aktuellster Wert), so lassen sich wegen

$$\sum_{t=1}^{T} t = \frac{T(T+1)}{2} \quad \text{und} \quad \sum_{t=1}^{T} t^2 = \frac{T(T+1)(2T+1)}{6}$$

die Parameter der Trendfunktion mit dem Taschenrechner aus den modifizierten Formeln

$$b = \frac{12 \sum_{t=1}^{T} t x_t - 6(T+1) \sum_{t=1}^{T} x_t}{T(T^2-1)} \quad \text{und} \quad a = \bar{x} - \frac{T+1}{2} b$$

schnell berechnen.

Im zweiten Schritt werden aus den trendbereinigten Werten

$$x_t - \hat{x}_t = s_t + u_t$$

die Saisonwerte herausgefiltert. Wir nehmen hier eine konstante Saisonfigur an, d. h. die Unterschiedsbeträge zwischen an gleicher Stelle des Saisonzyklus stehenden Saisonwerten und dem Trend werden über die Zyklen hinweg als konstant angesehen, also als ungewogene arithmetische Mittel berechnet.

- **Saisonwerte**

$$s_j = \frac{1}{P} \sum_{i=1}^{P} (x_{ij} - \hat{x}_{ij}), \quad i = 1, \ldots, P \;\; \text{(Zyklen, z. B. 3 Jahre)},$$

$$j = 1, \ldots, k \;\; \text{(z. B. Quartale, } k = 4\text{)}$$

$$s_t = s_j \quad \text{mit} \quad t = j, j+k, j+2k, \ldots, j+(P-1)k$$

Abb. 59: Bestimmung der Saisonwerte

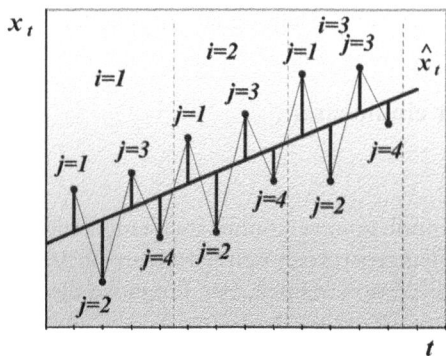

In einem weiteren Schritt könnte man

- **saisonbereinigte Werte**

$$\tilde{x}_t = x_t - s_t$$

bestimmen. Eine

- **Prognose**

$$x_t^* = \hat{x}_t + s_t \quad \text{mit } s_t = s_j, \ j = 1, \ldots, k, \ t = j + P \cdot k$$

würde mit den herausgefilterten Regelmäßigkeiten vorgenommen, sofern die Reste u_t „befriedigend" ausfallen.

Beispiel für eine Zeitreihenanalyse

Quartalsauftragsendbestände eines Unternehmens in Mio. €:

Jahr	Quartal			
	1	2	3	4
1	13	10	9	9
2	15	15	12	11
3	19	18	15	13

t	x_t	tx_t	$\hat{x}_t$	$x_t - \hat{x}_t$	s_t	$\tilde{x}_t$	u_t	$x_t^{(4)}$
1	13	13	10,5	2,5	3,2	9,8	-0,7	–
2	10	20	11	-1	1,3	8,7	-2,3	–
3	9	27	11,5	-2,5	-1,5	10,5	-1	10,5
4	9	36	12	-3	-3	12	0	11,375
5	15	75	12,5	2,5	3,2	11,8	-0,7	12,375
6	15	90	13	2	1,3	13,7	0,7	13
7	12	84	13,5	-1,5	-1,5	13,5	0	13,75
8	11	88	14	-3	-3	14	0	14,625
9	19	171	14,5	4,5	3,2	15,8	1,3	15,375
10	18	180	15	3	1,3	16,7	1,7	16
11	15	165	15,5	-0,5	-1,5	16,5	1	–
12	13	156	16	-3	-3	16	0	–
$\sum$	159	1 105	159	0	0	159	0	–

$$b = \frac{12 \cdot 1\,105 - 6 \cdot 13 \cdot 159}{12 \cdot (144 - 1)} = 0,5$$

$$a = \frac{159}{12} - 0,5 \cdot \frac{13}{2} = 10 \implies$$

$$\hat{x}_t = 10 + 0,5\,t.$$

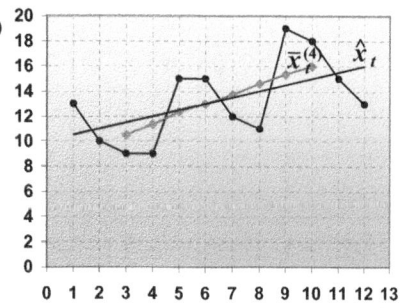

Jahr	Quartal	t	$\hat{x}_t$	s_t	x_t^*
4	1	13	16,5	3,2	19,7
4	2	14	17	1,3	18,3
4	3	15	17,5	-1,5	16
4	4	16	18	-3	15

Der Auftragsbestand nimmt im Trend pro Quartal um 0,5 Mio. € zu. Nach der Entwicklung der Restgrößen, die einen Trend aufweisen – ebenfalls sichtbar am Vergleich der gleitenden Viererdurchschnitte mit den saisonbereinigten Werten – bietet sich eine Modifikation des Komponentenzerlegungsmodells an: z. B. eine quadratische Trendfunktion und/oder mit dem Trend zunehmende Saisonausschläge (z. B. als $x_t = \hat{x}_t \cdot s_t + u_t$ modelliert).

Übersicht 20: Häufig angewandte Prognoseverfahren mit exponentieller Glättung

Prognoseverfahren	Mathematisches Modell	geglättete Werte	Prognosewert	Initialisierung z.B.	Interpretation / Anwendung
Exponentielle Glättung 1. Ordnung	$x_t = a_t + u_t$ x_t: Beobachtungswert a_t: Niveauwert u_t: Störterm	$\bar{x}_t = \alpha x_t + (1-\alpha)\bar{x}_{t-1}$ $\bar{x}_t$: geschätzter Niveauwert α: Glättungsparameter mit $0 < \alpha \leq 1$	$x_{t+1}^* = \bar{x}_t$ $= \alpha x_t + (1-\alpha)x_t^*$ $x_{T+m}^* = x_{T+1}^*,\ m \geq 1$	$x_1^* = x_1$ für $x_{t+1}^* = \alpha \sum_{i=0}^{t-1}(1-\alpha)^i x_{t-i}$ $+ (1-\alpha)^t x_1^*$	Je höher α gewählt wird, desto stärker reagiert die Prognose auf aktuelle Werte und desto weniger wird geglättet.
Exponentielle Glättung 2. Ordnung bzw. Trendkorrekturversion (Modell von Brown)	$x_t = a_t + b_t t + u_t$ x_t: Beobachtungswert a_t: Niveauwert b_t: Trendanstieg/abstieg u_t: Störterm	$\bar{x}_t = \alpha x_t + (1-\alpha)\bar{x}_{t-1}$ $\bar{\bar{x}}_t = \alpha\bar{x}_t + (1-\alpha)\bar{\bar{x}}_{t-1}$ α: Glättungsparameter, $0 < \alpha \leq 1$ $\bar{x}_t = \alpha x_t + (1-\alpha)\bar{x}_{t-1}$ $\bar{\bar{x}}_t = \alpha(\bar{x}_t - \bar{x}_{t-1}) + (1-\alpha)\bar{\bar{x}}_{t-1}$ $\bar{x}_t$: geschätzter Niveauwert $\bar{\bar{x}}_t$: geschätzter Trendanstieg/abstieg α: Glättungsparameter, $0 < \alpha \leq 1$	$x_{t+1}^* = 2\bar{x}_t - \bar{\bar{x}}_{t-1}$ $x_{T+m}^* = 2\bar{x}_T - \bar{\bar{x}}_{T-1} +$ $(m-1)\alpha(\bar{x}_T - \bar{\bar{x}}_{T-1}),\ m \geq 2$ $x_{t+1}^* = \bar{x}_t + \bar{\bar{x}}_t + \frac{1-\alpha}{\alpha}\bar{\bar{x}}_t$ $x_{T+m}^* = \bar{x}_T + \bar{\bar{x}}_T \cdot m$ $+ \frac{1-\alpha}{\alpha}\bar{\bar{x}}_T,\ m \geq 1$	$\bar{x}_2 = x_2$ $\bar{\bar{x}}_1 = x_1$ $\bar{x}_2 = x_2$ $\bar{\bar{x}}_2 = \alpha(x_2 - x_1)$	Die erste Version schreibt die Modellparameter bei der Glättung einfach fort, während die zweite äquivalente Version den Niveauwert und den Trendanstieg/abstieg glättet und in der Prognose eine Trendkorrektur vornimmt.
Lineare exponentielle Glättung von Holt-Winters	$x_t = a_t + b_t t + u_t$ x_t: Beobachtungswert a_t: Niveauwert b_t: Trendanstieg/abstieg u_t: Störterm	$\bar{x}_t = \alpha x_t + (1-\alpha)(\bar{x}_{t-1} + \bar{\bar{x}}_{t-1})$ $\bar{\bar{x}}_t = \beta(\bar{x}_t - \bar{x}_{t-1}) + (1-\beta)\bar{\bar{x}}_{t-1}$ $\bar{x}_t$: geschätzter Niveauwert $\bar{\bar{x}}_t$: geschätzter Trendanstieg/abstieg α, β: Glättungsparameter, $0 < \alpha, \beta \leq 1$	$x_{t+1}^* = \bar{x}_t + \bar{\bar{x}}_t$ $x_{T+m}^* = \bar{x}_T + \bar{\bar{x}}_T \cdot m,$ $m \geq 1$	$\bar{x}_2 = x_2$ $\bar{\bar{x}}_2 = x_2 - x_1$	Bereits bei der Schätzung des Niveauwertes wird der Trendanstieg/abstieg berücksichtigt. Je höher β, desto stärker reagiert die Prognose auf den aktuellen Trend.
Exponentielle Glättung des additiven saisonalen Modells von Holt-Winters	$x_t = a_t + b_t t + s_t + u_t$ x_t: Beobachtungswert a_t: Niveauwert b_t: Trendanstieg/abstieg s_t: Saisonkomponente u_t: Störterm Jede Periode hat k Unterzeiträume. P sei die Anzahl der Perioden.	$\bar{x}_t = \alpha(x_t - \check{x}_{t-k}) + (1-\alpha)(\bar{x}_{t-1} + \bar{\bar{x}}_{t-1})$ $\bar{\bar{x}}_t = \beta(\bar{x}_t - \bar{x}_{t-1}) + (1-\beta)\bar{\bar{x}}_{t-1}$ $\check{x}_t = \gamma(x_t - \bar{x}_t) + (1-\gamma)\check{x}_{t-k}$ $\bar{x}_t$: geschätzter Niveauwert $\bar{\bar{x}}_t$: geschätzter Trendanstieg/abstieg $\check{x}_t$: geschätzte Saisonkomponente $t = i, j+1, j+2k, \ldots, j+(P-1)k$ und $t = \check{x}_j,\ j = 1, \ldots, k$ α, β, γ: Glättungsparameter $0 < \alpha, \beta, \gamma \leq 1$	$x_{t+1}^* = \bar{x}_t + \bar{\bar{x}}_t + \check{x}_{t+1-k}$ $x_{T+m}^* = \bar{x}_T + \bar{\bar{x}}_T \cdot m$ $+ \check{x}_{T+m-r}$ $r = \begin{cases} k & \text{für } m = 1,\ldots,k \\ 2k & \text{für } m = k+1,\ldots,2k \\ 3k & \text{für } m = 2k+1,\ldots,3k \end{cases}$	$\bar{x}_{k+1} = x_{k+1}$ $\bar{\bar{x}}_{k+1} = \dfrac{x_{k+1} - x_1}{k}$ $\check{x}_t = x_t - (\bar{x}_{k+1} - \bar{\bar{x}}_{k+1} \cdot t$ $+ x_1 - \bar{\bar{x}}_{k+1}),$ $t = 1, \ldots, k$	Bei einer Zeitreihe mit variierender Tendenz und saisonalen über die Zeit stabilen Schwankungen. Je höher α bzw. β bzw. γ gewählt wird, desto stärker reagiert die Prognose auf aktuelle Werte bzw. die aktuelle Tendenz bzw. die aktuellen saisonalen Schwankungen.
Exponentielle Glättung des multiplikativen saisonalen Modells von Holt-Winters	$x_t = (a_t + b_t t)s_t + u_t$ Variablendefinition vgl. additives Modell	$\bar{x}_t = \alpha\dfrac{x_t}{\check{x}_{t-k}} + (1-\alpha)(\bar{x}_{t-1} + \bar{\bar{x}}_{t-1})$ $\bar{\bar{x}}_t = \beta(\bar{x}_t - \bar{x}_{t-1}) + (1-\beta)\bar{\bar{x}}_{t-1}$ $\check{x}_t = \gamma\dfrac{x_t}{\bar{x}_t} + (1-\gamma)\check{x}_{t-k}$ Variablendefinition vgl. additives Modell	$x_{t+1}^* = (\bar{x}_t + \bar{\bar{x}}_t)\check{x}_{t+1-k}$ $x_{T+m}^* = (\bar{x}_T + \bar{\bar{x}}_T m)\check{x}_{T+m-r}$ $r = \begin{cases} k & \text{für } m = 1,\ldots,k \\ 2k & \text{für } m = k+1,\ldots,2k \\ 3k & \text{für } m = 2k+1,\ldots,3k \end{cases}$	$\bar{x}_{k+1} = x_{k+1}$ $\bar{\bar{x}}_{k+1} = \dfrac{x_{k+1} - x_1}{k}$ $\check{x}_t = \dfrac{x_t}{\bar{x}_{k+1} \cdot t + x_1 - \bar{\bar{x}}_{k+1}}$ $t = 1, \ldots, k$	Bei einer Zeitreihe mit variierender Tendenz und saisonalen über die Zeit variierenden Schwankungen (z.B.: Je größer der Abstand zwischen den Beobachtungen, desto höher die saisonale Komponente).

Sum-mary

- Die univariate zeitliche Entwicklung wirtschaftsstatistischer Größen dient häufig als Grundlage für die Abschätzung der zukünftigen Entwicklung eben dieser Größe. Zeigen sich Regelmäßigkeiten im Zeitreihenverlauf (z. B. Saisonzyklen und Trends), so versucht man durch rechnerische Verfahren diese Regelmäßigkeit herauszufiltern (z. B. Chartanalysen bei Aktienkursverläufen) oder nur eine Glättung der Reihe zu erreichen (z. B. durch gleitende Durchschnitte).

- Wird eine Stabilität der historischen Prozesse angenommen, so können diese Regelmäßigkeiten in die Zukunft projeziert werden. Schätzfehler der Vergangenheit bilden die Grundlage für die Berechnung von Prognosefehlern.

- Ist die Wahrscheinlichkeitsrechnung Basis der Prognosefehler, ergeben sich mit dem Prognosezeitraum zunehmende Unsicherheitsintervalle.

- Mit gleitenden Durchschnitten wird eine Glättung der Zeitreihe erreicht, die je nach Anwendungszusammenhang Prognosegrundlage (z. B. bei der exponentiellen Glättung) oder Basis zur Bestimmung einer zyklusfreien Reihe (z. B. Saisonbereinigung) ist.

- Bei der Komponentenzerlegung werden die zwei Dimensionen einer (univariaten) Zeitreihe in eine zeitgerichtete, glatte Komponente und (eine oder mehrere) variabilitätsabbildende, zyklische Komponente/(n) über ein statistisches Rechenmodell abgebildet.

- Die Prognosemodelle von Holt-Winters beruhen auf der exponentiellen Glättung. Im Unterschied zu den Modellen von Brown (exponentielle Glättung erster und zweiter Ordnung) mit nur einem Glättungsparameter sind die Modelle von Holt-Winters flexibler, da hier zwei bis drei Parameter existieren. Neben der Trendentwicklung können auch saisonale Schwankungen in einer Zeitreihe berücksichtigt werden. Bei einer Zeitreihe mit variierender Tendenz und über die Zeit stabilen Schwankungen werden die Niveau- und Trendkomponente einerseits und die saisonale Komponente andererseits additiv verknüpft, bei über die Zeit variierenden Schwankungen dagegen multiplikativ.

Auf-gabe

(21)

Die Firma Hoch- und Tiefbau AG hatte in den letzten drei Jahren folgende Auftragsbestände (Mio. €) jeweils zum Quartalsende:

Jahr	1				2				3			
Quartal	1	2	3	4	1	2	3	4	1	2	3	4
Mio. €	24	18	13	17	21	16	14	16	21	14	12	15

Zeichnen Sie die Zeitreihe und berechnen Sie gleitende Vierer-durchschnitte, einen linearen Trend, die saisonalen Komponenten und prognostizieren Sie die Auftragsbestände für das nächste Jahr.

Lösung:

t	x_t	tx_t	$\hat{x}_t$	$x_t - \hat{x}_t$	s_t	$\tilde{x}_t$	u_t	$x_t^{(4)}$
1	24	24	19,5	4,5	4,5	19,5	0	–
2	18	36	19	-1	-1	19	0	–
3	13	39	18,5	-5,5	-3,5	16,5	-2	17,625
4	17	68	18	-1	0	17	-1	17
5	21	105	17,5	3,5	4,5	16,5	-1	16,875
6	16	96	17	-1	-1	17	0	16,875
7	14	98	16,5	-2,5	-3,5	17,5	1	16,75
8	16	128	16	0	0	16	0	16,5
9	21	189	15,5	5,5	4,5	16,5	1	16
10	14	140	15	-1	-1	15	0	15,625
11	12	132	14,5	-2,5	-3,5	15,5	1	–
12	15	180	14	1	0	15	1	–
$\sum$	201	1 235	201	0	0	201	0	–

$$b = \frac{12 \cdot 1\,235 - 6 \cdot 13 \cdot 201}{12 \cdot (144 - 1)} = -0,5$$

$$a = \frac{201}{12} + 0,5 \cdot \frac{13}{2} = 20 \implies$$

$$\hat{x}_t = 20 - 0,5\,t.$$

Jahr	Quartal	t	$\hat{x}_t$	s_t	x_t^*
4	1	13	13,5	4,5	18
4	2	14	13	-1	12
4	3	15	12,5	-3,5	9
4	4	16	12	0	12

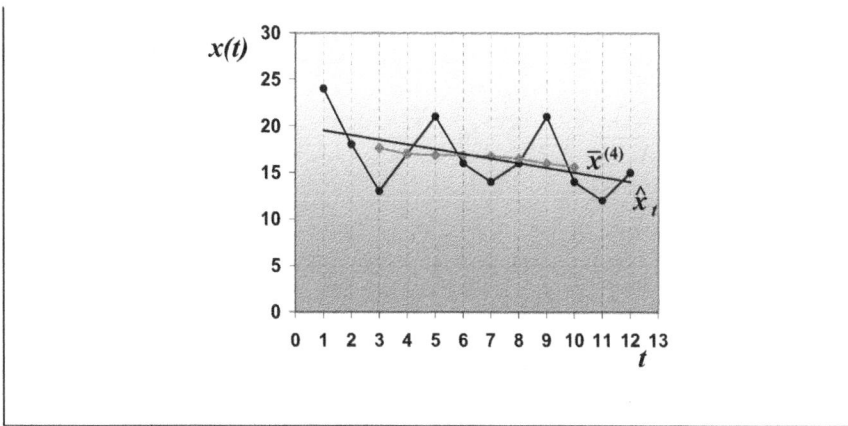

6.6 Die Normalverteilung als Risikoverteilung

Risikomanagement soll die Gefährdung eines Unternehmens, verursacht durch negative Zielabweichungen, verhindern. Können solche Abweichungen z. B. bei langfristigen Investititonen oder kurzfristigen Vertragsabschlüssen zu Verlusten führen, so muss genügend Risikokapital, vor allem Eigenkapital, vorhanden sein, um die möglichen Verluste tragen zu können, weil sonst die Existenz des Unternehmens gefährdet ist. Speziell der Bereich des Finanzrisikomanagements umfasst die Analyse und Steuerung von Risiken, die sich aus zeitlichen Änderungen insbesondere von Zinssätzen, Aktienkursen, Wechselkursen und Rohstoffpreisen ergeben. Die Risikoanalyse erfolgt vornehmlich mit statistischen Verfahren, die u.a. aus historischen Werten und einer Verteilungsannahme hilfreiche Kenngrößen liefern.

Im Standardfall wird unterstellt, dass die logarithmische Normalverteilung ein plausibles stochastisches Modell zur Erklärung einer Zinssatzänderung, Preisänderung oder Kursänderung und damit auch einer Indexstandsänderung liefert: Viele voneinander unabhängige, aber sich gegenseitig „hochschaukelnde" Einflussfaktoren (vgl. Kapitel 4.2) erklären die Schwankungen in der Messzahlenreihe. Die erwartete durchschnittliche Veränderung in einem Zeitraum, also die durchschnittliche Preisänderung oder die Durchschnittsrendite, sind dann als geometrisches Mittel je nach Unterteilung des Zeitraums zu berechnen (vgl. Kapitel 2.2, Seite 39, mit $z_G = g_r \%$):

- **geometrische Verzinsung (Raten)**

$$g_r = \sqrt[T]{\prod_{t=1}^{T} \frac{X_t}{X_{t-1}}} - 1 = \sqrt[T]{\frac{X_T}{X_0}} - 1 \quad \text{(Wiederanlage der Erträge)}$$

- **Logarithmus des geometrischen Mittels (Faktoren)**

$$\mu_r = \ln \sqrt[T]{\prod_{t=1}^{T} \frac{X_t}{X_{t-1}}} = \frac{1}{T} \sum_{t=1}^{T} \ln \frac{X_t}{X_{t-1}}$$

$\mu_r \approx g_r$ für große T.

Für große T ist $\mu_r = \ln \left(\frac{X_T}{X_0} \right)^{\frac{1}{T}} \approx \left(\frac{X_T}{X_0} \right)^{\frac{1}{T}} - 1 = g_r$, denn:

Substituiere $y = \left(\frac{X_T}{X_0} \right)^{\frac{1}{T}}$. Taylor Approximation durch ein Polynom ersten Grades von $\ln y$ an der Stelle $y_0 = 1$ ergibt: $\ln y \approx y - 1$,

d. h. für große T-Werte, also für $\frac{1}{T}$ in der Nähe von 0, d. h. für y-Werte in der Nähe von 1, kann

$$\mu_r = \ln \left(\frac{X_T}{X_0} \right)^{\frac{1}{T}} \quad \text{durch} \quad g_r = \left(\frac{X_T}{X_0} \right)^{\frac{1}{T}} - 1$$

approximiert werden. Für $T \longrightarrow \infty$ ist $\mu_r = 0$.

- **arithmetische Verzinsung (Raten)**

$$\mu_r^* = \frac{1}{T} \sum_{t=1}^{T} \frac{X_t - X_{t-1}}{X_{t-1}} \qquad \text{(Erträge werden ausgeschüttet)}$$

Die Produkte der Messzahlen (Faktoren)

$$\frac{X_1}{X_0} \cdot \frac{X_2}{X_1} \cdots \frac{X_T}{X_{T-1}} = \frac{X_T}{X_0}$$

sind in guter Näherung lognormalverteilt mit folgendem Erwartungswert μ und der Standardabweichung σ der Lognormalverteilung (μ_r, σ_r sind die entsprechenden Kenngrößen der „passenden" Normalverteilung)

$$\mu = \left(\frac{X_T}{X_0} \right)^{\frac{1}{T}} \cdot e^{0,5 \cdot \sigma_r^2} = e^{\mu_r + 0,5 \cdot \sigma_r^2} \quad \text{und} \quad \sigma^2 = e^{\sigma_r^2} [e^{\sigma_r^2} - 1] e^{2\mu_r},$$

denn die Logarithmen der Produkte

$$\ln \prod_{t=1}^{T} \frac{X_t}{X_{t-1}} = \sum_{t=1}^{T} \ln \frac{X_t}{X_{t-1}} \approx \sum_{t=1}^{T} \left(\frac{X_t}{X_{t-1}} - 1 \right) = \sum_{t=1}^{T} \frac{X_t - X_{t-1}}{X_{t-1}}$$

sind aufgrund des Grenzwertsatzes von Ljapounoff und Feller asymptotisch normalverteilt mit dem Parameter

$$\mu_r = \ln \left(\frac{X_T}{X_0} \right)^{\frac{1}{T}} \approx \left(\frac{X_T}{X_0} \right)^{\frac{1}{T}} - 1 = g_r.$$

Die Standardabweichung σ_r dieser Normalverteilung, hier auch σ-Volatilität genannt, ist dann die Streuung der logarithmierten Renditen (in der Praxis aus historischen Schwankungen der Messzahlen oder aus aktuellen Marktdaten berechnet, vgl. www.deutsche-boerse.com).

Abb. 60: Lognormalverteilung und Normalverteilung der Produkte der Messzahlen und ihrer Logarithmen

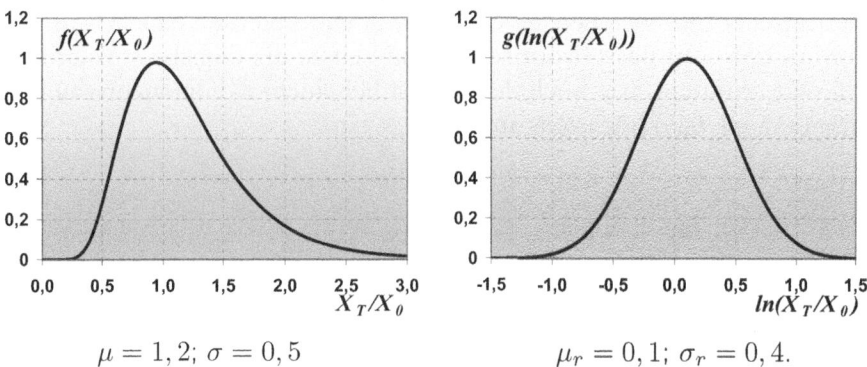

$\mu = 1,2;\ \sigma = 0,5$ $\qquad\qquad\qquad$ $\mu_r = 0,1;\ \sigma_r = 0,4.$

Nimmt man an, dass der Prozess stabil bleibt, also nicht ein Einflussfaktor plötzlich überwiegt, und keine Trends oder Zyklen enthält (vgl. Kapitel 6.5), also einen „random walk" darstellt, könnten diese Größen bei der Einschätzung zukünftiger Risiken als Erwartungswerte einer Normalverteilung interpretiert werden. Danach könnten einseitige oder zweiseitige Vertrauensintervalle bei einem bestimmten Konfidenzniveau für eine erwartete Rendite bestimmt werden. Wird noch der zu verzinsende Vermögenswert berücksichtigt, ergibt sich daraus ein erwarteter Höchstgewinn oder -verlust.

Beispiel für eine Risikoanalyse eines Anlegers (1)

Ein Anleger hat in die Aktien eines Unternehmens 5 000 € investiert. Wir bestimmen die Wahrscheinlichkeit, dass genau in einem Jahr der Wert seiner Anteile nicht zugenommen hat ($\hat{\mu} = 0,10$, $\hat{\sigma} = 0,2$).

$$P\left(Z \leq \frac{0 - 0,1}{0,2} = -0,5\right) = \Phi(-0,5) = 1 - \Phi(0,5) = 0,3085.$$

Bei einer erwarteten Jahres-Rendite von 10 %, aber einer Volatilität von 20 % ist das Konfidenzniveau 30,85 %, dass seine Aktien im Wert zum betrachteten Zeitpunkt nicht zugelegt haben.

Bezieht sich die Berechnung auf einen anderen Zeitraum als den, für den die Volatilität angegeben ist, dann wird die Varianz (Quadrat der Volatilität) mit dem Zeitraumverhältnis multipliziert (Annahme der Übertragbarkeit: Additionssatz für Varianzen, vgl. Kapitel 4.1, Seite 112). Bei Jahresvolatilität σ_1 ergibt sich also z. B. die Fünfjahresvolatilität:

$$\sigma_5^2 = 5 \cdot \sigma_1^2 \implies \sigma_5 = \sqrt{5} \cdot \sigma_1.$$

Beispiel für eine Risikoanalyse eines Unternehmens (1)

Ein deutsches Unternehmen hat einen Vorrat an Kupfer mit einem Wert von 10 Mio. US\$. Auf Basis historischer Analysen ist die tägliche σ-Volatilität 2 %. Wir ermitteln, wie hoch der Verlust bei einem Konfidenzniveau von 95 % ($z = -1,645$) höchstens ausfällt.

„Verlust": $-z \cdot \hat{\sigma} = -1,645 \cdot 2\% = -3,29\% \implies$

$$0,329 \cdot 10 \text{ Mio.} = 329\,000 \text{US\$}.$$

Bei einem Konfidenzniveau von 95 % wird der Verlust innerhalb eines Tages nicht mehr als 329 000US\$ betragen. („Value at Risk": 329 000US\$).

Unter dem *VaR* (**Value at Risk**) wird allgemein der höchstens zu erwartende monetäre Verlust aus Finanzrisiken verstanden, der innerhalb einer bestimmten Frist (z. B. Haltedauer bei Wertpapieren) bei einem bestimmten Konfidenzniveau auf Basis einer bestimmten Wahrscheinlichkeitsverteilung (z. B. Normalverteilung aus historischen Werten) eintreten kann.

Die Summe unabhängiger normalverteilter Zufallsvariablen ist wieder normalverteilt (Reproduktionseigenschaft vgl. Kapitel 4.2, Seite 126) mit

$$\mu = \frac{1}{n} \sum \mu_i \quad \text{und}$$

$$\sigma = \sqrt{\frac{1}{n^2} \sum \sigma_i^2} = \frac{1}{n} \sqrt{\sum \sigma_i^2}.$$

Bei der Zusammenfassung bekommt man also einen Ausgleich der Streuungen, man „diversifiziert", wodurch das Risiko vermindert wird.

Beispiel für eine Risikoanalyse eines Anlegers (2)

Der Anleger von oben belässt 2 500 € in Aktie 1 ($\hat{\mu}_1 = 0,10$, $\hat{\sigma}_1 = 0,2$) und investiert die übrigen 2 500 € in Aktie 2 ($\hat{\mu}_2 = 0,16$, $\hat{\sigma}_2 = 0,3$). Sein „Portfolio" besteht also aus zwei Anlagen mit gleichen Gewichten.

Erwartete Rendite: $\hat{\mu} = \frac{1}{2}(0,10 + 0,16) = 0,13$

Volatilität: $\hat{\sigma} = \frac{1}{2}\sqrt{0,04 + 0,09} = 0,18.$

Die Wahrscheinlichkeit, dass sein Portfolio in einem Jahr nicht an Wert zugelegt hat, ist jetzt

$$P(Z \leq \frac{0 - 0,13}{0,18} = -0,7211) = \Phi(-0,7211) = 1 - \Phi(0,7211) = 0,235,$$

also durch Diversifikation kleiner geworden.

Beispiel für eine Risikoanalyse eines Unternehmens (2)

Das o.g. Unternehmen hat zusätzlich einen Vorrat an Mineralöl mit einem Wert von ebenfalls 10 Mio. US\$. Die Tagesvolatilität ist 1 %.

Der höchste zu erwartende Tagesverlust des Gesamtvermögens (bei unabhängigen Märkten) bei einem Konfidenzniveau von 95 % liegt dann bei

$$\hat{\sigma} = \frac{1}{2}\sqrt{4 + 1} = 1,118\,\%$$

„Verlust": $-z \cdot \hat{\sigma} = -1,645 \cdot 1,118 = -1,839\,\% \implies$

$$0,01839 \cdot 20 \text{ Mio.} = 367\,833\text{US\$}.$$

Der *VaR* ist bei doppeltem Wert des Vorratsvermögens nur wenig höher als für Kupfer alleine.

Der *VaR* kann natürlich auch direkt berechnet werden. Die lineare Transformation mit der zu verzinsenden Wertgröße X ergibt

$\mu_x(x) = X \cdot \mu_r$ (erwarteter Betrag)

$\sigma_x^2(x) = X^2 \cdot \sigma_r^2$ (Varianz des erwarteten Betrags)

$\sigma_x(x) = X \cdot \sigma_r$ (Standardabweichung des erwarteten Betrags)

$VaR_x = z \cdot \sigma_x(x)$ (Value at Risk des Betrags).

Beim Portfolio (bei Unabhängigkeit):

$$\mu_p(x) = \sum_i X_i \mu_i, \qquad \sigma_p^2(x) = \sqrt{\sum_i X_i^2 \sigma_i^2}$$

$$VaR_p = -z \cdot \sigma_p(x) = -z \cdot \sqrt{\sum_i VaR_i^2}.$$

Also im Beispiel für das Unternehmen

$$VaR_p = -1,645 \cdot \sqrt{10^{14} \cdot 0,0004 + 10^{14} \cdot 0,0001} = -367\,833.$$

Die Normalverteilung als Risikoverteilung wird unter zwei Aspekten kritisiert:

- Die Risiken am Rand – die unwahrscheinlichen Fälle – können, wenn sie eintreten, zu besonders hohen Schäden führen (vgl. auch ABC-Analyse, Kapitel 6.1, Seite 193). Man versucht dies zu berücksichtigen durch

  ○ „fat tails" der Normalverteilung (in Kapitel 6.1 durch Merkmalssummen-anteile)

  ○ durch Extremwertverteilungen statt der Normalverteilung.

- Verlust- und Gewinnrisiken werden vom Anleger unterschiedlich – nicht wie bei der symmetrischen Normalverteilung gleich – beurteilt. Wegen kurzfristiger Risikoaversion – Kursinformationen sind ständig verfügbar, damit sind Kursverluste häufiger sichtbar, als wenn ein Depot nur in großen Zeitabständen überprüft wird – und weil bei Kurssteigerungen zu früh verkauft und bei Verlusten zu spät abgestoßen wird (verhaltenswissenschaftliche Erkenntnisse), sind wohl asymmetrische Risikoverteilungen realistischer.

Sind die Anlagen in einem Portfolio nicht unabhängig (aber gleichwohl „symmetrisch", d. h. sie reagieren linear auf Veränderungen der Risikofaktoren wie Aktien in einem Depot; asymmetrisch wäre, wenn z. B. Kaufoptionen auf Aktien des Depots im Portfolio wären), so muss bei der Gesamtvolatilität noch die Korrelation zwischen den Renditen beachtet werden. Bei zwei Zufallsvariablen X und Y gilt bei

- **Unabhängigkeit**

$$Var(X + Y) = Var(X) + Var(Y)$$

- **Abhängigkeit**

$$Var(X + Y) = Var(X) + Var(Y) + 2 \cdot Cov(XY)$$
$$= \sigma_x^2 + \sigma_y^2 + 2 \cdot \sigma_{xy}$$
$$= \sigma_x^2 + \sigma_y^2 + 2 \cdot \sigma_x \sigma_y \varrho$$

mit $\quad \varrho = \dfrac{\sigma_{xy}}{\sigma_x \sigma_y}$

als Korrelation der Renditen X und Y von zwei Anlageformen. Die Volatilität (das Risiko) wird also erhöht bei positiver Korrelation und verringert bei negativer Korrelation („Hedging").

Der oben genannte Anleger hätte also, wenn er sein Risiko weiter verringern will, in den Renditen negativ korrelierte Anlagen (z. B. Aktien und festverzinsliche Wertpapiere) wählen sollen. Wären im Beispiel für das Unternehmen die Preisänderungen für Kupfer und Mineralöl perfekt positiv korreliert ($\varrho = 1$), dann hätte man die beiden *VaR* addieren müssen:

$$\sqrt{VaR_1^2 + VaR_2^2 + 2 \cdot VaR_1 VaR_2 \cdot 1} = \sqrt{(VaR_1 + VaR_2)^2} = VaR_1 + VaR_2.$$

Wären Sie negativ korreliert, hätte man noch einen höheren Risikoausgleich als im Beispiel der Unabhängigkeit ($\varrho = 0$) erreichen können:

$$\sqrt{VaR_1^2 + VaR_2^2 - 2 \cdot VaR_1 VaR_2 \cdot 1} = \sqrt{(VaR_1 - VaR_2)^2}.$$

Da in US\$ fakturiert wird, Wechselkurse aber schwanken – u. U. nicht unabhängig von Rohstoffpreisschwankungen – hätte ein zusätzlicher *VaR* aus der Tagesvolatilität für den Wechselkurs US\$/€ berechnet werden müssen und bei der Aggregation der *VaR*, der Berechnung des gesamten Verlustrisikos, hätten die Korrelationen berücksichtigt werden müssen.

Der Diversifikationseffekt eines Portfolios ist allgemein

$$\sigma_p^2 = \frac{1}{n^2} \sum_{i=1}^{n} \sum_{j=1}^{n} \sigma_{ij} \text{ mit } \sigma_{ii} = \sigma_i^2$$

(Wert: $\sigma_p^2(x) = \sum_{i=1}^{n} \sum_{j=1}^{n} x_i y_j \sigma_{ij}$).

Varianz-Kovarianz-Matrix:

$$\begin{pmatrix} \sigma_1^2 & \sigma_{12} & \cdots & \sigma_{1i} & \sigma_{1j} & \cdots & \sigma_{1n} \\ \sigma_{21} & \sigma_2^2 & \cdots & \sigma_{2i} & \sigma_{2j} & \cdots & \sigma_{2n} \\ \vdots & \vdots & \ddots & \vdots & \vdots & & \vdots \\ \sigma_{i1} & \sigma_{i2} & \cdots & \sigma_i^2 & \sigma_{ij} & \cdots & \sigma_{in} \\ \vdots & \vdots & & \vdots & \ddots & & \vdots \\ \sigma_{n1} & \sigma_{n2} & \cdots & \sigma_{ni} & \sigma_{nj} & \cdots & \sigma_n^2 \end{pmatrix}$$

In der Hauptdiagonalen sind die Varianzen der n Wertpapiere, der unterhalb der Hauptdiagonalen liegende Teil ist ein Spiegelbild des oberen Dreiecks, also gilt für die Summe

$$\sigma_p^2 = \frac{1}{n^2} \left(\sum_{i=1}^{n} \sigma_i^2 + 2 \sum_{\substack{i=1 \\ i \neq j}}^{n} \sum_{j=1}^{n} \sigma_{ij} \right)$$

(Wert: $\sigma_p^2(x) = \sum_i x_i^2 \sigma_i^2 + 2 \sum_{i \neq j} \sum_j x_i x_j \sigma_{ij}$).

Der Risikobeitrag des i-ten Wertpapiers zum Portfoliorisiko (vgl. oben markierte Zeile) ist

$$\sigma_{i,p} = \sum_{j=1}^{n} \sigma_{ij}.$$

Der relative Risikobeitrag wird auch Beta-Faktor genannt

$$\beta_{i,p} = \frac{\sigma_{i,p}}{\sigma_p^2}.$$

Dieser Regressionskoeffizient drückt also aus, wie sich Renditeänderungen (bei Berücksichtigung investierten Kapitals: Wertänderungen $x_i \cdot \beta_{i,p}$) des Portfolios auf Renditeänderungen eines Wertpapiers im Portfolio auswirken bzw. wie sich das Portfolio-Risiko ändert, wenn der Portfolio-Anteil (sein relativierter Wert x_i) eines Wertpapiers (gleichmäßig zu Lasten der übrigen Wertpapiere) erhöht wird: Da

$$\beta_p = \sum_{i=1}^{n} x_i \beta_{i,p}$$

gilt:

$\beta_{i,p} > 1$:   Risiko steigt

$\beta_{i,p} < 1$:   Risiko sinkt.

Wie man an der Varianz-Kovarianz-Matrix erkennt, enthält sie n Varianzen, aber $n^2 - n = n(n-1)$ Kovarianzen. Wird n sehr groß ($n \longrightarrow \infty$), dann wird der Anteil der Varianzrisiken am Gesamtrisiko des Portfolios vernachlässigbar klein. Dies wird „vollständige Diversifikation" genannt. Für $\overline{\sigma}_i^2$ und $\overline{\sigma}_{ij}$ als arithmetische Mittel erhält man

$$\sigma_p^2 = \frac{1}{n^2}[n\overline{\sigma}_i^2 + (n^2 - n)\overline{\sigma}_{ij}]$$

$$= \frac{1}{n}\overline{\sigma}_i^2 + (n^2 - n) \cdot \frac{1}{n^2}\overline{\sigma}_{ij}$$

$$= \frac{1}{n}\overline{\sigma}_i^2 - \frac{1}{n}\overline{\sigma}_{ij} + \overline{\sigma}_{ij}$$

und $\sigma_p^2 = \overline{\sigma}_{ij}$ für $n \to \infty$.

Bei vollständiger Diversifikation besteht das Portfoliorisiko nur noch aus dem durchschnittlichen Kovarianzrisiko, genannt „nicht vermeidbares" oder **syste-matisches Risiko**. Deshalb wird das durch Diversifikation eliminierbare Risiko **unsystematisches Risiko** genannt.

Ein Portfolio ist effizient, wenn bei gegebenem Renditeerwartungswert kein anderes Portfolio mit einer geringeren Varianz existiert (Portfolio-Selection-Theorie). Wenn alle Marktteilnehmer effiziente Portfolios halten wollen und eine risikolose Anlage (Zins μ_f und $\sigma_f = 0$) existiert, dann gibt es bei vollkommenem Markt ein Marktgleichgewicht für eine erwartete Rendite bei

$$\mu_i = \mu_f + (\mu_p - \mu_f)\beta_i \quad \text{(Capital Asset Pricing Model).}$$

Auch ohne hier auf die Kapitalmarkttheorie (speziell die Portfoliotheorie und das Capital Asset Pricing Model – CAPM) einzugehen, erkennt man, dass bekannte statistische Kenngrößen bei der Kapitalmarktanalyse genutzt werden.

Tab. 16: Kennzahlen im Vergleich zum DAX$^{\circledR}$ (5 Jahre bis Mai 2019)

	Vola	Korr	Beta
Adidas	58,68 %	0,71	1,08
⋮	⋮	⋮	⋮
BASF	48,31 %	0,69	0,87
⋮	⋮	⋮	⋮
BMW	54,51 %	0,17	0,24
⋮	⋮	⋮	⋮

Quelle: https://www.boerse.de/aktien/"Index: DAX (Kursindex)"

Quelle: https://www.boerse.de/aktien/"Index: DAX (Kursindex) – BASF-Aktie"

Die Durchschnitte, von denen Abweichungen berechnet werden, sind arithmetische Mittel der n logarithmierten Index- oder Kursrenditen eines Monats, die Einzelwerte sind die jeweiligen logarithmierten Tagesrenditen (bereinigt um Dividendenausschüttungen und Nennwertumstellungen, die Varianzen und Kovarianzen werden jeweils annualisiert).

- **Volatilität** aus σ_{Aktie} bzw. aus σ_{DAX}

  Beschreibt die Schwankungsintensität eines Kurses oder Index um den Mittelwert und lässt so das Gewinn- oder Verlustpotenzial – falls extrapoliert werden kann – abschätzen.

- **Korrelation** $\varrho_{\text{Aktie,DAX}} = \dfrac{\sigma_{\text{Aktie,DAX}}}{\sigma_{\text{Aktie}}\,\sigma_{\text{DAX}}}$

  Wäre die Korrelation zwischen der Rendite einer Aktie und dem Index $+1$, so würde sich (eigentlich „hat sich") der Kurs der Aktie proportional zum Index entwickeln. Wäre die Korrelation negativ, so würde eine Investition in den DAX und die Aktie einen Risikoausgleich bedeuten, wäre sie Null, würde sich der Kurs der Aktie unabhängig vom Index bewegen.

- **Beta-Volatilität** $\beta = \dfrac{\sigma_{\text{Aktie,DAX}}}{\sigma_{\text{DAX}}^2}$

  Der Beta-Faktor ist ein Regressionskoeffizient, also ein Maß für die Änderung eines Aktienkurses in Abhängigkeit von der DAX-Veränderung. Dieser Beta-Faktor könnte als Basis für die Berechnung der Ansprüche der Eigenkapitalgeber, der geforderten Eigenkapitalrendite μ_{EK} verwendet werden (nach CAPM)

$$\mu_{\text{EK}} = \mu_f + \beta(\mu_{\text{DAX}} - \mu_f).$$

μ_f ist eine risikofreie Rendite ($\sigma_f = 0$) z. B. für festverzinsliche Anlagen (Bundesschatzbriefe). Durch β wird ausgedrückt, das wie vielfache der „Risikoprämie" ($\mu_{\text{DAX}} - \mu_f$) einer Investition in den Aktienmarkt (hier DAX als Abbild) ein Anleger für die Investitionen in eine spezielle Aktie erwartet (systematisches Risiko der Aktie). Diese Größe kann dann als Basis für die Berechnung des kalkulatorischen Eigenkapitalzinses des betroffenen Unternehmens verwendet werden.

Summary

- In der Finanzmarktstatistik sind die wichtigsten Kenngrößen von Messzahlenreihen Erwartungswerte, Streuungen (Volatilitäten) und Regressionskoeffizienten sowie Korrelationen. Das Standardmodell für Zufallseinflüsse ist die Normalverteilung, die die Berechnung von Konfidenzaussagen für (künftige) Realisationen der Messzahlen erlaubt.
- Dazu müsste der Prozess stabil bleiben, nicht plötzlich ein Einflussfaktor (Herdentrieb!) überwiegen und keine Trends oder Zyklen enthalten.

Summary

- Mit Hilfe der Risikoverteilung lassen sich dann Vertrauensintervalle bestimmen, die Basis der Berechnung von Mindestverzinsungen oder höchst möglichen Verlusten (VaR: Value at Risk) innerhalb eines kommenden Zeitintervalls bei einem bestimmten Konfidenzniveau sind.

- Die Variabilitätsursache „Wahl des (richtigen) Risikomodells" zeigt den Hilfscharakter statistischer Methoden: Statistik hilft, das Risiko von Entscheidungen sichtbar zu machen und seine Ausmaße bei Zutreffen des Modells abzuschätzen. Das Risiko der Modellwahl verbleibt aber beim Verwender. Leider wird bei der Quantifizierung konkreter Risiken diese Risikokomponente nicht beachtet bzw. oft verschwiegen.

Aufgabe (22)

Ein Hausbesitzer bekommt eine Lebensversicherung in Höhe von 40 000 € ausbezahlt. In 4 Jahren ist der letzte Hypothekenkredit von 32 000 € fällig. Ein Freund gibt ihm den Tipp einer „todsicheren" Anlage mit mindestens 12 % Jahreszins. Bei Recherchen über „google" erfährt der Hausbesitzer, dass die Jahresvolatilität dieser Anlage 30 % beträgt.

a) Wie groß ist die Wahrscheinlichkeit, dass er bei vollständiger Investition in den „Tipp" in 4 Jahren wenigstens noch 32 000 € hat? Wie groß ist die Wahrscheinlichkeit, dass mindestens der Tipp eintrifft?

b) Sein Bankberater rät ihm, die Hälfte bei seiner Bank zu einem jährlichen Festzins von 4 % vier Jahre anzulegen. Wie groß ist dann die Wahrscheinlichkeit, dass er noch 32 000 € hat?

Lösung: Um eine Wahrscheinlichkeit berechnen zu können, müssen wir annehmen, dass der „todsichere Tipp" in Form eines Erwartungswertes einer passenden Gauß'schen Normalverteilung (zeitliche Stabilität vermutet z. B. aus der Wertentwicklung der Anlage als geometrisches Mittel in den letzten beiden Jahren!) formuliert werden kann: $\hat{\mu} = \ln 1,12 = 0,1133$.

(Im Beispiel Seite 241 war $\hat{\mu}$ schon als Mittelwert der Normalverteilung angenommen worden.) Dann hat die auszuwertende Normalverteilung (4-Jahreszeitraum) die Parameter

$$\hat{\mu} = \ln 1,12^4 = 4 \cdot \ln 1,12 = 4 \cdot 0,1133 = 0,4533 \text{ und}$$

$$\hat{\sigma} = \sqrt{4} \cdot 0,3 = 0,6.$$

aa) $\ln \dfrac{32}{40} = -0,22314 \implies$

$$P\left(Z \geq \frac{-0,22314 - 0,4533}{0,6}\right) = 1 - \Phi(-1,1274)$$

$$= \Phi(1,1274) = 0,87.$$

Die Wahrscheinlichkeit, dass er wenigstens noch 32 000 € hat, beträgt 87 %.

ab) $\hat{\mu} = \ln 1,12^4 = \ln 1,5735 = 0,4533 \implies$

$$P\left(Z \geq \frac{0,4533 - 0,4533}{0,6}\right) = \Phi(0) = 0,5.$$

Dies ist bei einer symmetrischen Verteilung nicht verwunderlich. Hätte man ein bestimmtes Intervall zu prognostizieren, z. B. dass in 4 Jahren zwischen 11 % und 13 % jährlicher Zins erreicht wird ($\ln 1,11^4 = 0,41744$; $\ln 1,13^4 = 0,48887$), dann wäre

$$P\left(\frac{0,41744 - 0,4533}{\sigma} \leq Z \leq \frac{0,48887 - 0,4533}{\sigma}\right)$$

$$= 2\Phi\left(\frac{0,036}{\sigma}\right) - 1 = \Psi\left(\frac{0,036}{\sigma}\right).$$

Die Wahrscheinlichkeit, dass dieses Intervall realisiert wird, ist umso kleiner, je größer die Volatilität ist. Das Risiko weniger aber auch die Chance, mehr zu erreichen, wären dann also höher.

b) $\hat{\mu} = 4 \cdot \ln 1,08 = 0,30784,$

neue Jahresvolatilität: $\dfrac{1}{2}\sqrt{0,3^2 + 0^2} = 0,15,$

also Vierjahresvolatilität: $\hat{\sigma} = \sqrt{4} \cdot 0,15 = 0,3 \implies$

$$P\left(Z \geq \frac{-0,22314 - 0,30784}{0,3}\right) = 1 - \Phi(-1,770)$$

$$= \Phi(1,770) = 0,962.$$

Es ist also ziemlich sicher, dass er noch 32 000 € hat.

Im Fall ab) allerdings

$$P\left(Z \geq \frac{0,4533 - 0,30784}{0,3}\right) = 1 - \Phi(0,4849)$$

$$= 1 - 0,686 = 0,314,$$

d. h. die Wahrscheinlichkeit ist wesentlich kleiner als 50%, dass er mindestens eine jährliche Verzinsung von 12% erreicht.

6.7 Stichproben im Rechnungswesen, Stichprobeninventur

Die Stichprobeninventur wurde als abschließende Anwendung gewählt, weil sie von der Erhebungsplanung über (univariate) Strukturanalysen bis zu Schätz- und Testverfahren den Einsatz vieler der behandelten Instrumente erlaubt. Man kann sie als eine Sonderform von Stichproben im Rechnungswesen, die der Qualitätskontrolle dienen, begreifen, auch wenn sie im engeren Sinn nur ein erlaubtes (§241 HGB) Ersatzverfahren für eine vollständige Inventur (Vollerhebung) von Vermögensgegenständen zum Bilanzstichtag darstellt.

Allgemein können Stichproben im Rechnungswesen als ein Hilfsmittel zur Fehlerkontrolle in einem Qualitätssicherungssystem aufgefasst werden. Sie können von internen oder externen Prüfern eingesetzt werden. Als „Fehler" könnten qualitative Merkmale (z. B. fehlerhafte Belege mit Fehlerarten wie fehlendes Datum, fehlende Unterschrift etc.) oder quantitative Merkmale (z. B. Inventurdifferenzen also Wert-/Mengenunterschiede zwischen gebuchten und erhobenen Größen) definiert werden. Bei quantitativen Merkmalen könnte aber auch ein Fehler nur dann relevant sein, wenn der Gesamtwert eines Kollektivs betroffen wäre entweder im Sinne eines Wertausgleichs der Einzelfehler oder aber als Überbewertungsfehler (kein Fehlerausgleich positiver und negativer Abweichungen bei Einzelposten des Kollektivs) wegen eines Prinzips der „kaufmännischen Vorsicht". Was als Fehler definiert wird – jeweils durch qualitative oder quantitative Merkmale gemessen – und welche Fehler tolerierbar sind, muss aus einem Sachzusammenhang festgelegt werden – z. B. bei Wirtschaftsprüfern aus dem Grundsatz der Wesentlichkeit („Materiality"). Bei der Stichprobeninventur wird z. B. die Vorgabe des Gesetzgebers in §241 HGB bezüglich der Gleichwertigkeit des durch eine Zufallsstichprobe aufgestellten Inventars mit einer körperlichen Aufnahme in der Praxis durch einen zulässigen Zufallsfehler (heterograd, meist 1-2%) bei einem Konfidenzniveau (meist 95%) konkretisiert (Stellungnahme des Hauptfachausschusses des Instituts der Wirtschaftsprüfer 1/1990, www.idw.de).

Welches Teilauswahlverfahren angewandt werden soll – bei der Stichprobeninventur *muss* es eine Zufallsstichprobe sein – hängt davon ab, wie das vorgegebene Prüfungsziel am besten erreicht wird. Am häufigsten werden Stichproben im Rechnungswesen zur nachträglichen Überprüfung der Einhaltung von Qualitätsstandards eingesetzt. Dabei wird es eine Rolle spielen, wie gut die Qualitätssicherungssysteme sind bzw. welche Vorinformationen zur Sicherheit dieser Systeme vorhanden sind. Wirtschaftsprüfern wird empfohlen, Teilauswahlen – dort Stichprobenprüfungen genannt – nur in Ergänzung zu einer Risikoanalyse und einer Systemprüfung für ein Prüfungsfeld vorzunehmen, also eine Prozessbeurteilung nicht nur an Ergebnissen, sondern an Fehlern verursachenden möglichen Schwächen des Systems durchzuführen. Zudem sollten vorher über Kennzahlenvergleiche und Plausibilitätsüberlegungen („analytische Prüfungshandlungen") die durch das Rechnungswesen abgebildeten Ergebnisse des Wirtschaftens geprüft werden (WP Handbuch online (2019)).

> So haben Steuerprüfer in Italien festgestellt, dass viele Einzelhändler und Gastronomen große Lager z. B. verderblicher Lebensmittel besitzen müssten. Nach Unterlagen aus dem Rechnungswesen wurden nämlich hohe Mengen eingekauft (Entlastung des Steuerpflichtigen durch Vorsteuerabzug bei der Umsatzsteuer und Gewinnminderung durch Wareneinsatzkosten), der Umsatz war jedoch erstaunlich niedrig (Belastung durch abzuführende Umsatz- und Gewinnsteuern).

Je nach Vorinformation über das Prüfungsfeld soll dann das Auswahlverfahren bestimmt werden. Ist das System sicher – z. B. ein geschlossenes Warenwirtschaftssystem –, dann kann eine **typische Auswahl** von Ergebnissen standardisierter Tätigkeiten vorgenommen werden. Hat man „sensible" Bereiche zu prüfen – z. B. Auftragsvergabe mit der Gefahr von Bestechung –, so könnte die typische Auswahl in Verbindung mit einem cut-off-Verfahren ergänzt um wenige willkürlich heraus gegriffene Fälle sinnvoll sein.

Das **cut-off-Verfahren** ist bei Prüfungshandlungen ein Standardverfahren: Die „wesentlichen" Fälle (Materiality) werden geprüft. Wird die Wesentlichkeit an einer quantitativen Größe allein gemessen, entspricht dies der ABC-Analyse (Kapitel 6.1). Zufallsstichproben werden bei „homogenen" Prüfungsfeldern empfohlen. Bezieht sich die Inhomogenität nur auf die Varianz, so ist diese „Homogenisierung" durch ein entsprechendes Zufallsstichprobenverfahren erreichbar.

Das im Folgenden behandelte Verfahren der Stichprobeninventur des Vorratsvermögens wird nicht nur in der engen Anwendung als Ersatzverfahren einer vollständigen Aufnahme, sondern auch als ein Verfahren der Qualitätskontrolle aufgefasst, z. B. nicht nur als Schätz-, sondern auch als Testverfahren. Die Aufstellung eines Inventars wird durch eine art-, mengen- und wertmäßige Ermittlung und Aufzeichnung sämtlicher Vermögensgegenstände sowie Forderungen und Schulden, also durch eine Inventur errechnet. Diese kann durch eine Vollerhebung direkt am Bilanzstichtag als Stichtagsinventur oder als vor- bzw. nachverlegte (mit Gesamtwertfort- bzw. -rückschreibung) Inventur oder als permanente Inventur während des Jahres (mit Einzelfortschreibung) durchgeführt werden. Es darf statt der Voll- auch eine Stichprobenerhebung (nach anerkannten mathematisch-statistischen Methoden) in Verbindung mit diesen Verfahren eingesetzt werden, sofern der Aussagewert – hier nur bezüglich des Gesamtwertes betrachtet – dem auf Grund einer körperlichen Bestandsaufnahme aufgestellten Inventar gleichkommt. Wenn angenommen wird, dass bei einer Vollerhebung der Fehler bei der Berechnung des Gesamtwertes ca. 1-2 % beträgt (systematischer Fehler, vgl. Kapitel 1.2), und dieser Fehler bei einer Stichprobenerhebung wegen des weit geringeren Umfangs vermieden werden kann (Organisations-, Personal-, Überwachungsprobleme sind z. B. geringer), so könnte daraus auf einen zulässigen Zufallsstichprobenfehler von 1-2 % geschlossen werden.

Eine Inventur ist also eine typische statistische Erhebung.

Übersicht 21: Vorgehensweise bei einer Vorratsinventur

Erhebungsziele	Anforderungen des Gesetzgebers, interne und externe Fehlerkontrolle
Abgrenzung der Gesamtheit	Sachliche, zeitliche und örtliche Abgrenzung: Lagerarten und -orte, Vorratsarten, Auswahlliste, Ausgliederung Sonderposten
Erhebungsmerkmale	Art, Menge, Wert, „Fehler" (qualitativ, quantitativ)
Erhebungsverfahren	Beobachtung
Auswahlverfahren	cut-off, Vollerhebung und Zufallsstichprobe
Organisation	Zählereinteilung, Schulung, Kontrollen
Hoch- und Fehlerrechnung, Test	Geschätzter Inventarwert, erlaubter Zufallsfehler, Annahmebereich
Präsentation	Bilanzwert, Anhängeverfahren

Zur Vorbereitung der körperlichen Aufnahme müssen die Lagerkollektive genau abgegrenzt werden. Vor der Stichprobeninventur sollten z. B. Nullpositionen identifiziert, auf eine vollständige Auswahlgrundlage geachtet (jede Position muss eine berechenbare Chance haben, in die Auswahl zu gelangen) und sonstige Vorschriften, die Einzelnachweise erfordern (z. B. spezielle Bewertungsvorschriften), beachtet werden.

Übersicht 22: Disaggregationsmöglichkeiten einer Lagergesamtheit

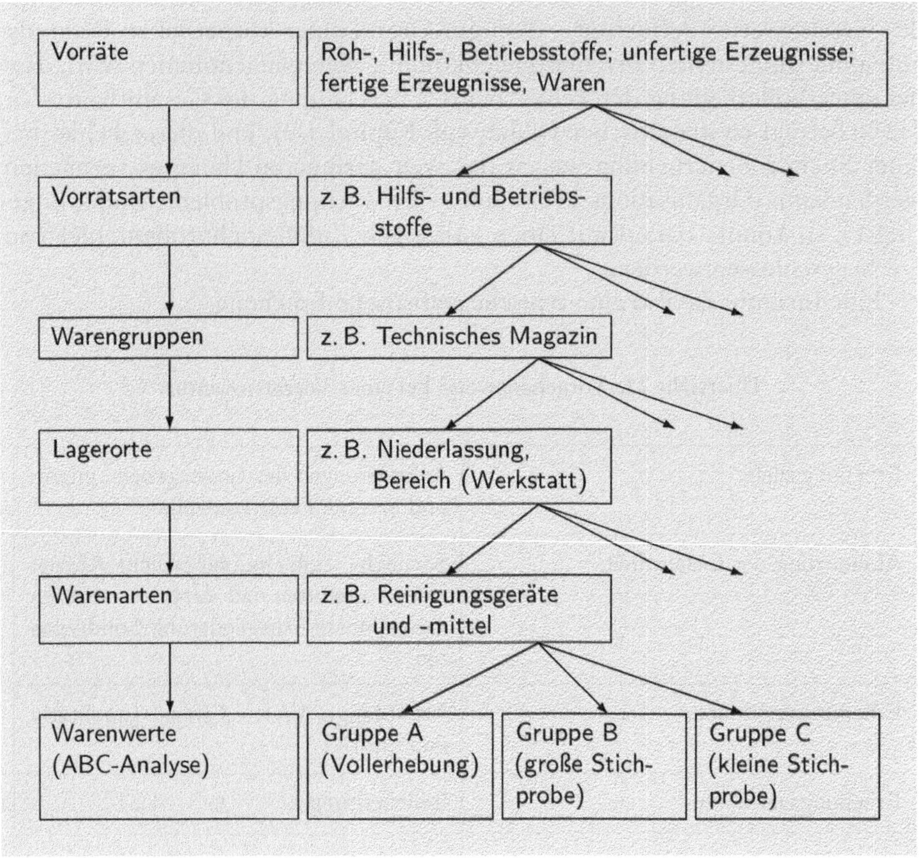

Vorräte	Roh-, Hilfs-, Betriebsstoffe; unfertige Erzeugnisse; fertige Erzeugnisse, Waren
Vorratsarten	z. B. Hilfs- und Betriebs- stoffe
Warengruppen	z. B. Technisches Magazin
Lagerorte	z. B. Niederlassung, Bereich (Werkstatt)
Warenarten	z. B. Reinigungsgeräte und -mittel
Warenwerte (ABC-Analyse)	Gruppe A (Vollerhebung) · Gruppe B (große Stich- probe) · Gruppe C (kleine Stich- probe)

Sehr sinnvoll ist es, im letzten Disaggregationsschritt eine ABC-Analyse (vgl. Seite 193) vorzunehmen, die dann bei der Bestimmung des notwendigen Stich-probenumfangs genutzt werden kann, z. B.:

A: Vollerhebung   B: Großer Auswahlsatz   C: Kleiner Auswahlsatz

Abb. 61: Struktur von Lagergesamtheiten

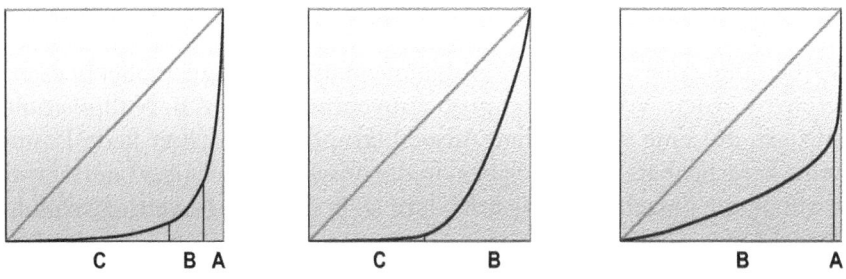

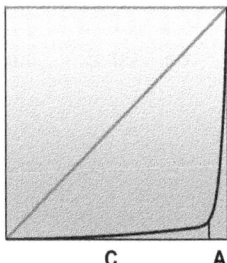
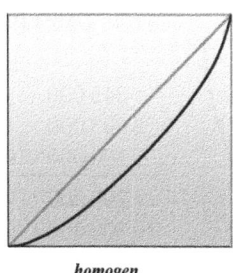

C   A   *homogen*

Nimmt man an, dass bei einer Vollerhebung der (wenigen) A-Positionen keine systematischen Fehler auftreten, dann wird bei gleichem Erhebungsumfang (aus Vollerhebung und Stichprobe) der (geschätzte) Stichprobenfehler kleiner trotz verringertem Umfang bzw. der notwendige Stichprobenumfang stärker reduziert als die Anzahl der vollzuerhebenden Einheiten.

Beispiel für eine ABC-Analyse und Stichprobenplanung

Folgende Buchwerte werden als Planwerte verwendet:

Werte von ... bis unter ... $[a_j, b_j) \in$	Anzahl Positionen h_j	Gesamt- wert $\sum_j y_j$	Summe der quadrierten Werte $\sum_j y_j^2$	kumul. relative Anzahl F_j	kumul. rel. Merkmals- summe L_j	Vari- anz $\sigma_j'^2$
0 – 20	5 000	60 000	845 000	0,50	0,150	25
20 – 50	3 000	102 000	3 693 000	0,80	0,405	75
50 – 100	1 000	70 000	5 100 000	0,90	0,580	200
100 – 150	500	60 000	7 290 000	0,95	0,730	180
150 – 200	400	64 000	10 300 000	0,99	0,890	150
200 u. mehr	100	44 000	21 360 000	1,00	1,000	20 000
$\sum$	10 000	400 000	48 588 000	–	–	–

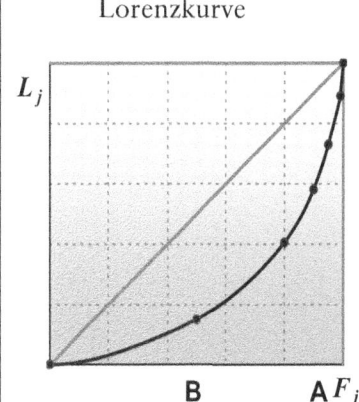

Lorenzkurve

L_j

B   A F_j

Summe der quadrierten Werte
nach „Abschneiden":

	bei 100 €	bei 200 €	nicht
845 000			
3 693 000			
5 100 000	9 638 000		
7 290 000			
10 300 000		27 228 000	
21 360 000			48 588 000

(grafische Darstellung unter der Annahme
einer Rechteck-Rechteck-Verteilung)

notwendiger Stichprobenumfang (vgl. Seite 155) für

$e'_r = 0,02$ (2 %):

$$n \geq N\left(1 + \frac{N e'^2_r}{z^2 V'^2}\right)^{-1}$$

- ohne Abschneiden: $\mu' = 40$ $\sigma'^2 = 3\,259$ $V'^2 = 2,037$

$$n \geq 10\,000\left(1 + \frac{4}{4 \cdot 2,037}\right)^{-1} = 6\,708$$

- cut off bei 200 €: $\mu' = 35,36$ $\sigma'^2 = 1\,457,2$ $V'^2 = 1,165$

$$n \geq 9\,900\left(1 + \frac{4}{4 \cdot 1,165}\right)^{-1} = 5\,328 \text{ (insgesamt 5 482)}$$

- cut off bei 100 €: $\mu' = 25,78$ $\sigma'^2 = 406,4$ $V'^2 = 0,612$

$$n \geq 9\,000\left(1 + \frac{4}{4 \cdot 0,612}\right)^{-1} = 3\,417 \text{ (insgesamt 4 417)}.$$

Durch das Abschneiden wird die Zahl der zu erhebenden Einheiten (Vollerhebung und Stichprobe) reduziert (bei geringerem „Fehler", sofern bei der Vollerhebung keine systematischen Fehler auftreten und man „Zufallsfehler" großzügig interpretiert). Das Beispiel zeigt auch, dass einfache Zufallsstichproben nicht sinnvoll sind, u.a. weil bei diesen Umfängen wieder mit systematischen Fehlern gerechnet werden müsste.

Die Lorenzkurve kann zusammen mit der Verteilungsfunktion nicht nur für eine „grobe" ABC-Analyse, sondern sogar zur Bestimmung einer „besten" Schichtung bei proportionaler Aufteilung auf eine vorgegebene Schichtenzahl verwendet werden [vgl. Stange (1960)].

Da für die Stichprobeninventur häufig sehr gute Vorinformationen y_i aus dem Rechnungswesen verfügbar sind – dies wird von manchen sogar als Voraussetzung für die Einhaltung der Grundsätze der Ordnungsmäßigkeit gesehen, weil sonst die Stichprobeninventur nicht der Vollinventur gleichwertige Ergebnisse liefere –, können sogenannte „höhere Stichprobenverfahren" eingesetzt werden.

Übersicht 23: Zufallsstichprobenverfahren

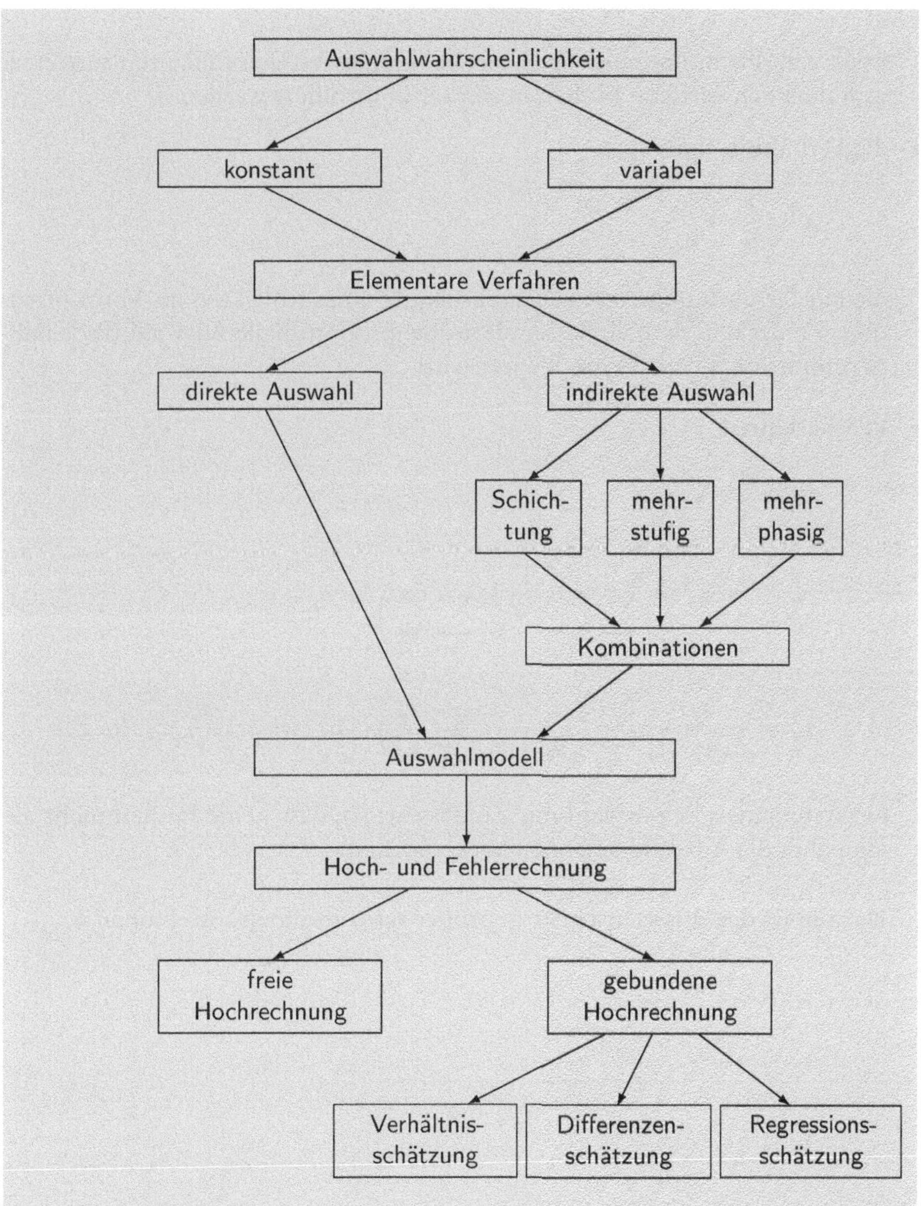

Bei der Stichprobeninventur sind besonders sinvoll (Schätzung der Merkmalssumme: $\hat{x}$)

- **die Differenzenschätzung**

$$\hat{x} = Y + (\overline{x} - \overline{y})\,N$$

$$\hat{\sigma}_x^2 = \frac{N^2}{n}\left(1 - \frac{n}{N}\right)\frac{1}{n-1}\sum_i [x_i - y_i - (\overline{x} - \overline{y})]^2 \quad \text{(o. Z.)}$$

wenn z. B. Buchungsfehler vermehrt bei geringwertigen Einheiten auftreten,
weil die hochwertigen Einheiten stärker kontrolliert werden

- **die Verhältnisschätzung**

$$\hat{x} = \frac{\overline{x}}{\overline{y}} \cdot Y$$

die nur Gesamtsummen bzw. Durchschnitte eines Kollektivs als Vorinformationen nutzt und deshalb besser als größenproportionale Auswahl (Probabili-
ty proportional to size) modifiziert wird

- **PPS-Verfahren**

$$\hat{x} = \frac{Y}{n} \cdot \sum_i \frac{x_i}{y_i}$$

$$\hat{\sigma}_x^2 = \frac{Y^2}{n(n-1)}\sum_i \left(\frac{x_i}{y_i} - \frac{1}{n}\sum_i \frac{x_i}{y_i}\right)^2 \quad \text{(m. Z.)}$$

$$\hat{\sigma}_x^2 = \frac{Y^2}{n(n-1)}\sum_i \left(\frac{x_i}{y_i} - \frac{1}{n}\sum_i \frac{x_i}{y_i}\right)^2\left[1 - (n-1)\frac{y_i}{Y}\right] \quad \text{(o. Z.)}$$

bei systematischer Auswahl mit Zufallsstart so, dass keine Einheit mehr als
einmal in die Auswahl gelangen kann (Formel o. Z.).

Dazu muss der Auswahlschritt $\frac{Y}{n}$ größer sein, als die größte Einheit $Y_{\max}$.

Beispiel für die Auswahl bei PPS-Verfahren

i	y_i	$\sum\limits_{j=1}^{i} y_j$	„Losnummern"
1	5	5	1 – 5
2	20	25	6 – 25
3	15	40	26 – 40
4	8	48	41 – 48
⋮	⋮	⋮	⋮
		149 793	
$N-1$	87	149 880	149 794 – 149 880
N	120	150 000	149 881 – 150 000

1. Lose zwischen 1 und 150 000 ($= Y$), zugehörige Einheit i ist ausgewählt (m. Z.)
2. Systematische Auswahl:
   - 1. Los zwischen 1 und 150 000
   - anschließend $\frac{150\,000}{n}$ als Auswahlschritt rückwärts und vorwärts (Ist $\frac{Y}{n} \geq Y_{\max}$, darf die Formel o. Z. angewandt werden).

PPS-Verfahren sind sinnvoll, wenn sich die absoluten Aufzeichnungsfehler mit zunehmendem Wert der Posten erhöhen.

Sind nur ungefähre Werte am Erhebungsstichtag verfügbar, so wird das geschichtete Stichprobenverfahren (vgl. Kapitel 5.2) empfohlen, z. B. die oben nicht behandelte

- **optimale Schichtung** $n_h = \dfrac{N_h \sigma'_h}{\sum N_h \sigma'_h} \cdot n$

$$\hat{x} = \sum_{h=1}^{L} N_h \cdot \overline{x}_h$$

$$\hat{\sigma}_{\overline{x}}^2 = \frac{1}{n}\Big(\sum_h s_h N_h\Big)^2 - \sum_h N_h s_h^2 \quad \text{(o. Z.)}$$

Eine optimale Aufteilung der Stichprobe auf die einzelnen Schichten liegt vor, wenn $n_1, n_2, \ldots, n_L$ so gewählt werden, dass $\sigma_{\overline{x}}^2$ bei gegebenem n minimal ist. Daraus folgt das Optimierungsproblem:

$$\min_{n_1,\ldots,n_L} \sigma_{\overline{x}}^2 = \frac{1}{N^2} \sum_{h=1}^{L} N_h^2 \frac{\sigma_h^2}{n_h} \quad \text{bzw.} \quad \min_{n_1,\ldots,n_L} \sum_{h=1}^{L} N_h^2 \frac{\sigma_h^2}{n_h}$$

$$\text{u.d.N.} \quad n = \sum_{h=1}^{L} n_h.$$

Zur Lösung des Optimierungsproblems wird die Lagrangefunktion

$$L(n_1,\ldots,n_L) = \sum_{h=1}^{L} N_h^2 \frac{\sigma_h^2}{n_h} - \lambda\left(n - \sum_{h=1}^{L} n_h\right)$$

aufgestellt. Hieraus folgen die notwendigen Bedingungen des Optimierungsproblems:

$$\frac{\partial L}{\partial n_h} = -\frac{N_h^2 \sigma_h^2}{n_h^2} + \lambda = 0, \qquad h = 1,\ldots,L$$

$$\frac{\partial L}{\partial \lambda} = -n + \sum_{h=1}^{L} n_h = 0.$$

Umformung der ersten Bedingung ergibt

$$\lambda \cdot n_h^2 = N_h^2 \sigma_h^2 \implies \sqrt{\lambda} \cdot n_h = N_h \sigma_h, \qquad h = 1,\ldots,L.$$

Die Summe der L Gleichungen führt zu

$$\sqrt{\lambda} \cdot \sum_{h=1}^{L} n_h = \sum_{h=1}^{L} N_h \sigma_h.$$

Auflösung nach λ ergibt

$$\lambda = \left(\frac{\sum_{h=1}^{L} N_h \sigma_h}{\sum_{h=1}^{L} n_h}\right)^2 \implies \lambda = \left(\frac{\sum_{h=1}^{L} N_h \sigma_h}{n}\right)^2 \quad \text{(wegen } \frac{\partial L}{\partial \lambda} = 0\text{)}.$$

Berücksichtigt man diese Gleichung in der ersten notwendigen Bedingung des Optimierungsprobelms ($\frac{\partial L}{\partial n_h} = 0$), so folgt

$$\frac{N_h^2 \sigma_h^2}{n_h^2} = \left(\frac{\sum_{h=1}^{L} N_h \sigma_h}{n}\right)^2 \implies \frac{N_h \sigma_h}{n_h} = \frac{\sum_{h=1}^{L} N_h \sigma_h}{n} \implies n_h = \frac{N_h \sigma_h}{\sum N_h \sigma_h} \cdot n$$

$\square$

Übersicht 24: Stichprobenplanung

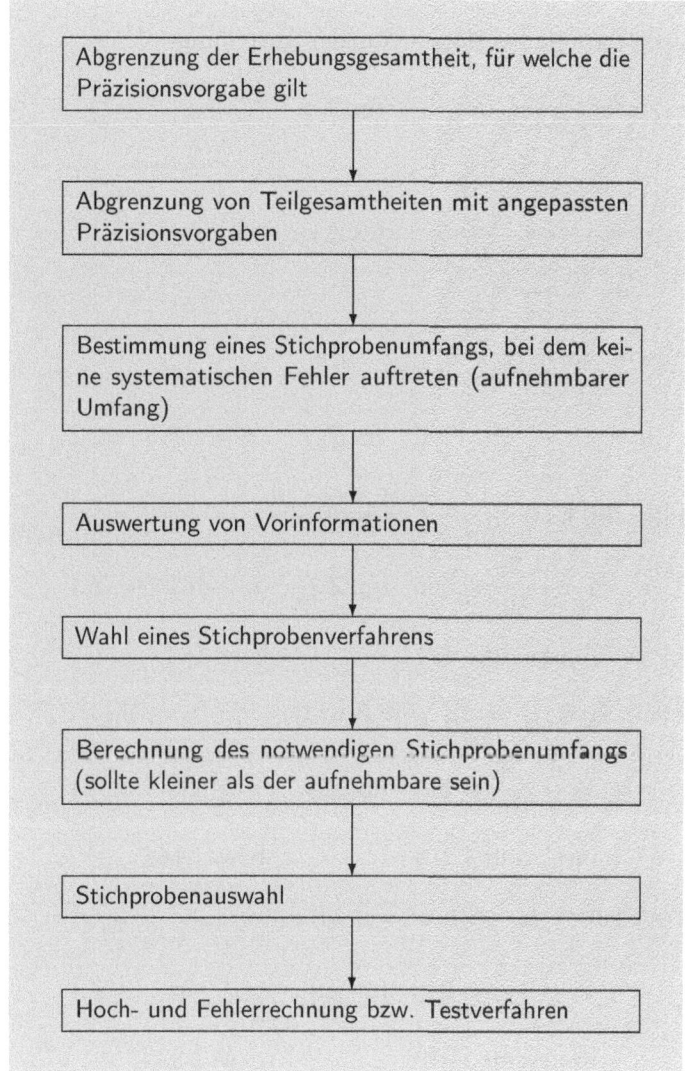

Die Stichprobenfehler der Teilgesamtheiten dürfen höher sein als der Stichprobenfehler des Aggregats, für das die Hochrechnung/der Test vorgenommen wird. Sollte der aufnehmbare Umfang (z. B. abhängig von der Zahl qualifizierter Personen) kleiner sein als der bezüglich des Stichprobenfehlers notwendige Umfang, so muss entweder der systematische Fehler berechnet oder die Präzisionsanforderung gesenkt oder ein Verfahrenswechsel (z. B. permanente statt Stichtagsinventur) vorgenommen werden.

Beispiel für die Schichtung im Beispiel Seite 255f

Notwendiger Umfang bei proportionaler Aufteilung:

$$n \geq z^2 \, \frac{\sum N_h \sigma_h'^2}{N e'^2} \qquad \text{(m. Z.)}$$

$$n \geq \frac{\sum \sigma_h'^2 \left(\dfrac{N_h}{N} \right)}{\dfrac{e'^2}{z^2} + \sum \dfrac{N_h}{N^2} \sigma_h'^2} \qquad \text{(o. Z.)}$$

- ohne Abschneiden ($L = 6$) $e' = 0,8$

$$n \geq 4 \cdot \frac{270}{0,64} = 1\,688 \quad \text{(m. Z.)} \qquad n \geq 1\,443 \quad \text{(o. Z.)}$$

- cut off bei 200 € ($L = 5$) $e' = 0,7072$

$$n \geq 4 \cdot \frac{70,71}{0,50} = 566 \quad \text{(m. Z.)} \qquad n \geq 461 \quad \text{(o. Z.)}$$

insgesamt 666   bzw. 561

- cut off bei 150 € ($L = 4$) $e' = 0,6147$

$$n \geq 4 \cdot \frac{67,37}{0,378} = 713 \quad \text{(m. Z.)} \qquad n \geq 663 \quad \text{(o. Z.)}$$

insgesamt 1 213   bzw. 1 163

- cut off bei 100 € ($L = 3$) $e' = 0,5156$

$$n \geq 4 \cdot \frac{61,11}{0,266} = 919 \quad \text{(m. Z.)} \qquad n \geq 834 \quad \text{(o. Z.)}$$

insgesamt 1 919   bzw. 1 834.

Auch hier sieht man, dass eine Vollaufnahmeschicht sinnvoll sein kann. Zusätzlich erkennt man, dass es ein „Optimum" für die Anzahl der vollständig aufzunehmenden Einheiten je nach Stichprobenverfahren geben könnte – sofern die Vorinformationen „stimmen", also hier keine „Schichtspringer" vorhanden sind. Nach dieser „Iteration" wäre eine cut-off-Grenze bei 200 € sinnvoll.

Das Ergebnis der Stichprobeninventur zielt auf einen Totalwert, der Basis eines Bilanzansatzes ist. Es sind nun folgende Fälle denkbar bei zulässigem Stichprobenfehler bzw. bei Nichtwiderlegung der Nullhypothese bezüglich des Gesamtbuchwertes:

- viele sich in der Summe ausgleichende Inventurdifferenzen
- wenige Fehler, die in der Buchhaltung korrigiert werden
- keine Fehler
  - beim geschichteten Verfahren oder der freien Hochrechnung
  - bei der gebundenen Hochrechnung (Differenzenschätzung, PPS-Verfahren).

Trotz fehlerhafter Buchführung – ein Hypothesentest auf Fehleranteile hätte z. B. zur Ablehnung der Nullhypothese, d. h. der Ordnungsmäßigkeit der Buchführung gemessen am höchsten tolerierbaren Fehleranteil geführt – würde das Ergebnis der Stichprobeninventur akzeptiert. Es wird also sinnvoll sein, auch qualitative Merkmale zusätzlich zu erfassen.

Beim Schätzverfahren wird der hochgerechnete Wert als Bilanzansatz genommen, der Unterschied zum (korrigierten) Gesamtbuchwert wird auf einem „Inventurdifferenzkonto" gebucht, das jährlich fortgeschrieben wird. Würde dieses Konto von Jahr zu Jahr wachsen, müsste eine Vollinventur vorgenommen werden. Falsch wäre es in jedem Fall, statt des hochgerechneten Wertes z. B. die Untergrenze des Vertrauensintervalls als „vorsichtige" Schätzung des Gesamtwertes zu nehmen. Der Zufallsfehler kann nicht im Sinne eines Value at Risk interpretiert werden, er ist eine Kennzeichnung für die Güte des Verfahrens, dem ein anderes Zufallsmodell zugrunde liegt als das beim *VaR* üblicherweise vewendete (vgl. Kapitel 6.6). Bei einem Hypothesentest würde der nicht widerlegte, aber durch die gefundenen Fehler korrigierte Buchwert übernommen. Das ist nicht konsequent: Die Testaussage (H_0 wird nicht widerlegt) gilt nämlich nur bei Gültigkeit der Nullhypothese (vgl. Kapitel 5.3), die aber durch die Korrektur widerlegt wird. Hat man außerdem fehlerhafte Einheiten in der Stichprobe gefunden, so dürften noch weitere nicht entdeckte vorhanden sein, die nicht korrigiert werden konnten. Nach der Stichprobentheorie (vgl. Kapitel 5.1) sind die Eigenschaften dieser Schätzung unbekannt. Um den Stichprobenumfang zu verringern, wird auch vorgeschlagen, nur eine homograde Stichprobe (Fehleranteilsschätzung) zu ziehen und die gefundenen Fehler in Geldeinheiten zu bewerten (Dollar-unit-sampling oder Monetary-unit-sampling, vgl. ergänzend www.prof-roessler.de/Dateien/Statistik/monetary-unit-sampling.pdf). Werden keine Fehler gefunden, so können bei der freien Hochrechnung oder dem geschichteten Verfahren der Stichprobenfehler oder der Annahmebereich mit Hilfe der Stichprobenvarianzen berechnet werden. Die Hochrechnung beim Schätzverfahren dürfte nicht dem Totalbuchwert entsprechen, was unbefriedigend ist. Hier bietet sich der Hypothesentest und die Übernahme des Buchtotalwerts als Bilanzansatz an, besonders auch dann, wenn das Rechnungswesen durch eine Systemprüfung positiv beurteilt wurde (bei der willkürlichen Auswahl durch den Wirtschaftsprüfer wird nämlich so verfahren).

Werden die erwähnten gebundenen Hochrechnungsverfahren verwendet, so ist die aus der Stichprobe errechnete Varianz Null, wie man leicht an den Formeln sieht. Deshalb anzunehmen, man hätte „exakt" geschätzt, wäre ein Missverständnis (vgl. Probleme der Konfidenzaussage Kapitel 5.2) – man kennt die wahre Varianz nur nicht. Auch hier könnte man durch eine homograde Stichprobe berechnen, wie hoch bei diesem Stichprobenumfang und der vorgegebenen Aussagewahrscheinlichkeit der Fehleranteil in der Grundgesamtheit höchstens sein kann, wenn in der Stichprobe kein Fehler auftritt (vgl. Kapitel 5.3) und diesen Fehleranteil dann im Sinne des Dollar-unit-sampling bewerten. Bei derartigen Ergebnissen dürfte im übrigen nicht die Normalverteilung als Stichprobenverteilung verwendet werden – dies ist auch ein Grund für die Verfahren des Dollar-unit-sampling. Sind Varianzen verfügbar, könnte wenigstens die Ungleichung von Tschebyscheff für eine Konfidenzaussage verwendet werden (vgl. Kapitel 4.2). Ein deutscher Weltkonzern verfährt so und spart dank Tschebyscheff Millionenbeträge durch sehr kleine Stichproben bei der Inventur. Wie schon in vorhergehenden Kapiteln zeigt sich auch hier:

Die Kenntnis statistischer Methoden lohnt sich!

Sum-mary

- Stichproben im Rechnungswesen dienen der Qualitätssicherung. Wird das Inventar durch eine Zufallsstichprobe erfasst, so hat diese Stichprobeninventur als Hauptaufgabe die Schätzung eines Bilanzansatzes, z. B. des Vorratsvermögens. Gleichzeitig kann sie auch für Zwecke der Qualitätskontrolle eingesetzt werden.

- Bei der Stichprobeninventur werden oft geschichtete Zufallsstichproben eingesetzt. Schichtungsmerkmal und Erhebungsmerkmal stimmen überein, die Informationen für die Schichtung (bis zur einzelnen Einheit) sind aus dem Rechnungswesen bekannt – ideale Voraussetzungen für kostengünstige Verfahren, d. h. geringe Stichprobenumfänge zur Schätzung eines Gesamtwertes des Inventars bzw. zur Überprüfung der Richtigkeit des Gesamtbuchwertes.

Aufgabe

(23)

Bei der Stichprobeninventur in einem Unternehmen wird folgendermaßen verfahren. Die Schätzung des Gesamtwertes der 60 000 Positionen eines Lagerkollektivs erfolgt über ein geschichtetes Stichprobenverfahren bei proportionaler Aufteilung. Der zulässige Stichprobenfehler darf bei einem Konfidenzniveau von 95,45 % nicht mehr als 2 % betragen. Zusätzlich wird geprüft, wie hoch der Anteil der Fehler (Inventurdifferenzen: ja/nein) ist. Sind 1 % oder weniger Fälle festzustellen, gibt es keine Beanstandungen, bei 4 % oder mehr wird die Stichprobeninventur durch ein anderes Verfahren ersetzt. Man erhält folgende Ergebnisse der Stichprobenziehung ($n = 1\,000$):

Schicht h	N_h	n_h	$\sum_{i=1}^{n_h} x_{ih}$	$\sum_{i=1}^{n_h} x_{ih}^2$
1	30 000	500	2 500	14 500,0
2	18 000	300	3 000	31 200,0
3	9 000	150	3 000	61 350,0
4	3 000	50	1 500	45 612,5
$\sum$	60 000	1 000	10 000	152 662,5

Bei 20 Posten wurden Inventurdifferenzen festgestellt.

a) Schätzen Sie den Lagergesamtwert und den Stichprobenfehler.

b) Berechnen und interpretieren Sie den α- bzw. β-Fehler bei einer Entscheidung aufgrund des Stichprobenergebnisses.

Lösung: a)

h	N_h	n_h	$\sum_i x_{ih}$	$\sum_i x_{ih}^2$	$\overline{x}_h$	$\overline{x}_h^2$	s_h^2	$N_h s_h^2$
1	30 000	500	2 500	14 500,0	5	25	4,00	120 240,48
2	18 000	300	3 000	31 200,0	10	100	4,01	72 240,80
3	9 000	150	3 000	61 350,0	20	400	9,06	81 543,62
4	3 000	50	1 500	45 612,5	30	900	12,5	37 500,00
$\sum$	60 000	1 000	10 000	152 662,5	–	–	–	311 524,90

geschätzter Lagergesamtwert:

$$\hat{X} = \frac{N}{n} \cdot \sum x_{ih} = 60 \cdot 10\,000 = 600\,000$$

Varianz des Lagergesamtwertes:

$$s^2 = 60 \cdot 311\,524,90 = 18\,691\,494$$

Konfidenzniveau: $p = 0,9545 \implies z = 2$

Stichprobenfehler des Lagergesamtwertes:

$$|\hat{e}| = 2 \cdot \sqrt{18\,691\,494} = 8\,646,732 \implies |e|\,\% = 1,44\,\%$$

b) 1) $\boldsymbol{\alpha}$: $H_0 : \pi \leq \pi_0 = 0,01$

$$z = \frac{\pi - \pi_0}{\sigma}\sqrt{n} \;\; \text{mit} \;\; \sigma = \sqrt{\pi_0(1 - \pi_0)}$$

$$\text{für} \;\; n\pi_0(1 - \pi_0) \geq 9$$

$$n\pi_0(1 - \pi_0) = 1\,000 \cdot 0,01 \cdot 0,99 = 9,9 > 9,$$

$$\sigma = \sqrt{0,01 \cdot 0,99} = 0,0995$$

Stichprobenergebnis: Fehleranteil $\pi = 0,02 \implies$

$$z = \frac{0,02 - 0,01}{0,0995}\sqrt{1000} = 3,1782 \implies \alpha\,\% = 0,074\,\%.$$

2) $\boldsymbol{\beta}$: $H_1 : \pi \geq \pi_1 = 0,04$

$$z = \frac{\pi - \pi_1}{\sigma}\sqrt{n} \;\; \text{mit} \;\; \sigma = \sqrt{\pi_1(1 - \pi_1)}$$

$$\text{für} \;\; n\pi_1(1 - \pi_1) \geq 9$$

$$n\pi_1(1 - \pi_1) = 1\,000 \cdot 0,04 \cdot 0,96 = 38,4 > 9,$$

$$\sigma = \sqrt{0,04 \cdot 0,96} = 0,1960$$

Stichprobenergebnis: Fehleranteil $\pi = 0,02 \implies$

$$z = \frac{0,02 - 0,04}{0,1960}\sqrt{1000} = -3,23 \implies \beta\,\% = 0,0624\,\%.$$

Die Irrtumswahrscheinlichkeiten sind also sowohl bei der Widerlegung von H_0 als auch bei der Widerlegung von H_1 sehr klein. 2 % fehlerhafte Belege sind somit sowohl als Stichprobe aus einer Grundgesamtheit mit 1 %, als auch mit 4 % Fehlern ein unwahrscheinliches Ergebnis. Würde man beispielsweise vor der Stichprobenziehung jeweils eine Irrtumswahrscheinlichkeit von höchstens 1 % ($\alpha = \beta = 0,01$) zulassen, dann würde das Ergebnis weder für H_0 noch für H_1 sprechen (beide wären widerlegt). Da beim konkreten Ergebnis $\alpha = 0,074 > 0,0624 = \beta$ ist, könnte man daraus die Rechtfertigung (likelihood) ableiten, eher H_0 als H_1 anzunehmen.

Würde die Fehlerzahl bei Ausdehnung des Stichprobenumfangs konstant bleiben, würde H_0 immer „wahrscheinlicher", weil dann α zunimmt und β abnimmt (Sequentialtest).

Anhang A: Kapitelübergreifende Aufgaben für das Grundstudium („Musterklausuren")

Die folgenden Aufgaben sollen ein Verständnis für statistische Methoden als Hilfsmittel der Entscheidungsfindung fördern. Sie sind innerhalb eines Aufgabenblocks thematisch aufeinander abgestimmt. Die ersten sieben Blöcke stützen sich eher auf Verfahren der deskriptiven Statistik und sind als Musterklausuren für eine Prüfungsdauer von 90 bis 120 Minuten konzipiert. Der achte Aufgabenblock beruht auf Verfahren der induktiven Statistik und wurde als Musterklausur für eine Prüfungsdauer von 45 Minuten entworfen.

A.1 Erster Aufgabenblock

Auf-
gabe

Eine Pilotstudie bei 250 Jugendlichen (11 - 15-jährige) ergab zur Höhe des Taschengelds im letzten Monat folgende Verteilung:

Taschengeld von ... bis unter ... €	Anzahl der Jugendlichen
5 – 15	20
15 – 25	40
25 – 30	60
30 – 50	60
50 – 70	40
70 – 100	30

1.1 Zeichnen Sie ein Histogramm, die Verteilungsfunktion und bestimmen Sie grafisch das erste, 5. (Median) sowie 9. Dezil und interpretieren Sie das Verhältnis aus dem 9. und 1. Dezil.

1.2 Schätzen Sie das arithmetische Mittel und erläutern Sie den Unterschied zum Median. Zeichnen Sie die Lorenzkurve.

1.3 Berechnen Sie den Variationskoeffizienten mit Hilfe der geschätzten Gesamtstandardabweichung.

1.4 Die Pilotstudie dient der Planung einer größeren Erhebung. Geben Sie eine Übersicht über mögliche Teilerhebungsverfahren und erläutern Sie in Stichworten vier Verfahren.

Angenommen eine uneingeschränkte Zufallsstichprobe soll zum Einsatz kommen. Wie hoch müsste der notwendige Stichprobenumfang bei einer Aussagewahrscheinlichkeit von 95,45 % sein, wenn der relative Zufallsfehler höchstens 2 % vom arithmetischen Mittel betragen soll?

© Springer-Verlag GmbH Deutschland, ein Teil von Springer Nature 2019
I. Rößler und A. Ungerer, *Statistik für Wirtschaftswissenschaftler*,
BA KOMPAKT, https://doi.org/10.1007/978-3-662-60342-0

**Auf-
gabe**

(2)

Bei der o. g. Pilotstudie wurde der Zusammenhang zwischen

2.1 der besuchten Schule (Haupt-, Realschule, Gymnasium) und dem Migrantenstatus

2.2 der Höhe des Taschengelds und dem Migrantenstatus

2.3 der Höhe des Haushaltseinkommens und der Höhe des Taschengelds

erfasst. Man erhielt folgende Ergebnisse:

2.1

Migrant	Schulform		
	Hauptschule	Realschule	Gymnasium
Ja	30	15	5
Nein	30	75	95

2.2

	Migrant	Nicht Migrant
arithmetisches Mittel ($\frac{\text{€}}{\text{Monat}}$)	48	38

2.3 Das durchschnittliche Haushaltseinkommen bei den 250 Befragten beträgt 2500,- € bei einem Variationskoeffizienten $V = 0,6$. Die Kovarianz zwischen dem Haushaltseinkommen und dem Taschengeld beträgt $s_{XY} = 30\,187$.

Berechnen Sie jeweils sinnvolle Zusammenhangsmaße und interpretieren Sie die Ergebnisse. (Die Gesamtvarianz für Taschengeld - vgl. Aufgabe 1 - beträgt ca. 500.)

**Auf-
gabe**

(3)

3.1 Der Warenkorb für einen Taschengeldpreisindex enthält fünf Artikel als Preisrepräsentanten für fünf Warengruppen.

Warengruppe	Artikel Nr.	Preis		Ausgabenanteil	
		2004	2012	2004	2012
Kleidung	1	12	15	0,15	0,15
Imbiss	2	2,50	3	0,25	0,15
Getränke	3	0,40	0,50	0,10	0,10
Nahverkehr	4	16	17,60	0,30	0,35
Unterhaltung	5	8	9,20	0,20	0,25

Berechnen und interpretieren Sie Preisindizes nach Laspeyres und Paasche.

3.2 Eine Verlaufsuntersuchung seit 2004 zur durchschnittlichen Taschengeldhöhe jeweils im Juni ergab folgende Entwicklung:

Jahr	04	05	06	07	08	09	10	11	12
Taschengeld	31	33	31	35	37	37	39	38	40

Zeichnen Sie die Zeitreihe, berechnen Sie einen linearen Trend nach der Methode der kleinsten Quadrate (Interpretation der Steigung) und zeichnen Sie das Ergebnis in das Diagramm.

Um wie viel stieg das durchschnittliche Taschengeld zwischen 2004 und 2012 nominal und real? Interpretation!

Eine weitere Frage in der Pilotstudie betraf das Fernbleiben vom Schulunterricht. Man erhielt folgendes Ergebnis:

Fehltage	Migranten	Nicht Migranten
0	35	92
1	5	44
2	4	24
3	3	20
4	2	12
5	1	8

4.1 Berechnen sie die interne, die externe und die Gesamtvarianz. Beurteilen Sie mit den relativen Häufigkeitsverteilungen und dem η^2-Koeffizienten, ob ein Zusammenhang zwischen Fehltagen und Migrantenstatus besteht. Interpretation!

4.2 Wie hoch hätte bei uneingeschränkter Zufallsauswahl (Aussagewahrscheinlichkeit 95,45 %, zulässiger relativen Fehler 2 %) der notwendige Stichprobenumfang sein müssen, wenn man dieses Merkmal für die Stichprobenplanung verwendet hätte?

4.3 Wie hoch wäre der notwendige Stichprobenumfang, wenn man als absoluten Fehler 0,1 Fehltage (relativer Fehler?) zulassen würde?

Lösung:
1.1 bis
1.3

$[a_j, b_j)$	h_j	f_j	w_j	$f_j^* \%$	F_j	$\tilde{x}_j$	$h_j \tilde{x}_j$	l_j	L_j	w_j^2	$f_j w_j^2$	$\tilde{x}_j^2$	$f_j \tilde{x}_j^2$
5 – 15	20	0,08	10	0,8	0,08	10	200	0,02	0,02	100	8	100	8
15 – 25	40	0,16	10	1,6	0,24	20	800	0,08	0,1	100	16	400	64
25 – 30	60	0,24	5	4,8	0,48	27,5	1650	0,165	0,265	25	6	756,25	181,5
30 – 50	60	0,24	20	1,2	0,72	40	2400	0,24	0,505	400	96	1600	384
50 – 70	40	0,16	20	0,8	0,88	60	2400	0,24	0,745	400	64	3600	576
70 – 100	30	0,12	30	0,4	1	85	2550	0,255	1	900	108	7225	867
$\sum$	250	1	95	–	–	–	10000	1	–	–	298	–	2080,5

$$\frac{D_9}{D_1} = \frac{75}{16} \approx 4,7,$$ d. h.: Der Ärmste der reichsten 10 % hat das 4,7-fache an Taschengeld wie der Reichste der ärmsten 10 %.

$$D_1 = 16$$
$$D_5 = 32$$
$$D_9 = 75$$

1.2 ○ $\hat{\bar{x}} = \dfrac{10\,000}{250} = 40$, d. h.: Im Durchschnitt erhält ein Jugendlicher pro Monat 40 € Taschengeld.

 ○ $Z = D_5 = 32$, d. h.: 50 % der Jugendlichen erhalten pro Monat Taschengeld in Höhe von 32 € oder weniger.

 ○ $\hat{\bar{x}} = 40 > 32 = Z$, d. h.: Es liegt eine linkssteile Verteilung vor, weshalb $\hat{\bar{x}}$ einen zu hohen Wert als Beschreibung der Mitte der Verteilung ausweist.

1.3 $\hat{s}_{\text{int}}^2 = \dfrac{298}{12} = 24,833,\qquad \hat{s}_{\text{ext}}^2 = 2\,080,5 - 40^2 = 480,5 \implies$

$\hat{s}^2 = 505,333 \implies \hat{s} = 22,48 \implies \hat{V} = \dfrac{22,48}{40} = 0,562.$

1.4 Teilerhebungsverfahren vergleiche Seite 6.

$\hat{e}_r = 0,02 = \dfrac{|\hat{e}|}{40} \implies |\hat{e}| = 0,8 \implies n \geq 2^2 \cdot \dfrac{505,333}{0,8^2} \approx 3\,159.$

2.1

Migrant	Hauptschule	Realschule	Gymnasium	$\sum$
Ja	30	15	5	50
Nein	30	75	95	200
$\sum$	60	90	100	250

Migrant	Schulform						$\sum$
	Hauptschule		Realschule		Gymnasium		
Ja	30 324	12 27	15 9	18 0,5	5 225	20 11,25	38,75
Nein	30 324	48 6,75	75 9	72 0,125	95 225	80 2,8125	9,6875
$\sum$							48,4375 $= \chi^2$

$C = \sqrt{\dfrac{48,4375}{48,4375 + 250}} = \sqrt{0,1623} = 0,403,\qquad C_{\max} = \sqrt{\dfrac{1}{2}} = 0,707,$

$\implies C^* = \dfrac{0,403}{0,707} = 0,57.$

Verwendet man als Zusammenhangsmaß den korrigierten C-Koeffizienten, der einen Vergleich zwischen der tatsächlichen Häufigkeitsverteilung in der Tabelle und der Verteilung bei statistischer Unabhängigkeit abbildet, so ist im deskriptiven Sinn ein recht hoher Zusammenhang feststellbar (Migranten eher Hauptschule, Nicht Migranten eher Gymnasium oder Realschule). Will man nur überprüfen, ob der gemessene Zusammenhang mehr als zufällig ist, so hat die dem C-Koeffizienten zugrunde liegende χ^2-Größe den Vorteil, dass sie eine Wahrscheinlichkeitsverteilung besitzt, also der Einfluss des Zufalls berechenbar ist (vgl. Kapitel 5.3, Bsp. Seite 179).

2.2 $\bar{x}_1 = 48$, $\bar{x}_2 = 38$, $n_1 = 50$, $n_2 = 200$ $\implies$

$$\bar{x} = \frac{1}{250} \cdot (50 \cdot 48 + 200 \cdot 38) = 40$$

$$s_{\text{ext}}^2 = \frac{1}{250} \cdot [50 \cdot (48 - 40)^2 + 200 \cdot (38 - 40)^2] = \frac{4\,000}{250} = 16 \implies$$

$$\eta^2 = \frac{16}{500} = 0,032.$$

Trotz des großen Unterschiedes zwischen den durchschnittlichen Taschengeldhöhen beider Gruppen ist der Erklärungsanteil des Migrantenstatus an der Streuung des Taschengeldes sehr gering, nämlich nur 3,2 %, weil eben die Streuung innerhalb der Gruppen noch groß ist, d. h. es muss bei den ausgewählten Gruppen wichtigere Einflüsse auf die Taschengeldhöhe geben.

2.3 $V = \dfrac{s_X}{\bar{x}} \implies 0,6 = \dfrac{s_X}{2\,500} \implies s_X = 1\,500$

$$r_{XY} = \frac{30\,187}{1\,500 \cdot \sqrt{500}} = 0,9 \implies r^2 = 0,81.$$

Die Disparität des Haushaltseinkommens in den erhobenen Gruppen beträgt 0,6 (und ist damit nur wenig größer als die Disparität, also die relative Streuung, beim Taschengeld mit 0,562, vgl. 1.3). Das Haushaltseinkommen erklärt recht gut (zu 81 %) die Streuung des Taschengeldes. Ob der Migrantenstatus einen zusätzlichen Erklärungsanteil liefern könnte?

3.1

i	$\dfrac{p_{it}}{p_{i0}}$	g_{i0}	$g_{i0} \cdot \dfrac{p_{it}}{p_{i0}}$	g_{it}	$g_{it} \cdot \dfrac{p_{i0}}{p_{it}}$
1	1,25	0,15	0,1875	0,15	0,12
2	1,2	0,25	0,3	0,15	0,125
3	1,25	0,1	0,125	0,1	0,08
4	1,1	0,3	0,33	0,35	0,3182
5	1,15	0,2	0,23	0,25	0,2174
$\sum$	–	1	1,1725	1	0,8606

$P_{0t}^{La} = 1,1725$, d. h.: Die durchschnittliche Preiserhöhung beträgt 17,25 %.

$P_{0t}^{Pa} = \dfrac{1}{0,8606} = 1,162$, d. h.: Die durchschnittliche Preiserhöhung beträgt 16,2 %.

Laspeyres: Hätten die Schüler noch die Vorlieben aus dem Jahr 2004 (würden also z. B. relativ mehr für Imbiss und weniger für Unterhaltung ausgeben), dann müssten sie aktuell 17,25 % mehr bezahlen als 2004.

Paasche: Hätten die Schüler den aktuellen Warenkorb schon 2004 kaufen können, dann müssten sie jetzt 16,2 % mehr bezahlen als damals.

3.2

t	x_t	$t\,x_t$
1	31	31
2	33	66
3	31	93
4	35	140
5	37	185
6	37	222
7	39	273
8	38	304
9	40	360
$\sum$	321	1 674

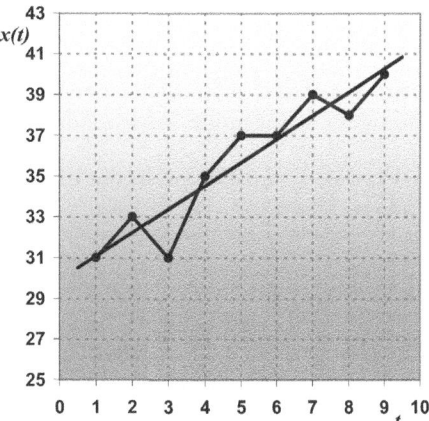

$b = \dfrac{12 \cdot 1\,674 - 6 \cdot 10 \cdot 321}{9 \cdot 80} = \dfrac{828}{720} = 1,15$

$a = \dfrac{321}{9} - \dfrac{10}{2} \cdot 1,15 = 29,92 \implies \hat{x}_t = 29,92 + 1,15\,t.$

$b = 1,15$: Der durch die lineare Trendfunktion geschätzte Grenz-
zuwachs des durchschnittlichen Taschengeldes pro Jahr
beträgt 1,15 €.

$\dfrac{x_9}{x_1} = \dfrac{40}{31} = 1,2903$: Das durchschnittliche Taschengeld stieg in den
9 Jahren nominal um ca. 29 %.

$$\frac{40}{\frac{1,1622}{31}} = 1,11: \quad \text{Das durchschnittliche Taschengeld stieg in den 9 Jahren real um 11\,\% (Mengenindex nach Laspeyres).}$$

$$\frac{40}{\frac{1,1725}{31}} = 1,10: \quad \text{Das durchschnittliche Taschengeld stieg in den 9 Jahren real um 10\,\% (Mengenindex nach Paasche).}$$

- Zwar stieg das durchschnittliche Taschengeld in den 9 Jahren um ca. 29 %, ein Teil wurde aber durch Preissteigerungen „aufgefressen", so dass real nur 11 % (Mengenindex nach Laspeyres, also Warenkorb von 2004) übrig blieben. Würde man mit dem Warenkorb von 2012 „deflationieren" (Mengenindex nach Paasche), so blieben von der Steigerung um 29 % nur 10 % als Kaufkraftsteigerung übrig.

- Exkurs zu Mittelwerten:
  - Absolut stieg das Taschengeld jedes Jahr um durchschnittlich 1,125 € (40-31=9 € in 8 Jahren), d. h. im Mittel beträgt der absolute Zuwachs bezogen auf die Vorjahreswerte

  $$\frac{1}{8}\left(\frac{1,125}{31}+\frac{1,125}{33}+\frac{1,125}{31}+\frac{1,125}{35}+\frac{1,125}{37}+\frac{1,125}{37}+\frac{1,125}{39}+\frac{1,125}{38}\right)$$

  $= 0,0323$, d. h. 3,23 % (durchschnittliche jährliche Wachstumsrate).

  - Legt man nicht die tatsächlichen, sondern die fiktiven Werte der Regressionsgerade zugrunde, so stieg das Taschengeld jährlich um 1,15 € $\implies$

  $\frac{1}{8}\sum_{t=1}^{8}\frac{1,15}{\hat{x}_t} = 0,033$, d. h. die durchschnittliche Wachstumsrate beträgt 3,3 %. Dieses Ergebnis kann auch aus der Berechnung des durchschnittlichen Wachstumsfaktors bestimmt werden: $\frac{1}{8}\sum_{t=1}^{8}\frac{\hat{x}_{t+1}}{\hat{x}_t} = 1,033$.

  - Berechnet man den durchschnittlichen absoluten Zuwachs aus dem arithmetischen Mittel der jährlichen Wachstumsfaktoren der tatsächlichen Werte,

  d. h. $\frac{1}{8}\left(\frac{33}{31}+\frac{31}{33}+\frac{35}{31}+\frac{37}{35}+\frac{37}{37}+\frac{39}{37}+\frac{38}{39}+\frac{40}{38}\right) = 1,0339$,

  so beträgt das durchschnittliche Wachstum des Taschengeldes 3,39 %. Wollte man allerdings den jährlich gleichbleibenden Wachstumsfaktor berechnen, der zum Endwert 40 € führt, so müsste man das geometrische Mittel bestimmen.

  - Die Gesamtsteigerung des durchschnittlichen Taschengeldes von 29,03 % bedeutet dann, dass es im Mittel jährlich um 3,24 % gestiegen ist, denn $g = \sqrt[8]{1,2903} = 1,0324$ (geometrisches Mittel).

  - Um wie viel Prozent stieg also das durchschnittliche Taschengeld pro Jahr: Um 3,23 %, 3,3 %, 3,39 % oder 3,24 %? Oh Wunder der Statistik!

4.1	x_j	h_j^M	$h_j^M x_j$	$h_j^M x_j^2$	h_j^N	$h_j^N x_j$	$h_j^N x_j^2$	f_j^M	f_j^N
	0	35	0	0	92	0	0	0,7	0,46
	1	5	5	5	44	44	44	0,1	0,22
	2	4	8	16	24	48	96	0,08	0,12
	3	3	9	27	20	60	180	0,06	0,1
	4	2	8	32	12	48	192	0,04	0,06
	5	1	5	25	8	40	200	0,02	0,04
	$\sum$	50	35	105	200	240	712	1	1

$$\overline{x}_1 = \frac{35}{50} = 0,7 \qquad\qquad \overline{x}_2 = \frac{240}{200} = 1,2$$

$$s_1^2 = \frac{105}{50} - 0,7^2 = 1,61 \qquad s_2^2 = \frac{712}{200} - 1,2^2 = 2,12$$

$$\Longrightarrow s_{\text{int}}^2 = \frac{1}{250} \cdot (50 \cdot 1,61 + 200 \cdot 2,12) = \frac{504,5}{250} = 2,018$$

$$\overline{x} = \frac{1}{250} \cdot (50 \cdot 0,7 + 200 \cdot 1,2) = \frac{275}{250} = 1,1$$

$$\Longrightarrow s_{\text{ext}}^2 = \frac{1}{250} \cdot [50 \cdot (0,7 - 1,1)^2 + 200 \cdot (1,2 - 1,1)^2] = \frac{10}{250} = 0,04$$

$$\Longrightarrow s^2 = 2,018 + 0,04 = 2,058$$

$$\Longrightarrow \eta^2 = \frac{0,04}{2,058} \approx 0,02,$$

d. h.: 2 % der zu erklärenden Streuung der Fehltage werden durch den Einfluss des Migrantenstatus erklärt, also gibt es praktisch keinen Zusammenhang zwischen Fehltagen und Migrantenstatus. Dies kommt auch durch die relativen Häufigkeiten zum Ausdruck, da sich f_j^M und f_j^N, $j = 1, \ldots, 6$, kaum unterscheiden.

4.2 $\quad e_r = \frac{2}{100} = \frac{|e|}{1,1} \Longrightarrow |e| = 1,1 \cdot 0,02 = 0,022 \Longrightarrow$

$$n \geq 2^2 \cdot \frac{2,058}{0,022^2} \approx 17\,009.$$

4.3 $\quad n \geq 2^2 \cdot \frac{2,058}{0,1^2} \approx 824. \quad (e_r \% = \frac{0,1}{1,1} \cdot 100 = 9,09 \%.)$

A.2 Zweiter Aufgabenblock

Ein Lebensmitteleinzelhändler analysierte die Struktur der Einkäufe an einem typischen Mittwoch und Samstag.
Für die Mittwochsverteilung erhielt er folgende Werte:

Bonbetrag von ... bis unter ... €	Zahl der Bons	Einkaufssumme je Klasse
0 – 10	120	360
10 – 20	160	1 920
20 – 25	160	3 520
25 – 30	120	3 240
30 – 40	120	4 080
40 – 50	80	3 680
50 – 100	40	3 200

**Auf-
gabe**

1.1 Zeichnen Sie ein Histogramm, die Verteilungsfunktion und
bestimmen Sie die Quartile.

1.2 Berechnen Sie das arithmetische Mittel, die Varianz und
den Variationskoeffizienten.

Kritisieren Sie für dieses Beispiel die Annahme einer Rechteckverteilung bei den grafischen Darstellungen und bei der
Berechnung der internen Varianz.

1.3 Zeichnen Sie eine Lorenzkurve. Sollten die Punkte durch
Geraden verbunden werden? Begründung!

1.4 Für die Verteilung der Samstagseinkäufe erhält man einen
durchschnittlichen Einkaufswert von $\bar{x} = 30,- €$ bei einer
Standardabweichung von $s = 24,- €$. Interpretieren Sie
diese Ergebnisse im Vergleich zu den Mittwochseinkäufen.
Wie dürfte die Lorenzkurve der Samstagseinkäufe verlaufen?

Auf-gabe

(2)

Ein Filialleiter testete bei neun bezüglich des Standorts (Einzugs-gebiet, Wettbewerber), der Fläche und des Sortiments vergleich-baren Filialen den Einfluss der Kosten für Verkaufsförderungs-maßnahmen auf den Umsatz (jeweils in Tsd. €). Er erhielt für den Mai folgende Ergebnisse:

Filiale	1	2	3	4	5	6	7	8	9
Umsatz	480	632	702	630	645	545	606	630	530
Kosten	10	18	30	22	26	14	24	21	15

2.1 Zeichnen Sie ein Streuungsdiagramm.

2.2 Berechnen Sie eine lineare Regressionsfunktion nach der Methode der kleinsten Quadrate und zeichnen Sie das Ergebnis in das Diagramm.

Interpretieren Sie die Koeffizienten a und b.

2.3. Berechnen und interpretieren Sie das Bestimmtheitsmaß und den Korrelationskoeffizienten nach Bravais/Pearson. Wodurch könnte das Bestimmtheitsmaß u. U. erhöht werden?

Auf-gabe

(3)

Zwei in ihrer Struktur vergleichbare Gruppen A und B von Kundenkarteninhabern wurden mit unterschiedlichen Kommu-nikationskonzepten zum Besuch eines Textilkaufhauses animiert. Für den letzten Monat erhielt man folgende Ergebnisse für die Häufigkeitsverteilungen der mit Kundenkarten getätigten Ein-käufe je Gruppe:

Zahl der Einkäufe	Gruppe A	Gruppe B
0	50	30
1	60	40
2	40	80
3	20	80
4	20	40
5	10	30

3.1 Berechnen Sie Pearson's kor-rigierten C-Koeffizienten.

3.2 Berechnen Sie den Eta-Quadrat-Koeffizienten.

3.3. Interpretieren Sie beide Ko-effizienten im Vergleich.

Ein Aktienbesitzer analysiert immer am Wochenende seinen Vermögensstatus.

4.1 Für die Aktie der DC-AG stellt er folgende Kurse jeweils zum Wochenende in den letzten zwölf Wochen fest:

Woche	10	11	12	13	14	15	16	17	18	19	20	21
Kurs	25,2	24,5	24,1	24,6	24,8	25,3	25,8	26	26,8	27	27,5	28

Zeichnen Sie die Zeitreihe. Berechnen Sie einen linearen Trend nach der Methode der kleinsten Quadrate und gleitende Dreier-Durchschnitte. Zeichnen Sie die Ergebnisse jeweils in das Zeitreihendiagramm ein. Welchen Kurs würden Sie zum nächsten Wochenende prognostizieren?

Auf-
gabe

4.2 Der Aktienbesitzer verteilt seine Vermögensanlage auf die wichtigsten AG's in Deutschland, die jeweils einer anderen Branche angehören. Am 3.1. und am 24.5. hatte er folgende Bestände (Zahl der Aktien) zum jeweiligen Aktienkurs in seinem Portefeuille:

Zeit	3.1		24.5	
	Stück	Kurs	Stück	Kurs
DC-AG	600	25	700	28
All-AG	400	7	500	6
Metr-AG	500	26	300	24

Berechnen Sie Kurs-(Preis-)Indizes nach Laspeyres und Paasche und interpretieren Sie die Ergebnisse im Vergleich zur Wertentwicklung seines Portefeuilles.

Lösung:

1.1 bis
1.3

$[a_j, b_j]$	h_j	w_j	f_j	$f_j^* \%$	F_j	w_j^2	$f_j w_j^2$	$h_j \bar{x}_j$	$\bar{x}_j$	$\bar{x}_j^2$	$f_j \bar{x}_j^2$	l_j	L_j
0 – 10	120	10	0,15	1,5	0,15	100	15	360	3	9	1,35	0,018	0,018
10 – 20	160	10	0,2	2	0,35	100	20	1920	12	144	28,8	0,096	0,114
20 – 25	160	5	0,2	4	0,55	25	5	3520	22	484	96,8	0,176	0,290
25 – 30	120	5	0,15	3	0,7	25	3,75	3240	27	729	109,35	0,162	0,452
30 – 40	120	10	0,15	1,5	0,85	100	15	4080	34	1156	173,4	0,204	0,656
40 – 50	80	10	0,1	1	0,95	100	10	3680	46	2116	211,6	0,184	0,840
50 – 100	40	50	0,05	0,1	1	2500	125	3200	80	6400	320	0,160	1
Σ	800	–	1	–	–	–	193,75	20 000	–	–	941,3	1	–

$$\bar{x} = \frac{20\,000}{800} = 25;\quad \hat{s}^2_{\text{int}} = \frac{193,75}{12} = 16,15;\quad s^2_{\text{ext}} = 941,3 - 25^2 = 316,3 \implies \hat{s}^2 = 332,45 \implies \hat{V} = \frac{18,233}{25} = 0,73$$

$Q_1 = 15$
$Q_2 = 24$
$Q_3 = 33$

1.2 Die Rechteckverteilung – d. h. alle Beobachtungswerte sind gleichmäßig über der Klasse verteilt – ist Voraussetzung dafür, dass

- im Histogramm die Häufigkeiten als Rechtecksflächen gezeichnet werden

- in der Verteilungsfunktion die Punkte (b_j, F_j) linear verbunden werden

- die interne Varianz mit der Formel $\hat{s}_{\text{int}}^2 = \sum_{j=1}^{m} f_j \frac{w_j^2}{12}$ bestimmt wird.

Die Voraussetzung ist jedoch nicht erfüllt, da z. B. $\overline{x}_1 = 3 \neq 5 = \tilde{x}_1$ oder $\overline{x}_2 = 12 \neq 15 = \tilde{x}_2$.

1.3 Die geradlinige Verbindung der Punkte (F_j, L_j) der Lorenzkurve setzt eine Einpunktverteilung – d. h. alle Beobachtungswerte fallen auf das arithmetische Mittel der Klasse – voraus. Da jedoch eine Rechteckverteilung vorausgesetzt wird, müssen die Punkte (F_j, L_j) durch Parabeln miteinander verbunden werden, wobei keine Knicke in den Punkten vorliegen dürfen, weil die Lorenzkurve auch in den Punkten (F_j, L_j) differenzierbar ist. In der Grafik wurde die Lorenzkurve so konstruiert, dass sie einer Rechteck-Rechteck-Verteilung genügt, d. h. innerhalb eines Intervalls $[a_j, b_j)$ wurden 2 Rechteckverteilungen, die $\overline{x}_j$ reproduzieren, angenommen.

1.4 Variationskoeffizient der Samstagseinkäufe: $V = \dfrac{24}{30} = 0,8$, d. h. am Samstag konzentrieren sich die Einkäufe stärker auf Kunden mit einem hohen Bonbetrag als am Mittwoch. Somit verläuft die Lorenzkurve bei den Samstagseinkäufen weiter außen. (Sie könnte sich allerdings mit der anderen Lorenzkurve schneiden. Insgesamt würde aber die Fläche zwischen der Samstags-Lorenzkurve und der Winkelhalbierenden – daraus wird der Gini-Koeffizient berechnet – größer sein.)

2.1
2.2

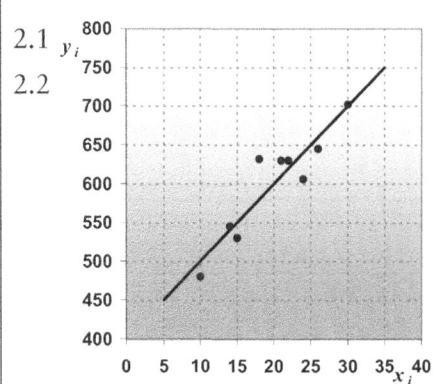

x_i	y_i	x_i^2	y_i^2	$x_i y_i$
10	480	100	230 400	4 800
18	632	324	399 424	11 376
30	702	900	492 804	21 060
22	630	484	396 900	13 860
26	645	676	416 025	16 770
14	545	196	297 025	7 630
24	606	576	367 236	14 544
21	630	441	396 900	13 230
15	530	225	280 900	7 950
$\sum$ 180	5 400	3 922	3 277 614	111 220

$$\overline{x} = \frac{180}{9} = 20, \quad \overline{y} = \frac{5\,400}{9} = 600, \quad s_X^2 = \frac{3\,922}{9} - 20^2 = 35,78,$$

$$s_Y^2 = \frac{3\,277\,614}{9} - 600^2 = 4\,179,33, \quad s_{XY} = \frac{111\,220}{9} - 20 \cdot 600 = 357,78,$$

$$b = \frac{357,78}{35,78} = 10, \quad a = 600 - 10 \cdot 20 = 400 \implies \hat{y}_i = 400 + 10\,x_i.$$

$b = 10$: Wenn die Verkaufsförderungsmaßnahmen um $100\,€$ erhöht werden, so ist im Durchschnitt ein zusätzlicher Umsatz von $1\,000\,€$ zu erwarten.

$a = 400$: Ohne Verkaufsförderungsmaßnahmen wird ein Umsatz von 400 Tsd. $€$ erzielt.

2.3 $$r^2 = \frac{357,78^2}{35,78 \cdot 4\,179,33} = 0,856, \quad r = 0,925.$$

D. h.: 85,6 % der Varianz des Umsatzes der 9 Filialen können durch die Regression bzw. den Einfluss der Verkaufsförderungsmaßnahmen erklärt werden.

$r = 0,925$ deutet auf einen sehr starken positiven Zusammenhang zwischen den Verkaufsförderungsmaßnahmen und dem Umsatz hin.

Durch Hinzunahme weiterer Einflussgrößen auf den Umsatz könnte das Bestimmtheitsmaß erhöht werden.

3.1

Zahl der Einkäufe	A	B	Σ
0	50	30	80
1	60	40	100
2	40	80	120
3	20	80	100
4	20	40	60
5	10	30	40
Σ	200	300	500

Zahl der Einkäufe	Gruppe A		Gruppe B		Σ
0	50 324	32 10,125	30 324	48 6,75	16,875
1	60 400	40 10	40 400	60 6,667	16,667
2	40 64	48 1,333	80 64	72 0,889	2,222
3	20 400	40 10	80 400	60 6,667	16,667
4	20 16	24 0,667	40 16	36 0,444	1,111
5	10 36	16 2,25	30 36	24 1,5	3,75
Σ					57,292 $= \chi^2$

$$\implies C = \sqrt{\frac{57,292}{57,292 + 500}} = \sqrt{0,103} = 0,32, \quad C_{\max} = \sqrt{\frac{1}{2}} = 0,707,$$

$$\implies C^* = \frac{0,32}{0,707} = 0,453,$$

d. h.: Der Einfluss des Kommunikationskonzeptes auf die Anzahl der Einkäufe der Kundenkarteninhaber ist zwar vorhanden (signifikant, also nicht zufallsbedingt, was man zeigen kann), aber nicht sehr ausgeprägt (in der Sache also unwesentlich).

3.2

x_j	h_j^A	$h_j^A x_j$	$h_j^A x_j^2$	h_j^B	$h_j^B x_j$	$h_j^B x_j^2$
0	50	0	0	30	0	0
1	60	60	60	40	40	40
2	40	80	160	80	160	320
3	20	60	180	80	240	720
4	20	80	320	40	160	640
5	10	50	250	30	150	750
Σ	200	330	970	300	750	2 470

$$\overline{x}_A = \frac{330}{200} = 1,65 \qquad\qquad \overline{x}_B = \frac{750}{300} = 2,5$$

$$s_A^2 = \frac{970}{200} - 1,65^2 = 2,1275 \qquad s_B^2 = \frac{2\,470}{300} - 2,5^2 = 1,983$$

$$\implies s_{\text{int}}^2 = \frac{1}{500}(200 \cdot 2,1275 + 300 \cdot 1,983) = 2,041$$

$$\overline{x} = \frac{1}{500}(200 \cdot 1,65 + 300 \cdot 2,5) = 2,16$$

$$\implies s_{\text{ext}}^2 = \frac{1}{500}[200(1,65 - 2,16)^2 + 300(2,5 - 2,16)^2] = 0,1734$$

$$\implies s^2 = 2,041 + 0,1734 = 2,2144 \implies \eta^2 = \frac{0,1734}{2,2144} \approx 0,078,$$

d. h.: Nur 7,8 % der zu erklärenden Varianz der Anzahl der Einkäufe können aus dem Einfluss des Kommunikationskonzeptes erklärt werden. Die unterschiedliche Zahl von Besuchen im letzten Monat muss also durch andere Einflussfaktoren erklärt werden.

4.1

t	x_t	$\overline{x}_t^{(3)}$	$t\,x_t$
1	25,2	–	25,2
2	24,5	24,6	49
3	24,1	24,4	72,3
4	24,6	24,5	98,4
5	24,8	24,9	124
6	25,3	25,3	151,8
7	25,8	25,7	180,6
8	26	26,2	208
9	26,8	26,6	241,2
10	27	27,1	270
11	27,5	27,5	302,5
12	28	–	336
$\sum$	309,6		2 059

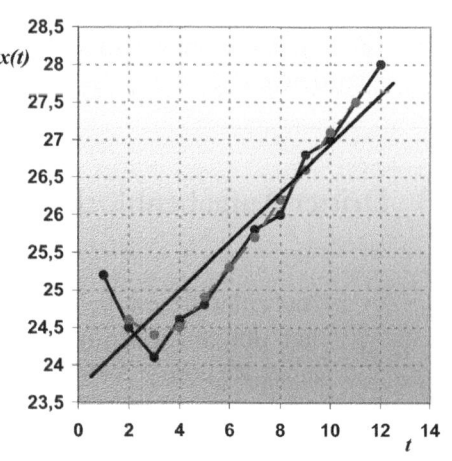

$$b = \frac{12 \cdot 2\,059 - 6 \cdot 13 \cdot 309,6}{12 \cdot 143} = \frac{559,2}{1\,716} = 0,326$$

$$a = \frac{309,6}{12} - \frac{13}{2} \cdot 0,326 = 23,68 \implies \hat{x}_t = 23,68 + 0,326\,t.$$

Trendprognose: $\hat{x}_{13} = 23,68 + 0,326 \cdot 13 = 27,92$.

i	q_{i0}	p_{i0}	q_{it}	p_{it}	$p_{i0} q_{i0}$	$p_{it} q_{it}$	$p_{it} q_{i0}$	$p_{i0} q_{it}$
1	600	25	700	28	15 000	19 600	16 800	17 500
2	400	7	500	6	2 800	3 000	2 400	3 500
3	500	26	300	24	13 000	7 200	12 000	7 800
$\sum$	–	–	–	–	30 800	29 800	31 200	28 800

4.2

$$K_{0t}^{La} = \frac{31\,200}{30\,800} = 1,013, \quad \text{d. h.: Die durchschnittliche Kurserhöhung beträgt 1,3 \%.}$$

$$K_{0t}^{Pa} = \frac{29\,800}{28\,800} = 1,035, \qquad K = \frac{29\,800}{30\,800} = 0,9675$$

○ Hätte der Aktienbesitzer noch dieselbe mengenmäßige Zusammensetzung seines Aktienkorbes wie am 3.1., dann wäre er um 1,3 % „reicher" (Laspeyres).

○ Hätte er schon im Januar die mengenmäßige Zusammensetzung des Aktienkorbes vom 24.5. gehabt, dann wäre er um 3,5 % „reicher" (Paasche).

○ Bei zusätzlicher Berücksichtigung der veränderten Korbstruktur ist der Wert des Portfeuilles um 3,25 % gefallen. Der „aktiv gemanagete" Fond hat also schlechter abgeschnitten, als wenn nichts unternommen worden wäre.

A.3 Dritter Aufgabenblock

Aus einer älteren Erhebung hat man folgende Ergebnisse bezüglich der jährlichen Ausgaben für Urlaubsreisen von Haushalten einer Region:

Aufgabe ①

Ausgaben von ... bis unter ... €	Anteil der Haushalte %
0 – 600	12
600 – 1 000	28
1 000 – 1 500	20
1 500 – 2 500	20
2 500 – 4 500	20

1.1 Zeichnen Sie ein Histogramm sowie die Verteilungsfunktion und bestimmen Sie die Quartile.

1.2 Berechnen Sie das arithmetische Mittel und interpretieren Sie den Unterschied zum Median.

1.3 Berechnen Sie die Gesamtvarianz.

Aufgabe 1

1.4 Zeichnen Sie die Lorenzkurve und interpretieren Sie das Ergebnis.

1.5 Geben Sie einen Überblick über Teilerhebungsverfahren und erläutern Sie den Unterschied zwischen einer Zufallsauswahl und einer willkürlichen Auswahl.

1.6 Die Daten dieser älteren Erhebung seien Basis für eine neue Stichprobenplanung. Welche Verteilung mit welchen Parametern wird bei einfacher Zufallsauswahl mit $n = 400$ für die Stichprobenmittelwerte angenommen? Grafische Darstellung! Berechnen Sie einen notwendigen Stichprobenumfang bei einer Aussagewahrscheinlichkeit von 95,45 % für einen Zufallsfehler von maximal 3 %.

Aufgabe 2

2.1 Für die Ausgaben für Urlaubsreisen (Y) ergaben sich bei einer Stichprobe im Umfang von $n = 1\,000$ Haushalten folgende nach dem Erwerbsstatus des Haushaltsvorstandes differenzierte Ergebnisse für 4 Untergruppen:

Erwerbsstatus	Anzahl je Gruppe	Gesamtausgaben je Gruppe	Varianz der Ausgaben je Gruppe
Arbeitslose	50	20 000	20 000
abhängig Beschäftigte	600	780 000	900 000
Selbständige	50	200 000	12 000 000
Rentner	300	600 000	1 200 000

Berechnen Sie den η^2-Koeffizienten und interpretieren Sie Ihr Ergebnis.

2.2 Zu den Ausgaben für Urlaubsreisen (Merkmal Y) wurde das jährliche verfügbare Einkommen (Merkmal X) der 1000 Haushalte erfasst:

$$\sum x_i = 22,5 \cdot 10^6, \qquad \sum x_i^2 = 606,25 \cdot 10^9,$$
$$\sum x_i y_i = 48,5 \cdot 10^9, \quad i = 1, \dots, 1000.$$

Berechnen und interpretieren Sie das Bestimmtheitsmaß für die Regression zwischen Einkommen und Ausgaben für Urlaubsreisen und vergleichen Sie Ihr Ergebnis mit dem η^2-Koeffizienten aus 2.1. Wie steigen die Ausgaben für Urlaubsreisen mit zunehmendem Einkommen?

Aufgabe 3

3.1 Der Zusammenhang zwischen dem Erwerbsstatus und dem Reiseziel für die o.g. Stichprobe vom Umfang $n = 1\,000$ war wie folgt:

Status		Reiseziel	
	Deutschland	europ. Ausland	außereurop. Ausland
Arbeitslose	40	10	–
abhängig Beschäftigte	300	200	100
Selbständige	10	20	20
Rentner	150	70	80

Berechnen Sie den korrigierten C-Koeffizienten und interpretieren Sie Ihr Ergebnis.

3.2 Für einen Tourismusindex hat man folgende Mengen- und Preisangaben für das Basisjahr 0 und das Berichtsjahr t:

Jahr	Übernachtungen	Preis in € pro Übernachtung	Mahlzeiten	Preis in € pro Mahlzeit	Entfernung in km	Preis in € pro 100 km
0	10	60	20	16	500	12
t	12	72	24	20	500	16

Berechnen Sie Preisindizes nach Laspeyres und Paasche sowie einen Mengenindex nach Laspeyres und interpretieren Sie die Ergebnisse.

Aufgabe 4

In einer vom Tourismus geprägten Region Süddeutschlands zeigten die Übernachtungszahlen (in Tsd.) je Quartal in den letzten Jahren die folgende Entwicklung:

Jahr	2009				2010				2011			
Quartal	1	2	3	4	1	2	3	4	1	2	3	4
Übernachtungen	130	82,5	117,5	70	148	88	132	72	156	96	144	84

4.1 Zeichnen Sie die Zeitreihe.

4.2 Berechnen Sie einen linearen Trend nach der Methode der kleinsten Quadrate und zeichnen Sie die Trendgerade in Ihr Diagramm aus 4.1.

4.3 Bestimmen Sie die saisonalen Komponenten bei konstanter Saisonfigur.

4.4 Erstellen Sie eine Prognose für die Quartale des Jahres 2012.

Lösung:
1.1 bis
1.4

$[a_j, b_j)$	$f_j\%$	w_j	$f_j^*\%$	$\bar{F}_j\%$	w_j^2	$f_j w_j^2$	$\bar{x}_j$	$\bar{x}_j^2$	$f_j\bar{x}_j$	$f_j\bar{x}_j^2$	$l_j = \dfrac{f_j\bar{x}_j}{\bar{x}}$	L_j
0 – 600	12	600	0,02	12	360 000	43 200	300	90 000	36	10 800	0,022	0,022
600 – 1 000	28	400	0,07	40	160 000	44 800	800	640 000	224	179 200	0,139	0,161
1 000 – 1 500	20	500	0,04	60	250 000	50 000	1 250	1 562 500	250	312 500	0,155	0,317
1 500 – 2 500	20	1 000	0,02	80	1 000 000	200 000	2 000	4 000 000	400	800 000	0,248	0,565
2 500 – 4 500	20	2 000	0,01	100	4 000 000	800 000	3 500	12 250 000	700	2 450 000	0,435	1
$\sum$	100	4 500	-	-	-	1 138 000	-	-	1 610	3 752 500	1	-

$\hat{\bar{x}} = 1610$; $\hat{s}^2_{\text{ext}} = 3\,752\,500 - 1610^2 = 1\,160\,400$; $\hat{s}^2_{\text{int}} = \dfrac{1\,138\,000}{12} = 94\,833,33 \implies \hat{s}^2 = 1\,255\,233,333$.

$Q_1 = 786$
$Q_2 = 1\,250$
$Q_3 = 2\,250$

1.2 Der Median beschreibt, dass 50 % der Befragten jährliche Reiseausgaben von 1 250 € oder weniger tätigen, während das arithmetische Mittel angibt, dass im Durchschnitt ein Befragter 1 610 € ausgibt, allerdings unter der Annahme, dass die Merkmalssumme (Summe der Reiseausgaben aller Befragten) gleichmäßig auf alle Befragten verteilt ist – dies ist aber nicht der Fall, da eine linkssteile Verteilung vorliegt, weshalb das arithmetische Mittel einen zu hohen Wert als „Mitte" ausweist. Die Ausgabenfreudigen ziehen den Durchschnitt nach oben.

1.4 40 % der „sparsamen" Reisenden haben nur einen Anteil von 16,1 % an den gesamten Tourismusausgaben. Die Ausgabenfreudigsten 20 % tragen 43,6 % (100-56,4) zur Ausgabensumme bei.

1.5 Teilerhebungsverfahren vergleiche Seite 6.

1.6 $f(\bar{x})$

1554 1610 1666 $\bar{x}$

Normalverteilung:

$$\overline{X} \sim N(\mu, \frac{\sigma^2}{n})$$

$\hat{\mu} = \hat{\bar{x}} = 1\,610;$

$\hat{\sigma}^2 = \hat{s}^2 = 1\,255\,233,33 \implies$

$\hat{\sigma}^2_{\overline{X}} = \dfrac{1\,255\,233,33}{400} \approx 3\,138 \implies$

$\hat{\sigma}_{\overline{X}} \approx 56.$

$\hat{e}_r = 0,03 = \dfrac{|\hat{e}|}{1\,610} \implies |\hat{e}| = 0,03 \cdot 1\,610 = 48,3 \implies \hat{e}^2 = 2\,332,89;$

$1 - \alpha = 0,9545 \implies z = 2 \implies n \geq 2^2 \cdot \dfrac{1\,255\,233,33}{2\,332,89} \approx 2\,153.$

2.1

Status	arith. Mittel je Gruppe
Arbeitslose	400
abh. Besch.	1 300
Selbstst.	4 000
Rentner	2 000

$\bar{x} = \dfrac{1\,600\,000}{1\,000} = 1\,600;$

$s^2_{\text{ext}} = \dfrac{1}{1\,000} \cdot [50 \cdot (400 - 1\,600)^2$
$+ 600 \cdot (1\,300 - 1\,600)^2$
$+ 50 \cdot (4\,000 - 1\,600)^2$
$+ 300 \cdot (2\,000 - 1\,600)^2]$

$= 462\,000$

$$s_{\text{int}}^2 = \frac{1}{1\,000} \cdot (50 \cdot 20\,000 + 600 \cdot 900\,000 + 50 \cdot 12\,000\,000$$
$$+ 300 \cdot 1\,200\,000)$$

$$= 1\,501\,000$$

$$s^2 = 1\,501\,000 + 462\,000 = 1\,963\,000 \implies \eta^2 = \frac{462\,000}{1\,963\,000} = 0,2353,$$

d. h.: 23,53 % der Varianz der Ausgaben für Urlaubsreisen können durch die Gruppenzugehörigkeit bzw. den Einfluss des Erwerbsstatus erklärt werden.

2.2 $\bar{x} = 22,5 \cdot 10^3$, $s_X^2 = 606,25 \cdot 10^6 - 22,5^2 \cdot 10^6 = 100 \cdot 10^6$

$$s_{XY} = 48,5 \cdot 10^6 - 22,5 \cdot 10^3 \cdot 1\,600 = 12\,500\,000$$

$$r^2 = \frac{12\,500\,000^2}{100 \cdot 10^6 \cdot 1\,963\,000} = 0,796,$$

d. h.: 79,6 % der Varianz der Ausgaben für Urlaubsreisen können durch die Regression bzw. den Einfluss des Einkommens erklärt werden.

$$b = \frac{s_{XY}}{s_X^2} = \frac{12\,500\,000}{100 \cdot 10^6} = 0,125$$

ist die geschätzte marginale Konsumquote, d. h. von jedem zusätzlich verdienten Euro fließen 12,5 Cent in die Urlaubskasse.

Das Einkommen dürfte also die unterschiedlichen Ausgabenhöhen für Urlaubsreisen besser erklären als der Erwerbsstatus als indirekte Einflussgröße: Arbeitslose und Rentner werden weniger Einkommen haben als Selbständige. Ob der Erwerbsstatus zusätzlich eine Erklärung bietet (er könnte als indirektes Merkmal auch nur „Mobilität" oder „Alter" abbilden), müsste weiter untersucht werden.

3.1	Status	Reiseziel			$\sum$
		Deutschland	europ. Ausland	außereurop. Ausland	
	Arbeitslose	40	10	0	50
	abhängig Beschäftigte	300	200	100	600
	Selbständige	10	20	20	50
	Rentner	150	70	80	300
	$\sum$	500	300	200	1 000

Status	Reiseziel					Σ
	Deutschland		europ. Ausland		außereurop. Ausland	
Arbeits-los	40 225	25 9	10 25	15 1,667	0 100	10 10	20,667
abhängig Beschäft.	300 0	300 0	200 400	180 2,222	100 400	120 3,333	5,555
Selbstän-dig	10 225	25 9	20 25	15 1,667	20 100	10 10	20,667
Rentner	150 0	150 0	70 400	90 4,444	80 400	60 6,667	11,111
Σ						58	$= \chi^2$

$$\implies C = \sqrt{\frac{58}{58 + 1\,000}} = \sqrt{0,0548} = 0,234, \quad C_{\max} = \sqrt{\frac{2}{3}} = 0,816,$$

$$\implies C^* = \frac{0,234}{0,816} = 0,287,$$

d. h.: Der Einfluss des Erwerbsstatus auf das Reiseziel ist gering.

3.2	i	$p_{i0}q_{i0}$	$p_{it}q_{it}$	$\dfrac{p_{it}}{p_{i0}}$	g_{i0}	$g_{i0} \cdot \dfrac{p_{it}}{p_{i0}}$	g_{it}	$g_{it} \cdot \dfrac{p_{i0}}{p_{it}}$
	1	600	864	1,2	0,6122	0,7347	0,6067	0,5056
	2	320	480	1,25	0,3265	0,4082	0,3371	0,2697
	3	60	80	1,3333	0,0612	0,0816	0,0562	0,0421
	Σ	980	1 424	–	1	1,2245	1	0,8174

ungewogenes Mittel: $\quad P = \dfrac{1}{3}(1,2 + 1,25 + 1,3333) = 1,261$

Preisindex nach Laspeyres: $\quad P_{0t}^{La} = 1,2245$

Preisindex nach Paasche: $\quad P_{0t}^{Pa} = \dfrac{1}{0,8174} = 1,2234$

nominale Ausgabenerhöhung: $\dfrac{1\,424}{980} = 1,4531$

Mengenindex nach Laspeyres: $Q_{0t}^{La} = \dfrac{\dfrac{1\,424}{1,2234}}{980} = 1,1878$

Laspeyres: Berechnet man die durchschnittliche Preissteigerung durch Gewichtung mit den Ausgabenanteilen des Basisjahres, so erhält man

22,45 % als Ergebnis. („Wieviel hätte man bei der Mengenstruktur von damals heute mehr bezahlen müssen?")

Paasche: Berechnet man die durchschnittliche Preissteigerung als harmonisches Mittel mit den Ausgabenanteilen des Berichtsjahres als Gewichte, so erhält man 22,34 % als Ergebnis. („Wieviel hätte man heute mehr bezahlen müssen, wenn die heutige Mengenstruktur schon im Basisjahr gültig gewesen wäre?")

Die „Mengenstruktur" ist – wie man sieht – ein längerer Urlaub, also mehr Übernachtungen und Mahlzeiten, aber bei wohl demselben Reiseziel (gleiche Entfernung). Für diesen (20 %) längeren Urlaub wurden 45,31 % mehr ausgegeben.

Der „reale" Einsatz von Ressourcen (Zeit, Energie für Mensch und Maschine) stieg aber nur um 18,78 % wegen der gleichen Entfernung.

4.1

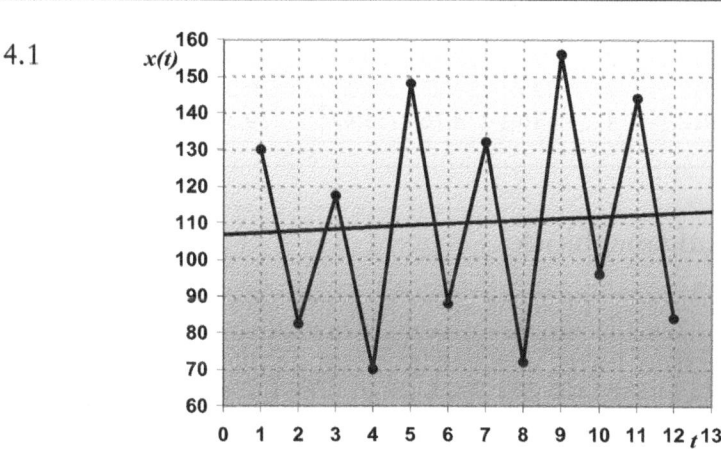

4.2

Jahr	Quartal	t	x_t	$t\,x_t$	$\hat{x}_t$	$x_t - \hat{x}_t$
2009	1	1	130	130	107,25	22,75
2009	2	2	82,5	165	107,75	-25,25
2009	3	3	117,5	352,5	108,25	9,25
2009	4	4	70	280	108,75	-38,75
2010	1	5	148	740	109,25	38,75
2010	2	6	88	528	109,75	-21,75
2010	3	7	132	924	110,25	21,75
2010	4	8	72	576	110,75	-38,75
2011	1	9	156	1 404	111,25	44,75
2011	2	10	96	960	111,75	-15,75
2011	3	11	144	1 584	112,25	31,75
2011	4	12	84	1 008	112,75	-28,75
$\sum$	–	–	1 320	8 651,5	1 320	0

$$b = \frac{12 \cdot 8\,651,5 - 6 \cdot 13 \cdot 1\,320}{12 \cdot 143} = \frac{858}{1\,716} = 0,5$$

$$a = \frac{1\,320}{12} - \frac{13}{2} \cdot 0,5 = 106,75 \implies \hat{x}_t = 106,75 + 0,5\,t.$$

$$s_1 = \frac{22,75 + 38,75 + 44,75}{3} = 35,42$$

$$s_2 = \frac{-25,25 - 21,75 - 15,75}{3} = -20,92$$

$$s_3 = \frac{9,25 + 21,75 + 31,75}{3} = 20,92$$

$$s_4 = \frac{-38,75 - 38,75 - 28,75}{3} = -35,42$$

Jahr	Quartal	t	$\hat{x}_t$	s_t	Prognose x_t^*
2012	1	13	113,25	35,42	148,67
2012	2	14	113,75	-20,92	92,83
2012	3	15	114,25	20,92	135,17
2012	4	16	114,75	-35,42	79,33

A.4   Vierter Aufgabenblock

Aufgabe

1

Angesichts der Bundestagswahlen beschloss ein Vorstandsgremium einer Partei, dem Wahlparteitag ein (Einkommens-) Steuerentlastungsprogramm vorzulegen. Um die Auswirkung abzuschätzen wird in zwei Schritten vorgegangen: Zunächst wird ein Finanzamt gebeten, die Wirkung bei 800 zufällig ausgewählten Steuerfällen (Haushalten) darzulegen (Ergebnis der Pilotstudie vgl. folgende Tabelle). Aufgrund dieses Ergebnisses soll eine Zufallsstichprobe geplant werden, aus der dann präzisere Ergebnisse gewonnen werden könnten.
Die Auswertung der Pilotstudie ergab:

Entlastung von ... bis unter ... €	Anzahl der Haushalte (Fälle)
0 – 100	320
100 – 300	296
300 – 500	72
500 – 800	64
800 – 1 200	32
1 200 – 1 600	16

1.1 Zeichnen Sie die Verteilungsfunktion und bestimmen Sie den Zentralwert (Median).

1.2 Schätzen Sie das arithmetische Mittel und interpretieren Sie den Unterschied zum Zentralwert.

Auf-
gabe

(1)

1.3 Berechnen Sie die Gesamtvarianz aus der externen und internen Varianz.

1.4 Zeichnen Sie die Lorenzkurve und interpretieren Sie das Ergebnis. Interpretieren Sie den Punkt (F_3, L_3).

Lebensfremde Wissenschaftler haben der Partei ein Entlastungsprogramm empfohlen, bei dem die Entlastungsbeträge „gleichmäßig" (Rechteckverteilung) zwischen 0 und 1 000 € verteilt sind. Skizzieren Sie diese Lorenzkurve in dasselbe Diagramm. Vergleichen Sie beide Entlastungswirkungen (Tipp: Ein Vergleich der Variationskoeffizienten hilft!).

1.5 Aufgrund der Pilotstudie wird eine Zufallsstichprobe geplant. Berechnen Sie den notwendigen Stichprobenumfang, wenn der prozentuale Zufallsfehler e_r % nicht mehr als 5 % bei einer Aussagewahrscheinlichkeit von 95,45 % betragen soll. (Sie dürfen mit $s = 290$ rechnen.)

1.6 Angenommen es wurden 2 000 zufällig ausgewählte Steuerfälle ausgewertet und man erhielte folgende Ergebnisse für die Entlastung:

$$\sum_{i=1}^{2\,000} x_i = 480\,000, \qquad \sum_{i=1}^{2\,000} x_i^2 = 230\,342\,400.$$

Schätzen Sie die Steuerausfälle für den Staat, wenn in der Grundgesamtheit 40 Mio. Haushalte betroffen wären. Berechnen Sie den Zufallsfehler (Konfidenzniveau 95,45 %). Könnte man die Obergrenze des Konfidenzintervalls als „höchstmöglichen Steuerausfall" interpretieren?

Auf-
gabe

(2)

Bei einer Analyse des Wählerverhaltens wurde in einer Stichprobe erfasst, wie oft bei den letzten vier Wahlen nicht zur Wahl gegangen wurde (0: es wurde immer gewählt, 4: bei allen vier Wahlen wurde das Wahlrecht nicht wahrgenommen).

Wählerver-halten	Männer	Frauen
0	80	104
1	60	70
2	30	12
3	20	10
4	10	4

2.1 Berechnen Sie den korrigierten C-Koeffizienten.

2.2 Berechnen Sie den η^2-Koeffizienten und interpretieren Sie die Ergebnisse der beiden Koeffizienten im Vergleich.

Auf-gabe

3

In zehn Arbeitsagenturbezirken wurde die Arbeitslosenquote (%) und die Nichtwählerquote (%) bei der letzten Wahl verglichen.

Bezirk	1	2	3	4	5	6	7	8	9	10
AQ (x_i)	4,4	9,2	7,2	5,6	10,4	11,6	4,0	6,8	12	8,8
NWQ (y_i)	24	44	36	32	54	56	26	38	48	42

3.1 Zeichnen Sie ein Streuungsdiagramm.

3.2 Bestimmen Sie die Regressionsgerade nach der Methode der kleinsten Quadrate und zeichnen Sie die Gerade in das Streuungsdiagramm. Interpretieren Sie die Regressionskoeffizienten.

3.3 Berechnen und interpretieren Sie das Bestimmtheitsmaß sowie den Korrelationskoeffizienten.

Auf-gabe

4

4.1 Bei den letzten 9 Bundestagswahlen erhielt man folgende Nichtwählerquoten (die 9. ist die letzte Bundestagswahl):

Wahl Nr.	1	2	3	4	5	6	7	8	9
NWQ	29	31	32	33	35	35	37	36	38

• Zeichnen Sie die Zeitreihe und berechnen Sie einen linearen Trend nach der Methode der kleinsten Quadrate. Zeichnen Sie die Trendgerade in das Diagramm ein.

• Prognostizieren Sie die Quote für die nächste Wahl. Interpretation.

4.2 Vielleicht ging die Wahlbeteiligung zurück, weil das Wählen „teurer" wurde. Ein einfacher Wahlpreisindex besteht aus drei Komponenten mit jeweiligen Preisen (für Kosten bzw. Opportunitätskosten).

Komponente	Menge		Preis	
	2005	2009	2005	2009
1 Fahrt	1	1	4	6
2 Verzicht auf Sonntagsruhe (Std.)	1	1	12	15
3 Freizeitverlust durch Informations-sammlung (Std.)	3	8	10	12

Berechnen Sie je einen Laspeyres- und Paasche Preisindex und interpretieren Sie die Unterschiede untereinander sowie zur Steigerung der individuellen Wahlkosten.

Lösung:

1.1 bis
1.4

$[a_j, b_j)$	h_j	f_j	F_j	w_j	w_j^2	$f_j w_j^2$	$\tilde{x}_j$	$\tilde{x}_j^2$	$f_j \tilde{x}_j$	$f_j \tilde{x}_j^2$	l_j	L_j
0 – 100	320	0,40	0,40	100	10 000	4 000	50	2 500	20	1 000	0,080	0,080
100 – 300	296	0,37	0,77	200	40 000	14 800	200	40 000	74	14 800	0,296	0,376
300 – 500	72	0,09	0,86	200	40 000	3 600	400	160 000	36	14 400	0,144	0,520
500 – 800	64	0,08	0,94	300	90 000	7 200	650	422 500	52	33 800	0,208	0,728
800 – 1 200	32	0,04	0,98	400	160 000	6 400	1 000	1 000 000	40	40 000	0,160	0,888
1 200 – 1 600	16	0,02	1	400	160 000	3 200	1 400	1 960 000	28	39 200	0,112	1
Σ	800	1	–	1 600	–	39 200	–	–	250	143 200	1	–

1.2　$\hat{\bar{x}} = 250 > 154 = Z$; da eine linkssteile Verteilung vorliegt, d. h. die Merkmalssumme nicht gleichmäßig auf die Klassen verteilt ist. $\hat{\bar{x}}$ wird also durch die wenigen Haushalte mit höherer Entlastung „mitgezogen".

1.3　$\hat{s}_{\text{int}}^2 = \dfrac{39\,200}{12} = 3\,266,67;$

　　$\hat{s}_{\text{ext}}^2 = 143\,200 - 250^2 = 80\,700$

　　$\Rightarrow \hat{s}^2 = 83\,966,67.$

1.4　$(F_3/L_3) = (0,86/0,52)$: Die Haushalte mit einer geringen Entlastung – d. h. einer Entlastung von bis unter 500 € – machen 86 % aller Haushalte aus. Auf diese 86 % der Haushalte entfallen 52 % (nur!) der gesamten Steuerentlastungen.

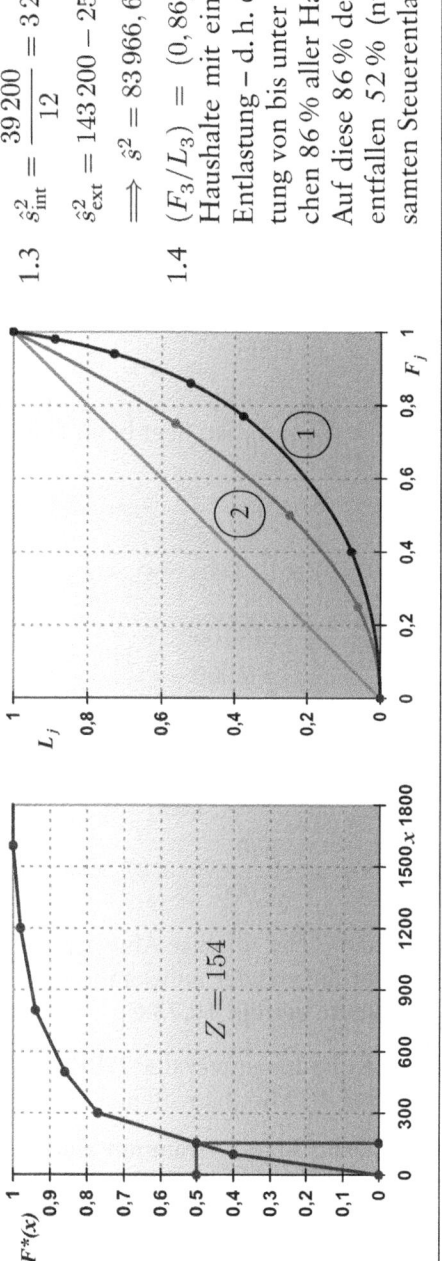

1.4 Zweiter Vorschlag: Z.B:

$[a_j, b_j)$	f_j	F_j	L_j
0 – 250	0,25	0,25	$0,25^2 = 0,0625$
250 – 500	0,25	0,50	$0,50^2 = 0,25$
500 – 750	0,25	0,75	$0,75^2 = 0,5625$
750 – 1 000	0,25	1	1

Beim ersten Vorschlag kommt ein großer Teil der gesamten Steuerentlastung einem kleinen Teil der Haushalte, die eine große Entlastung erfahren, zugute. Der Variationskoeffizient beträgt $V_1 = \dfrac{289,77}{250} = 1,159$.

Beim zweiten Vorschlag wird die gesamte Steuerentlastung gleichmäßiger auf die Haushalte verteilt. Berechnung des Variationskoeffizienten:

$$s^2 = \frac{1\,000^2}{12} \implies s = 288,675, \quad \overline{x} = 500 \implies V_2 = \frac{288,675}{500} = 0,577.$$

Da $V_2 < V_1$ ist, liegt beim ersten Vorschlag eine größere Disparität vor.

1.5 $\hat{e}_r = 0,05 = \dfrac{|\hat{e}|}{250} \implies |\hat{e}| = 0,05 \cdot 250 = 12,5 \implies \hat{e}^2 = 156,25;$

$1 - \alpha = 0,9545 \implies z = 2 \implies n \geq 2^2 \cdot \dfrac{84\,100}{156,25} \approx 2\,153.$

1.6 $\hat{\mu} = \overline{x} = \dfrac{480\,000}{2\,000} = 240 \implies$

Steuerausfälle für den Staat: $N \cdot \hat{\mu} = 40 \cdot 240$ Mio. $= 9,6$ Mrd. €.

$$\hat{\sigma}^2 = s^2 = \frac{230\,342\,400}{1\,999} - \frac{2\,000}{1\,999} \cdot 240^2 = 57\,600 \implies \hat{\sigma} = 240 \implies$$

$$\hat{\sigma}_{\overline{X}} = \frac{240}{\sqrt{2\,000}} = 5,37 \implies \text{Zufallsfehler:} \ |\hat{e}| = 2 \cdot 5,367 = 10,73,$$

d. h.: Die zufällige Abweichung der Durchschnittsentlastung einer Stichprobe von der unbekannten Durchschnittsentlastung der 40 Mio. Haushalte beträgt 10,73 €.

Konfidenzintervall: $229,27 \leq \hat{\mu} \leq 250,73$, bzw. für die Steuerausfälle bei 40 Mio. betroffenen Haushalten in Mrd. €: $9,17 \leq N \cdot \hat{\mu} \leq 10,03$.

D. h.: Man vertraut mit einer Wahrscheinlichkeit von 95 % darauf, dass die durchschnittliche Steuerentlastung eines Haushalts, die sich aus einer Zufallsstichprobe ergibt, im Intervall von 229,27 € bis 250,73 € liegt bzw. die Steuerausfälle bei 40 Mio. Haushalten zwischen 9,17 Mrd. und 10,03 Mrd. € betragen.

Die Obergrenze des Intervalls kann nicht als „höchstmöglicher Steuer-ausfall" interpretiert werden, denn beim vorgegebenen Signifikanzniveau hätte man ein einseitiges Intervall berechnen müssen. Allerdings betrifft das Zufallsmodell die mögliche Streuung der Stichprobendurchschnitte, so dass eine Interpretation im Sinne eines „Value at Risk" hier nicht sinnvoll erscheint.

2.1

Wählerver-halten	Männer	Frauen	$\sum$
0	80	104	184
1	60	70	130
2	30	12	42
3	20	10	30
4	10	4	14
$\sum$	200	200	400

Wählerver-halten	Geschlecht		$\sum$
	männlich	weiblich	
0	80 92 144 1,5652	104 92 144 1,5652	3,1304
1	60 65 25 0,3846	70 65 25 0,3846	0,7692
2	30 21 81 3,8571	12 21 81 3,8571	7,7142
3	20 15 25 1,6667	10 15 25 1,6667	3,3334
4	10 7 9 1,2857	4 7 9 1,2857	2,5714
$\sum$			17,52 $= \chi^2$

$$\Rightarrow C = \sqrt{\frac{17,52}{17,52+400}} = \sqrt{0,042} = 0,205, \quad C_{\max} = \sqrt{\frac{1}{2}} = 0,707,$$

$$\Rightarrow C^* = \frac{0,205}{0,707} = 0,29,$$

d. h.: Der Einfluss des Geschlechts auf das Wählerverhalten, gemessen an der Abweichung der realen von den theoretischen Häufigkeiten bei Unabhängigkeit, ist gering.

2.2

x_j	h_j^M	$h_j^M x_j$	$h_j^M x_j^2$	h_j^F	$h_j^F x_j$	$h_j^F x_j^2$
0	80	0	0	104	0	0
1	60	60	60	70	70	70
2	30	60	120	12	24	48
3	20	60	180	10	30	90
4	10	40	160	4	16	64
$\sum$	200	220	520	200	140	272

$$\overline{x}_M = \frac{220}{200} = 1,1 \qquad\qquad \overline{x}_F = \frac{140}{200} = 0,7$$

$$s_M^2 = \frac{520}{200} - 1,1^2 = 1,39 \qquad\qquad s_F^2 = \frac{272}{200} - 0,7^2 = 0,87$$

$$\implies s_{\text{int}}^2 = \frac{1,39 + 0,87}{2} = 1,13 \qquad \overline{x} = \frac{1,1 + 0,7}{2} = 0,9$$

$$\implies s_{\text{ext}}^2 = \frac{(1,1 - 0,9)^2 + (0,7 - 0,9)^2}{2} = 0,04$$

$$\implies s^2 = 1,13 + 0,04 = 1,17 \implies \eta^2 = \frac{0,04}{1,17} \approx 0,034,$$

d. h.: Nur 3,4 % der zu erklärenden Varianz des Verhaltens der Nicht-wähler können aus dem Einfluss des Geschlechts erklärt werden, also gibt es praktisch keinen Zusammenhang zwischen dem Geschlecht und dem Verhalten der Nichtwähler. Trotz scheinbar großer Unterschiede bezüglich der arithmetischen Mittel kann das Geschlecht nicht das Wählerverhalten erklären – nur 3,4 % der Gesamtvariation ist auf die Gruppenunterschiede zurückzuführen –, weil die Streuung innerhalb der Gruppen noch sehr hoch ist. Würde das Geschlecht einen Erklä-rungsbeitrag liefern, so dürften sich die Männer bzw. Frauen in ihrer jeweiligen Gruppe nur wenig unterscheiden, d. h. müssten alle jeweils etwa gleich selten zur Wahl gehen.

3.1
3.2

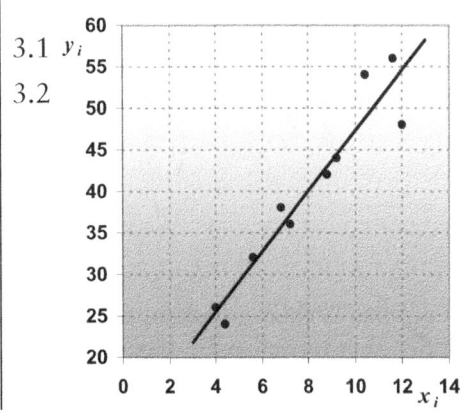

x_i	y_i	x_i^2	y_i^2	$x_i y_i$
4,4	24	19,36	576	105,6
9,2	44	84,64	1 936	404,8
7,2	36	51,84	1 296	259,2
5,6	32	31,36	1 024	179,2
10,4	54	108,16	2 916	561,6
11,6	56	134,56	3 136	649,6
4,0	26	16,00	676	104,0
6,8	38	46,24	1 444	258,4
12,0	48	144,00	2 304	576,0
8,8	42	77,44	1 764	369,6
$\sum$ 80	400	713,6	17 072	3 468

$\overline{x} = 8, \ \overline{y} = 40, \ s_X^2 = 71,36 - 8^2 = 7,36, \ \ s_Y^2 = 1\,707,2 - 40^2 = 107,2$

$s_{XY} = 346,8 - 8 \cdot 40 = 26,8, \ \ b = \dfrac{26,8}{7,36} = 3,6413,$

$a = 40 - 3,6413 \cdot 8 = 10,87 \implies \hat{y}_i = 10,87 + 3,6413\,x_i.$

$b = 3,64$: Mit zunehmender Arbeitslosigkeit steigt die Nichtwähler-quote. Wenn die Arbeitslosenquote um 1 %-Punkt steigt, dann steigt die Nichtwählerquote um 3,64 %-Punkte.

$a = 10,87$: Bei einer Arbeitslosenquote von 0 % würde die Nichtwäh-lerquote 10,87 % betragen (bei 8 % geschätzt 40 %).

3.3 $r^2 = \dfrac{26,8^2}{7,36 \cdot 107,2} = 0,91, \ \ r = 0,954.$

D. h.: 91 % der Varianz der Nichtwählerquote können durch die Regression bzw. den Einfluss der Arbeitslosenquote erklärt werden.

$r = 0,954$ deutet auf einen sehr starken positiven Zusammenhang zwischen der Arbeitslosenquote und der Nichtwählerquote hin.

4.1

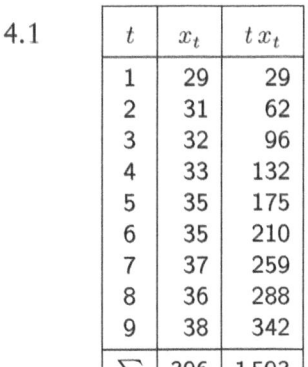

t	x_t	$t\,x_t$
1	29	29
2	31	62
3	32	96
4	33	132
5	35	175
6	35	210
7	37	259
8	36	288
9	38	342
$\sum$	306	1\,593

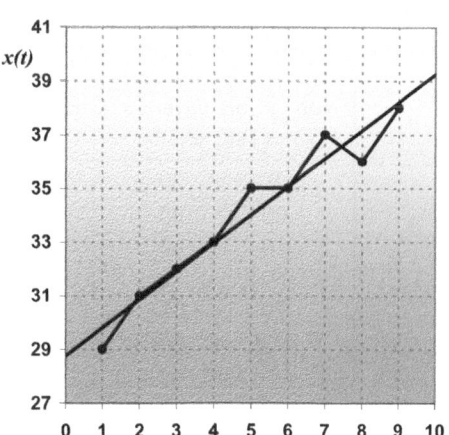

$b = \dfrac{12 \cdot 1\,593 - 6 \cdot 10 \cdot 306}{9 \cdot 80} = \dfrac{756}{720} = 1,05$

$a = \dfrac{306}{9} - \dfrac{10}{2} \cdot 1,05 = 28,75$

$\implies \hat{x}_t = 28,75 + 1,05\,t, \ \ \hat{x}_{10} = 28,75 + 1,05 \cdot 10 = 39,25.$

Die Trendprognose $\hat{x}_{10}$ ist vermutlich nicht sehr genau, da die Streuung der Zeitreihenwerte ab der vierten Periode zunimmt.

4.2

i	q_{i0}	q_{it}	p_{i0}	p_{it}	$p_{i0}\,q_{i0}$	$p_{it}\,q_{it}$	$p_{it}\,q_{i0}$	$p_{i0}\,q_{it}$
1	1	1	4	6	4	6	6	4
2	1	1	12	15	12	15	15	12
3	3	8	10	12	30	96	36	80
$\sum$	–	–	–	–	46	117	57	96

$$P_{0t}^{La} = \frac{57}{46} = 1,24, \qquad P_{0t}^{Pa} = \frac{117}{96} = 1,22, \qquad K = \frac{117}{46} = 2,54.$$

Die Mühe, die man für einen Wahlgang auf sich nimmt, hat sich mehr als verdoppelt, d. h. die Wahl„kosten" sind um 154 % gestiegen. Diese Wahlkostensteigerung ist insbesondere durch den erhöhten Zeitaufwand für die Informationssammlung verursacht, denn die Preissteigerungseffekte sind mit nur 24 % (Komponentenstruktur von 2005) bzw. 22 % (Komponentenstruktur von 2009) relativ gering.

A.5 Fünfter Aufgabenblock

Auf-gabe

(1)

Nach der letzten Lohn- und Einkommensteuerstatistik erhält man für Schland folgende Verteilung der steuerpflichtigen Haushalte auf Jahresbruttoeinkunftsklassen im Jahr 2005:

Jahresbruttoeinkünfte von ... bis unter ... (Tsd. €)	Anzahl Haushalte (Mio.)	arithmetische Mittel der Bruttoeinkünfte je Klasse (Tsd. €)
0 – 20	5	12
20 – 30	4	25
30 – 40	3	35
40 – 70	6	55
70 – 100	3	85
100 – 150	3	120
150 und mehr	1	390

1.1 Zeichnen Sie ein Histogramm und die Verteilungsfunktion der Bruttoeinkünfte (bis zur Klassengrenze 150).

1.2 Bestimmen Sie die Quartile und die am dichtesten besetzte Klasse der Bruttoeinkünfte.

1.3 Berechnen Sie das arithmetische Mittel, die externe Varianz und den Variationskoeffizienten der Bruttoeinkünfte und interpretieren Sie die Ergebnisse auch im Vergleich mit den Ergebnissen aus 1.2.

1.4 Zeichnen Sie die Lorenzkurven der Bruttoeinkünfte und interpretieren Sie das Ergebnis.

Die Bevölkerung von Schland wurde über eine Stichprobe vom Umfang 400 nach der Höhe ihrer privaten Ausgaben für Gesundheitszwecke im Erhebungsmonat und nach ihrer Meinung zur Gesundheitsreform befragt.

2.1 Für die Privatausgaben (ohne Rückvergütung durch die Krankenkasse) ergaben sich folgende nach dem Erwerbstätigenstatus differenzierte Ergebnisse:

h	Status	N_h (Mio.)	n_h	$\sum_i x_{ih}$	$\sum_i x_{ih}^2$
1	Selbständige	6	40	4 000	481 900
2	abhängig Beschäftigte	36	240	12 000	815 100
3	Rentner	18	120	2 400	104 525

Berechnen Sie den jeweils relativen Stichprobenzufallsfehler (jeweils m. Z.) bei uneingeschränkter Zufallsauswahl und bei geschichteter Auswahl (Konfidenzniveau jeweils 95,45 %) und interpretieren Sie die Ergebnisse.

2.2 Der Zusammenhang zwischen dem Erwerbstätigenstatus und der Beurteilung der Reform (-1: negativ, 0: unentschieden, +1: positiv) war wie folgt:

Status	Urteil		
	-1	0	+1
Selbständige	5	10	25
abhängig Beschäftigte	95	75	70
Rentner	100	15	5

Berechnen Sie den korrigierten C-Koeffizienten und interpretieren Sie Ihr Ergebnis.

Im Zusammenhang mit der Diskussion um die Reform der Mehrwertsteuersätze wurden in der o.g. Stichprobe auch noch die Ausgaben für Nahrungsmittel (Y) und das verfügbare Einkommen (X) im Erhebungsmonat erfasst.

3.1 Für die Nahrungsmittelausgaben nach Erwerbstätigkeitsstatus ergab sich folgendes Ergebnis:

j	Status	n_j	$\sum_k y_{kj}$	s_j^2
1	Selbständige	40	30 000	61 200
2	abhängig Beschäftigte	240	96 000	6 600
3	Rentner	120	30 000	3 400

Berechnen Sie den η^2-Koeffizienten.

Auf-gabe

3

3.2 Für das verfügbare Einkommen (X) und die Ausgaben für Nahrungsmittel (Y) erhielt man folgende Zwischenergebnisse ($i = 1, \ldots, 400$)

$$\sum x_i = 960 \cdot 10^3, \qquad \sum x_i^2 = 2\,704 \cdot 10^6$$

$$\sum y_i = 156 \cdot 10^3, \qquad \sum y_i^2 = 72,84 \cdot 10^6,$$

$$\sum x_i y_i = 414,4 \cdot 10^6.$$

Berechnen Sie nach der Methode der kleinsten Quadrate eine lineare Regressionsfunktion sowie das Bestimmtheitsmaß. Interpretieren Sie die Ergebnisse und vergleichen Sie die Aussage des Bestimmtheitsmaßes und des η^2-Koeffizienten.

Auf-gabe

4

Folgende einfache Statistiken sollen die Betroffenheit von Autofahrern in Schland durch Preissteigerungen abbilden.

4.1 Die Preise für einen Liter Superbenzin hatten in den letzten Monaten jeweils an einem Montag in der Mitte des Monats (t) folgende (mittlere) Höhe:

t	1	2	3	4	5	6	7	8	9	10	11	12
Cent	133	135	140	143	143	137	135	139	142	144	149	155

Zeichnen Sie die Zeitreihe und berechnen Sie einen linearen Trend nach der Methode der kleinsten Quadrate sowie gleitende Viererdurchschnitte. Zeichnen Sie die Ergebnisse jeweils in das Diagramm.

4.2 Ein einfacher „Autofahrerindex" setzt sich aus der Preisentwicklung für Neuwagen ($i = 1$), Benzin ($i = 2$), Steuer/Versicherung ($i = 3$) und Werkstattleistung ($i = 4$) zusammen. Für 2005 (0) und 2009 (t) erhält man folgende Ausgaben (€) und Preismessziffern

i	Ausgaben 2005	Ausgaben 2009	Preismessziffern
1	4 800	5 800	1,15
2	1 600	2 400	1,60
3	800	1 000	1,25
4	800	800	1,20

Berechnen Sie Preisindizes nach Laspeyres und Paasche und interpretieren Sie die Ergebnisse.

Lösung:

1.1 bis
1.4

$[a_j, b_j]$	h_j	w_j	f_j	$f_j^* \%$	F_j	$\overline{x}_j$	$h_j\overline{x}_j$	$\overline{x}_j^2$	$f_j\overline{x}_j^2$	l_j	L_j
0 – 20	5	20	0,20	1	0,20	12	60	144	28,8	0,038	0,038
20 – 30	4	10	0,16	1,6	0,36	25	100	625	100	0,063	0,100
30 – 40	3	10	0,12	1,2	0,48	35	105	1 225	147	0,066	0,166
40 – 70	6	30	0,24	0,8	0,72	55	330	3 025	726	0,206	0,372
70 – 100	3	30	0,12	0,4	0,84	85	255	7 225	867	0,159	0,531
100 – 150	3	50	0,12	0,24	0,96	120	360	14 400	1 728	0,225	0,756
150 und mehr	1	–	0,04	–	1	390	390	152 100	6 084	0,244	1
$\sum$	25	–	1	–	–	–	1 600	–	9 680,8	1	–

$$\overline{x} = \frac{1\,600}{25} = 64; \quad s^2_{\text{ext}} = 9\,680,8 - 64^2 = 5\,584,8; \quad V = \frac{74,732}{64} = 1,168 \ (\text{ohne } s^2_{\text{int}}); \quad \text{Modalklasse: } [20, 30]$$

$Q_1 = 23$
$Q_2 = 42,5$
$Q_3 = 77,5$

1.1 Die Annahme der Rechteckverteilung, d. h. die Gleichverteilung innerhalb einer Klasse, ist in der ersten und letzten Klasse streng genommen
nicht möglich, d. h. der Modellcharakter der Darstellung des Histogramms und der Verteilungsfunktion wird deutlich.

1.3 ○ Die durchschnittlichen Jahreseinkünfte eines Haushalts betragen
64 000 €, das Nationaleinkommen beträgt also 1,6 Bio. €.

○ Im Mittel weichen die durchschnittlichen Jahreseinkünfte einer Klasse
von den Gesamtdurchschnittseinkünften 64 000 € um 74 731 € ab.

○ 25 % der Haushalte haben Jahreseinkünfte von 23 000 € oder weniger.

○ 50 % der Haushalte haben Jahreseinkünfte von 42 500 € oder weniger,
aber das arithmetische Mittel ist um die Hälfte höher, weil es von den
„Reichen" dominiert wird. Nach der Verteilungsfunktion liegen ca. 2/3
der Haushalte unterhalb des arithmetischen Mittels.

○ 75 % der Haushalte haben Jahreseinkünfte von 77 500 € oder weniger.

○ Da $\overline{x} = 64\,000 > 42\,500 = Q_2 = Z$ ist, liegt eine linkssteile Einkommensverteilung vor.

1.4 Die reichsten 4 % haben 150 000 € oder mehr Jahreseinkünfte und
24,4 % des Nationaleinkommens, die ärmsten 20 % haben weniger als
20 000 € und nur 3,8 % des Nationaleinkommens.

2.1 a) Uneingeschränkte Zufallsauswahl: $|\hat{e}| = z \cdot \dfrac{s}{\sqrt{n}}, \quad \hat{e}_r\,\% = \dfrac{|\hat{e}|}{\overline{x}} \cdot 100$

$$\overline{x} = \frac{18\,400}{400} = 46, \quad s_{\overline{x}}^2 = \frac{1\,401\,525}{399} - \frac{400}{399} \cdot 46^2 \approx 1\,392 \implies$$

$$|\hat{e}| = 2 \cdot \sqrt{\frac{1\,392}{400}} = 3,73 \implies \hat{e}_r\,\% = \frac{3,73}{46} \cdot 100 = 8,11\,\%.$$

b) geschichtete Zufallsauswahl: $|\hat{e}| = z \cdot \sqrt{\dfrac{1}{n} \sum \dfrac{N_h}{N} s_h^2}$

N_h	n_h	$\overline{x}_h$	$N_h \overline{x}_h$	s_h^2	$N_h s_h^2$
6	40	100	600	2 100	12 600
36	240	50	1 800	900	32 400
18	120	20	360	475	8 550
$\sum$ 60	400	–	2 760	–	53 550

$$\overline{x} = \frac{2\,760}{60} = 46, \quad |\hat{e}| = 2 \cdot \sqrt{\frac{1}{400} \cdot \frac{1}{60} \cdot 53\,550} = 2 \cdot 1,4937 \approx 3$$

$$\Longrightarrow \hat{e}_r\,\% = \frac{3}{46} \cdot 100 \approx 6,5\,\%.$$

Der Schichtungseffekt bei proportionaler Schichtung führt zu einer Senkung des Stichprobenfehlers. Trotz starker Unterschiede in den Durchschnittsausgaben je Schicht beträgt der Effekt wegen der hohen Streuung innerhalb der Schichten nur ca. 20 %.

2.2

	-1	0	+1	$\sum$
Selbständige	5	10	25	40
abhängig Beschäftigte	95	75	70	240
Rentner	100	15	5	120
$\sum$	200	100	100	400

Status	Urteil						$\sum$
	-1		0		+1		
Selbstän-dige	5 225	20 11,25	10 0	10 0	25 225	10 22,5	37,75
abhängig Beschäft.	95 625	120 5,21	75 225	60 3,75	70 100	60 1,67	10,63
Rentner	100 1 600	60 26,67	15 225	30 7,5	5 625	30 20,83	55
$\sum$							99,38 $= \chi^2$

$$\Longrightarrow C = \sqrt{\frac{99,38}{99,38 + 400}} = \sqrt{0,199} = 0,446, \quad C_{\max} = \sqrt{\frac{2}{3}} = 0,8165,$$

$$\Longrightarrow C^* = \frac{0,446}{0,8165} = 0,546.$$

3.1 $\quad \overline{x}_1 = \dfrac{30\,000}{40} = 750, \quad \overline{x}_2 = \dfrac{96\,000}{240} = 400, \quad \overline{x}_3 = \dfrac{30\,000}{120} = 250$

$$\Longrightarrow \overline{x} = \frac{30\,000 + 96\,000 + 30\,000}{40 + 240 + 120} = \frac{156\,000}{400} = 390$$

$$s_{\text{ext}}^2 = \frac{40(750 - 390)^2 + 240(400 - 390)^2 + 120(250 - 390)^2}{400}$$

$$= \frac{7\,560\,000}{400} = 18\,900$$

$$s_{\text{int}}^2 = \frac{40 \cdot 61\,200 + 240 \cdot 6\,600 + 120 \cdot 3\,400}{400} = \frac{4\,440\,000}{400} = 11\,100$$

$$\Longrightarrow\; s^2 = 30\,000 \Longrightarrow \eta^2 = \frac{18\,900}{30\,000} = 0,63.$$

D. h.: 63 % der zu erklärenden Varianz der monatlichen Ausgaben für Nahrungsmittel können durch den Einfluss des Status (also durch die Gruppenzugehörigkeit: Selbständige, abhängig Beschäftigte oder Rentner) erklärt werden.

3.2 $\displaystyle \overline{x} = \frac{960 \cdot 10^3}{400} = 2,4 \cdot 10^3,\;\; \overline{y} = \frac{156 \cdot 10^3}{400} = 0,39 \cdot 10^3$

$$s_X^2 = \frac{2\,704 \cdot 10^6}{400} - 2,4^2 \cdot 10^6 = 6,76 \cdot 10^6 - 5,76 \cdot 10^6 = 10^6$$

$$s_Y^2 = \frac{72,84 \cdot 10^6}{400} - 0,39^2 \cdot 10^6 = 0,1821 \cdot 10^6 - 0,1521 \cdot 10^6$$

$$= 0,03 \cdot 10^6 = 30\,000$$

$$s_{XY} = \frac{414,4 \cdot 10^6}{400} - 2,4 \cdot 0,39 \cdot 10^6$$

$$= 1,036 \cdot 10^6 - 0,936 \cdot 10^6 = 0,1 \cdot 10^6 = 100\,000$$

$$b = \frac{0,1 \cdot 10^6}{10^6} = 0,1$$

$$a = 0,39 \cdot 10^3 - 0,1 \cdot 2,4 \cdot 10^3 = 0,15 \cdot 10^3 = 150$$

$$\Longrightarrow \hat{y}_i = 150 + 0,1x_i, \quad r^2 = \frac{0,1^2 \cdot 10^{12}}{0,03 \cdot 10^{12}} = 0,3333.$$

D. h.: 33,33 % der zu erklärenden Varianz der Ausgaben für Nahrungsmittel können durch die lineare Regression bzw. durch den Einfluss des Einkommens erklärt werden.

Vergleich von η^2 und r^2: Da die Varianz der Nahrungsmittelausgaben innerhalb der hier untersuchten Gruppen vergleichsweise gering ist ($s_{\text{int}}^2 = 11\,100$, d. h. nur 37 % der Varianz der Ausgaben für Nahrungsmittel können nicht durch die Statusgruppe erklärt werden), dürfte es noch weitere durch den Erwerbsstatus abgebildete Einflussgrößen (außer dem Einkommen) auf die Nahrungsmittelausgaben geben, die die „Ähnlichkeit" des Ausgabenverhaltens innerhalb dieser Gruppen begründen könnten.

4.1

t	x_t	$\overline{x}_t^{(4)}$	$t\,x_t$
1	133	–	133
2	135	–	270
3	140	139	420
4	143	140,5	572
5	143	140,125	715
6	137	139	822
7	135	138,375	945
8	139	139,125	1 112
9	142	141,75	1 278
10	144	145,5	1 440
11	149	–	1 639
12	155	–	1 860
$\sum$	1 695		11 206

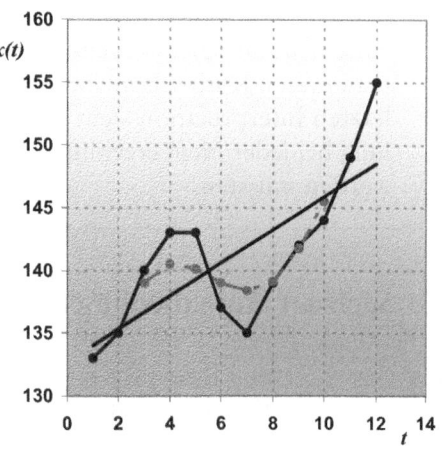

$$b = \frac{12 \cdot 11\,206 - 6 \cdot 13 \cdot 1\,695}{12 \cdot 143} = \frac{2\,262}{1\,716} = 1,318$$

$$a = \frac{1\,695}{12} - \frac{13}{2} \cdot 1,318 = 132,68 \implies \hat{x}_t = 132,68 + 1,318\,t.$$

4.2

i	$p_{i0}q_{i0}$	$p_{it}q_{it}$	$\dfrac{p_{it}}{p_{i0}}$	g_{i0}	$g_{i0} \cdot \dfrac{p_{it}}{p_{i0}}$	g_{it}	$g_{it} \cdot \dfrac{p_{i0}}{p_{it}}$
1	4 800	5 800	1,15	0,6	0,69	0,58	0,5043
2	1 600	2 400	1,6	0,2	0,32	0,24	0,15
3	800	1 000	1,25	0,1	0,125	0,1	0,08
4	800	800	1,2	0,1	0,12	0,08	0,0666
$\sum$	8 000	10 000	–	1	1,255	1	0,8

$P_{0t}^{La} = 1,255$, d. h.: Die durchschnittliche Preiserhöhung beträgt 25,5 %.

$P_{0t}^{Pa} = \dfrac{1}{0,8} = 1,2485$, d. h.: Die durchschnittliche Preiserhöhung beträgt 24,85 %.

Preissteigerung „Betroffenheit":

Laspeyres: Wie wäre man bei Haushalten mit einer Ausgabenstruktur des Basisjahres von Preissteigerungen betroffen? Oder (bei den üblichen Vorjahresvergleichen): Um wieviel müsste man für einen Warenkorb aus dem Basisjahr heute mehr bezahlen als im gleichen Vorjahresmonat?

Paasche: Wie wäre man von Preissteigerungen betroffen, wenn man die heutige Ausgabenstruktur zugrunde legen würde? Oder: Um wieviel hätte man für einen Warenkorb heute mehr bezahlen müssen, als wenn man diesen Korb schon vor einem Jahr hätte kaufen können? (An der letzten Interpretation sieht man, dass bei Zeitreihen zur Preisentwicklung bei jeder Neuberechnung alle Werte der Vergangenheit angepasst werden müssten.

A.6 Sechster Aufgabenblock

Die Verteilung der verfügbaren Einkommen (also inklusive Kindergeld und sonstigen Sozialleistungen) von Familien mit Kindern unter drei Jahren hat in einer westdeutschen Großstadt folgende Gestalt (April 2014):

Aufgabe

Monatseinkommen von ... bis unter ... (€)	Anzahl der Familien
500 - 1 500	2 000
1 500 - 1 900	4 000
1 900 - 2 100	4 800
2 100 - 2 500	4 000
2 500 - 3 000	2 000
3 000 - 3 500	1 600
3 500 - 4 500	1 600

1.1 Zeichnen Sie ein Histogramm und die klassierte Verteilungsfunktion.

1.2 Bestimmen Sie den Median, berechnen Sie das arithmetische Mittel und interpretieren Sie den Unterschied zwischen den Werten.

1.3 Berechnen Sie den Variationskoeffizienten aus der Gesamtvarianz. Angenommen, jede Familie hätte nur ein Kind unter drei Jahren und würde für dieses Kind Betreuungsgeld (100 € pro Monat) erhalten. Wie ändern sich die Varianz und der Variationskoeffizient? Begründung und Interpretation!

1.4 Berechnen und zeichnen Sie die Lorenzkurve. Skizzieren Sie (ohne Berechnung!) in dasselbe Diagramm die Lorenzkurve nach Erhöhung des Einkommens um das Betreuungsgeld und begründen Sie Ihre Darstellung.

1.5 Das städtestatistische Amt erhielt das Ergebnis durch eine einfache Zufallsstichprobe (Auswahlgrundlage: Melderegister). Erläutern Sie den Unterschied zu einer willkürlichen Auswahl.

Aufgabe 2

2.1 Die Eltern der Kleinkinder haben die Wahl zwischen dem Betreuungsgeld und einer Betreuung des(r) Kindes(r) durch eine Kita bzw. Tagesmutter. Nach Untersuchungen des städtestatistischen Amtes – die mit den aktuellen Ergebnissen des Deutschen Jugendinstituts übereinstimmen – ergibt sich folgender Zusammenhang zwischen der Staatsbürgerschaft und der Wahl der Leistung:

Leistung	Deutsche Staatsbürgerschaft	
	ja	nein
Betreuungsgeld	5 000	3 000
Kita / Tagesmutter	10 000	2 000

Berechnen Sie den korrigierten C-Koeffizienten.

2.2 Man vermutet, dass das Betreuungsgeld eher von den einkommensschwächeren Familien gewählt wird (weil z. B. mindestens ein Elternteil kein Erwerbseinkommen hat). Eine Zusatzauswertung dazu ergab folgendes Ergebnis:

Gruppen	Anzahl Familien	Durchschnitts- einkommen	Varianz
Wahl Betreuungsgeld	8 000	1 950	476 000
Wahl Kita / Tagesmutter	12 000	2 425	604 000

Berechnen und interpretieren Sie den η^2-Koeffizienten und interpretieren Sie das Ergebnis zusammen mit dem C-Koeffizienten aus 2.1.

Aufgabe 3

3.1 Man hat folgende Monatsdurchschnittswerte (April) eines einfachen Preisindex für die Lebenshaltung eines Kleinkindes:

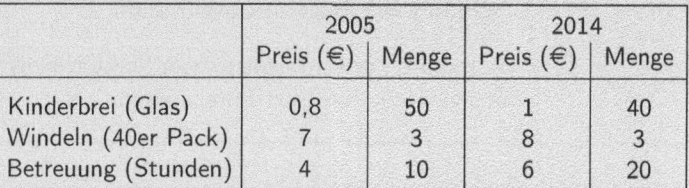

	2005		2014	
	Preis (€)	Menge	Preis (€)	Menge
Kinderbrei (Glas)	0,8	50	1	40
Windeln (40er Pack)	7	3	8	3
Betreuung (Stunden)	4	10	6	20

Berechnen Sie Preisindizes nach Laspeyres und Paasche. Welcher bildet die aktuelle Betroffenheit durch Preissteigerungen für Familien mit Kleinkindern besser ab? Begründung.

Auf-gabe

(3)

3.2 Aus dem Sozialbudget der Bundesrepublik Deutschland (Quelle: Bundesfamilienministerium) erhält man für die letzten acht verfügbaren Jahre folgende Werte für kinderbezogene Sozialleistungen (Mrd. €):

Jahr	2004	2005	2006	2007	2008	2009	2010	2011
Mrd. €	62	63	63	65	68	70	75	78

Zeichnen Sie die Zeitreihe, schätzen Sie einen linearen Trend nach der Methode der kleinsten Quadrate und zeichnen Sie das Ergebnis in das Zeitreihendiagrammm. Interpretieren Sie die Steigung der Trendgeraden.

Um wieviel stiegen die kinderbezogenen Sozialleistungen zwischen 2004 und 2011 nominal?

Wie hoch ist die durchschnittliche jährliche prozentuale Steigerungsrate?

Auf-gabe

(4)

Haben die kinderbezogenen Sozialleistungen einen Effekt auf die Geburten (Lebendgeborene pro 1 000 Einwohner, Quelle: Statistisches Bundesamt)?

Mrd. €	62	63	63	65	68	70	75	78
Geburten	85	82	82	83	83	81	83	81

4.1 Zeichnen Sie ein Streuungsdiagramm.

4.2 Berechnen Sie eine lineare Regressionsfunktion nach der Methode der kleinsten Quadrate und zeichnen Sie das Ergebnis in das Streuungsdiagramm. Interpretieren Sie die Steigung der Regressionsgeraden.

4.3 Berechnen und interpretieren Sie den Korrelationskoeffizienten sowie das Bestimmtheitsmaß.

Lösung:
1.1 bis
1.4

$[a_j, b_j)$	h_j	f_j	w_j	$f_j^* \%$	F_j	$f_j w_j^2$	$\bar{x}_j$	$f_j \bar{x}_j$	$f_j \bar{x}_j^2$	$l_j = \dfrac{f_j \bar{x}_j}{\bar{x}}$	L_j
500 – 1500	2000	0,1	1000	0,01	0,1	100 000	1000	100	100 000	0,045	0,045
1500 – 1900	4000	0,2	400	0,05	0,3	32 000	1700	340	578 000	0,152	0,197
1900 – 2100	4800	0,24	200	0,12	0,54	9 600	2000	480	960 000	0,215	0,412
2100 – 2500	4000	0,2	400	0,05	0,74	32 000	2300	460	1 058 000	0,206	0,618
2500 – 3000	2000	0,1	500	0,02	0,84	25 000	2750	275	756 250	0,123	0,741
3000 – 3500	1600	0,08	500	0,016	0,92	20 000	3250	260	845 000	0,116	0,857
3500 – 4500	1600	0,08	1000	0,008	1	80 000	4000	320	1 280 000	0,143	1
$\sum$	20 000	1	–	–	–	298 600	–	2 235	5 577 250	1	–

$$\hat{\bar{x}} = 2\,235; \quad \hat{s}^2_{ext} = 5\,577\,250 - 2\,235^2 = 582\,025; \quad \hat{s}^2_{int} = \frac{298\,600}{12} = 24\,883,33 \implies \hat{s}^2 = 606\,908,33.$$

$Z = 2100$

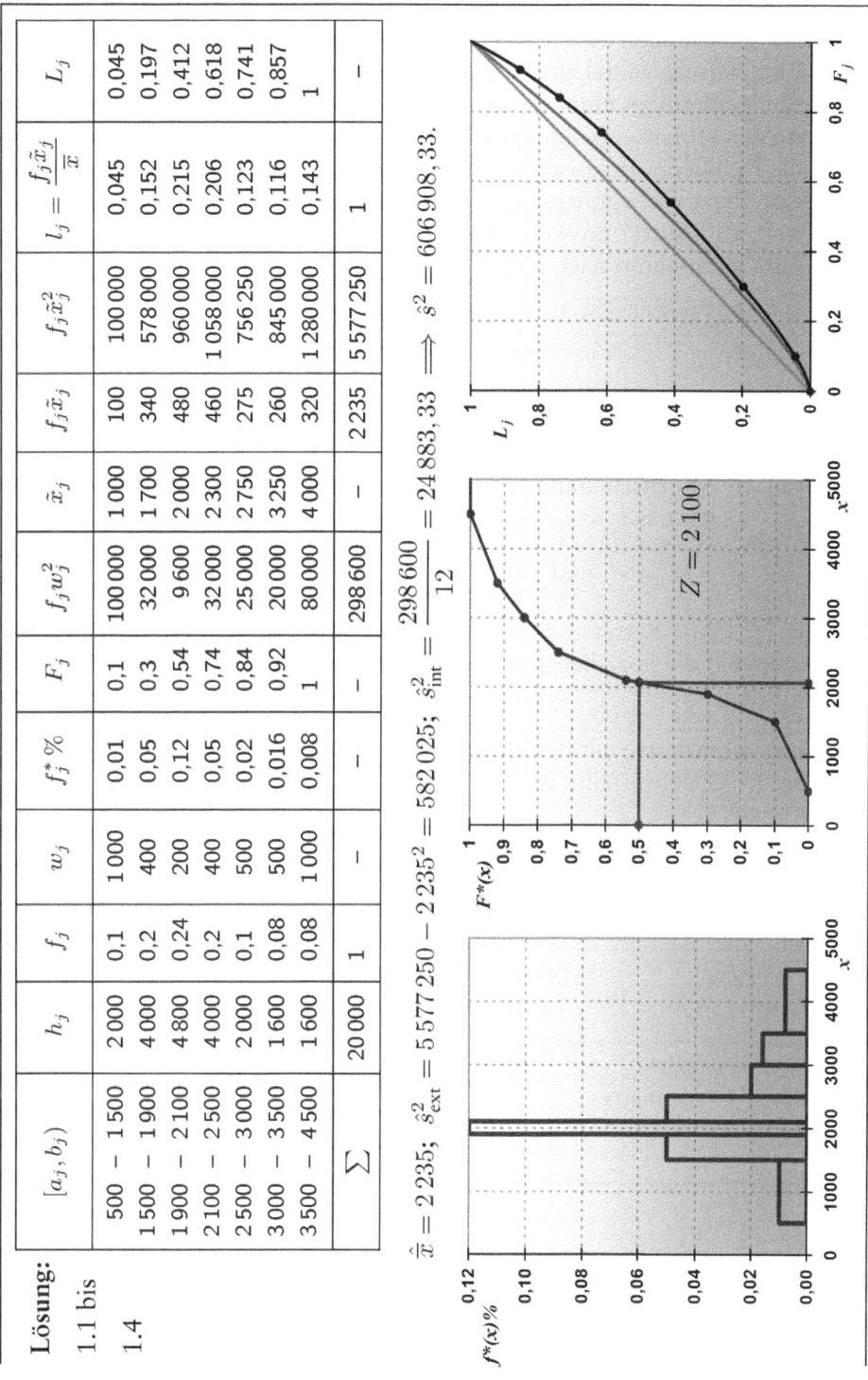

1.2 Der Median beschreibt, dass 50 % der befragten Familien monatliche Einkommen von 2 100 € oder weniger beziehen, während das arithmetische Mittel angibt, dass im Durchschnitt eine Familie 2 235 € erhält, allerdings unter der Annahme, dass die Merkmalssumme (Summe der Monatseinkommen aller befragten Familien) gleichmäßig auf alle Familien verteilt ist – dies ist aber nicht der Fall, da eine linkssteile Verteilung vorliegt, weshalb das arithmetische Mittel einen zu hohen Wert als „Mitte" ausweist. Die einkommensstarken Familien ziehen den Durchschnitt nach oben.

1.3 $V = \dfrac{s}{\overline{x}} = \dfrac{\sqrt{606\,908,33}}{2\,235} \approx 0,35.$

Fall 1: Monatseinkommen ohne Betreuungsgeld mit den Beobachtungswerten x_i.

Fall 2: Monatseinkommen mit Betreuungsgeld mit den Beobachtungswerten $z_i = a + b\,x_i$ mit $a = 100$, $b = 0$.

$\implies s_1^2 = s_2^2 = s^2$ und $\overline{x}_1 < \overline{x}_2 \implies V_1 = \dfrac{s_1}{\overline{x}_1} > \dfrac{s_2}{\overline{x}_2} = V_2.$

D. h.: Ohne Betreuungsgeld ist die Disparität größer, da mit Betreuungsgeld die Sozialleistungen gleichmäßiger auf die Familien verteilt werden.

1.4 Die Lorenzkurve mit Betreuungsgeld verläuft weiter innen, da sie näher an der Gleichverteilung liegt (vgl. 1.3).

1.5 Zufallsauswahl und willkürliche Auswahl vergleiche Seite 6.

2.1

Leistung	Deutsche Staatsbürgerschaft		$\sum$
	ja	nein	
Betreuungsgeld	5 000	3 000	8 000
Kita / Tagesmutter	10 000	2 000	12 000
$\sum$	15 000	5 000	20 000

Leistung	Deutsche Staatsbürgerschaft				$\sum$
	ja		nein		
Betreuungs-geld	5 000	6 000	3 000	2 000	
	1 000 000	$166,\overline{6}$	1 000 000	500	$666,\overline{6}$
Kita / Tagesmutter	10 000	9 000	2 000	3 000	
	1 000 000	$111,\overline{1}$	1 000 000	$333,\overline{3}$	$444,\overline{4}$
$\sum$					$1\,111,\overline{1}$ $= \chi^2$

$$\Longrightarrow C = \sqrt{\frac{1\,111,\overline{1}}{1\,111,\overline{1} + 20\,000}} = \sqrt{0,0526} = 0,2294,$$

$$C_{\max} = \sqrt{\frac{1}{2}} = 0,707 \Longrightarrow C^* = \frac{0,2294}{0,707} = 0,3245,$$

d. h.: Zwar beziehen 60 % der Familien, die keine deutsche Staatsbürger-schaft haben, im Gegensatz zu nur 33,3 % der deutschen Familien das Elterngeld. Allerdings zeigt der korrigierte C-Koeffizient einen geringen Wert, sodass noch andere Einflüsse auf die Wahl plausibel sind.

2.2 $s_{\text{int}}^2 = \frac{1}{20\,000} \cdot (8\,000 \cdot 476\,000 + 12\,000 \cdot 604\,000) = 552\,800$

$\overline{x} = \frac{1}{20\,000} \cdot (8\,000 \cdot 1\,950 + 12\,000 \cdot 2\,425) = 2\,235$

$s_{\text{ext}}^2 = \frac{1}{20\,000} \cdot [8\,000 \cdot (1\,950 - 2\,235)^2 + 12\,000 \cdot (2\,425 - 2\,235)^2] = 54\,150$

$s^2 = 552\,800 + 54\,150 = 606\,950 \Longrightarrow \eta^2 = \frac{54\,150}{606\,950} = 0,0892,$

d. h.: Zwar sind die Unterschiede der Durchschnittseinkommen zwi-schen den Gruppen recht hoch, jedoch unterscheiden sich die Einzelein-kommen innerhalb der Gruppen so stark, dass die geäußerte Vermutung nicht gestützt wird. Der Anteil des Zwischengruppenunterschieds an der gesamten Einkommensvariation - gemessen als Varianz - ist wegen der Heterogenität innerhalb der Gruppen nur klein. (In beiden Fällen wären die Ergebnisse trotzdem signifikant von Null verschieden, was aber nur bedeutet, dass die Unterschiede nicht zufällig sind.)

3.1

i	p_{i0}	q_{i0}	p_{it}	q_{it}	$p_{i0}q_{i0}$	$p_{i0}q_{it}$	$p_{it}q_{i0}$	$p_{it}q_{it}$
1	0,8	50	1	40	40	32	50	40
2	7	3	8	3	21	21	24	24
3	4	10	6	20	40	80	60	120
$\sum$	–	–	–	–	101	133	134	184

$$P_{0t}^{La} = \frac{134}{101} = 1,3267, \quad P_{0t}^{Pa} = \frac{184}{133} = 1,3835.$$

D.h: Vom Jahr 2005 bis zum Jahr 2014 sind die Preise der kinderbezogenen Waren um 32,67 % bzw. 38,35 % gestiegen. Diese Betroffenheit der Familien mit Kindern wird mit dem Preisindex von Paasche besser abgebildet, da dieser die Preise mit aktuellen Ausgabenanteilen gewichtet, während der Preisindex von Laspeyres mit Gewichten aus der Vergangeneheit rechnet. Ob die Kinderhaushalte stärker von Preisteigerungen betroffen sind wüssten wir nur, wenn die Entwicklung des Gesamtindex gegeben wäre.

3.2

t	x_t	$t\,x_t$
1	62	62
2	63	126
3	63	189
4	65	260
5	68	340
6	70	420
7	75	525
8	78	624
$\sum$	544	2 546

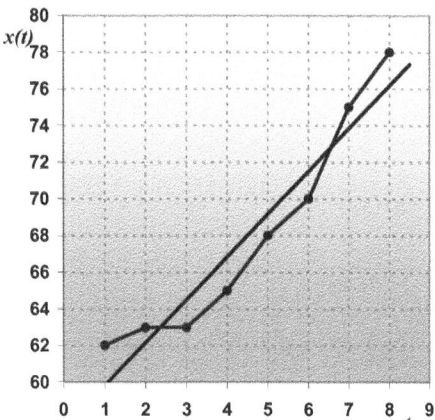

$$b = \frac{12 \cdot 2\,546 - 6 \cdot 9 \cdot 544}{8 \cdot 63} = \frac{1\,176}{504} = 2,33$$

$$a = \frac{544}{8} - \frac{9}{2} \cdot 2,33 = 57,5 \implies \hat{x}_t = 57,5 + 2,33\,t.$$

$b = 2,33$:   Der durch die lineare Trendfunktion geschätzte Zuwachs der kinderbezogenen Sozialleistungen pro Jahr beträgt 2,33 Mrd. €.

$\dfrac{x_8}{x_1} = \dfrac{78}{62} = 1,2581$:   Die Sozialleistungen für Kinder stiegen in den 8 Jahren nominal um ca. 25,8 %.

$$g = \sqrt[7]{\frac{x_8}{x_1}} = \sqrt[7]{\frac{78}{62}} = 1,0334:$$ Die durchschnittliche jährliche Wachstumsrate beträgt 3,34 %.

4.1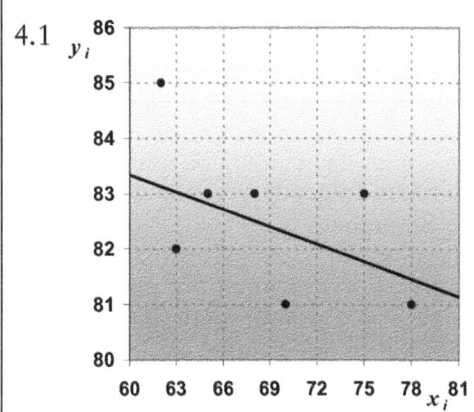

x_i	y_i	x_i^2	y_i^2	$x_i y_i$
62	85	3 844	7 225	5 270
63	82	3 969	6 724	5 166
63	82	3 969	6 724	5 166
65	83	4 225	6 889	5 395
68	83	4 624	6 889	5 644
70	81	4 900	6 561	5 670
75	83	5 625	6 889	6 225
78	81	6 084	6 561	6 318
$\sum$ 544	660	37 240	54 462	44 854

4.2 $\bar{x} = \dfrac{544}{8} = 68$, $\bar{y} = \dfrac{660}{8} = 82,5$, $s_X^2 = \dfrac{37\,240}{8} - 68^2 = 31$,

$s_Y^2 = \dfrac{54\,462}{8} - 82,5^2 = 1,5$, $s_{XY} = \dfrac{44\,854}{8} - 68 \cdot 82,5 = -3,25$,

$b = \dfrac{-3,25}{31} = -0,105$, $a = 82,5 + 0,105 \cdot 68 = 89,63$

$\implies \hat{y}_i = 89,63 - 0,105\, x_i$.

Wenn die kinderbezogenen Sozialleistungen pro Jahr um 1 Mrd. € erhöht werden, so sinkt(!) die Anzahl der Geburten im Durchschnitt um 0,105, d. h. die Anzahl der Geburten ändert sich praktisch nicht!

4.3 $r^2 = \dfrac{(-3,25)^2}{31 \cdot 1,5} = 0,2272$, $r = -0,4766$.

D. h.: 22,72 % der Varianz der Anzahl der Geburten können durch die Regression erklärt werden.

$r = -0,4766$ deutet auf einen schwachen negativen(!) Zusammenhang zwischen den kinderbezogenen Sozialleistungen und der Anzahl der Geburten hin.

A.7   Siebter Aufgabenblock

In einer mittleren Großstadt gibt es etwa 4 000 Haushalte mit Alleinerziehenden. Das städtestatistische Amt analysierte die soziale Lage der
Alleinerziehenden und befragte dazu 250 der 4 000 Haushalte. Aus der
alphabetischen Adressenliste wurde jeder sechzehnte Haushalt ausgewählt.
Fehlte die (freiwillige) Antwortbereitschaft, wurde eine Ersatzziehung
vorgenommen.

**Auf-
gabe**

Für die 250 Haushalte erhielt man folgende Verteilung des Einkommens im Monat vor der Befragung:

Einkommen von ... bis unter ... (€)	Anzahl der Haushalte
800 - 1 200	75
1 200 - 1 300	50
1 300 - 1 400	50
1 400 - 1 600	25
1 600 - 2 000	25
2 000 - 3 000	25

1.1 Zeichnen Sie ein Histogramm und die Vertei-
lungsfunktion.

1.2 Bestimmen Sie die Quartile und berechnen Sie
das arithmetische Mittel.
Interpretieren Sie die Ergebnisse im Vergleich.

1.3 Berechnen Sie den Variationskoeffizienten aus der Gesamtvarianz.

1.4 Alleinerziehende bekamen bisher, wenn ein Elternteil keinen Unterhalt bezahlt, außer dem Kindergeld keine staatlichen Zuwendungen für Kinder zwischen 12 und 18 Jahren.
Ab dem 1. Juli 2017 zahlt der Staat (die Kommunen davon
ein Drittel) für diese Kinder einen Unterhaltsvorschuss von
monatlich 268 €. Für HartzIV-Empfänger (also die „Ärmeren") ändert sich nichts, weil der Vorschuss voll auf die
Sozialhilfe angerechnet wird. Überlegen Sie die Auswirkung
des Vorschusses auf den Variationskoeffizienten (also die
Disparität).

1.5 Geben Sie eine Übersicht über Teilerhebungsverfahren und
bewerten Sie die Vorgehensweise des städtestatistischen
Amtes.

Aufgabe 2

2 Lorenzkurve

2.1 Zeichnen Sie eine Lorenzkurve für die Verteilung in Aufgabe 1 und erläutern Sie die Aussage der Grafik.

2.2 Würde vom anderen Elternteil Unterhalt für die Kinder bezahlt (die Hälfte bezahlt nicht!), dann wäre das Armutsrisiko der betroffenen Kinder geringer.

2.2.1 Welche Auswirkungen hätten vollständige Unterhaltszahlungen auf das arithmetische Mittel und die Varianz?

2.2.2 Nach der „Düsseldorfer Tabelle" (Berechnung der Unterhaltszahlung) steigt die Höhe der Zahlung mit dem Nettoeinkommen der Unterhaltspflichtigen. Wie würde sich die Lorenzkurve aus 2.1 bei vollständigen Unterhaltszahlungen ändern? Wie, wenn bisher vor allem die ärmeren Unterhaltspflichtigen nicht bezahlt hätten?

Aufgabe 3

3 Statistische Zusammenhänge

Allgemein wird Arbeitslosigkeit bzw. Teilzeitarbeit der Alleinerziehenden als Risiko für Kinderarmut gesehen. Für die 250 Haushalte erhielt man folgende Ergebnisse:

3.1 Für den Erwerbsstatus des/der Alleinerziehenden und die Armutsposition (unterhalb bzw. oberhalb einer berechneten Armutsgrenze) ergab sich

Position	Status		
	arbeitslos	Teilzeitarbeit	Vollzeitarbeit
arm	60	35	5
nicht arm	15	90	45

Berechnen und interpretieren Sie den korrigierten C-Koeffizienten.

3.2 Der Einfluss des Erwerbsstatus auf das Einkommen zeigt folgende Tabelle:

Auf-gabe

3

	Status	Anzahl	arithmetisches Mittel	Varianz
j		n_j	$\overline{x}_j$	s_j^2
1	arbeitslos	75	1 100	37 000
2	Teilzeit	125	1 400	146 000
3	Vollzeit	50	1 850	270 000

Berechnen und interpretieren Sie den η^2-Koeffizienten.

Auf-gabe

4 Zeitreihe, Index

In Deutschland ist seit 2006 nach einer aktuellen Studie der Bertelsmann-Stiftung das Armutsrisiko Alleinerziehender um 7% gestiegen und von Paarfamilien um 12% gesunken.

4.1 Folgende Tabelle zeigt die Entwicklung kinderbezogener staatlicher Leistungen im Sozialbudget Deutschlands:

Jahr	06	07	08	09	10	11	12	13	14	15
Mrd. €	64	65	68	70	75	77	79	82	84	89

Zeichnen Sie die Zeitreihe und berechnen Sie gleitende Dreier-Durchschnitte sowie einen linearen Trend (einzeichnen!) nach der Methode der kleinsten Quadrate. Welche Familien haben wohl eher von diesen Mitteln profitiert?

4.2 Alleinerziehende müssen einen höheren Anteil ihres Budgets für Miete etc. ausgeben als Paarfamilien. Zeigen Sie durch Berechnung eines Laspeyres-Preisindex, dass sie deshalb seit 2010 stärker belastet sind (Basisjahr 0: Mai 2010, Berichtsjahr t: Mai 2017).

i		Preismessziffer $\dfrac{p_{it}}{p_{i0}}$	Ausgabenanteil g_{i0}	
			Alleinerziehend	Paarfamilie
1	Miete	1,6	0,35	0,25
2	Heizung	1,5	0,10	0,08
3	Verkehr	1,4	0,05	0,03
4	Rest	1,2	0,50	0,64

Zusatz: Wie würde der Vergleich bei aktuellen Ausgabenanteilen ausfallen? Wie müsste dieser Vergleich als Paasche-Preisindex interpretiert werden?

Lösung:
1.1 bis
1.3 und
2.1

$[a_j, b_j]$	h_j	f_j	w_j	$f_j^* \%$	F_j	$f_j w_j^2$	$\tilde{x}_j$	$f_j \tilde{x}_j$	$f_j \tilde{x}_j^2$	$l_j = \dfrac{f_j \tilde{x}_j}{\bar{x}}$	L_j
800 – 1 200	75	0,3	400	0,075	0,3	48 000	1 000	300	300 000	0,214	0,214
1 200 – 1 300	50	0,2	100	0,2	0,5	2 000	1 250	250	312 500	0,179	0,393
1 300 – 1 400	50	0,2	100	0,2	0,7	2 000	1 350	270	364 500	0,193	0,586
1 400 – 1 600	25	0,1	200	0,05	0,8	4 000	1 500	150	225 000	0,107	0,693
1 600 – 2 000	25	0,1	400	0,025	0,9	16 000	1 800	180	324 000	0,129	0,822
2 000 – 3 000	25	0,1	1 000	0,01	1	100 000	2 500	250	625 000	0,179	1
$\sum$	250	1	–	–	–	172 000	–	1 400	2 151 000	1	–

$$\hat{\bar{x}} = 1\,400; \quad \hat{s}^2_{\text{ext}} = 2\,151\,000 - 1\,400^2 = 191\,000; \quad \hat{s}^2_{\text{int}} = \frac{172\,000}{12} = 14\,333,33 \implies \hat{s}^2 = 205\,333,33.$$

1.2 $Q_1 \approx 1\,100$, $Q_2 \approx 1\,300$ und $Q_3 \approx 1\,500$. Der reichste der ärmsten 25 % der Haushalte verfügt über 1 100 € im Monat, während der ärmste der reichsten 25 % der Haushalte über 1 500 € verfügt. Der Median beschreibt, dass 50% der befragten Haushalte monatliche Einkommen von 1 300 € oder weniger beziehen, während das arithmetische Mittel angibt, dass im Durchschnitt eine Familie monatlich 1 400 € erhält, allerdings unter der Annahme, dass die Merkmalssumme (Summe der Monatseinkommen aller befragten Familien) gleichmäßig auf alle Familien verteilt ist – dies ist aber nicht der Fall, da eine linkssteile Verteilung vorliegt, weshalb das arithmetische Mittel einen zu hohen Wert als „Mitte" ausweist. Die einkommensstarken Haushalte ziehen den Durchschnitt nach oben.

1.3 $V = \dfrac{s}{\overline{x}} = \dfrac{\sqrt{205\,333,33}}{1\,400} \approx 0,33.$

1.4 Fall 1: Bis Juli 2017: Monatseinkommen *ohne* staatliche Zuwendung für Kinder zwischen 12 und 18 Jahren mit den Beobachtungswerten x_i.

   Fall 2: Ab Juli 2017: Monatseinkommen *mit* staatlicher Zuwendung für Kinder zwischen 12 und 18 Jahren mit den Beobachtungswerten $z_i = a + bx_i$ mit $a = 268$ und $b = 0$.

   $\implies \overline{x}_1 < \overline{x}_2$ und $s_1^2 = s_2^2 \implies V_1 = \dfrac{s_1}{\overline{x}_1} > \dfrac{s_2}{\overline{x}_2} = V_2,$

   d.h.: Mit den staatlichen Zuwendungen für Kinder zwischen 12 und 18 Jahren sinkt die Dispartät; die Einkommen sind also gleichmäßiger auf die Haushalte verteilt.

1.5 Teilerhebungsverfahren vergleiche Seite 6. Die städtestatistische Vorgehensweise entspricht einer einfachen Zufallsauswahl.

2.1 Die Lorenzkurve verläuft nahe zu derjenigen bei Gleichverteilung (Diagonale), d.h. die Einkommen der Haushalte mit Alleinerziehenden sind gleichmäßig auf die Haushalte verteilt, also liegt eine *geringe Disparität* vor.

2.2.1 Vollständige Unterhaltszahlung

   a) Merkmalssumme der Einkommen steigt $\implies$ das arithmetische Mittel $\overline{x}$ steigt.

b) Die Einkommensverteilung ändert sich:

Die Nicht-HartzIV-Empfänger Alleinerziehender erhalten mehr Einkommen, die HartzIV-Empfänger Alleinerziehender gleich viel wie vorher $\Longrightarrow$ die Streuung der Einkommen, also die Varianz s^2, wird größer.

2.2.2 a) Wenn die ärmeren Unterhaltspflichtigen nicht bezahlt hätten, würde sich nichts ändern, da diese ja nicht mehr bekommen.

b) Wenn die Nicht-HartzIV-Empfänger Alleinerziehender mehr Vorschüsse erhalten würden, dann würde der Anteil der Einkommen der HartzIV-Empfänger Alleinerziehender am Gesamteinkommen aller Alleinerziehender geringer und der Anteil der Einkommen der Nicht-HartzIV-Empfänger Alleinerziehender größer, d.h. die Lorenzkurve würde im unteren Teil unterhalb der alten Lorenzkurve verlaufen (Disparität steigt), dann die alte Kurve schneiden und im oberen Teil der Kurve oberhalb der alten Kurve verlaufen (Disparität sinkt).

3.1

Position	Status			$\sum$
	arbeitslos	Teilzeitarbeit	Vollzeitarbeit	
arm	60	35	5	100
nicht arm	15	90	45	150
$\sum$	75	125	50	250

Position	Status						$\sum$
	arbeitslos		Teilzeitarbeit		Vollzeitarbeit		
arm	60 900	30 30	35 225	50 4,5	5 225	20 11,25	43,75
nicht arm	15 900	45 20	90 225	75 3	45 225	30 7,5	30,50
$\sum$							76,25 $= \chi^2$

$$\Longrightarrow C = \sqrt{\frac{76,25}{76,25 + 250}} = \sqrt{0,234} = 0,483,$$

$$C_{\max} = \sqrt{\frac{1}{2}} = 0,707 \implies C^* = \frac{0,483}{0,707} = 0,684,$$

d.h.: Der Erwerbsstatus der Haushalte Alleinerziehender hat einen Einfluss auf die Armutsposition.

3.2 $s_{\text{int}}^2 = \dfrac{1}{250} \cdot (75 \cdot 37\,000 + 125 \cdot 146\,000 + 50 \cdot 270\,000) = 138\,100$

$\overline{x} = \dfrac{1}{250} \cdot (75 \cdot 1\,100 + 125 \cdot 1\,400 + 50 \cdot 1\,850) = 1\,400$

$s_{\text{ext}}^2 = \dfrac{1}{250} \cdot [75 \cdot (1\,100 - 1\,400)^2 + 0 + 50 \cdot (1\,850 - 1\,400)^2] = 67\,500$

$s^2 = 138\,100 + 67\,500 = 205\,600 \implies \eta^2 = \dfrac{67\,500}{205\,600} = 0,3283,$

d.h. 32,83 % der Varianz des Einkommens der Alleinerziehenden können durch den Einfluss des Erwerbsstatus erklärt werden.

4.1

t	x_t	$\overline{x}_t^{(3)}$	$t\,x_t$
1	64	–	62
2	65	$65,\overline{6}$	130
3	68	$67,\overline{6}$	204
4	70	71	280
5	75	74	375
6	77	77	462
7	79	$79,\overline{3}$	553
8	82	$81,\overline{6}$	656
9	84	85	756
10	89	–	890
$\sum$	753	–	4\,370

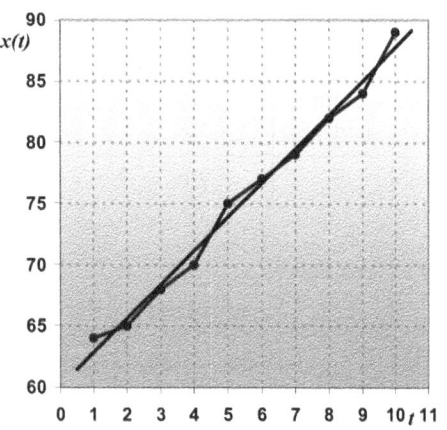

$b = \dfrac{12 \cdot 4\,370 - 6 \cdot 11 \cdot 753}{10 \cdot 99} = \dfrac{2\,742}{990} = 2,77$

$a = \dfrac{753}{10} - \dfrac{11}{2} \cdot 2,77 = 60,07 \implies \hat{x}_t = 60,07 + 2,77\,t.$

D.h.: Im Durchschnitt sind die kinderbezogenen staatlichen Leistungen gestiegen. Da das Armutsrisiko bei Paarfamilien gesunken ist, müssen diese Leistungen bei ihnen angekommen sein, also haben die Paarfamilien wohl eher von diesen Mitteln profitiert.

4.2

i	$\dfrac{p_{it}}{p_{i0}}$	g_{i0}^{allein}	g_{i0}^{Paar}	$\dfrac{p_{it}}{p_{i0}} \cdot g_{i0}^{\text{allein}}$	$\dfrac{p_{it}}{p_{i0}} \cdot g_{i0}^{\text{Paar}}$
1	1,6	0,35	0,25	0,56	0,4
2	1,5	0,1	0,08	0,15	0,12
3	1,4	0,05	0,03	0,07	0,042
4	1,2	0,5	0,64	0,6	0,768
$\sum$	–	–	–	1,38	1,33

$$P_{\text{allein}}^{La} = 1,38 > 1,33 = P_{\text{Paar}}^{La},$$

d.h: Alleinerziehende sind stärker belastet.

Der folgende Aufgabenblock beruht auf Verfahren der induktiven Statistik und ist als Musterklausur für eine Prüfungsdauer von 45 Minuten konzipiert.

A.8 Achter Aufgabenblock

Aufgabe

1.1 Eine Pilotstudie für das Sozialministerium eines Bundeslandes ergab bei 2 400 Rentnerhaushalten (Empfänger von öffentlichen Renten und Pensionen) zur Höhe des Pro-Kopf-Nettoeinkommens der Haushalte folgende Verteilung:

Pro-Kopf-Monats-Einkommen von ... bis unter ... (€)	Anzahl der Haushalte
600 - 1 200	144
1 200 - 1 400	384
1 400 - 1 500	480
1 500 - 1 600	576
1 600 - 1 800	384
1 800 - 2 000	192
2 000 - 2 400	144
2 400 - 3 600	96

Bestimmen Sie die Wahrscheinlichkeit, zufällig einen Rentnerhaushalt zu ziehen, dessen Einkommen

a) weniger als 1 600 €   b) 1 500 € oder mehr
c) zwischen 1 500 € und unter 1 800 €

beträgt.

1.2 Die Grundgesamtheit der ZV X: „monatliches pro-Kopf Einkommen" sei normalverteilt mit $E(X) = \mu = 1\,600$ und $Var(X) = \sigma^2 = 160\,000$. Bestimmen Sie die Wahrscheinlichkeit, zufällig einen Rentnerhaushalt zu ziehen, dessen monatliches pro-Kopf-Einkommen

    a) $2\,000\,€$ oder weniger   b) mehr als $1\,200\,€$

    c) zwischen $1\,000\,€$ und $2\,200\,€$

beträgt.

1.3 In einer normalverteilten Grundgesamtheit von $N = 2\,400$ „Rentnerhaushalten" (Empfänger von öffentlichen Renten und Pensionen) einer mittleren Großstadt betragen die durchschnittlichen monatlichen Einkommen $1\,600\,€$ bei einer Standardabweichung von $400\,€$. Es wird eine Zufallsstichprobe (m.Z.) im Umfang von $n = 100$ gezogen.

Bestimmen Sie die Wahrscheinlichkeit, dass in der Stichprobe die durchschnittlichen monatlichen Einkommen

    a) $1\,640\,€$ oder weniger   b) mehr als $1\,540\,€$

    c) zwischen $1\,520\,€$ und $1\,680\,€$

betragen.

2.1 Aus einer großen Grundgesamtheit von Rentnerhaushalten mit den durchschnittlichen monatlichen Einkommen $\mu = 1\,600$ und der Standardabweichung $\sigma = 420$ werden zufällig 400 Haushalte gezogen. Bestimmen Sie das Intervall, in dem die durchschnittlichen monatlichen Einkommen höchstwahrscheinlich liegen werden (d.h. $(1 - \alpha) = 0,9545$).

2.2 In einem Ort XY leben $3\,600$ Rentnerhaushalte. Man möchte wissen, wie hoch die durchschnittlichen monatlichen Einkommen eines solchen Haushaltes sind. Dazu wird eine Stichprobe von 225 Haushalten gezogen mit dem Ergebnis: $\sum x_i = 360\,000$ und $\sum x_i^2 = 613\,654\,400$.

Wie groß sind die durchschnittlichen monatlichen Einkommen eines Rentnerhaushaltes in dem Ort XY bei einem Sicherheitsgrad von $(1 - \alpha) = 0,9545$?

**Auf-
gabe**

(3)

3.1 Aus einer Pilotstudie von Rentnerhaushalten seien das arithmetische Mittel $\mu' = 1\,600$ und die Varianz $\sigma'^2 = 144\,400$
der monatlichen Einkommen bekannt. Bestimmen Sie den
notwendigen Stichprobenumfang, für den mit einem Sicherheitsgrad von 95,45 %

   a) ein zufälliger Fehler von 52 €

   b) ein relativer Zufallsfehler von 3 %

nicht überschritten werden darf.

3.2 Aus einer Stichprobe von 324 Rentnerhaushalten erhält
man für die monatlichen Einkommen $\sum x_i = 518\,400$
und $\sum x_i^2 = 936\,603\,648$. Bestimmen Sie den absoluten
und prozentualen Stichprobenfehler (m.Z.) für die durchschnittlichen monatlichen Einkommen bei einer einfachen
Zufallsstichprobe (Konfidenzniveau 95,45 %).

**Auf-
gabe**

(4)

Aus einer früheren Erhebung zu den monatlichen Einkommen
von Rentnerhaushalten hat man folgende Daten als Auswahlgrundlage (N_h stabil, keine Schichtspringer):

Schicht Nr.	Anzahl der Haushalte (Tsd.)	monatliches Einkommen je Schicht (Tsd. €)	Summe des quadrierten monatl. Einkommen je Schicht (Tsd. €^{2})
1	3	4 200	6 300 000
2	5	7 000	10 500 000
3	2	4 800	11 600 000

Eine neue Zufallsstichprobe ist geplant. Berechnen Sie den notwendigen Stichprobenumfang für die durchschnittlichen monatlichen Einkommen bei einfacher und proportional geschichteter
Zufallsauswahl (m.Z.), wenn der Stichprobenfehler bei einer
Aussagewahrscheinlichkeit von 95,45 % nicht höher als 3,5 %
sein soll. Bestimmen Sie auch den Stichprobenumfang je Schicht
für eine proportional geschichtete Zufallsauswahl.

Lösung:

1.1

Pro-Kopf-Monats-Einkommen von ... bis unter ... (€)	Anzahl der Haushalte h_j	relative Häufigkeit f_j	kumulierte relative Häufigkeit F_j
600 - 1 200	144	0,06	0,06
1 200 - 1 400	384	0,16	0,22
1 400 - 1 500	480	0,20	0,42
1 500 - 1 600	576	0,24	0,66
1 600 - 1 800	384	0,16	0,82
1 800 - 2 000	192	0,08	0,90
2 000 - 2 400	144	0,06	0,96
2 400 - 3 600	96	0,04	1
$\sum$	2 400	1	–

a) $P(X < 1\,600) = F(1\,600) = 0,66$, also 66 %

b) $P(X \geq 1\,500) = 1 - F(1\,500) = 1 - 0,42 = 0,58$, also 58 %

c) $P(1\,500 \leq X < 1\,800) = F(1\,800) - F(1\,500)$
$$= 0,82 - 0,42 = 0,40, \text{ also } 40\%.$$

1.2 a) $x = 2\,000 \implies z = \dfrac{x - \mu}{\sigma} = \dfrac{2\,000 - 1\,600}{400} = 1 \implies$

$$P(X \leq 2\,000) = P(Z \leq 1) = \Phi(1) = 0,8413, \text{ also } 84,13\%$$

b) $x = 1\,200 \implies z = \dfrac{1\,200 - 1\,600}{400} = -1 \implies$

$$P(X > 1\,200) = 1 - P(X \leq 1\,200) = 1 - P(Z \leq -1) = 1 - \Phi(-1)$$
$$= 1 - [1 - \Phi(1)] = \Phi(1)$$
$$= 0,8413, \text{ also } 84,13\%$$

c) $x = 1\,000 \implies z = \dfrac{1\,000 - 1\,600}{400} = -1,5$

$x = 2\,200 \implies z = \dfrac{2\,200 - 1\,600}{400} = 1,5 \quad \Bigg\} \implies$

$$P(1\,000 < X \leq 2\,200) = P(-1,5 < Z \leq 1,5)$$
$$= 2 \cdot \Phi(1,5) - 1$$
$$= 2 \cdot 0,9332 - 1 = 0,8664, \text{ also } 86,64\%.$$

1.3 a) $\overline{x} = 1\,640 \implies z = \dfrac{\overline{x} - \mu}{\sigma}\sqrt{n} = \dfrac{1\,640 - 1\,600}{400}\sqrt{100} = 1 \implies$

$P(\overline{X} \leq 1\,640) = P(Z \leq 1) = \Phi(1) = 0,8413$, also 84,13 %.

b) $\overline{x} = 1\,540 \implies z = \dfrac{1\,540 - 1\,600}{400}\sqrt{100} = -1,5 \implies$

$$\begin{aligned}
P(\overline{X} > 1\,540) &= 1 - P(X \leq 1\,540)\\
&= 1 - P(Z \leq -1,5) = 1 - \Phi(-1,5)\\
&= 1 - [1 - \Phi(1,5)] = \Phi(1,5)\\
&= 0,9332, \text{ also } 93,32 \%.
\end{aligned}$$

c) $\overline{x} = 1\,520 \implies z = \dfrac{1\,520 - 1\,600}{400}\sqrt{100} = -2$
$\left.\vphantom{\dfrac{\dfrac{1}{1}}{\dfrac{1}{1}}}\right\} \implies$
$\overline{x} = 1\,680 \implies z = \dfrac{1\,680 - 1\,600}{400}\sqrt{100} = 2$

$$\begin{aligned}
P(1\,520 < \overline{X} \leq 1\,680) &= P(-2 < Z \leq 2)\\
&= 2 \cdot \Phi(2) - 1\\
&= 2 \cdot 0,9772 - 1 = 0,9545, \text{ also } 95,45 \%.
\end{aligned}$$

Es ist sehr unwahrscheinlich, dass in der Stichprobe mit 100 Rentnerhaushalten das durchschnittliche monatliche Einkommen nur 1 520 € oder weniger bzw. mehr als 1 680 € beträgt denn:

$P(\overline{X} \leq 1\,520 \text{ oder } \overline{X} > 1\,680) = 1 - 0,9545 = 0,0455$, d.h. 4,55 %.

Würde man einen größeren Stichprobenumfang wählen, z.B. $n = 200$, so wird das Stichprobenergebnis wahrscheinlicher (vgl. Seite 119: Je höher der Stichprobenumfang – nicht der Auswahlsatz $\frac{n}{N}$, sofern N groß (Praxis: $\frac{n}{N} < 0,05$) – desto weniger streuen die möglichen Stichprobenergebnisse $\overline{x}$.)

2.1 $\mu = 1\,600$, $\sigma = 420$, $n = 400$, $1 - \alpha = 0,9545 \implies z = 2$

Aus der Reproduktivität der Normalverteilung, d.h. $\overline{X} \sim N(\mu, \dfrac{\sigma^2}{n})$ folgt für das Prognoseintervall (Inklusionsschluss):

$$P\left(\mu - z_{1-\frac{\alpha}{2}} \cdot \dfrac{\sigma}{\sqrt{n}} \leq \overline{X} \leq \mu + z_{1-\frac{\alpha}{2}} \cdot \dfrac{\sigma}{\sqrt{n}}\right) = 1 - \alpha \implies$$

$$P\left(1\,600 - 2 \cdot \dfrac{420}{\sqrt{400}} \leq \overline{X} \leq 1\,600 + 2 \cdot \dfrac{420}{\sqrt{400}}\right) = 0,9545 \implies$$

$$1\,558 \leq \overline{X} \leq 1\,642.$$

D.h.: Bei einer Stichprobe von 400 Rentnerhaushalten kann man mit einer Wahrscheinlichkeit von 95,45 % sagen, dass das durchschnittliche pro-Kopf Einkommen zwischen 1 558 € und 1 642 € liegt.

2.2 $1 - \alpha = 0,9545 \implies z = 2, \quad n = 225, \quad \overline{x} = \dfrac{360\,000}{225} = 1\,600,$

$$s^2 = \frac{1}{n-1} \sum x_i^2 - \frac{n}{n-1} \overline{x}^2 = \frac{1}{224} \cdot 613\,654\,400 - \frac{225}{224} \cdot 1\,600^2$$

$$= 168\,100 \implies$$

$$s = 410 \implies \hat{\sigma}_{\overline{x}} = \frac{s}{\sqrt{n}} = \frac{410}{\sqrt{225}} = 27,3\overline{3}.$$

Aus der Reproduktivität der Normalverteilung, d.h. $\overline{X} \sim N(\mu, \dfrac{\sigma^2}{n})$ folgt für das Konfidenzintervall (Repräsentationsschluss):

$$\overline{x} - z_{1-\frac{\alpha}{2}} \cdot \hat{\sigma}_{\overline{x}} \leq \mu \leq \overline{x} + z_{1-\frac{\alpha}{2}} \cdot \hat{\sigma}_{\overline{x}} \implies$$

$$1\,600 - 2 \cdot 27,3\overline{3} \leq \mu \leq 1\,600 + 2 \cdot 27,3\overline{3} \implies$$

$$1\,545,33 \leq \mu \leq 1\,654,67.$$

D.h.: Das durchschnittliche monatliche pro-Kopf Einkommen der Grundgesamtheit liegt mit einer Wahrscheinlichkeit von 95,45 % im Intervall $[1\,545,33; 1\,654,67]$, d.h. aufgrund der Stichprobe kann man mit einer Wahrscheinlichkeit von 95,45 % sagen, dass einer der 3 600 Rentnerhaushalte im Durchschnitt ein monatliches Einkommen von 1 545,33 € bis 1 654,67 € erhält bzw. der Gesamtbetrag an den monatlichen pro-Kopf Einkommen aller 3 600 Rentnerhaushalte zwischen 5 563 188 € und 5 956 812 € liegt.

3.1 a) $|e'| = 52 \implies n \geq z_{1-\frac{\alpha}{2}}^2 \cdot \dfrac{\sigma'^2}{e'^2} = 4 \cdot \dfrac{144\,400}{52^2} \approx 214$

b) $e_r' = 0,03 = \dfrac{|e'|}{\mu'} = \dfrac{|e'|}{1\,600} \implies |e'| = 0,03 \cdot 1\,600 = 48 \implies$

$$n \geq z_{1-\frac{\alpha}{2}}^2 \cdot \frac{\sigma'^2}{e'^2} = 4 \cdot \frac{144\,400}{48^2} \approx 251$$

3.2 $1 - \alpha = 0,9545 \implies z = 2, \quad n = 324, \quad \overline{x} = \dfrac{518\,400}{324} = 1\,600,$

$$s^2 = \frac{1}{n-1} \sum x_i^2 - \frac{n}{n-1} \overline{x}^2 = \frac{1}{323} \cdot 936\,603\,648 - \frac{324}{323} \cdot 1\,600^2$$

$$= 331\,776 \implies$$

$$s = 576 \implies |\hat{e}| = z_{1-\frac{\alpha}{2}} \cdot \frac{s}{\sqrt{n}} = 2 \cdot \frac{576}{\sqrt{324}} = 64$$

$$\Longrightarrow \hat{e}_r \cdot 100 = \frac{|\hat{e}|}{\overline{x}} \cdot 100 = \frac{64}{1\,600} \cdot 100 = 4\,\%,$$

d.h.: Mit einer Aussagewahrscheinlichkeit von 95,45 % beträgt die zufällige Abweichung (nach oben bzw. unten) des Durchschnitts $\overline{x}$ der Stichprobe von dem wahren unbekannten Durchschnitt μ in der Grundgesamtheit 64 €. Dies entspricht einer prozentualen Abweichung von 4 %.

4.

h	N_h (Tsd.)	$\sum_{i=1}^{N_h} x_{ih}$ (Tsd.)	$\sum_{i=1}^{N_h} x_{ih}^2$ (Tsd.)	μ_h'	$\sigma_h'^2$	$N_h \sigma_h'^2$ (Tsd.)
1	3	4 200	6 300 000	$1\,400^{(*)}$	$140\,000^{(**)}$	420 000
2	5	7 000	10 500 000	1 400	140 000	700 000
3	2	4 800	11 600 000	2 400	40 000	80 000
$\sum$	10	16 000	28 400 000	–	–	1 200 000

$$(*)\ \mu_1' = \frac{4\,200}{3} = 1\,400 \qquad (**)\ \sigma_1'^2 = \frac{6\,300\,000}{3} - 1\,400^2 = 140\,000$$

$$\mu' = \frac{16\,000}{10} = 1\,600,\ e_r' = \frac{|e'|}{\mu'} = \frac{3,5}{100} \implies |e'| = 0,035 \cdot 1\,600 = 56$$

a) Stichprobe bei einfacher Zufallsauswahl (m.Z.):

$$\sigma'^2 = \frac{28\,400\,000}{10} - 1\,600^2 = 280\,000$$

$$n \geq z_{1-\frac{\alpha}{2}}^2 \cdot \frac{\sigma'^2}{e'^2} = 4 \cdot \frac{280\,000}{56^2} \approx 358.$$

b) Stichprobe bei proportional geschichteter Zufallsauswahl (m.Z.):

$$n \geq z_{1-\frac{\alpha}{2}}^2 \cdot \frac{\sum N_h \sigma_h'^2}{N e'^2} = 4 \cdot \frac{1\,200\,000}{10 \cdot 56^2} \approx 154 \implies$$

$$\text{1. Schicht: } n_1 = \frac{N_1}{N} \cdot n = \frac{3\,000}{10\,000} \cdot 154 \approx 47$$

$$\text{2. Schicht: } n_2 = \frac{N_2}{N} \cdot n = \frac{5\,000}{10\,000} \cdot 154 \approx 77$$

$$\text{3. Schicht: } n_3 = \frac{N_3}{N} \cdot n = \frac{2\,000}{10\,000} \cdot 154 \approx 31.$$

Anhang B: Tafeln zu einigen wichtigen Verteilungen

B.1   Standardnormalverteilung

Vertafelt sind die Werte der Verteilungsfunktion $\Phi(z) = P(Z \leq z)$ für $z \geq 0$.

z	0,00	0,01	0,02	0,03	0,04	0,05	0,06	0,07	0,08	0,09
0,0	0,5000	0,5040	0,5080	0,5120	0,5160	0,5199	0,5239	0,5279	0,5319	0,5359
0,1	0,5398	0,5438	0,5478	0,5517	0,5557	0,5596	0,5636	0,5675	0,5714	0,5753
0,2	0,5793	0,5832	0,5871	0,5910	0,5948	0,5987	0,6026	0,6064	0,6103	0,6141
0,3	0,6179	0,6217	0,6255	0,6293	0,6331	0,6368	0,6406	0,6443	0,6480	0,6517
0,4	0,6554	0,6591	0,6628	0,6664	0,6700	0,6736	0,6772	0,6808	0,6844	0,6879
0,5	0,6915	0,6950	0,6985	0,7019	0,7054	0,7088	0,7123	0,7157	0,7190	0,7224
0,6	0,7257	0,7291	0,7324	0,7357	0,7389	0,7422	0,7454	0,7486	0,7517	0,7549
0,7	0,7580	0,7611	0,7642	0,7673	0,7704	0,7734	0,7764	0,7794	0,7823	0,7852
0,8	0,7881	0,7910	0,7939	0,7967	0,7995	0,8023	0,8051	0,8078	0,8106	0,8133
0,9	0,8159	0,8186	0,8212	0,8238	0,8264	0,8289	0,8315	0,8340	0,8365	0,8389
1,0	0,8413	0,8438	0,8461	0,8485	0,8508	0,8531	0,8554	0,8577	0,8599	0,8621
1,1	0,8643	0,8665	0,8686	0,8708	0,8729	0,8749	0,8770	0,8790	0,8810	0,8830
1,2	0,8849	0,8869	0,8888	0,8907	0,8925	0,8944	0,8962	0,8980	0,8997	0,9015
1,3	0,9032	0,9049	0,9066	0,9082	0,9099	0,9115	0,9131	0,9147	0,9162	0,9177
1,4	0,9192	0,9207	0,9222	0,9236	0,9251	0,9265	0,9279	0,9292	0,9306	0,9319
1,5	0,9332	0,9345	0,9357	0,9370	0,9382	0,9394	0,9406	0,9418	0,9429	0,9441
1,6	0,9452	0,9463	0,9474	0,9484	0,9495	0,9505	0,9515	0,9525	0,9535	0,9545
1,7	0,9554	0,9564	0,9573	0,9582	0,9591	0,9599	0,9608	0,9616	0,9625	0,9633
1,8	0,9641	0,9649	0,9656	0,9664	0,9671	0,9678	0,9686	0,9693	0,9699	0,9706
1,9	0,9713	0,9719	0,9726	0,9732	0,9738	0,9744	0,9750	0,9756	0,9761	0,9767
2,0	0,9772	0,9778	0,9783	0,9788	0,9793	0,9798	0,9803	0,9808	0,9812	0,9817
2,1	0,9821	0,9826	0,9830	0,9834	0,9838	0,9842	0,9846	0,9850	0,9854	0,9857
2,2	0,9861	0,9864	0,9868	0,9871	0,9875	0,9878	0,9881	0,9884	0,9887	0,9890
2,3	0,9893	0,9896	0,9898	0,9901	0,9904	0,9906	0,9909	0,9911	0,9913	0,9916
2,4	0,9918	0,9920	0,9922	0,9925	0,9927	0,9929	0,9931	0,9932	0,9934	0,9936
2,5	0,9938	0,9940	0,9941	0,9943	0,9945	0,9946	0,9948	0,9949	0,9951	0,9952
2,6	0,9953	0,9955	0,9956	0,9957	0,9959	0,9960	0,9961	0,9962	0,9963	0,9964
2,7	0,9965	0,9966	0,9967	0,9968	0,9969	0,9970	0,9971	0,9972	0,9973	0,9974
2,8	0,9974	0,9975	0,9976	0,9977	0,9977	0,9978	0,9979	0,9979	0,9980	0,9981
2,9	0,9981	0,9982	0,9982	0,9983	0,9984	0,9984	0,9985	0,9985	0,9986	0,9986
3,0	0,9987	0,9987	0,9987	0,9988	0,9988	0,9989	0,9989	0,9989	0,9990	0,9990
3,1	0,9990	0,9991	0,9991	0,9991	0,9992	0,9992	0,9992	0,9992	0,9993	0,9993
3,2	0,9993	0,9993	0,9994	0,9994	0,9994	0,9994	0,9994	0,9995	0,9995	0,9995
3,3	0,9995	0,9995	0,9995	0,9996	0,9996	0,9996	0,9996	0,9996	0,9996	0,9997
3,4	0,9997	0,9997	0,9997	0,9997	0,9997	0,9997	0,9997	0,9997	0,9997	0,9998
3,5	0,9998	0,9998	0,9998	0,9998	0,9998	0,9998	0,9998	0,9998	0,9998	0,9998
3,6	0,9998	0,9998	0,9999	0,9999	0,9999	0,9999	0,9999	0,9999	0,9999	0,9999

© Springer-Verlag GmbH Deutschland, ein Teil von Springer Nature 2019
I. Rößler und A. Ungerer, *Statistik für Wirtschaftswissenschaftler*,
BA KOMPAKT, https://doi.org/10.1007/978-3-662-60342-0

B.2 t -Verteilung

Vertafelt sind die Werte von t zu gegebenen Werten der Verteilungsfunktion für ν Freiheitsgrade. Für $t_{1-\alpha}(\nu)$ gilt $F(t_{1-\alpha}(\nu)) = 1 - \alpha$.

ν	$1-\alpha$									
	0,600	0,700	0,750	0,800	0,900	0,950	0,975	0,990	0,995	0,999
1	0,325	0,727	1,000	1,376	3,078	6,314	12,706	31,821	63,656	318,289
2	0,289	0,617	0,816	1,061	1,886	2,920	4,303	6,965	9,925	22,328
3	0,277	0,584	0,765	0,978	1,638	2,353	3,182	4,541	5,841	10,214
4	0,271	0,569	0,741	0,941	1,533	2,132	2,776	3,747	4,604	7,173
5	0,267	0,559	0,727	0,920	1,476	2,015	2,571	3,365	4,032	5,894
6	0,265	0,553	0,718	0,906	1,440	1,943	2,447	3,143	3,707	5,208
7	0,263	0,549	0,711	0,896	1,415	1,895	2,365	2,998	3,499	4,785
8	0,262	0,546	0,706	0,889	1,397	1,860	2,306	2,896	3,355	4,501
9	0,261	0,543	0,703	0,883	1,383	1,833	2,262	2,821	3,250	4,297
10	0,260	0,542	0,700	0,879	1,372	1,812	2,228	2,764	3,169	4,144
11	0,260	0,540	0,697	0,876	1,363	1,796	2,201	2,718	3,106	4,025
12	0,259	0,539	0,695	0,873	1,356	1,782	2,179	2,681	3,055	3,930
13	0,259	0,538	0,694	0,870	1,350	1,771	2,160	2,650	3,012	3,852
14	0,258	0,537	0,692	0,868	1,345	1,761	2,145	2,624	2,977	3,787
15	0,258	0,536	0,691	0,866	1,341	1,753	2,131	2,602	2,947	3,733
16	0,258	0,535	0,690	0,865	1,337	1,746	2,120	2,583	2,921	3,686
17	0,257	0,534	0,689	0,863	1,333	1,740	2,110	2,567	2,898	3,646
18	0,257	0,534	0,688	0,862	1,330	1,734	2,101	2,552	2,878	3,610
19	0,257	0,533	0,688	0,861	1,328	1,729	2,093	2,539	2,861	3,579
20	0,257	0,533	0,687	0,860	1,325	1,725	2,086	2,528	2,845	3,552
21	0,257	0,532	0,686	0,859	1,323	1,721	2,080	2,518	2,831	3,527
22	0,256	0,532	0,686	0,858	1,321	1,717	2,074	2,508	2,819	3,505
23	0,256	0,532	0,685	0,858	1,319	1,714	2,069	2,500	2,807	3,485
24	0,256	0,531	0,685	0,857	1,318	1,711	2,064	2,492	2,797	3,467
25	0,256	0,531	0,684	0,856	1,316	1,708	2,060	2,485	2,787	3,450
26	0,256	0,531	0,684	0,856	1,315	1,706	2,056	2,479	2,779	3,435
27	0,256	0,531	0,684	0,855	1,314	1,703	2,052	2,473	2,771	3,421
28	0,256	0,530	0,683	0,855	1,313	1,701	2,048	2,467	2,763	3,408
29	0,256	0,530	0,683	0,854	1,311	1,699	2,045	2,462	2,756	3,396
30	0,256	0,530	0,683	0,854	1,310	1,697	2,042	2,457	2,750	3,385
40	0,255	0,529	0,681	0,851	1,303	1,684	2,021	2,423	2,704	3,307
50	0,255	0,528	0,679	0,849	1,299	1,676	2,009	2,403	2,678	3,261
100	0,254	0,526	0,677	0,845	1,290	1,660	1,984	2,364	2,626	3,174
150	0,254	0,526	0,676	0,844	1,287	1,655	1,976	2,351	2,609	3,145
∞	0,253	0,524	0,674	0,842	1,282	1,645	1,960	2,326	2,576	3,090

B.3 Chi-Quadrat-Verteilung

Vertafelt sind die Werte von χ^2 zu gegebenen Werten der Verteilungsfunktion für ν Freiheitsgrade. Für $\chi^2_{1-\alpha}(\nu)$ gilt $F(\chi^2_{1-\alpha}(\nu)) = 1 - \alpha$.

Approximation für $\nu > 35$: $\chi^2_{1-\alpha}(\nu) \approx \frac{1}{2}(z_{1-\alpha} + \sqrt{2\nu - 1})^2$.

ν	\multicolumn{10}{c}{$1-\alpha$}									
	0,600	0,700	0,800	0,900	0,950	0,975	0,980	0,990	0,995	0,999
1	0,708	1,074	1,642	2,706	3,841	5,024	5,412	6,635	7,879	10,827
2	1,833	2,408	3,219	4,605	5,991	7,378	7,824	9,210	10,597	13,815
3	2,946	3,665	4,642	6,251	7,815	9,348	9,837	11,345	12,838	16,266
4	4,045	4,878	5,989	7,779	9,488	11,143	11,668	13,277	14,860	18,466
5	5,132	6,064	7,289	9,236	11,070	12,832	13,388	15,086	16,750	20,515
6	6,211	7,231	8,558	10,645	12,592	14,449	15,033	16,812	18,548	22,457
7	7,283	8,383	9,803	12,017	14,067	16,013	16,622	18,475	20,278	24,321
8	8,351	9,524	11,030	13,362	15,507	17,535	18,168	20,090	21,955	26,124
9	9,414	10,656	12,242	14,684	16,919	19,023	19,679	21,666	23,589	27,877
10	10,473	11,781	13,442	15,987	18,307	20,483	21,161	23,209	25,188	29,588
11	11,530	12,899	14,631	17,275	19,675	21,920	22,618	24,725	26,757	31,264
12	12,584	14,011	15,812	18,549	21,026	23,337	24,054	26,217	28,300	32,909
13	13,636	15,119	16,985	19,812	22,362	24,736	25,471	27,688	29,819	34,527
14	14,685	16,222	18,151	21,064	23,685	26,119	26,873	29,141	31,319	36,124
15	15,733	17,322	19,311	22,307	24,996	27,488	28,259	30,578	32,801	37,698
16	16,780	18,418	20,465	23,542	26,296	28,845	29,633	32,000	34,267	39,252
17	17,824	19,511	21,615	24,769	27,587	30,191	30,995	33,409	35,718	40,791
18	18,868	20,601	22,760	25,989	28,869	31,526	32,346	34,805	37,156	42,312
19	19,910	21,689	23,900	27,204	30,144	32,852	33,687	36,191	38,582	43,819
20	20,951	22,775	25,038	28,412	31,410	34,170	35,020	37,566	39,997	45,314
21	21,992	23,858	26,171	29,615	32,671	35,479	36,343	38,932	41,401	46,796
22	23,031	24,939	27,301	30,813	33,924	36,781	37,659	40,289	42,796	48,268
23	24,069	26,018	28,429	32,007	35,172	38,076	38,968	41,638	44,181	49,728
24	25,106	27,096	29,553	33,196	36,415	39,364	40,270	42,980	45,558	51,179
25	26,143	28,172	30,675	34,382	37,652	40,646	41,566	44,314	46,928	52,619
26	27,179	29,246	31,795	35,563	38,885	41,923	42,856	45,642	48,290	54,051
27	28,214	30,319	32,912	36,741	40,113	43,195	44,140	46,963	49,645	55,475
28	29,249	31,391	34,027	37,916	41,337	44,461	45,419	48,278	50,994	56,892
29	30,283	32,461	35,139	39,087	42,557	45,722	46,693	49,588	52,335	58,301
30	31,316	33,530	36,250	40,256	43,773	46,979	47,962	50,892	53,672	59,702
31	32,349	34,598	37,359	41,422	44,985	48,232	49,226	52,191	55,002	61,098
32	33,381	35,665	38,466	42,585	46,194	49,480	50,487	53,486	56,328	62,487
33	34,413	36,731	39,572	43,745	47,400	50,725	51,743	54,775	57,648	63,869
34	35,444	37,795	40,676	44,903	48,602	51,966	52,995	56,061	58,964	65,247
35	36,475	38,859	41,778	46,059	49,802	53,203	54,244	57,342	60,275	66,619

B.4 F-Verteilung

Vertafelt sind die Werte von f zu gegebenen Werten der Verteilungsfunktion für (ν_1, ν_2) Freiheitsgrade. Für $f_{1-\alpha}(\nu_1, \nu_2)$ gilt $F(f_{1-\alpha}(\nu_1, \nu_2)) = 1 - \alpha$.

ν_1	$1-\alpha$	ν_2										
		20	21	22	23	24	25	26	27	28	29	30
1	0,900	2,975	2,961	2,949	2,937	2,927	2,918	2,909	2,901	2,894	2,887	2,881
1	0,950	4,351	4,325	4,301	4,279	4,260	4,242	4,225	4,210	4,196	4,183	4,171
1	0,975	5,871	5,827	5,786	5,750	5,717	5,686	5,659	5,633	5,610	5,588	5,568
1	0,990	8,096	8,017	7,945	7,881	7,823	7,770	7,721	7,677	7,636	7,598	7,562
2	0,900	2,589	2,575	2,561	2,549	2,538	2,528	2,519	2,511	2,503	2,495	2,489
2	0,950	3,493	3,467	3,443	3,422	3,403	3,385	3,369	3,354	3,340	3,328	3,316
2	0,975	4,461	4,420	4,383	4,349	4,319	4,291	4,265	4,242	4,221	4,201	4,182
2	0,990	5,849	5,780	5,719	5,664	5,614	5,568	5,526	5,488	5,453	5,420	5,390
3	0,900	2,380	2,365	2,351	2,339	2,327	2,317	2,307	2,299	2,291	2,283	2,276
3	0,950	3,098	3,072	3,049	3,028	3,009	2,991	2,975	2,960	2,947	2,934	2,922
3	0,975	3,859	3,819	3,783	3,750	3,721	3,694	3,670	3,647	3,626	3,607	3,589
3	0,990	4,938	4,874	4,817	4,765	4,718	4,675	4,637	4,601	4,568	4,538	4,510
4	0,900	2,249	2,233	2,219	2,207	2,195	2,184	2,174	2,165	2,157	2,149	2,142
4	0,950	2,866	2,840	2,817	2,796	2,776	2,759	2,743	2,728	2,714	2,701	2,690
4	0,975	3,515	3,475	3,440	3,408	3,379	3,353	3,329	3,307	3,286	3,267	3,250
4	0,990	4,431	4,369	4,313	4,264	4,218	4,177	4,140	4,106	4,074	4,045	4,018
5	0,900	2,158	2,142	2,128	2,115	2,103	2,092	2,082	2,073	2,064	2,057	2,049
5	0,950	2,711	2,685	2,661	2,640	2,621	2,603	2,587	2,572	2,558	2,545	2,534
5	0,975	3,289	3,250	3,215	3,183	3,155	3,129	3,105	3,083	3,063	3,044	3,026
5	0,990	4,103	4,042	3,988	3,939	3,895	3,855	3,818	3,785	3,754	3,725	3,699
6	0,900	2,091	2,075	2,060	2,047	2,035	2,024	2,014	2,005	1,996	1,988	1,980
6	0,950	2,599	2,573	2,549	2,528	2,508	2,490	2,474	2,459	2,445	2,432	2,421
6	0,975	3,128	3,090	3,055	3,023	2,995	2,969	2,945	2,923	2,903	2,884	2,867
6	0,990	3,871	3,812	3,758	3,710	3,667	3,627	3,591	3,558	3,528	3,499	3,473
7	0,900	2,040	2,023	2,008	1,995	1,983	1,971	1,961	1,952	1,943	1,935	1,927
7	0,950	2,514	2,488	2,464	2,442	2,423	2,405	2,388	2,373	2,359	2,346	2,334
7	0,975	3,007	2,969	2,934	2,902	2,874	2,848	2,824	2,802	2,782	2,763	2,746
7	0,990	3,699	3,640	3,587	3,539	3,496	3,457	3,421	3,388	3,358	3,330	3,305
8	0,900	1,999	1,982	1,967	1,953	1,941	1,929	1,919	1,909	1,900	1,892	1,884
8	0,950	2,447	2,420	2,397	2,375	2,355	2,337	2,321	2,305	2,291	2,278	2,266
8	0,975	2,913	2,874	2,839	2,808	2,779	2,753	2,729	2,707	2,687	2,669	2,651
8	0,990	3,564	3,506	3,453	3,406	3,363	3,324	3,288	3,256	3,226	3,198	3,173
9	0,900	1,965	1,948	1,933	1,919	1,906	1,895	1,884	1,874	1,865	1,857	1,849
9	0,950	2,393	2,366	2,342	2,320	2,300	2,282	2,265	2,250	2,236	2,223	2,211
9	0,975	2,837	2,798	2,763	2,731	2,703	2,677	2,653	2,631	2,611	2,592	2,575
9	0,990	3,457	3,398	3,346	3,299	3,256	3,217	3,182	3,149	3,120	3,092	3,067

v_1	$1-\alpha$	v_2										
		40	50	60	70	80	90	100	120	150	200	∞
1	0,900	2,835	2,809	2,791	2,779	2,769	2,762	2,756	2,748	2,739	2,731	2,706
1	0,950	4,085	4,034	4,001	3,978	3,960	3,947	3,936	3,920	3,904	3,888	3,841
1	0,975	5,424	5,340	5,286	5,247	5,218	5,196	5,179	5,152	5,126	5,100	5,024
1	0,990	7,314	7,171	7,077	7,011	6,963	6,925	6,895	6,851	6,807	6,763	6,635
2	0,900	2,440	2,412	2,393	2,380	2,370	2,363	2,356	2,347	2,338	2,329	2,303
2	0,950	3,232	3,183	3,150	3,128	3,111	3,098	3,087	3,072	3,056	3,041	2,996
2	0,975	4,051	3,975	3,925	3,890	3,864	3,844	3,828	3,805	3,781	3,758	3,689
2	0,990	5,178	5,057	4,977	4,922	4,881	4,849	4,824	4,787	4,749	4,713	4,605
3	0,900	2,226	2,197	2,177	2,164	2,154	2,146	2,139	2,130	2,121	2,111	2,084
3	0,950	2,839	2,790	2,758	2,736	2,719	2,706	2,696	2,680	2,665	2,650	2,605
3	0,975	3,463	3,390	3,343	3,309	3,284	3,265	3,250	3,227	3,204	3,182	3,116
3	0,990	4,313	4,199	4,126	4,074	4,036	4,007	3,984	3,949	3,915	3,881	3,782
4	0,900	2,091	2,061	2,041	2,027	2,016	2,008	2,002	1,992	1,983	1,973	1,945
4	0,950	2,606	2,557	2,525	2,503	2,486	2,473	2,463	2,447	2,432	2,417	2,372
4	0,975	3,126	3,054	3,008	2,975	2,950	2,932	2,917	2,894	2,872	2,850	2,786
4	0,990	3,828	3,720	3,649	3,600	3,563	3,535	3,513	3,480	3,447	3,414	3,319
5	0,900	1,997	1,966	1,946	1,931	1,921	1,912	1,906	1,896	1,886	1,876	1,847
5	0,950	2,449	2,400	2,368	2,346	2,329	2,316	2,305	2,290	2,274	2,259	2,214
5	0,975	2,904	2,833	2,786	2,754	2,730	2,711	2,696	2,674	2,652	2,630	2,566
5	0,990	3,514	3,408	3,339	3,291	3,255	3,228	3,206	3,174	3,142	3,110	3,017
6	0,900	1,927	1,895	1,875	1,860	1,849	1,841	1,834	1,824	1,814	1,804	1,774
6	0,950	2,336	2,286	2,254	2,231	2,214	2,201	2,191	2,175	2,160	2,144	2,099
6	0,975	2,744	2,674	2,627	2,595	2,571	2,552	2,537	2,515	2,494	2,472	2,408
6	0,990	3,291	3,186	3,119	3,071	3,036	3,009	2,988	2,956	2,924	2,893	2,802
7	0,900	1,873	1,840	1,819	1,804	1,793	1,785	1,778	1,767	1,757	1,747	1,717
7	0,950	2,249	2,199	2,167	2,143	2,126	2,113	2,103	2,087	2,071	2,056	2,010
7	0,975	2,624	2,553	2,507	2,474	2,450	2,432	2,417	2,395	2,373	2,351	2,288
7	0,990	3,124	3,020	2,953	2,906	2,871	2,845	2,823	2,792	2,761	2,730	2,639
8	0,900	1,829	1,796	1,775	1,760	1,748	1,739	1,732	1,722	1,712	1,701	1,670
8	0,950	2,180	2,130	2,097	2,074	2,056	2,043	2,032	2,016	2,001	1,985	1,938
8	0,975	2,529	2,458	2,412	2,379	2,355	2,336	2,321	2,299	2,278	2,256	2,192
8	0,990	2,993	2,890	2,823	2,777	2,742	2,715	2,694	2,663	2,632	2,601	2,511
9	0,900	1,793	1,760	1,738	1,723	1,711	1,702	1,695	1,684	1,674	1,663	1,632
9	0,950	2,124	2,073	2,040	2,017	1,999	1,986	1,975	1,959	1,943	1,927	1,880
9	0,975	2,452	2,381	2,334	2,302	2,277	2,259	2,244	2,222	2,200	2,178	2,114
9	0,990	2,888	2,785	2,718	2,672	2,637	2,611	2,590	2,559	2,528	2,497	2,407

Literaturverzeichnis

Lehrbücher

Bamberg, G. / Baur, F. et al. (2017). *Statistik*. München, Wien.

Bauer, T. / Gigerenzer, G. / Krämer, W. (2014). *Warum dick nicht doof macht und Gen-Mais nicht tötet*. Frankfurt a. Main.

Bleymüller, J. / Weißbach, R. et al. (2015). *Statistik für Wirtschaftswissenschaftler*. München.

Bortz, J. / Schuster, C. (2016). *Statistik für Human- und Sozialwissenschaftler*. Berlin, Heidelberg, New York.

Bourier, G. (2018). *Wahrscheinlichkeitsrechnung und schließende Statistik*. Frankfurt/Main.

Bourier, G. (2018). *Beschreibende Statistik*. Frankfurt/Main.

Eckey, H.-F. / Kosfeld, R. / Türck M. (2011). *Wahrscheinlichkeitsrechnung und Induktive Statistik*. Wiesbaden.

Fahrmeir, L. / Künstler, R. / Pigeot I. / Tutz G. (2012). *Statistik – Der Weg zur Datenanalyse*. Berlin, Heidelberg, New York.

Hartung, J. / Elpelt, B. et al. (2009). *Statistik – Lehr- und Handbuch der angewandten Statistik*. München, Wien.

Kosfeld, R. / Eckey, H.-F. / Türck M. (2016). *Deskriptive Statistik*. Wiesbaden.

Sonstige Literatur

Brachinger, H.W. (2005). Der Euro als Teuro? Die wahrgenommene Inflation in Deutschland. *Wirtschaft und Statistik*, 9, 999–1013.

Brachinger, H.W. (2007). Statistik zwischen Lüge und Wahrheit. *AStA – Wirtschafts- und Sozialstatistisches Archiv*, 1, 5–26.

Deming, W.E. (1985). Transformation of Western Style of Management. *Interfaces*, 15, 6–11.

© Springer-Verlag GmbH Deutschland, ein Teil von Springer Nature 2019
I. Rößler und A. Ungerer, *Statistik für Wirtschaftswissenschaftler*,
BA KOMPAKT, https://doi.org/10.1007/978-3-662-60342-0

Grohmann, H. (1985). Vom theoretischen Konstrukt bis zum statistischen Begriff – Das Adäquationsproblem. *AStA – Allgemeines Statistisches Archiv*, 73, 1–15.

IDW (Hrsg.) (2019). *WP Handbuch online.*

Stange, K. (1960). Die zeichnerische Ermittlung der besten Schichtung einer Gesamtheit (bei proportionaler Aufteilung der Probe) mit Hilfe der Lorenz-Kurve. *Unternehmensforschung*, 4, 156–163.

Stegmüller, W. (1973). *Probleme und Resultate der Wissenschaftstheorie und analytischen Philosophie*, Bd. IV / 1. Halbband: *Personelle und statistische Wahrscheinlichkeit*. Berlin, Heidelberg, New York.

Strecker, H. (1980). Fehlermodell zur Zerlegung der Fehler von statistischen Daten in Komponenten und die Bestimmung von Angabefehlern mit Hilfe von Kontrollerhebungen. *Jahrbücher für Nationalökonomie und Statistik*, 195, 385–420.

Strecker, H. / Wiegert, R. (1989). Wirtschaftsstatistische Daten und ökonomische Realität. *Jahrbücher für Nationalökonomie und Statistik*, 206, 487–509.

Zitierte Internetadressen:

www.mpib-berlin.mpg.de/de/presse/dossiers/unstatistik-des-monats

www.boerse.de

www.destatis.de

www.idw.de

www.dielottozahlende.net/lotto/6aus49/statistik.html

https://doi.org/10.18419/opus-16956

.../Statistik/uebungsaufgaben.pdf   .../Statistik/multivariat.pdf

.../Statistik/monetary-unit-sampling.pdf   .../Statistik/zgs.xlsm.

Weitere Links in formelsammlung.pdf unter „Häufig angewandte Prognoseverfahren", S. 33, z.B. .../Statistik/bsp-exp-winters.xlsx.

Stichwortverzeichnis

© Springer-Verlag GmbH Deutschland, ein Teil von Springer Nature 2019
I. Rößler und A. Ungerer, *Statistik für Wirtschaftswissenschaftler*,
BA KOMPAKT, https://doi.org/10.1007/978-3-662-60342-0

The manufacturer's authorised representative in the EU is Springer
Nature Customer Service Centre GmbH, Europaplatz 3, 69115 Heidelberg,
Germany. If you have any concerns regarding our products, please
contact ProductSafety@springernature.com

Printed and bound by CPI Group (UK) Ltd, Croydon, CR0 4YY
26/04/2026
02097302-0013